U0299566

可持续发展的连接点

[美国] 托马斯·E. 格拉德尔　　[荷兰] 埃斯特尔·范德富特　编

田　地　张积东　译

译林出版社

图书在版编目（CIP）数据

可持续发展的连接点／（美）托马斯·E. 格拉德尔，（荷）埃斯特尔·范德富特编；田地，张积东译．—南京：译林出版社，2020.12
（城市与生态文明丛书）
书名原文：Linkages of Sustainability
ISBN 978-7-5447-8374-3

Ⅰ.①可… Ⅱ.①托… ②埃… ③田… ④张… Ⅲ.①可持续性发展－研究 Ⅳ.①X22

中国版本图书馆CIP数据核字（2020）第150026号

著作权合同登记号 图字：10-2014-089号

可持续发展的连接点 [美国] 托马斯·E. 格拉德尔 [荷兰] 埃斯特尔·范德富特／编
田 地 张积东／译

责任编辑 陶泽慧
装帧设计 薛顾璨
校 对 王延庆 孙玉兰
责任印制 单 莉

原文出版 MIT Press，2010
出版发行 译林出版社
地 址 南京市湖南路 1 号 A 楼
邮 箱 yilin@yilin.com
网 址 www.yilin.com
市场热线 025-86633278
排 版 南京展望文化发展有限公司
印 刷 江苏凤凰通达印刷有限公司
开 本 960 毫米 × 1304 毫米 1/32
印 张 17.25
插 页 4
版 次 2020 年 12 月第 1 版
印 次 2020 年 12 月第 1 次印刷
书 号 ISBN 978-7-5447-8374-3
定 价 128.00 元

主 编 序

中国过去三十年的城镇化建设，获得了前所未有的高速发展，但也由于长期以来缺乏正确的指导思想和科学的理论指导，形成了规划落后、盲目冒进、无序开发的混乱局面；造成了土地开发失控、建成区过度膨胀、功能混乱、城市运行低效等严重后果。同时，在生态与环境方面，我们也付出了惨痛的代价：我们失去了蓝天（蔓延的雾霾），失去了河流和干净的水（75%的地表水污染，所有河流的裁弯取直、硬化甚至断流），失去了健康的食物甚至脚下的土壤（全国三分之一的土壤受到污染）；我们也失去了邻里，失去了自由步行和骑车的权利（超大尺度的街区和马路），我们甚至于失去了生活和生活空间的记忆（城市和乡村的文化遗产大量毁灭）。我们得到的，是一堆许多人买不起的房子、有害于健康的汽车及并不健康的生活方式（包括肥胖症和心脏病病例的急剧增加）。也正因为如此，习总书记带头表达对"望得见山，看得见水，记得住乡愁"的城市的渴望；也正因为如此，生态文明和美丽中国建设才作为执政党的头号目标，被郑重地提了出来；也正因为如此，新型城镇化才成为本届政府的主要任务，一再作为国务院工作会议的重点被公布于众。

本来，中国的城镇化是中华民族前所未有的重整山河、开创美好生活方式的绝佳机遇，但是，与之相伴的，是不容忽视的危机和隐患：生态与环境的危机、文化身份与社会认同的危机。其根源在于对城镇化和城市规划设计的无知和错误的认识：决策者的无知，规划设计专业人员的无知，大众的无知。我们关于城市规划设计和城市的许多错误认识和错误规范，至今仍然在施展着淫威，继续在危害着我们的城市和城市的规划建设：我们太需要打破知识的禁锢，发起城市文明的启蒙了！

所谓"亡羊而补牢，未为迟也"，如果说，过去三十年中国作为一个有经验的农业老人，对工业化和城镇化尚懵懂幼稚，没能有效地听取国际智者的忠告和警告，也没能很好地吸取国际城镇规划建设的失败教训和成功经验；那么，三十年来自身的城镇化的结果，应该让我们懂得如何吸取全世界城市文明的智慧，来善待未来几十年的城市建设和城市文明发展的机会，毕竟中国尚有一半的人口还居住在乡村。这需要我们立足中国，放眼世界，用全人类的智慧，来寻求关于新型城镇化和生态文明的思路和对策。今天的中国比任何一个时代、任何一个国家都需要关于城市和城市的规划设计的启蒙教育；今天的中国比任何一个时代、任何一个国家都需要关于生态文明知识的普及。为此，我们策划了这套"城市与生态文明丛书"。丛书收集了国外知名学者及从业者对城市建设的审视、反思与建议。正可谓"以铜为鉴，可以正衣冠；以史为鉴，可以知兴替；以人为鉴，可以明得失"，丛书中有外国学者评论中国城市发展的"铜镜"，可借以正己之衣冠；有跨越历史长河的城市文明兴衰的复演过程，可借以知己之兴替；更有处于不同文化、地域背景下各国城市发展的"他城之鉴"，可借以明己之得失。丛书中涉及的古今城市有四十多个，跨越了欧洲、非洲、亚洲、大洋洲、北美洲和南美洲。

作为这套丛书的编者，我们希望为读者呈现跨尺度、跨学科、跨时空、跨理论与实践之界的思想盛宴：其中既有探讨某一特定城市空间类型的著作，展现其在健康社区构建过程中的作用，亦有全方位探究城市空间的著作，阐述从教育、娱乐到交通空间对城市形象塑造的意义；既有旅行笔记和随感，揭示人与其建造环境间的相互作用，亦有以基础设施建设的技术革新为主题的专著，揭示技术对城市环境改善的作用；既有关注历史特定时期城市变革的作品，探讨特定阶段社会文化与城市革新之间的关系，亦有纵观千年文明兴衰的作品，探讨环境与自然资产如何决定文明的生命跨度；既有关于城市规划思想的系统论述和批判性著作，亦有关于城市设计实践及理论研究丰富遗产的集大成者。

正如我们对中国传统的"精英文化"所应采取的批判态度一样，对于这套汇集了全球当代"精英思想"的城市与生态文明丛书，我们也不应该全盘接受，而应该根据当代社会的发展和中国独特的国情，进行鉴别和扬弃。当然，这种扬弃绝不应该是短视的实用主义的，而应该在全面把握世界城市及文明发展规律，深刻而系统地理解中国自己国情的基础上进行，而这本身要求我们对这套丛书的全面阅读和深刻理解，否则，所谓"中国国情"与"中国特色"，就会成为我们排斥普适价值观和城市发展普遍规律的傲慢的借口，在这方面，过去的我们已经有过太多的教训。

城市是我们共同的家园，城市的规划和设计决定着我们的生活方式；城市既是设计师的，也是城市建设决策者的，更是每个现在的或未来的居民的。我们希望借此丛书为设计行业的学者与从业者，同时也是为城市建设的决策者和广大民众，提供一个多视角、跨学科的思考平台，促进我国的城市规划设计与城市文明（特别是城市生态文明）的建设。

俞孔坚

北京大学建筑与景观设计学院教授

美国艺术与科学院院士

目　录

水

能　源

未来的路

恩斯特·斯特格曼论坛

恩斯特·斯特格曼论坛建立在科学独立的原则和人类思维的求知欲的本质上，致力于知识的不断扩展。通过其创新的交流过程，恩斯特·斯特格曼论坛提供了一个创造性的环境，在这个环境中，专家们可以从多个角度仔细审查具有高优先级的问题。

这个过程始于主题的确定。从本质上讲，主题构成了超越传统学科界限的问题领域。这一主题是最重要的，需要集中的、多学科的投入来解决问题。本论坛已经收到了活跃在各自领域的顶级科学家们的提案，并且这些提案已经经过独立科学顾问委员会的筛选。提案一旦通过，将成立指导委员会来优化提案的科学参数，并选拔参与者。在大约一年以后，将举办一场邀请约40名专家参会的焦点会议。

2006年这一论坛开始筹备，在2007年11月，指导委员会成员见面，确认需要讨论的关键问题，并且挑选焦点会议的参与者，这一会议于2008年11月9日至14日在德国的法兰克福举办。

论坛所涉及的活动和讨论在与会者抵达法兰克福之前就开始了，并随着本书的出版而结束。在每个阶段，焦点对话是参与者重新审视问题的方式。通常，这需要与会者放弃确立已久的观点，克服可能妨碍联合检查的学科特性。然而，当这完成后，将会得出独一无二的合作成果和新的见解。

本书是一组不同领域的专家共同努力的结果，他们每个人都发挥了积极的作用，并做出两种类型的贡献。第一部分提供了关于整个主题的关键方面的背景资料。我对这些章节进行了广泛的审查和修订，以提供当前对这些主题的理解。第二部分（第5、11、17和22章）总结了由此产生的广泛讨论。这些章节不应被视为共识文件，也不应被视为会议记录；它们传达了讨论的实质，暴露了仍存在的问题，并突出了未来研究的领域。

这种努力造就了独特的团队协作，并对每个参与者提出要求。每个被邀请者不仅贡献了自己的时间，展现出与人为善的人格，而且还愿意探索那些表面上并不显而易见的东西。我对这一切表示衷心的感谢。特别要感谢的是指导委员会成员（托马斯·格拉德尔、大卫·格林、托马斯·彼得·克莱伯、雄一守口、大卫·斯科尔，以及范德富特）、背景文章的作者、论文审稿人和个人工作团队的主持人（鲁道夫·德·格鲁特、法耶·达钦、托马斯·克莱伯、杰克·约翰斯顿）。论坛期间起草报告并且确定最终成果并不是一件简单的事，我们要特别感谢凯伦·濑户、希瑟·麦克莱恩、克劳斯·林德纳、安德烈亚斯·洛舍尔。最重要的是，我谨向主席托马斯·格拉德尔和范德富特表达我的谢意，他们在项目期间给予的帮助是无价的。

这种性质的交流过程依赖于制度的稳定性与鼓励自由思考的环境，这得益于恩斯特·斯特格曼基金会的慷慨支持，这一基金会是由安德烈亚斯·斯特格曼博士和托马斯·斯特格曼博士为了纪念他们的父亲成立的。由此，恩斯特·斯特格曼论坛能够以为科学服务为宗旨开展它的工作。科学顾问委员会的工作确保了论坛的科学自主性，对此表示由衷的感谢。其他的合作关系同样给予了这个主题宝贵的支持，德国科学基金会提供了经济支持，法兰克福高等研究院与论坛分享了他们富有活力的知识背景。

把确立已久的观点放置一边并不容易，然而，当做到这点的时候，未知的边界将慢慢呈现，知识的空白变得更加明显，为了填补空白而制定的战略行为变成了最令人鼓舞的尝试。我们希望本书能够展现这种积极尝试的意义，并且扩展对于可持续性连接点的研究。

茉莉亚·鲁普，项目主管

恩斯特·斯特格曼论坛

法兰克福先进学术研究所（FIAS）

德国法兰克福鲁斯马方街1号，邮编60438

http://fias.uni-frankfurt.de/esforum/   x

作者名录

穆罕默德·陶菲克·艾哈迈德,苏伊士运河大学农学院

约翰内斯·A.C.巴尔特,德国应用地质学会

彼得·拜尔,苏黎世环境工程学院生态系统设计院

史蒂芬·布莱格祖,德国伍珀塔尔学院物质流和资源管理系

保罗·J.克鲁岑,马克斯·普朗克化学研究所大气化学部

法比安·德瑞特,马尼拉雅典荣耀大学科学与工程学院

鲁道夫·德·格鲁特,瓦赫宁恩大学环境系统分析团队

马克·A.德鲁奇,加利福尼亚大学交通研究院

特雷弗·N.德马约,雪佛龙能源技术公司汽车与能源团队

海伦·德·韦弗,弗拉芒设定工艺研究所

法耶·达钦,伦斯勒理工学院经济部

卡尔海因茨·埃尔布,克拉根福特大学社会生态学院

瓦切斯劳·菲力毛那,纽伦堡大学北巴伐利亚地理中心

唐纳德·L.戈蒂埃,美国地质调查局

托马斯·E.格拉德尔,耶鲁大学森林与环境研究学院

彼得·哥若斯伍,图宾根大学西格瓦斯特地球科学协会

大卫·L.格林,美国橡树岭国家实验室

克里斯汀·哈格卢肯,德国优美科有限公司

原田幸明,日本国家物质科学研究院创新材料工程实验室

茨城本木,俄亥俄州大学地球科学院

约翰·约翰斯顿,美国圣塔菲

金井新二郎,东京大学产业科学研究院

斯蒂芬·E.凯斯勒,密歇根大学地球科学部

克劳斯·林德纳,德国梅肯海姆市

托马斯·P.克奈珀,费森尤斯应用科学大学

安德烈亚斯·洛舍尔,欧洲经济研究中心

希瑟·L.马克莱恩,多伦多大学土木工程部

彼得·J.麦凯布,澳大利亚石油资源部

克里斯蒂安·E.M.麦斯克,比利时优美科贵金属精炼所

雄一守口,日本国家环境研究所

丹尼尔·米勒,挪威科技大学

特里·E.诺盖特,CSIRO矿业

琼·奥格登,加利福尼亚大学交通研究院

纳文·拉马古迪,麦吉尔大学地理学部

史蒂夫·雷纳,牛津大学赛德商学院詹姆斯马丁学院

安妮特·丁贝格,哥本哈根大学地理地质学部

马库斯·A.罗伊特,奥斯麦特有限公司   xii

马尔科·施密特,柏林技术大学建筑学院

奥斯瓦尔德·J.施米茨,耶鲁大学森林与环境研究学院

凯伦·C.濑户,耶鲁大学森林与环境研究学院

布伦特·M.辛普森,密歇根州立大学国际农学院

大卫·L.斯科尔,密歇根州立大学林业部生态系统服务全球观测站

威廉·斯塔克米亚,德国联邦地球科学与原材料研究所

托马斯·A.泰恩斯,德国联邦水文研究所

埃斯特尔·范德富特,莱顿大学环境科学学院

安托尼·范夏克,荷兰海牙物质回收与可持续性发展研究所

托马斯·J.威尔班克斯,美国橡树岭国家实验室多尺度能源环境系统团队

恩斯特·沃雷尔,乌特勒支大学哥白尼学院   xiii

1 可持续发展的连接点：导论

托马斯·E.格拉德尔，埃斯特尔·范德富特

可持续发展的组成要素

在考虑可持续的可能性时，我们往往是站在理解人类面临的问题的立场上。若干年前，舍恩胡贝尔等人（2004）定义了什么是"地球系统的转换和抑制元素"，并且举例说明了一种"脆弱性框架"。克拉克等人（2004）提出的"希尔伯特地球系统科学计划"帮助构建了讨论框架，但这并没有被视为实现可持续性的良方。这一大纲，或者说是一组问题，聚焦于地球系统知识需求的增大。然而，在23个问题中，只有一两个能够应对可持续性的另一半挑战：量化可持续的世界在现在和未来的需求，量化限制来回应地球系统的定义，并了解如何运用这些信息去支持通向可持续之路的具体行动与方法。

尽管如此，大多数与可持续性相关的话题都被学术界详细地（即使是孤立地）讨论过。例如，波斯特尔等人（1996）讨论了人类占用地球淡水供应的问题。类似的还有诺维奇等人（1998）耗时五年的研究课题——能源的限制以及未来能源的供应方式，蒂尔顿（2003）再一次将矿产资源作为独立的议题加以研究。其他类似的研究同样可以被列举出来，但这一切想要传达的核心信息是：与可持续相关的专题领域的研究，一般没有考虑到与之相关的领域构成的限制。工程师们喜欢将他们的职业称为一种集中于"限制条件下的设计"，并且在发现一系列并存的限制时，对设计进行优化。对于地球系统而言，包括但不限于它的人类层面，它受到的限制是很多的，而且各不相同，我们希望优化的是整体的性能，而不是单独对某一组成元素进行优化。

　　具体解决其中一些问题所面临的挑战,不仅涉及正投入使用和已在使用的资源流,而且与储量、使用率、流通的信息有关。现有的数据是不一致的:一些资源的储量、尚未开发的资源和那些正在开采的资源已经得到确认,然而对于其余的资源来说,常常存在一定程度的不确定性。在理想条件下,资源的等级是已知的,它们的变化也在监测之中,因此,资源使用达到极限的方式可以被量化表示。如图1.1a,例如对于一趟持续七天的太空旅行,可以应用这种量化方式,储量是已知的,使用率是已知的,未来使用情况可以被预估,飞行何时结束也是可以确定的。所以只要计划使用总量不超过储量,完全可以维持可持续性。

　　现在如图1.1b,"地球太空船"版本的图表,在这里,储量没有被充分量化,大致的数量级已知,但是具体的数量是一个关于经济、技术、政策的复杂函数(例如,油的供应量随着它的价格、新的提炼技术和环境限制而变化),这意味着储量不是一个固定值,它的数量具有被改变的潜质。资源使用率同样不尽相同,正如政府间气候变化委员会(IPCC 2008a)对未来气候变化生动展示的那样,更不必提通勤交通随着油价的变化而发生改变。然而考虑问题的出发点是一致的,我们能够在多大程度上量化任何关于构成地球资源可持续性基础的因素。

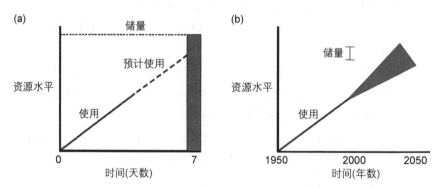

图1.1　资源使用和可获得的储量水平,(a)为已知的7天内的全部参数,(b)为不完全已知的一个世纪内的储量和使用率。

　　评估的主要复杂因素是,不能一次只考虑一种地球资源,必须顾及很多相关性和潜在的矛盾。其中的一个范例就是水,这一对于人类生命和自然十分必要的资源。我们将水用于饮用、工作、烹饪,但是它也被用于生产食

物,使工业生产过程得以进行。可以通过海水脱盐淡化来提供更多的水,但 2
在另一方面,这又是一个高能耗的过程。我们的能源是否足以支撑这一新
的方式?因此,这个问题变成了优化众多参数的问题和决定如何才有可能
的问题。如果与可持续相关的个别关键资源的数量、范围的确定工作没有
做到最好,这将不可能成功;孤立地理解资源潜力同样是不够的。

系统的挑战

了解如何以最好的方式沿着通往可持续的道路前行,与了解不可持续
的水平和类型相比,是一个未被具体解决的问题。可持续是一个系统性难
题,典型的零散的方法无法有效解决,例如,地球有足够的矿石来满足技术
需求吗?有足够的水源供人类使用吗?我们该如何维护生物多样性呢?全
球农业是可持续的吗?虽然这些都是重要的问题,但这些问题都没有解决
复杂的系统问题,也没有提供一条主要而明确的前进线路,在一定程度上来
说,这是由于这些问题都是密切相关的。

图1.2可能有助于我们将可持续的挑战更加形象化,可持续的必备物
质在图中用长方形表示,需求则用椭圆表示。可以明显看出,在所有必备

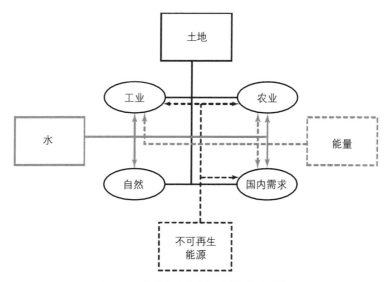

图1.2 可持续性的需求与限制之间的联系。

物质和需求之间存在着潜在的联系。惯例与专业化促进了对特定的椭圆和所有的长方形，或者是特定的长方形与所有椭圆的关注。我们能设计出一种方法，将所有内容作为一个系统来探讨吗？并以此来为优化整个系统，而不仅仅是优化系统的某些部分而设计一系列连贯的行动打好基础？

应急反应

自然系统的一些特点常常令分析者混淆，其中之一就是应急反应，甚至根据有关某一系统等级的详细知识也不足以预测其他系统等级内的反应。心跳就是一个明显的例子，在最低等级，心脏由细胞组成，这一点在生理学和化学的角度都被广泛描述。细胞层次的心电活动导致了更高一级的节奏性活动。然而，更准确地说，整个心脏的节奏性搏动是无数导电性细胞间隙连接的作用，并且同时被器官自身的三维体系和结构调节（Noble 2002）；细胞层次不可预知的性能，突然在器官层次出现。

生态系统也常常显现出应急反应，这种反应出现于从相对稳定的状态转为另一种状态的系统中（Kay 2002）。一个普通的例子是浅水湖，常常是双稳态的（图1.3）：假如营养物质含量低，湖水表现为清澈；假如营养物质含量高，湖水通常是浑浊的。二者之间的转化不是循序渐进的，但是一旦临界点被跨越，速度就会加快。这种反应与生物交换有关。当营养条件满足

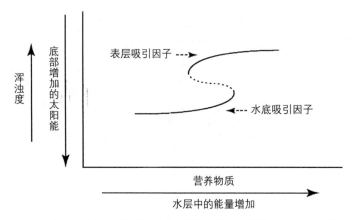

图1.3　浅水湖中的双稳模式。改编自谢费尔等人（1993）；由 J. J. 凯提供。

了食藻类动物的需要，浑浊度会减轻，然而当一些营养条件满足了食底泥动物的需要时，也可能使浑浊度加重。浑浊度，尤其是从一种不可预知的状态转换为另一种状态，这种转换，一方面是由系统的整体状况造成的（例如，水温、水深），另一方面是由特定类型及数量，且随系统改变而改变的生物体造成的（van Nes et al. 2007）。这是因为湖水是一种更高层次的成分的一个组成部分，并且受其影响，正如图1.4中显示的那样。

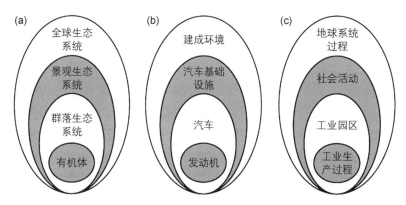

图1.4　复杂系统的例子：(a) 经典的多级自然系统；(b) 基于使用中的物质储量的技术系统；(c) 以物质和能量流为基础的技术—环境系统。

　　应急反应也是人类系统的特点之一。以移动电话为例，这种复杂的技术于20世纪80至90年代被发明，最初需要的固定位置基站很少，这种电话价格昂贵，并且和公文包一样大。手机的使用及支持手机的基础设施大部分是可以预测的，原本预计这种电话的使用者是适度数量的医生、旅行销售员和其他不方便使用地上通信线的人群。然而在2000年前后，由于技术水平的提高，移动电话的体积更小，价格也更便宜。家长为孩子和他们自己购买手机。突然之间，在任何地方打电话给任何人变为可能。移动电话的需求量如火箭般上升，尤其是在发展中国家，电话技术的提高使这些国家几乎免去了安装地上通信线的必要。结果，一种新的社会行为模式在毫无预兆与计划的情况下产生了。

　　手机的故事在这里是有一定关联的，因为可持续性最终都与人类、资源、能源和环境有关。成千上万的手机生产需要多样且大量的材料以使产品功能最优化。由于它们快速更新换代，用于制造手机的钽曾一度供不应求。为了填补供应的缺口，在南非，人们以粗糙的技术手段开采钶钽铁矿，在开采过程中对环境造成了极大破坏。世界范围的手机网络正在试图探讨一种新的应急反应：通过简单的回收技术，从被扔掉的手机中回收贵重金属再利用。这种社会—技术性活动在手机数量很少的时候并不存在，然而，一旦它们的数量增多，回收网络就达到了一个新的、无法预知的状态。

5

适应性周期为解释人类—自然系统的进化和过渡提供了相当广阔的视角。考虑一下阿什顿（2008）对波多黎各巴塞罗纳塔的工业生态系统进行的更为全面的描述。这一制度在20世纪40和50年代遭受了重大冲击，当时制糖业出口显著下降，农业用地也大幅减少。从20世纪50年代中期到1970年，朝向以制造业为基础的工业的转变，使该岛经济复兴，岛上能源基础设施大量增加，而原先几乎完全依靠进口化石燃料。在接下来的20年里，制药业不断发展，工业体系开始攫取波多黎各有限的淡水资源。目前，即2009年，制造业正在收缩，这可能意味着新一轮周期的崩溃。很明显，这涉及有关工业的短期和长期可持续性、水、能源、农业、土地使用、社会行为、政府政策和环境影响的环环相扣的问题。同样明显的是，这些问题总是单独处理的，其中一些问题的长期结果并不理想。

瞄准正确的目标

位于图1.4中间的汽车系统展示了可持续性面临的许多挑战。即使是对汽车系统的粗略评估也表明，人们的注意力正集中在错误的目标上，这说明了一个基本的事实：一套严格的技术解决方案不太可能完全缓解一个在文化上已经根深蒂固的问题。改良交通工具，诸如燃料使用、尾气排放、回收利用等方面，在这些方面大量的精力都被浪费了，人们对于它们的投入是惊人的。但是，与我们一贯的理解相反的是，最多的精力（就这个系统而言）应该被投入到最高的层次上：技术基础设施与社会结构。想想使用汽车需要的两大系统成分对能源和环境的影响，首先，"建成"基础设施的建设与维护——公路与高速公路，桥梁和隧道，车库与停车场，这些都会带来巨大的环境影响。其次，建设和维护这些基础设施耗费的能量，自然区域在这一过程中被扰乱甚至破坏，材料需求的数量——从聚集到填充于沥青——都是汽车文化需要，且是由于汽车文化而产生的。此外，汽车是石油产业及其精

炼、混合、运输分配的首要消费者，因此造成如此多的环境影响的原因正是
汽车。一些基础设施建设和能源生产的公司正致力于减少对环境的影响。
但是这些他们所期望的技术和管理上的进步，并不能抵消文化模式和汽车 6
使用产生的需求。

　　汽车产生的最终影响，也是最根本的影响，可能是人口分布的地理格
局，而汽车是这种格局得以形成的主要的动力。尤其是在人口密度极低的
高度发达的国家，例如加拿大和澳大利亚，汽车导致了居住和商业发展不可
持续的分散格局。潜在的公共交通廊道缺少足够的人口密度，使得这类区
域的公共交通不经济。甚至在一些绝对人口密度看起来很经济的地方也是
如此（例如在美国新泽西州人口密集的郊区地带）。交通基础设施的格局一
旦建立，在短期内就很难改变，假如没有特殊原因，住宅和商业建筑在几十
年内不会变动。

整合社会与科学

　　对可持续性本质的理解本能地转向了物理参数，正如本书上的大部分
案例，大多数的文章主要与一种或其他四种资源中的一种有关：土地、不可
再生资源、水和能源。在这些显而易见的问题中，与其中每一种资源都有关
的是："我们拥有足够的资源吗？"然而，这个问题不仅仅关乎能源供给（大
部分是物理参数），也与需求有关（主要与社会因素有关）。

　　城市中的大部分地区的需求十分旺盛，特别是在市区，需求在迅速增长
着。中国和印度的新兴城市就是鲜明的例子，但在发展中国家的世界里，
期望的财富增长与城市化水平的提升使需求虚高。已经证实，城市居民对
各种资源的人均消耗量高于农村居民（e.g., Van Beers and Graedel 2007；
Bloom et al. 2008）。城市居民需要更小的居住空间，利用能源的方式也更为
高效。空间的紧凑使供应回收更为高效，更易于资源再利用。然而，城市属
于污染中的"点污染源"，这常常超出了生态系统自我净化的能力。

　　不管对于资源的需求等级如何，需求经常由个人和个人所在机构的影
响决定。在本书中，对人类已在掌控的资源关注得还不够，大部分原因是由
于定量分析较少，而且很难与可持续的量化观点结合起来。这种方法不应
解释为缺少相关的社会科学主题，而是由于它包含的内容太具有挑战性。

7 最终，社会科学和自然科学应该与可持续相关行动的研究（也可能是已实施）充分结合起来。我们发现这是一个挑战，但是很少提及如何面对这些挑战。

整合理解的作用

到2050年，现代技术能养活90亿人口的世界吗？是的，可以，假如能为农业部门提供充足的土地、能源水、先进技术设备和合适的管理体系。

到2050年，能源能满足90亿人口的需求吗？是的，可以，假如能为能源部门提供充足的土地、水、先进的技术设备和合适的管理体系。

到2050年，水资源能满足90亿人口的需求吗？是的，可以，假如能为水利部门提供充足的能源和先进的技术设备。

到2050年，不可再生资源部门能够提供先进技术部门所需的材料，以满足90亿人口的需求吗？是的，可以，前提是能为这一部门提供充足的土地、能源、水和合适的管理体系。

是否能够以量化的、系统的方式探讨这些重要的、重叠的需求，以使这个星球朝着长远的可持续方向发展呢？这是一个关键的问题，并且是以下章节讨论的主题。

我们注意到一个有趣的现象，至少在进行第一次整合量化管理的尝试时，可以获知一些信息，这些信息与搞清国家物资账目的最新成果息息相关（e.g., NRC 2004；OECD 2004）。在一些国家，现有的账目正在初步成型之中，当其内容与实现或接近实现可持续性所需的进展相一致，并考虑如何监测这些进展时，将展现出它的重要性。我们通过这个论坛来探索个人与可持续的重要组成部分的联系，现在已经至少有了一个初步的样式。本书探究的是，当我们把它们假设成一个整合系统时，应该进行怎样的优化。正如我们所知，对于我们人类种族的生存和地球的可持续，这是一个主要的挑

8 战。没有什么比这更值得探索的了。

土地、人类与自然

2 农业与森林：最近趋势与未来前景

纳文·拉马古迪

摘 要

本章呈现了全球土地资源状况最新的趋势以及未来的前景,重点关注的内容是农业和森林。对农业和森林土地资源的研究显示,虽然还剩余很多适宜耕种的土地,但使用这些土地将会导致宝贵的森林土地资源流失。总体而言,现在的森林砍伐进程已经给非洲与南美洲的森林保护带来了极大的压力,尽管现在印度尼西亚的森林损失率仍是最大的。即使粮食的增产率并不落后于人口的增长率,营养不良现象仍然盛行,在非洲撒哈拉沙漠以南,这种现象尤为严重。未来粮食产量的增长必然通过增大现有农业用地的耕种密度,而不是通过扩大农业耕种面积的方式来实现。增加粮食产量是很有潜力的,甚至可以凭借现有技术水平,通过开发世界上一些国家的产量差(农民实际收获的作物产量与试验站获得产量之间的差距)来增加粮食产量。如果考虑到农业集约化产生的环境后果,这种展望就显得没那么有前景了。一项关于森林的树木消失速率与现储量增长率的对比表明,森林并没有获得足够的恢复时间,尤其是在非洲。假设我们需要留出非商业林地去提供其他的生态系统的服务,只考虑商业林地时,情况看起来甚至更糟。最终,我们需要评估人类对于食物、木材和其他生态系统服务(例如固碳与生物多样性)需求的矛盾。

导 论

土地利用与土地覆盖的改变构成了地球系统转变的一个主要驱动力(Foley et al. 2005；Turner et al. 1990)。土地不仅提供了如食物和森林之类

的主要资源,同时也在与地球系统以复杂的方式相互作用,通过对土地的管
11 理以使我们能够在减轻地球系统退化的同时获取资源,已经变成了21世纪
主要的挑战之一。

如今,近三分之一的土地被农业占用,森林用地占另外三分之一,热带
稀树草原、草原、灌木林地占据五分之一的土地,其余的部分植物稀少,或
是荒地,城市区域占据着非常少的部分(Ramankutty et al. 2008;Potere and
Schneider 2007)。多数的农田扩展是以牺牲森林为代价来完成的,牧场取代
了之前的热带稀树草原、草原、灌木林地(Ramankutty and Foley 1999)。如
今,使土地变化最快的是砍伐森林和农业扩张,这些情况正出现在热带地区
(Lepers et al. 2005)

这些改变是满足人口增长的资源需求结果。食物、淡水、木材和经济林
(非做木材用)都是由土地提供,并用以满足人类社会需要的宝贵资源。土
地能够继续为我们提供足够的资源用以种植,进而满足日益增长的消费和
人口数量吗?在这一章节,我研究了关于土地范围、食物产量和森林产量的
数据,以评估我们土地资源基础状况的最近趋势与未来前景。

分析框架

概念性框架

可持续的系统观点仅主张资源储量减少的速率不应超过资源再生的速
率。至于不可再生资源,储量必然会随着时间而消耗,如此一来,问题就变
成了:在耗尽资源之前,这些资源还能允许我们在已知的速率下继续使用多
久?利用这一框架,我们能够通过确定储量、消耗速率和更新速率来评估资
源利用的可持续性。

土地是我们这个星球上的有限商品,虽然我们能够通过填海造陆少量地
增加土地范围,土地资源本质上来说是一种有限资源。从这种意义上来说,
土地也是一种不可再生资源。至于农业,通过灌溉、土壤管理、温室生产等手
段的使用,地球上有一定数量的潜在耕地可以进一步扩大。①另外,潜在的农
田区域是有限的资源,我们可以估计以现在的利用率多久能够耗尽资源(即

---

① 大部分土地被用来放牧,用于牧业生产。然而,牧业生产朝着"无土地生产"的趋势发展,
在此我将不会关注这些趋势。

农田净增长=农田扩大-废弃农田,图2.1）。森林区域也是有限资源,森林提供综合的资源,包括提供潜在的耕地和林副产品。地球上采伐森林的原因多数是林地转变为耕地（即将潜在的农业用地投入使用）。了解目前森林净变 12 化率（净采伐=总采伐量-森林生长量）,我们能够估算出人类正以什么样的速度消耗着森林资源。

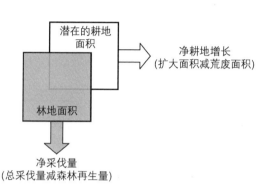

图2.1 评价农田与林地资源的系统视角。净耕地增加或净耕地和森林资源采伐。通过对比利用率和储量,预估资源多久会被耗尽。

　　就食物生产而言,确定储量、流量、范围是更大的挑战。为了简单起见,让我们把这个想法在粮食产量方面验证一下。从某种意义上来说,粮食产量是一个以年为周期的可再生资源,每年我们都收获一年期间谷物和其他作物的总量,在第二年又重新开始。这样,可持续的粮食产量意味着不仅要年复一年地维持这种年度供应,而且要与食物需求增长保持一致。为了使之概念化,假设粮食储量为"潜在的粮食产量"（即一种潜在的农田区域的产量和潜在的最大产量,图2.2）。正如之前讨论过的,潜在的农田资源是不可再生的有限资源,那么潜在的最大产量是有限资源吗？农作物的产量（每单位面积的产量）是阳光、二氧化碳、水、养分和充分的授粉共同决定的。阳光和二氧化碳可以大量获得,后面的几项在环境中的增加则需要人的活动,并且有助于农作物增产的可能性更大。就目前而言,水和养分是限制作物产量的关键;事实上,绿色革命的奇迹就是发展新的农作物栽培品种,这些栽培品种能够利用增加的水和养分供应而实现农作物增产。这样看来,未来能否保持并增加农作物产量的问题,实际上是我们能否继续为农作物提供足够的水与养分的问题。最终,我们也必须考虑到农业的环境影响。扩大和集中农业生产的进程已经产生了一

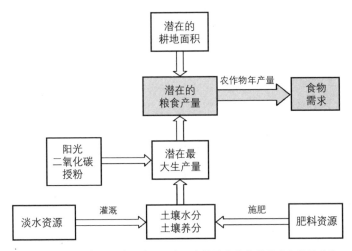

图2.2　评价食物生产的系统视角。食物供应和食物需求之间的平衡。土地是否有每年增产的能力以满足食物需求？产量增长的环境影响不包括在此框架内，但这是必须解决的重要问题。

系列后果，例如，物种和生物多样性的减少，区域的气候改变，水量与水质的变化（Foley et al. 2005；Tilman et al. 2002）。实际上，一些研究表明，为了耕种而清除自然植被，将无意间带来授粉服务减少的后果（Kremen 2002）。类似地，高强度种植使土壤退化，使未来的增产变得更加困难（Cassman 1999）。因此，一种意料之外的耕种的结果是：环境影响可能降低潜在的最大产量。总而言之，食物产量的可持续要求我们解决以下三个问题：

1. 我们有足够的土地、水和养分来维持当前的食物产量吗？
2. 我们能够增加食物产量以满足未来的需求吗？
3. 食物产量将给环境带来什么后果？

　　关于森林产量，我们将讨论限制在木材、储量和流量中，来使其相对容易概念化。储量本质上是增长的木材储量。这是一种可再生资源，因为一旦森林被砍伐后，将会生长至原状，尽管需要几十年才能达到完全成熟的状态。我们因此可以检查目前森林消失的速率是否超过了森林再生的速率。森林再生的速率取决于气候、土壤和其他生物物理条件，并且所需的时间从几十年（在热带地区）到几个世纪不等（在北方地区）。

最后说一点，这些分析在某种意义上可能过高估计资源的可用性：它们研究目前资源利用速率或开采对未来资源的持续可用性的影响。然而，可以预测的是，随着人口与消费的持续增长，未来资源利用的速率将会增长，因此资源的消耗将比预计的还要快。本章节范围之外，还会有更为彻底的分析，因为我们没有现成的关于未来资源使用率趋势的预测。

14

资料来源

监督全球农业和森林状态与趋势的当局是联合国粮食与农业组织（FAO）。根据FAO的网站可知（FAO 2009a），这个组织的首要活动是通过收集、分析使信息变得触手可及，并且通过传播数据来支持发展。FAO并不直接进行数据收集，而是使用它的网络汇集成员国汇报的数据。就农业信息统计而言，FAO每年都会向各国发送问卷，统计的信息随后被输入FAOSTAT数据库（FAO 2009b）。FAO每五年都会汇总林业统计信息，同时也会采用成员国向FAO汇报信息的方法。在2005年进行的最新森林评估中，FAO对超过100个国家的通讯员开展指导原则、专业和报告格式方面的培训（FAO 2005）。

然而FAO的数据一直受到广泛的批评（Grainger 1996, 2008; Matthews 2001），部分原因在于，卫星遥感数据在监测土地变化方面得到越来越广泛的应用。卫星传感可以提供地球的概观图像，并且以相对客观的方式测绘整个地球。近期基于卫星手段的森林采伐预测表明，FAO的数据过高估计了森林采伐（DeFries and Achard 2003; Skole and Tucker 1993）。然而，这些数据仍然存在于研究和发展模式中；对于整个地球来说，随着时间的变化，它们不是持续可用的。此外，虽然可以获得地理范围内土地的卫星数据（即森林区域、农田区域），但仍然无法预测全球土地生产率（即农田产量、森林增长储量）。因此，尽管FAO的数据备受批评，但这些数据仍然被广泛运用，原因如下：(a) 这是获得土地资源（即农业和林业）综合统计信息的唯一途径；(b) 自1961年以来，它们为大多数变量提供了时间序列的数据。因此，在这一章节，我使用了FAO数据，虽然这些数据有可能只是具有参考性的。

农业和森林区域

根据FAOSTAT数据库（FAO 2009b），2005年有5 000万平方千米的农业用地；在这之中，有1 600万平方千米的土地被用作农田，3 400万平方千米的土地被用作牧场。自1990年以来，最大的一次农业用地面积增长发生在非洲的热带国家、亚洲和南美洲 (图2.3)。在欧洲、北美洲和大洋洲，农业15 用地有轻微的减少。[①]

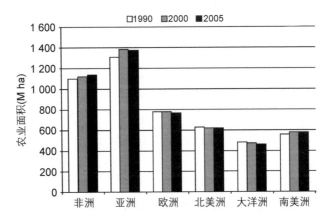

图2.3 世界六个不同的区域1990年至2005年间农业面积的变化趋势 (FAO 2009b)。农业面积在热带地区有所增加，在其他地区有所减少或没有大的变化。

正如上文提到过的，FAO数据有很大的不确定性。尤其是在永久性牧场方面非常不准确。拉马古迪 (2008) 估计全球范围内的牧场面积为2 800万平方千米，与FAO估计的3 400万平方千米截然不同。[②]因此，假如我们把分析仅局限于农田的变化，我们会看到，自1990年最大一次农田面积增加发生于热带地区 (图2.4)。1990年至2000年欧洲经历了农田面积的显著减少，这可以归因于1992年苏联的解体。农田面积增长最大的国家是巴西、苏丹和印度尼西亚[③]，与此同时，苏联和美国农田面积大量减少。

---

① 在这些统计数据中，欧洲包括苏联，北美洲包括中美洲和加勒比群岛。

② 事实上，FAO (2009c) 对于永久性牧场的定义包括以下警告：在这一类和"森林与林地"一类之间的界限相当不明确。尤其是在其为灌木与大草原等情况下，这可能会被同时列在这两类之下。

③ FAO的数据显示中国拥有最大的耕地增长，然而，这个数据很可能是错误的。其他研究已经表明在近十年间中国耕地数量已减少。

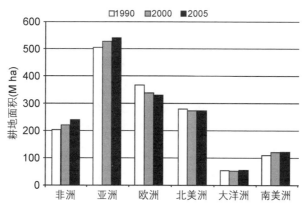

图 2.4　世界六个不同的区域1990年至2005年间耕地面积的变化趋势（FAO 2009b）。耕地面积在热带地区有所增长，但在欧洲与北美洲有所减少。

这些农业土地范围的变化，通常从始至终都会伴随着森林资源的减少，正如2005年森林资源评估报告所描述的那样（FAO 2005）。自1990年以来，世界热带地区的森林面积减少了，然而在同时期，其他地区的森林面积却保持稳定，甚至有所扩大（图2.5）。巴西和印度尼西亚的森林损失最大，在同时期，由于中国进行了大规模的造林项目，森林面积大幅度增长（FAO 2005）。

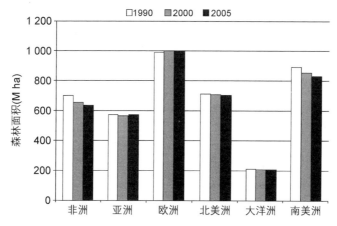

图 2.5　世界六个不同的区域1990年至2005年间森林面积的变化趋势（FAO 2009b）。在过去的二十年里，热带地区面临着森林采伐，与此同时，其他地区的森林总量稳定或处于再生过程中。

我们的土地资源耗尽了吗?

16 　　目前的土地变化率暗示着什么? 我们经常读到全球土地变化范围的报告,根据上下文,这个变化经常等同于类似大小的地理单元。例如,当FAO发布2005年的FRA报告时称:"2000年至2005年之间,森林面积的年均净损失达730万平方公顷,每年损失的面积与塞拉利昂共和国或者巴拿马一样大。"除非人们知道塞拉利昂共和国有多大,以及损失的面积与地球总面积的关系,否则这种对比不会让人详细地了解情况。此外,这也无法使人对消耗资源持有一种强烈的意识。在可持续的背景下,我们需要解决的真正问题是:我们将要耗尽农业和森林用地吗?

17 　　就农田而言,首先需要解决的问题是测量全球范围内适合耕种的潜在土地总面积。我们引用了费舍尔等人在关于全球农业生态区的工作中对于"雨养潜能"的预测。可以通过技术手段增大土地潜能,例如灌溉和温室生产。然而,温室生产能源消耗巨大,因此只适宜生产具有较高经济价值的作物(大麻可以作为一个很好的例子,此外还有花卉与蔬菜);然而,灌溉受到可用水量的限制,因此,适合雨养的农田总量是初步分析的较好的衡量标准。对比2005年的农田面积与总体潜在面积(图2.6),可以很清楚地发现,大多数剩余的可耕作土地位于非洲和南美洲,同时也说明了亚洲几乎用尽

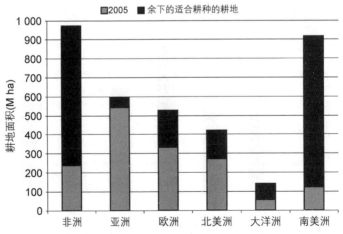

图2.6 世界不同区域剩余的潜在的耕种区,非洲和南美洲拥有大部分适于耕种的土地,亚洲拥有最少。

了所有的耕种潜力，虽然非洲与南美洲仍然有耕种的潜力，然而大多数土地被森林覆盖，这就意味着，如果开发土地，将会导致珍贵的森林资源的持续性减少。此外，主要的农田已经由于退化与城市化而迅速减少，生物燃料作物的种植带来的压力甚至更大（Righelato and Spracklen 2007；Sorensen et al. 1997；Wood et al. 2000）。很显然，未来扩大食物产量应该通过食物集约化生产来实现，而不是像过去五十多年那样，通过土地扩张的方式来实现（见下一章节）。

　　尽管如此，根据目前变化速率（1990年至2005年期间），我们能够估算出耗尽适宜的农田或森林用地资源还需要多少年（表2.1）。虽然非洲的潜能开发已经以当前的速率持续近三百年，但亚洲剩余的适宜农田是最少的。当前的采伐速率正威胁着亚洲和南美洲的森林，然而这些区域的整体数据掩盖了每个区域内的关键变化，例如，虽然亚洲的采伐率看起来并没有威胁，但这主要是由于中国森林面积的显著增长弥补了其他地区的迅速采 18 伐造成的损失。国家层面的分析能够反映出一些细微的差别。不幸的是，关于适宜的农田面积的国家层面的数据并不容易获得，除非这些适宜的农田区域被森林覆盖。那些国家占有的森林可以达到世界森林总量的1%以上，印度尼西亚正以最快的速度减损着森林（47年之后耗尽），其次是赞比亚（95年后耗尽）和苏丹（114年后耗尽）。巴西拥有全世界12%的森林，如果按现在的采伐速率，170年后森林资源将会耗尽。

表2.1　根据1990年至2005年土地变化速率预测得出的适宜农田与森林
　　　　用地可使用年数。数值没有标明农田面积减少或森林面积增加。

	剩余年数	
	耕　地	森　林
非　洲	310	149
亚　洲	24	2 946
欧　洲	—	—
北美洲	—	2 143
大洋洲	1 018	494
南美洲	973	210

　　需要提到，这一分析带来的另一个警告是：全球环境的变化可能会改

变未来农田与林地的可用性。例如，费舍尔等人（2002）与拉马古迪等人预测，在21世纪末，气候变化将会导致北半球高纬度地区（大部分被发达国家占据）农田适宜性的增大。与此同时适宜性在热带地区（大多数为发展中国家）降低。尽管世界上绝大多数农田都位于内陆地区，海平面上升仍然是一些区域（例如孟加拉国）的农田面临的另一类威胁。

谁拥有土地？

到目前为止我们已经着眼于全球土地分配：它们如何变化，它们的极限在哪儿。现在我们转向这样的问题：目前的用地分布是否合理？考虑到全球贸易增长的量，一个国家是否拥有所有资源已经变得不再重要。但是，考虑到最近发达国家强调的"能源独立"（与能源安全相关），很显然，"土地资源独立"可能也值得重点探讨。

全球农田与森林用地在全世界范围内是如何分布的，与人们居住地点相关吗？就表2.2而言，我们可以看到在2005年，全球人均农田占有面积从1990年的2 900平方米下降为2 400平方米。北美洲与大洋洲的人均农田拥有面积为全球平均水平的两倍以上，亚洲拥有量最少，人均仅为1 400平方米。北美洲和非洲自1990年以来经历了人均农田面积最大幅度的减少，在人均农田面积占有量方面，其仍为全球人均的两倍以上。就森林而言，大洋洲目前的人均占有量最大，其次为南美洲，相比之下亚洲则最少。自1990年之后人均森林占有量变化最大的是非洲。

表2.2　1990年至2005年间人均土地资源的变化。

（a）耕地（平方米/人）	1990	2000	2005	总变化
非　洲	3 220	2 742	2 631	−18.3%
亚　洲	1 595	1 437	1 383	−13.3%
欧　洲	5 086	4 641	4 551	−10.5%
北美洲	6 613	5 629	5 322	−19.5%
大洋洲	20 145	17 144	16 629	−17.5%
南美洲	3 698	3 435	3 261	−11.8%
全球均值	2 881	2 524	2 414	−16.2%

(续表)

(b)森林(平方米/人)	1990	2000	2005	总变化
非　洲	11 044	8 090	6 988	−36.7%
亚　洲	1 807	1 540	1 461	−19.1%
欧　洲	13 693	13 647	13 712	0.1%
北美洲	16 787	14 588	13 797	−17.8%
大洋洲	79 962	67 903	62 621	−21.7%
南美洲	30 034	24 437	22 245	−25.9%
全球均值	7 719	6 555	6 108	−20.9%

粮食生产

　　自20世纪40年代绿色革命兴起，粮食产量发生彻底改变。高产的玉米、小麦、水稻品种的培育，灌溉与化肥使用的增多，使农业用地产量大大增加。实际上，从FAO获得的数据表明，在1961年至2000年之间粮食产量[①]增加了2.3倍，超过了人口增长2倍的速度(图2.7)。在同一时期，农田面积仅增长了12%，收割面积增长了21%(这是由于混合种植的增加)；然而，灌溉面积翻了一番，使用化肥量增加了3.3倍。很显然，过去50年粮食增产的原因，是由于集约化生产的推广，而不是农业生产面积(收割面积)的增大。

　　让我们简要看一下世界各地区农业变化情况与人口增长的关系(图2.8)。自1961年以来，除了非洲粮食产量保持平稳外(尤其是撒哈拉沙漠以南地区)，世界各地区人均粮食产量都发生了引人注目的增长。尽管1990年之后，我们在提高人均粮食产量方面取得了一些成就，然而，如今非洲的人均粮食产量仍是世界最低的。事实上，营养失调方面的数据显示，虽然在发展中国家营养不良的人口已经从1970年的9.6亿减少到2003年的8.2亿，但是，在撒哈拉沙漠以南近30%的人口仍然很难持续获得充足的食物(FAO

---

① 本文中食物生产数据包括谷物、根茎和块茎、豆类、油料作物、树木坚果、水果和蔬菜的产量。

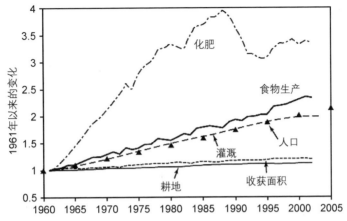

图2.7　自1960年起人口变化趋势、粮食生产以及粮食生产的不同要素
变化趋势(FAO 2009b)，粮食生产已经跟上人口增长的速率。集约化生产
(灌溉、化肥)对粮食产量增长的贡献大于农业种植区的扩张。

2006b)，自1961年起，亚洲、大洋洲、南美洲的人均粮食产量一直保持持续增
长。受苏联解体的影响，欧洲在1991年之后人均粮食产量下降，但在2000
年之后恢复。北美洲在1990年之后有轻微的减少，但鉴于营养不良的现象
并未影响到这一地区大多数的人口，因此人均粮食产量的减少并未产生令
人担忧的后果(Flegal et al. 1998)。

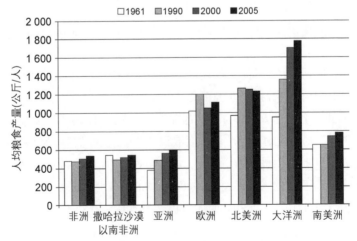

图2.8　自1961年起世界不同地区人均粮食产量的变化趋势。相比1961年
的数据，在2005年，除撒哈拉沙漠以南非洲地区之外人均粮食产量都有增加。

　　为了满足逐渐增大的需求，未来增加粮食产量的前景如何呢？就食物而言，在人类设想的愿景中是无限。虽然可以获得的土地本身是有限的资源，我们有能力从现有的土地上获得更高的产量，从而在未来为我们提供越来越多的粮食资源。这样一来，问题变成了未来提高产量的潜力限制。正如上文所提到的，由于高产量农作物品种的推广与灌溉技术、化肥的应用，粮食产量实现了历史性的增长。因此，粮食产量的限制应该包括缺乏进一步的品种开发、水资源的耗尽（在世界上的几个地区已经产生影响），或者是化肥的耗尽。粮食增产的需求是由预计的人口增长和消费增长所驱动的。下面我们依次看一下每个方面。

粮食增长的潜力限制

　　对过去50年内粮食产量变化的回顾，可能为未来情况将如何发展提供线索。一些研究显示，产量提高的速率正在减慢，甚至已经达到了一个峰值（e.g., Brown 1997）。事实上，虽然在过去的50年粮食产量有显著提高（图2.9），但除玉米之外，其他主要农作物的产量增长率却在下降。尤其是小麦的产量，在20世纪60年代以每年4%的速率增长，但自2000年起，产量每年提高的速率仅有0.5%。这种产量增长减缓的现象可能反映了人们对这些农作物的需求量减少（FAO 2002）。另一种审视这一问题的方式

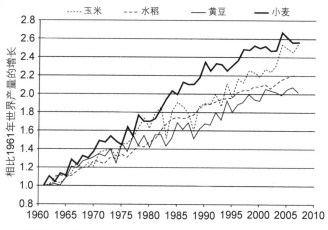

图2.9　自1961年以来全球主要农作物（FAO 2009b）产量在过去40年增长了2倍以上。

是研究"产量差"(即在现有的技术水平下,当前产量和最大可实现产量的差异)。"产量差"在这种情况下反映了土地管理情况(例如灌溉与化肥应用),农民在有经济利益刺激的前提下可以实现这种管理。对有关小麦的对比表明,虽然全球小麦产量增长看起来减缓了,但在许多国家中仍然有足够的产量提升空间,这种提升甚至可以在没有新技术发展的前提下实现。

在未来,有足够的水与肥料用以增加粮食产量吗?现在和未来的灌溉取水量与再生水资源的对比表明,从全球的尺度上来说,虽然在一些地区灌溉用水几乎达到了极限,但在如近东地区、北非和南亚,在可预见的未来,仍可以获得大量可再生水资源(图2.10)。当然,在局部地区,已经出现水资源匮乏的情况,并且在未来将有持续不断的来自水资源方面的压力。此外,100%的可再生水资源用于农业意味着这些资源并没有留给人用于自身需求以及为其他生态系统服务。提高农业用水效率对未来农业生产起决定性作用,与此同时,也为其他生态系统服务提供足够的水资源(Postel 1998)。至于化肥,我们目前通过哈勃·波什的程序生产氮复合肥料,硫酸盐和磷酸钾被开采。虽然大气提供了近乎无限的氮肥产品的原料,但生产氮肥的能耗是巨大的,不过,化肥生产的耗能仅占1990年整体能源消耗的2%(Bumb and Baanante 1996)。此外,已知的磷酸盐与磷酸钾肥料的存储率要远大于现有的使用率(Waggonor 1994)。因此,尽管最近发表的文章表明,磷酸岩石的经济可采储量仅能维持90年(Vaccari 2009),化肥在可预见的未来是没有使用限制的。

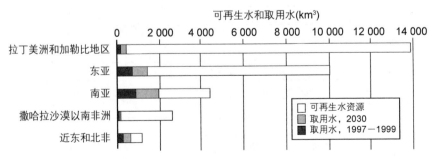

图2.10　可再生水和抽水灌溉。虽然在一些区域内灌溉用水接近极限,在全球尺度下可预见的未来,仍有大量的可再生水。

技术上的提高，包括生物技术的应用，能够通过培育高产品种，耐盐、耐旱品种，抗病虫害品种或者具有更高营养价值的品种来进一步提高粮食产量。但是，技术的发展，尤其是生物技术的推广与应用，在带来潜在利益的同时也带来了潜在的风险（FAO 2002）。生物技术有望迅速达到减轻发展中国家贫穷与饥饿现状的目的；然而，为了减轻或避免其带来的潜在风险，应该出台相应的政策。

增加粮食产量的潜在动力：增加的需求

粮食产量需求增大的动力是人口增长导致的食物消耗增大。根据联合国的中位变差预测，世界人口有望从2007年的67亿增长到2050年的92亿（误差范围在7.8亿至10.8亿之间，UN 2007）。几乎所有增长的人口都来自世界上的发展中国家。仅人口增长就可导致食物需求增加37%（误差范围在16%—61%）。同样地，就像前面章节所讨论的那样，这种需求是能够被满足的。然而，特别是随着发展中国家收入的提高，饮食结构正朝着肉食转变，这一关键因素将会从本质上影响粮食需求，其影响甚至超出这一水平。

如今，35%的粮食（以及未经加工粮食的五分之三）用于饲养牲畜（表2.3）（FAO 2002）。虽然发达国家用于饲养动物的粮食比例仍占主导地位，发展中国家的增长却是最快的。在高收入国家（北美地区），用于饲养牲畜的粮食比例自1960年之后一直在减少，但在低收入国家（亚洲、美洲中部、加勒比海地区、中东和北非、南美、撒哈拉沙漠以南地区），这一比例却迅速扩大。这一趋势被称作"畜牧业革命"：对畜牧业的需求随着人口的快速增长、收入提高和城市化进程而增大（Delgado et al. 1999；Wood and Ehui 2005），虽然在1982年至1992年之间，在发达国家中，对肉类的消费以每年1%的速度增长，但在发展中国家这一速度可以达到5.4%每年（Wood et al. 2000）。国际粮食政策研究机构的IMPACT（国际农业商品与贸易政策分析模型）预测，在1997年至2050年间，全球谷类产量将增加56%，肉类产量将增加90%，其中发展中国家将分别占谷物和肉类需求增长的93%和85% 24（Rosegrant and Cline 2003）。

表2.3 用于饲养牲畜的粮食占粮食消耗总量的比例(世界资源研究所2007)。

	1960	1980	2000	2007
世　界	36	39.1	37.3	35.5
高收入国家	67.9	67.1	63.1	51.7
低收入国家	0.5	1.6	4.4	5.2
亚洲(除中东)	4.6	12	20.5	20.4
中美洲及加勒比地区	6.6	25.4	44.4	48.8
欧　洲	NA	NA	44.2	52.5
中东和北非	14.1	25.1	32.2	33.7
北美洲	78.8	74.5	66.7	51.7
大洋洲	44.8	58.5	57.4	63.7
南美洲	38.1	45.3	50.7	53.5
撒哈拉沙漠以南非洲	4.2	10.6	7.6	6.8

NA=数据缺失。

农业的环境影响

虽然粮食产量的提高在未来是必要且可以实现的,但农业对环境的影响已经很明显,并且正在不断增大(Foley et al. 2005;Tilman et al. 2001),农业已经成为致使鸟类灭绝的最大威胁(Green et al. 2005)。农业扩张导致能够提供有价值的生态系统服务的森林消失(Ramankutty and Foley 1999)、地表水量变化(Postel et al. 1996)、区域和全球气候变化(Bounoua et al. 2002)以及二氧化碳这一温室气体(Houghton 1995)的排放,在化肥使用过程中过量的氮、磷的排放生成了一氧化二氮,这是一种效果显著的温室气体,同时也导致了湖泊、河流、沿海生态系统的富营养化(Bennett et al. 1997;Vitousek et al. 1997)。对于粮食生产而言,可持续的核心问题是:能否在不损害环境的情况下实现粮食产量翻一番(Tilman et al. 2001,2002)。

林业产出

森林提供生态系统综合服务,其中包括调节区域气候、减缓地表水流、

水资源净化、碳汇集、提供动植物栖息地、土壤保持、生物多样性维持、提供 25
森林产品（如木材、燃料）和非木材类森林资源（如娱乐）。其中的一些服务
仍然没有被量化，而且它们经常与其他的一些服务"捆绑"起来，很难分开，
在这一章节，我只关注最近的趋势和储量增长情况以及森林的木材消耗，忽
略森林提供的其他类型服务。

从全球范围来看，自1990年以来，储量有轻微的减少。就森林面积而
言，热带地区（亚洲、非洲、南美洲）的总蓄积量已经减少，然而，欧洲和北美
洲的总蓄积量却在增加（图2.11）。导致这种变化的原因是森林面积的变
化（如上文所述）或者是森林的生长密度变化。就全球层面而言，森林储量
增长的趋势并不显著（未显示）。尽管欧洲（不包括俄罗斯）的储量增大，但
亚洲的储量有所减少（由于印度尼西亚的原因）（FAO 2005）。在全球层面，
经济森林储量增长略微减缓，主要是受欧洲在1990年至2000年间减缓的影
响。其他的区域变化较小，热带地区有少量的减少，在北美洲有所增加。总
的来说，非洲和南美洲拥有最大数量的非经济森林（在过去20年内减少），
相比之下北美洲的非经济森林数量最少。

森林减少的数据显示，自1990年以来，仅非洲和大洋洲的树木砍伐量增
大（图2.12）。非洲的采伐量增加是由于工业用的圆材与燃料用木材的使用

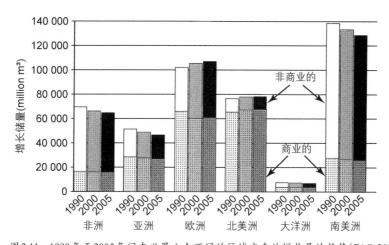

图2.11　1990年至2005年间在世界六个不同的区域内森林增长量的趋势（FAO 2005）。
柱状图的上端区域表示非经济林，底部区域描述的是经济林。对于森林面积，热带地区的总增
长量降低，其他地区的增长量增大或保持稳定。除在欧洲有大幅度减少，经济林增长量是最稳
定的。非洲和南美洲拥有最大数量的非经济林。

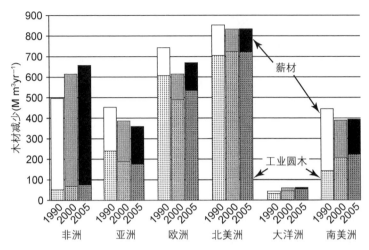

图2.12　1990年至2005年间在世界六个不同的区域内森林消失量的趋势（FAO 2005）。柱状图的上端区域表示燃料木材，底部区域表示工业圆木。

增加导致，大洋洲的采伐量增大主要是由于工业用的圆材量的增加。亚洲森林采伐量之所以减少，主要是由于中国颁布的禁止采伐政策（FAO 2005）。燃料消耗木材是非洲木材消失的主要原因，并且消耗量大约占南美洲和亚洲森林消失总量的一半。相比之下，工业圆木材生产是发达国家森林消失的主要原因。

　　森林的砍伐是可持续的吗？假如森林首先被用于木材生产，这一问题在于：在采伐与森林恢复之前是否有充足的时间。增长量和森林砍伐速度的比率可以大致估算一片森林恢复至原状平均需要多少年。表2.4的数据显示，基于总增长量，在非洲和北美洲森林恢复时间最短。目前这些区域的森林砍伐速度意味着森林需要100年的恢复期，在南美洲，需要300年的恢复期。然而，这一预测是基于假设亚马逊和刚果宝贵的热带雨林总量是潜在可砍伐的基础上进行的。假如我们珍视这些森林提供的混合区域性和全球性的生态系统服务，那么必须禁止砍伐，我们必须把分析限定在经济林上。在此基础上，非洲和大洋洲的森林有最短的恢复时间（分别为24年和59年），欧洲需要的恢复时间最长（90年）。由于森林需要25至200年才能完全恢复

26　生物量，根据不同区域的情况（Houghton and Hackler 1995），这些恢复时间暗示目前的砍伐率是不可持续的，或者是非经济林需要进行木材生产管理。然

27　而，需要注意的是，这个分析包含着一个重要的警告，根据FAO（2006）：

表2.4 2005年的消失量和增长量与预计的森林恢复时间。

	增长量			恢复时间	
	总　量	商业的	木材减少	总增长储量	商业储量
	（M m³）	（M m³）	（M m³yr⁻¹）	（yr）	（yr）
非　洲	64 957	16 408	670	97	24
亚　洲	47 111	27 115	362	130	75
欧　洲	107 264	61 245	681	158	90
北美洲	78 582	67 815	837	94	81
大洋洲	7 361	3 751	64	115	59
南美洲	128 944	25 992	398	324	65
世　界	434 291	202 326	3 012	144	67

这些数据仅供参考，并且消失量的数据不应该直接与增长的数据比较，尤其是在国家层次上。例如，消失尤其会在森林之外发生，其他林地和森林外部的树木也在消失——特别是在发展中国家用作燃料的木材的消失——而增长量的估算仅仅限于森林地区。

这将导致对森林恢复时间的低估，然而，在之前的报告中，FAO声称："一些国家常常不报告非法砍伐和非正规的作为燃料用途的木材收集的情况，所以森林消失的数量可能还更大。"这将导致对森林恢复时间的过短估计。

FAO告诫称不要将国家层面的砍伐量与增长量加以对比，仅有少量的案例能够提供一些见解（表2.5）。美国的恢复时间在51至60年之间，相当短。如果仅考虑经济林，巴西只需要51年的恢复时间，但假如把所有的森林类型都考虑在内，则需要280年。印度与加蓬需要1 000年甚至更长时间的森林恢复时间。在中国（我们名单中唯一汇报数值的国家）与俄罗斯，将"其他林地"包含在内对预计恢复时间影响最小。加拿大拥有非常完备的森林管理政策，计划用150年左右的时间进行森林的恢复。

结　论

就全球而言，有大量适合耕种的土地剩余，但这些土地大部分被珍贵的

表 2.5 根据储量增长最快的 10 个国家的各种限度估计恢复时间。

国家	巴西	俄罗斯	美国	加拿大	刚果	中国	马尔代夫	印度尼西亚	加蓬	印度
总增长储量 (M m³)	81 239	80 479	35 118	32 983	30 833	13 255	5 242	5 216	4 845	4 698
总增长储量（占全球的百分数）	21.16	20.96	9.15	8.59	8.03	3.45	1.37	1.36	1.26	1.22
商业增长储量 (M m³)	14 704	39 596	27 638	32 983	NA	12 168	NA	NA	NA	1 879
其他林地总增长储量 (M m³)	NA	1 651	NA	NA	NA	993	NA	NA	NA	NA
2005 年木材产品的减少	290	180	541	224	83	135	24	11	4	5
恢复时间：总增长储量 (yr)	280	447	65	148	372	98	218	463	1 146	994
恢复时间：商业林地 (yr)	51	220	51	148	NA	90	NA	NA	NA	398
恢复时间：总量＋其他林地 (yr)	280	456	65	148	372	105	218	463	1 146	994

NA＝数据缺失。

热带雨林所覆盖。亚洲剩余的耕地最少。非洲和南美洲受当前森林砍伐速度的影响最大。全国性的分析表明，印度尼西亚的森林消失速度是最快的。

在近几十年内，食物生产的速率能够满足人口增长的需要，大部分的增长是由于产量的增加，并且，在未来，粮食很有可能通过增大现有土地的使用强度而不是扩大耕种面积来实现持续增产。以全球尺度观之，粮食生产的可持续不是一个资源限制的问题（土地、水、化肥），而是一种环境的结果。考虑到合理的价格，有充足的土地和生产力差距可供开发等因素，人类能生产足够的食物满足未来的需求。然而，真正的挑战是，如何在农业生产的过程中减少对环境的损害。

此外，当前流行的营养不良现象很大程度上说是"分配"问题；人们不能得到足够的土地去自己种植粮食，也没有足够的收入购买食物。其实目前全球的产量可以轻而易举地为每个人每天提供 2 800 卡路里（Wood and Ehui 2005）。另外，由于世界上 35% 的谷物产量都被用于饲养动物，如果肉类消费减少，在提供卡路里方面将有巨大的提高。

对森林砍伐速度与现存增长量的对比表明，森林再生的恢复时间并不充足，在非洲尤其明显。要是把经济林考虑在内，假设我们需要留出非经济林以实现其他生态系统服务功能，这种情况甚至更可怕。然而，数据准确性的不足，正如 FAO 已经认识到的那样，表明这一分析并没有说服力。

"有足够的土地为一个有 100 亿人口的地球提供资源吗？"对这一问题的简单回答是"有"。然而，一些额外的考量却使得这一简单的回答失去了意义。首先，这一回答没有考虑环境的代价。评价土地资源的可持续性最终是一种权衡分析。事实上，千年生态系统评估得出如下结论：粮食生产服务一直在增加，而木材和纤维生产的情况则是复杂的，几乎所有的其他生态系统服务功能都被减弱了。因此，我们需要评估土地用于食物生产、木材、生物能源，以及其他生态系统服务，如二氧化碳汇集和生物多样性的竞争性需求。目前可获得的数据还不足以评定这种权衡，部分是由于 (a) 土地覆盖的转换（例如森林转变为农田，森林转变为草地，农田转变为城市用地等）无法被很好地描述，并且 (b) 我们对其他生态系统服务的数据与趋势都知之甚少。

另外，为了了解土地资源的可持续，了解供应地点与土地资源需求之间的关系是至关重要的。假如需求的土地资源与供应地点是分离的，生产的环境影响与资源需求之间将会缺少反馈。因此，我们需要考虑连接世界上

30 某一区域需求与世界另一区域供应的"土地转变链"。

致　谢

我要对恩斯特·斯特格曼论坛的同事们的意见反馈表示感谢，这些意见帮助我完善了原稿，并且将这个成果与工作组的讨论更好地联系起来
31 （see Seto et al., this volume）。

3 生态系统功能与服务的视角

奥斯瓦尔德·J. 施米茨

摘　要

可持续性通常被视作为实现人类福祉和环境健康目标,对社会和环境负责的行为。人类的福祉取决于生态系统中物种所提供的持续环境服务。很多服务源自物种间功能上的相互依赖。因此,可持续性需要有效的管理,以在物种开发利用、物种提供的服务和物种功能相互依赖的保护之间达到平衡,这些管理工作如何进行需要根据可持续系统的设想与可持续性的定义来确定。通过利用生态系统科学中的概念思维,本章着重阐述了一个系统可持续发展所需要的基本要素。这种探讨是围绕关于可持续性的三种定义展开的:持续性、可靠性、弹性。这一章节展示了对于可持续性这三种不同的定义是如何得出不同的结论的,甚至可以在某些系统可持续性条件下,实现提高人类和环境健康的目标的可能性。

导　论

自从奥尔多·利奥波德路线确定研究人类如何与自然世界互动以保证自然服务的恒久之后,可持续性的理念成了正统思想。现在已经有了一种正式和广泛的认识,即生态学家能够而且必须促进人们思考可持续性的真正内涵,科学的视角需要提高可持续性的内涵严谨性,并着手于设计清晰与可衡量的标准来评判成功 (Lubchenco et al. 1991;Daily 1997;Levin et al. 1998;NRC 1999;Gunderson 2000;Myerson et al. 2005;Palmer et al. 2005)。 33

生态学家一致认为,可持续发展的目标必须包括在长期的环境限制下来协调人类的社会需求 (Lubchenco et al. 1991; NRC 1999; Palmer et al. 2005)。在这种情况下,可持续性基本上取决于对地球重要生态系统服务的良好管理。

生态系统服务可以分成两大类,即物质材料与功能 (Myers 1996; de Groot et al. 2002)。物质产品包含较容易衡量经济价值的贡献,比如经过改进的新一代食品,以植物为基础的药物,工业原料以及生物能源生产。物质产品的价值是由供应和需求价格决定的,因为它们可以在市场上交易 (de Groot et al. 2002)。另一方面,功能通常没有市场价值,因为它们不便于出售。功能(例如,生产、消费、分解)提供了一系列服务,这些服务通过生态系统可持续的组成部分对人类做出贡献,主要经济大国都依赖于此。这些服务包括,例如,水质的管理,温室气体的管理,干扰管理(包括洪水与侵蚀的控制,对入侵物种的抵御),有机废物与矿物元素的循环,农业的土壤形成,授粉 (Myers 1996; Daily et al. 1997; Groot et al. 2002),或者减少生产的花费 (Schmitz 2007)。尽管持续的生态系统服务功能常常被人类忽视,讽刺的是,它们却可能拥有与物质产品相当的价值,甚至可能高于例如森林、渔业和农业等传统自然能源部门管理的物质产品的价值 (Costanza et al. 1997, Daily 1997)。由于生态功能源自构成生态系统的生物物种,因此人们期望这些功能的水平与生态系统中的生物多样性的水平有关,事实上这是有科学依据的 (Hooper et al. 2005)。

一种把社会行为推向可持续的关键性挑战是了解生态系统中的能源和材料储备是如何集中于物种并在物种间流动的,以及人类在利用与保护之间如何权衡。为了展示这种权衡,让我们看以下例子:

首先,美国大部分西部草原生态系统适合于放牧家畜与谷物生产。历史上,草地曾藏匿着大型食肉动物(如灰狼),它们能够捕食家畜,因此对畜牧业产生危害。结果,这些大型的捕食者被人类有组织地从它们的历史中灭绝了 (Leopold 1953; Schmitz 2007)。伴随着这种灭绝行为的后果就是当地如麋鹿 (Cervus elaphus) 和驼鹿 (Alce aces) 之类的食草动物的种群密度长期持续增强。由于过度啃食,大量的食草动物对滨水栖息地造成了破坏性的影响 (Beschta and Ripple 2006; Schmitz 2007),这反过来导致用来灌溉农作物的水流量与水质下降 (Beschta and Ripple 2006)。未能保持生物多样性及其特有的功能——如在这个案例中,捕食者物种和它们限制当地食草动物数量的能力——能够导致对农业生产十分重要的生态系统服务功能的严重退化。

其次，为了蔬菜作物的生产，人类适应自然生态系统。人类需要进一步依赖昆虫，尤其是蜜蜂，在果实成熟前为农作物授粉（Kremen et al. 2002）。人类已经依赖这种功能上千年了，并且广泛养殖欧洲蜜蜂（Apis mellifera）来持续这种功能（Kremen et al. 2002）。然而，由于疾病和杀虫剂的毒性，欧洲蜜蜂的数量严重减少，农业因此遭受危害（Kremen et al. 2002）。一种解决方式是利用当地授粉者的多样性作为替代方式。然而，促进当地授粉物种的多样性需要保证它们的栖息地邻近农田，以便能够成功授粉（Kremen et al. 2002）。这意味着农民需要减少农田用地的面积，并建立土地利用组合，在以维持生物多样性为目的的栖息地保护与粮食生产之间作一种权衡。一旦未能保持多样性及其特殊功能——在这里即昆虫物种多样性和授粉——便会削弱农作物的生产能力。

这个例子说明了人类与自然之间，在供应与利用生态服务方面相互依存与相互反馈的复杂关系。要想理解这些相互依存与反馈如何影响可持续性，需要仔细考虑如何定义系统，并且更重要的是，需要考虑可持续性的标准。我在本章的意图是叙述生态学家竭尽全力解释的生态系统服务相关概念，进而引发关于我们如何发展人类主导的可持续系统的指标与衡量标准的思考。

阐述生态学的可持续性原则的价值在于，生态系统也许是典型的复杂系统（Levin 1998）。它们包含许多不同的主体，这些主体在高度互联和相互依赖的网络中直接或间接地相互作用。此外，更高规格的系统特性，如营养结构、养分储存和流动，以及生产力，来自较低规格的相互作用和主体之间的选择（Levin 1998）。生态系统也被认为是复杂的适应性系统，它有一个永久性的反馈环，在这个反馈环中，高规格的属性改变低规格的相互影响，然后产生新的潜在属性（Levin 1998）。因此，对于旨在确认考虑现代可持续性问题时所需的功能复杂性水平的研究项目来说，生态系统代表了强大且有效的隐喻（Myerson et al. 2005）。

关于生态可持续性的正式研究大部分以不同的名义开始：生态的稳定性（MacAthur 1955；Holling 1973；DeAngelis et al. 1989；McCann 2000；Ives and Carpenter 2007）。在生物科学中，根据研究与管理的目标，稳定性被

35 用很多种方法定义和量化 (McCann 2000; Ives and Carpenter 2007)。然而，这种与人类主导系统的可持续性相关的定义能够分成三大类。

> 1. 持久性：如果一个系统能够在长时间保持运行,这个系统就被认为是高度可持续的。
>
> 2. 可靠性：如果系统某一级别的功能只有很小的变化与波动,这个系统就是高度可持续的。
>
> 3. 弹性：如果系统能够缓冲干扰或者能够迅速地适应干扰,并对其做出反应,这个系统就是高度可持续的。

在这一章节,我回顾了这些概念是如何应用和理解生态系统可持续性的。从根本上说,应用性很大程度上依赖生态系统如何构成与功能如何持续。

生态系统如何构成与持续

大体而言,一个生态系统是自然经济的概念化体现,包含着消费和转化为能量与营养物质的产品链条。在这种经济中 (图 3.1a),植物 (初级生产者)"消费"原材料 (太阳能、养分、二氧化碳),并且生产可食用组织 (次级生产)。食草动物 (初级消费者) 食用植物,生产食草动物组织 (次级生产)。食草动物生产,之后又被捕食者消费 (次级消费者) 从而形成第三级生产。生物学家指出,这种消费者—生产者之间的相互作用是一种营养的相互作用。同处于特定类型的营养关系的主体属于食物链的同一营养等级。所以,例如,食草的主体属于食草动物营养级,以食草动物为食的主体属于食肉动物营养级,等等。

在食物链中从一个营养级到另一个营养级的能量与物质的转化必须遵从能量守恒定律。这意味着从一种物质或能量形式转变为另一种物质或能量形式的转变效率不会达到 100% (Odum 1997)。不同的指数被用于量化效率,包括养分 (资源)、利用率 (每吸收单位营养所产出的量)、生产率 (每吸收单位的能源所产出的量)。这些措施本身就是有效的效率指标。但是,如果不考虑所衡量的系统类型,这些指标就不是合适的可持续性指标。也就是说,即使系统处于不可持续的情况,系统中的主体仍然能够有效利用资

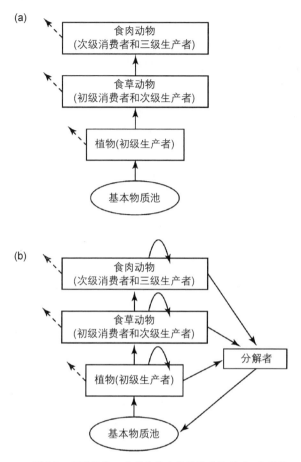

图3.1 通过消费—生产系统中的物质流的描述,直线箭头代表着从生产者流入消费者,虚线箭头表明由于新陈代谢与淋溶作用带来的损失;曲线箭头表示对不良反馈的自动调整。(a)在一个开放的系统中,物质沿营养链流动,并且从系统中消散。(b)一个封闭的系统的形成是由于物质循环通过分解作用与自身对负面反馈的调节。

源。因此,生态科学明确区分了可持续性与效率,然而,在大众的思维中这些概念却经常相互转换。 36

开放 vs. 封闭系统与持久性

图3.1a描述了一个开放的系统,从某种意义上讲,能量与养分(资源)通

过生产者进入系统，经过食物链的向上传递，最终到达最高消费者。随着资源沿着食物链向上一级传递，其中一小部分随着呼吸作用（新陈代谢的过程）从系统中释放出来，或者通过淋溶作用渗透出来；因此转化是不高效的，只有在有无穷无尽的资源供应从消费链底部进入的前提下，这种系统才是稳定的（可持续的）。从太阳获得能源时才能满足这种条件，实际上，这是一种几乎无限的供给。然而，如果系统由数量有限的不可再生能源与物质支撑，这种条件就无法满足（例如化石燃料、矿物资源与养分）（DeAngelis et al. 1989）。这种无限与有限的资源供应在开放的系统中是关键性的，尤其对于推动可持续技术来说。

37

在很多案例中，需要技术革命来增加有供应限制的能源与材料的转化效率，以此促进可持续资源的利用（例如，改进燃烧化石燃料的汽车经济）。虽然这些举措增加了资源库的使用年限，但仍然不是长期的解决方式，因为资源终究会耗尽，依赖资源的经济也会随之崩溃。另外，假定地球上的矿物与养分资源是固定供应的（Gordon et al. 2006），循序渐进地把经济从一种能源限制型转为另一种，从长远的角度来看同样是不可持续的，因为某种特定资源会减少。增加任何有限资源的利用率本身只是权宜之计，都是在为社会向替代性与可持续性的方式转型争取时间。这种做法回避了问题的实质：那些依赖有限资源的系统的可持续性要求是什么？

一个依赖于有限资源的生态系统在变成封闭系统时会变得可持续（DeAngelis et al. 1989），通过反馈，系统可以通过两种方式变得封闭（图3.1b）。

首先，所有供应有限的花费和未使用材料都必须回收到可利用资源库支持未来的生产，这种反馈被生态科学理解为元素和材料的循环；通俗地讲，可以称其为回收利用。循环需要另一个营养级——分解者——将生产物分解成为组成元素，在进行新的生产时再次利用。分解作用是物质循环中重要的限制性步骤，分解作用取决于分解者分解物质的能力与物质分解的速度。分解作用是维持可持续的重要限制性步骤。因此，对于最终依赖物质循环而变得可持续的技术型社会，必须保证进行从摇篮到坟墓的生命周期评估，无论何时，都要确保新产品在使用时的耐久性，也要求它们在丢弃后易于分解为构成元素。在设计阶段忽略分解可能会导致产品价格昂贵，甚至缺少回收的经济可行性。废弃物最终只能被填埋处理。从全球视角来看,这是不可持续的做法,因为这将导致土地改变,以至于危害一些支持人类生活的生态系统服务(例如,维持清洁水源的供应,食物生产,气体调节和环境健康)。

其次,当消费者的营养级中有自我调节或消极反馈,系统将会变得封闭。在生态系统中,当营养级中的成员为有限的资源竞争时,自我调节反馈得以实现。也就是说,根据经典的"马尔萨斯理论",当没有足够的占据与转化资源的能力,加之营养级中成员(竞争关系)的资源需求,限制了增长和营养级的最终规模。技术发达的社会有能力大量生产,使生产变得更加有效率。然而,这些经常是在不重视维持系统自身调节反馈的情况下完成的。结果,这些改进虽然在短期内克服了系统的自我限制反馈,但却会因为不可持续的正反馈而引发长期问题。比如,全球范围内的粮食生产受到氮元素丰度的限制,氮元素大部分来自自然界与固氮植物、物质的硝化过程。进行工业氮合成的"哈伯—伯世过程"的发明极大地改变了人类食物的产量,并且因此避免了饥饿。然而,我们也可以认为,这个发明也对人口增长率的提高起到了重要作用。在此之后,人口的规模的上升将会使对食物的需求随之增加,人们需要将更多的土地转变为农业生产用地,进而对于水资源供应的需求也增加,并导致过度施肥,这一切最终将造成污染(Tilman et al. 2001;MEA 2005)。这里的解决方式是限制消费,并将生产(例如粮食生产)转为次级生产(例如儿童),以便重建负反馈。通过限制消费与人口增长来重建负反馈,可能是全球可持续性面临的一种最具政治敏锐性,却又十分关键的政策问题(Dodds 2008;Speth 2008)。

生态学理论(Loreau 1995)已经做出解释,生产和消费过程能够通过资源限制与封闭的系统(例如最大限度地推动可持续性经济活动),从而将能源与物质流速率调整到最大。这只有在整个系统内部有限资源的全部供应(储量)至少超过一定的阈值时才可以实现。这是很直观的。当资源储量较低时,生产者不能处于稳定的状态。从理论上来说,资源供应是在这一阈值以上的,但低于两倍阈值时,消费者与生产者是最为可持续的,但消费者会减少物质流与能量流。仅当资源供应超过二倍阈值时,消费者才能使流量的速率最大化。然而这是处于最高极限的。假如消费速率如此之高,以至于大多数物质在很长一段时间内被束缚于消费者营养级中,而不是处于分解过程中,生产将会减少甚至停滞。换而言之,分解,而不是消费,必须在限制速率的步骤下形成可持续（持久的）系统的最大流量速率。

衡量持久性

得到系统持久性的指数需要测量流量的速率、通过生产—消费链中的物质与能量上的损失以及分解的速率。从生态学的角度来看，这需要对整个生产—消费、分解—元素库的链条进行物质与能量预算。最持久的封闭系统是净预算为零的系统。也就是说，反向循环回到系统的物质应满足生产的物质需求。在一个持久的系统中，也可以制定标准来最大限度地提高营养组间的流速，这在本质上是一种效率。这需要量化使特定的生产经济有效的资源储量的阈值水平，然后确认和阈值有关的，使物质和能量流最大化的生产和消费速率。最后，该指标必须考虑自我调节反馈的强度，以及这种强度如何随生产水平和转移效率的变化而变化。

网络的复杂性与可靠性

当将储量和流通通过生产、消费、分解链的概念化时，持久性可以单独作为可持续性的很好的指标，在这个链条中，每一个营养级都有其单独的主体。然而，这样一个概念过分简化了真正的生态系统，在生态系统中，不同种类的生产者与消费者主体（物种）在一个密切连接的网络中联系在一起（Levin 1998，1999）。生态系统中一个主要的关注点是了解消费者与生产者的多样性是如何与系统稳定性相关的（Hooper et al. 2005）。这些努力始于一个问题（MacArthur 1955）：为什么在一些生态系统中多数物种的丰度变化很小，然而在其他的生态系统物种的丰度波动很大？因为物种对生态系统功能与服务供应做出了贡献（Hooper et al. 2005）。然后引申开来，这一问题可以改述为：为什么一些生态系统的功能与服务相对稳定，而另一些系统却变动幅度较大。也就是说，虽然根据一种衡量标准，系统可能是可持续的（持久性），按照另一种衡量标准它们的可持续性却可能不同。

麦克阿瑟（1955）最初指出，可靠型稳定性是由系统中物种或主体之间相互联系的等级决定的。例如，两个在不同营养级上物种数量相同的系统（图3.2），这些系统的不同之处仅在于在消费者—资源这种联系途径中物种相互联系的程度，然后是物质与能量流动路径的数量。最简单的系统包含两个平行且独立的生产—消费链条（图3.2a）。生产者（P_1）物种的波动影响

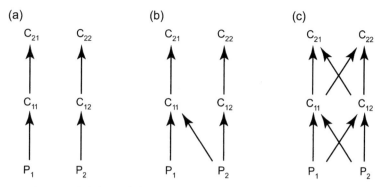

图3.2 当生产者与消费者数量恒定，但物质与能量流动路径的数量变化时对于系统的描述。流量途径多样性低的系统(a)可能比流量途径多样性高的系统(c)更不稳定(更不可持续)。

将会反映到营养链，并且引起构成营养链一部分的初级消费者物种 (C_{11}) 与次级消费者物种 (C_{12}) 的波动。在某些更复杂的系统中 (图3.2b)，相邻链条中的 C_{11} 也与次级生产者物种 (P_2) 相关联。

40

因为 C_{11} 能够在初级生产者丰度变小的情况下转换为次级生产者，和相互联系较弱的系统相比，将会有更稳定(可靠)的能量与物质流沿着链条从初级消费者到次级消费者。引申开来 (图3.2c)，生产与物质流的稳定性(可靠型)将在两条平行链条相互联系更充分的情况下得到提升。即，相互联系的程度决定了从生产者到次级消费者的流量路径的多样性水平。联系最紧密的系统(也就是最多样的系统)应该具有最高的功能稳定性。这一直观的论证被称为多样性—稳定性假说。

然而，更为准确的说法是，通过正式的数学分析，揭示了系统稳定性并不是简单地由于网络连接等级决定的，而是由于消费—生产者相互作用强度的分布模式决定的，这也是促成系统稳定的原因 (McCann 2000)。也就是说，可靠性同样取决于能量与物质流通过不同路径的速率分布。最新理论表明，最稳定的系统类型应该是那些有很多弱的及一些强的消费者—生产者相互作用的系统 (McCann 2000)。这种相互作用强度的偏态分布过去曾在很多生态系统中被发现。关于这种模式的解释是：许多弱的相互作用应当是平衡的，并且限制能量流经带有较强的消费者—生产者关系的通道，因此能够抑制不稳定的"失控"消费。

另外，复杂性如果通过相同功能角色的物种数量和功能角色的多样性来解释说明，能够增加与简单线性链相关的、相互作用的物种稳定链出现的机会。这是由于在复杂的系统中，机会要高于简单系统，总是有一些物种能够承担特定的功能角色。可靠性源自一种可能，即在给定的单位时间内，多样性较高的系统相比多样性较低的系统具有更强的持续水平的性能。这是因为多样的系统提供了功能冗余，在某种意义上说，每个功能种群都有其复合的物种，有一个其他物种的集合可能承担那些功能受损或丧失的物种角色（Naeem and Li 1997；Naeem 1998）。当前经验表明，多样性实际上增强了生产与物质循环的效率与可靠性。

例如，奥佩尔与维托塞克（1998）通过实验表明，因为植物以互补性的方式利用资源，使总体资源利用，也就是总产量，随着生产者多样性的增加而增长，这是适应进化的结果，将物种间竞争最小化。这种系统内资源利用的互补性也能增强限制性资源的保留（例如氮）。另外，通过捕食者物种与起媒介作用的食草动物消费者之间的直接相互影响，高等级的消费者（也就是不同的捕食者物种）能够间接地改变生产者物种的多样性与丰富性（Schmitz 2008）。捕食者物种能够通过从根本上改变生产水平，进而加速或减缓物质循环速度（Schmitz 2008）。在长时期内，这些非直接影响本身可能改变系统结构。长期来看，这些间接影响可能会随着生产和材料循环的变化以及主体的选择而改变系统结构本身，从而改变直接影响的性质——这是复杂适应性系统的基础（Levin 1998）。

这些研究中的见解可以类推到技术系统中。例如，生态标签与可持续性认证能够对消费者行为产生直接的重要影响，消费者的行为能够进一步影响生产者主体的多样性，进而影响生产过程，那么，如果对于"消费者行为能够对能源、材料储量、通过经济系统的流量的长期进化产生什么样的影响？"这一问题缺少严肃且仔细的考虑，这些增加可持续性的措施反而会带来不良的后果。

衡量可靠性

与衡量持久性不同，对于生态服务可靠性的衡量没有硬性的规定，生态科学仍然主要根据经验来评价大部分关于连通性、主体多样性、功能多样性之间联系的理论。至少，可靠性的指标应该结合持久性的衡量标准，并且应尝试量化一段时间内与系统多样性（联通性以及生产者和消费者的种类）相

关的产量和物质流的波动程度。量化手段应该包括统计的系统主体间的流 42
量分布(相互作用强度)与主体对某种特殊物质的需求重叠程度。在资源利
用上低程度的重叠可能代表着高程度的互补。可靠性的指数可以用于洞察
风险,如资源供应或生产不足以维持生产—消费这一过程的风险。

适应性系统与恢复力

只有当系统运行环境条件的期望在一段时间内保持固定时,讨论可持
续性的衡量才是合适的。然而,许多系统存在于必须应对突然与意外的冲
击的环境中。在不确定与变化的环境中保持可持续性需要考虑第三种可持
续性的衡量标准:弹性。弹性是当系统面对意外的压力与冲击时保持原状
的能力(Holling 1973;Gunderson 2000)。一个具有弹性的系统具有抵抗冲
击的能力,或者系统在冲击减缓后能够十分迅速地恢复正常功能。弹性的
定义也包含系统能够进入替代状态或动态机制(Gunderson 2000)。相应地,
一个具有弹性的系统能够通过对干扰灵活反应与适应来避免转入其他状
态。弹性有其优点与弊端,这取决于是否要让一个系统保持期望的状态,或
者从一种不理想的状态转到一个更为理想的状态(Levin et al. 1998)。

弹性可能意味着,当这种变化是至关重要的时候,将会面临很大的阻
力。例如,现代社会被限制在化石燃料能源支持的生产经济中。另外,例如
中国、印度这类新兴的技术型社会仍然继续在化石燃料经济状态下运转,它
们更倾向于投资更有效的方式来开采日益减少的化石燃料,而不是向清洁
和可再生能源技术过渡。缺乏创新和进化到新状态的能力或意愿是这个系
统具有高度弹性的原因。或者,尽管希望发展,系统仍可能陷入不理想的状
态中,仅因为系统中的主体无法克服弹性,例如,北美的汽车工业非常适合
制造消耗大量燃料的大型交通工具。在面对燃料价格突然而迅速地上涨
时,这种工业对消费者节约能源及使用替代能源(如氢)的交通工具的需求
反应得十分缓慢。结果,因为没有能力进化以克服不良状态的持续性,这种
工业现在岌岌可危。通过变得专长于某种特别的生产模式,这个行业已经
使自己陷入困境,因为它创造了现在不良的状态,并失去了摆脱这种状态的 43
适应能力。

维持或过渡到理想状态的挑战是对未来条件的不确定,因此难以抉择
该维持哪一个策略或进程(Levin et al. 1998)。从进化的观点来看,关键的

策略是始终保持快速革新与迅速创造的能力。这种能力可以构建到层次结构的多个级别的系统中。例如,在制造商的日常操作中,可以通过快速调整来应对突然的小冲击。一个典型的例子是当面对材料与能源价格上涨时,能够有效调整产量的能力。为了缓冲冲击(例如材料或能源资源的短缺),可能需要战略性的举措来改变产品的制造方式。大的冲击(例如根本上对于不同种类产品的需求)可能会导致特殊的完全崩溃状态,反过来,这需以大规模的行业运作方式来改变(Holling 2001)。这种崩溃提供了新的创造性的机会,并且被冠以"创造性毁灭"之名(Holling 2001),在崩溃中通过自然选择能力来提供全新的制造产品的方式,可以导致整个行业的进化,最终这种新开发出的产品中也会发生革命性的变化。例如在19、20世纪转折之际的交通产业,如果没有制造汽车的欲望或能力,四轮马车的制造业不会迅速消失。在当前经济形势下,行业需要承受企业战略的大规模变化。产业可能需要克服市场经济鼓励的强烈利己主义的或竞争性的关系,以支持建立在相互作用的伙伴之间脆弱的信任基础上的协作关系(Levin et al. 1998)。

这里的要点是,向可持续性的转变通常被视为实现人类福祉和环境健康目标的、对社会和环境负责任的行动,然而,弹性的概念与替代状态教会我们,可持续性能够违反直觉地阻碍这些目标的实现,这是因为我们从人类的角度来说,我们会出于对未来与不良结果的恐惧而试图去控制系统。但是,从整个系统的角度来看,拥有创造性毁灭这种想法,能够使全新想法得以实施,并使转向更加可持续的行为成为可能。例如,化石能源为基础的经济突然崩溃,能够使主体快速地选择替代性的更清洁的可再生能源与技术。

衡量弹性

弹性的概念及替代状态对于生态科学而言是全新的,这些理念受到批评的大部分原因是因为生态学家还不能提供健全的衡量标准。辨别替代状态是很困难的,这需要尝试将冲击引入系统,或对回应冲击的系统进行回顾分析。对一个工业系统进行试验是既不实际也不合乎道德的。回顾性分析只显示了什么可能发生,但不能指出什么会发生。尽管如此,替代状态的出现,支持了将弹性作为可持续性衡量的一部分的观点。弹性指标应该对替代状态转折点和系统主体适应的灵活性程度加以鉴别。生物学家现在正探索当一个系统变为替代状态时的主导预期指标(e.g., Carpenter et al. 2008)。在生态系统中,适应的灵活性通常通过物种特征的表型可塑性衡量,即物种(主体)在一定环境条件下完成功能的能力,并通过反应规范来衡量。一个反应规范描述了单一基因型在一定范围环境中的表型表现模式。是什么决定产业系统中某个主体的"基因型"和重要"特性"仍然是个开放的问题。适应灵活性可以通过主体开发的新产品创新的组合(多样性)来衡量,并准备在出现不同的经济气候时实施。它还可以包括设计团队的创新能力以及快速实现创新的制造过程。

局限和挑战

生态科学一直以来试图定义和量化导致生态系统功能服务可持续性的条件。在这种努力下,科学团体已经得出许多可持续性的定义,来适应生态系统表现出的变化,并且以人类福祉为目的开发生态系统的不同方式。

在生态科学中持久性可能是最容易被了解的。在漫长的历史过程中,生态系统通常关注于量化在营养级中储存和流动的物质能量,以及维持系统功能的相应反馈。这个概念容易被应用到其他类型的消耗—生产系统,这些系统的结构、支持生产的物质和能源种类以及系统必须遵守的热力学定律都有直接的相似性。持久性作为可持续性衡量的局限性在于,它假设环境条件不变,并且在一个营养级内的所有主体与他们的生产者以同样的方式相互作用。生态科学已经显示这样的假设与生态现实并不相符。因此,需要为变化环境中的系统,以及有多样的消费者与生产者的系统设计一种可持续性的衡量方式。可靠性和弹性是两个强调变化性的最常用概念。 45 尽管这些概念已经被很好地发展,但是对于它们能否广泛应用,仍然存在许多不确定性,甚至是对于生态系统而言也是如此。

生态科学最近才开始切实地明白多样性与稳定性之间关系的本质,以及促进这种关系的条件。尽管对此作一个彻底的概括还为时尚早。然而,普遍的共识是,不同的物种通过许多独特和互补的方式促进整个系统的运作,可持续指标应当在营养级中考虑到所有主体的多样性,而不只是简单地考虑总体上的营养级中的功能作用。对于产业系统,这可能需要对更多的主体进行分析,这些主体包括产业网络、与生产者和其他消费者之间的交互强度以及主体在得出可靠的可持续性措施之前的紧急集体行为。

在一些方面，替代状态和弹性的概念甚至更加难以驾驭。首先，很少（如果有的话）有具体实际的例子能够证明系统中主体的适应能力真的能够形成整个系统的弹性。进化生物学告诉我们应该是这样的，至少对于那些对系统小至中等的冲击。因此，更好的办法是开始分析什么组成了主体的适应灵活性，以及它能否真的有能力缓解突发冲击。尽管如此，仍然没有一个先验的衡量标准能从功能角度出发，识别替代状态，并为好的或不好的状态下定义。也就是说，这个概念展现了一个预期，传统的可持续衡量，类似于持久性，如果我们用指数去衡量一个不良状态的可持续性，将可能仅得到"罗马着火却歌舞升平"类似的结果。这里的关键在于，如果技术的发展将我们置于更糟糕而不是好的境地，对人类而言，这种不考虑整个系统复杂性的技术进步可能并不是一种拯救。

46

4 人力资本、社会资本与制度能力

史蒂夫·雷纳

不是所有有价值的都可以被计算，并且，不是所有能计算的都有价值。

——阿尔伯特·爱因斯坦

摘 要

在考虑到资源的定义以及鉴别、提取、运输，以及使用它们的方式时，社会组织是十分重要的。物质是社会创造的，就像用于跟踪并控制物质的动态和变化的计算系统一样。社会与政治科学试图用三种方式测量或估计相关的人的能力：人力资本，通常被认为是个人属性的集合；制度能力，与社会组织与机构的手段目标密切相关；社会资本，试图使人类能力的"存量"理念与社会组织的突发性协调起来。文化理论被用来举例说明社会网络的组织如何影响行为的关键动机，例如对自然和经济系统的脆弱性或稳定性或经济贴现行为的感知。然而，人力资本却是相对容易衡量的，但它对理解物质流管理的作用却很有限。在另一个极端的方面，对于理解广泛的人类行为，例如消费模式和供应链，社会资本的理念似乎已经展现出很大的前景，但其结果却很难衡量。

导 论

本书的目标，以及为此举办的论坛，可以表述为："为了衡量储量、流量、使用速率、相互作用以及改变地球关键性资源的潜能，并将通往可持续的

47

科学手段综合起来。"大多数作者关注的是与可持续相关的物理系统,而非社会与文化层面,大概是由于,先将这些不易计量的维度搁置于一旁,在未来我们确立人类在地球上实际利用与潜在可利用的能量、物质物理储量的范围时,再加以考虑。然而,这种方法像是在学习骑自行车时先学会保持平衡,却推迟掌握实际的骑车技能。如果依照这种局限,这本书有重复《增长的极限》(Meadows et al. 1972)原作者错误的危险,即假设居住着智慧的、有创造力(也包括破坏力)的人类的地球是一个有限的系统。一些人在25年前曾经关注罗马俱乐部创始人之间的争论以及他们的批评,例如朱丽安·西蒙和赫尔曼·卡恩(1984),使我们记得对"极限论者"最有力的一次批评,我们之所以称他们为"极限论者",是因为他们认为人类个体与机构的技术和社会革命的能力不能适应变化中的环境,包括多变的气候条件(例如,因为天气模式的转变或人口转移)、资源的发现与开采,或者是应对威胁与机遇的物质可持续性。

我们不需要分享其中一些批评者(这些人看起来走向另一个极端,并且希望任何限制自然的想法消失)的丰富幻想,就能够认识到,学习和革新的能力定义了大部分资源,改变了人口规模,并产生了生产与消费行为。实际上正是这种能力组成了分子团、液体池、物质块以作为"关键性资源储备"。它是决定"流量""使用率"以及这些团、池和块的相互连接的关键因素。我们衡量什么与我们怎么衡量它,主要取决于衡量者是谁与衡量的原因是什么。除非发生真正的宇宙大灾难,如黑洞或小行星大碰撞,人类组织智能的能力将最终决定任何"地球上关键资源的变化",并决定人类生活的可持续性或其他方面。正如一位评论者所说的:

> 除了极少数例外,公司的经济与生产能力更多地取决于智力与服务方面的能力而不是硬资产——土地、工厂与设备……事实上,所有的公共与私人企业——包括大多数成功的公司——正在变成智囊团的主导与智力的协调者(Quinn 1992:14)。

与产业生态高度相关的可持续性讨论的特点之一,是有关可持续性"强"与"弱"的问题。持强可持续性观者持有较为乐观的观点:认为可持续性等同于总资本存量(也就是自然资本与人造资本的总和)不减少。可持续性的坚定拥护者持有不同观点,他们声称自然资本提供的某些重要功能是人类资本所不能代替的。罗伯特·埃尔斯(2007)列出了免费的氧气、淡水、磷以及稀有但却十分有用的重金属元素,如这类元素中的铊和铼。并称"那些支持强可持续性见解的人(或多或少)比那些相信无限的替换潜能的乐观者们更接近真理"。这一章节将不会解决这一问题,但会支持如下观点:即使人类资本并不可以被无限替代的,但至少在很多环境中是可以替代的。

48

因此,在这一章节,我用"人力资本"部分作为切入点,探索环境影响与资源利用相关的机构能力、社会资本的相关概念。从机构能力到社会资本之人力资本的发展也代表了解释和政策重点的转变,从个人的属性和能力到社会组织的意向性甚至是突发性特点的转变。过程中的每一步也代表着衡量时面对的不断增长的困难与挑战。最后,我将介绍道格拉斯文化理论概念,这个概念可以被看作是社会资本理论的一种特殊形式,它揭示了不同类型的决策者如何看待资源及其流动。关于这些话题,我不会试图去呈现复杂的研究调查论文。尽管与衡量与管理资源储量的问题的相关性有所欠缺,但每一篇文献都很详尽。

人力资本

古典经济学家用"人力资本"这一词来指代使人从事任何类型能够创造经济价值的工作的技术与知识储备。这一概念的雏形最先出现在亚当·斯密关于劳动的阐释里,他把资本存量与有用的机器、建筑和土地相提并论。

> 第四,居住者或社会成员可获得且有用的能力。通过购买者在教育、学习或学徒期间的维持来获得这样的才能,常常耗费巨大,而这种投入可以说是在他本人身上固定和实现的资本。他们将这些才能作为财富的一部分,他们所属的社会也是这样认为。工人经过提高后的娴熟技能可能同样被看作是可以交易的,并且能够促进或限制劳动力的机器或工具,虽然它耗费一定的代价,这些代价却是有利润和回报的(Smith 1776: Book Two)。

然而，在20世纪之前，人力资本的概念并不够完善，直到20世纪才得到明确的阐述。20世纪60年代，新古典主义的哥伦比亚—芝加哥劳动经济学派，尤其是明瑟（1958）、舒尔茨（1961，1962）和贝克尔（1964）的研究成果，使这个术语流行起来。此后，这一概念在劳动经济学和发展经济学的发展和应用中发挥了突出的作用。

没有任何关于人力资本单独的理论甚至定义，尽管用马克·布劳格的话说：人力资本研究项目的中坚力量，是"人类以多样的方式投资于自身"的想法，不是为了当前的享受，而是为了未来金钱上的与非金钱上的回报……所有这些现象——健康教育、求职、信息检索、移民和在职训练——可能被视为投资而非消费，不管它是由个人代表自己进行的，还是由社会代表其成员进行的（Blaug 1976：829）。

下述为亚当·斯密的最初观察：教育总是人力资本理论的重点。在1960年至20世纪70年代间，对于学校与培训的需求是极其重要的焦点，这揭示了一种"个体由于受到以前学校教育的影响，而长期在教育方面过度投资的趋势"（Blaug 1976：840）。这也反映了在广泛的学科领域之间使教育价值标准化的困难。然而，这种困难并没有影响将人力资本与教育成果等同于教育成就的努力。最近提出"欧洲人力资本指数"的作者将人力资本定义为"正式和非正式教育的成本，以欧元表示，并乘以每个国家的人口数量"（Ederer 2006：2）。教育和劳动力培训也是塞恩斯伯里报告（2007）的一个主要关注点，该报告哀叹英国16岁以后的教育中物理学和其他"硬"科学的接受程度很低，而不管英国是否参与了一个蓬勃发展的全球科学劳动力市场。事实上，最近的研究成果表明，我们现在正处于一个"人才循环"的时代。在这个时代里，高度熟练的智能劳动力随着机会的出现而自由移动（Ackers 2005）。另外，正如我们应该看到的，当我们开始讨论社会资本（与人力资本区分开）的概念时，以普特南（1993）为代表的研究者发现，教育水平与区域水平上的政府机构表现没有关系。

人力资本的方法很大程度上是来源于方法论上的个体与集合体。在所有的方法中，知识、技能和其他相关属性被假定为对个体心灵与身体的回应，甚至，布劳格（1976）继续说道："只需要一个额外的假设，即决策制定者以一个家庭而非个人为单位将这个类比延伸到家庭计划，甚至是结婚的决定。"个体仍是人类资本的储存库，因此也是人力资本分析的基本单位，即使卫生保健和教育等福利大部分由公共部门提供。(关于人力资本的早期工作是在美国进行的,在那里,提供卫生和教育过去是,现在仍然主要是公民个人的责任。)在假设这些技能与能力有社会回报率的前提下,衡量组织或国家的人力资本看起来是计算具有特殊技能与能力水平的人口数量与比例的问题。这种综合的方法对于人力资本而言占主导作用,而且这种作用十分显著,因为预先假定任何政治介入的目标也是个体形式的市民、消费者或者工人。最近出版的《欧洲人力资本指数》的作者坚称:"未来制定政策必须比现在更加重视对个体的市民进行投资。"

50

人力资本作为自然资源

在科技和工业领域,人力资本研究人员寻找的指标包括:拥有大学学位的人口比例、人均科学家和工程师人数,或人均发表的科学论文数量。从许多指标上来看,以色列是拥有最高人力资本的国家之一,在每年,每10 000位居民创作109篇科学论文。作为一个人口中有24%的人拥有学位的国家,以色列每10 000人中有135名工程师,假如我们用更加广阔的视角去看待人力资本,将以信息技术体现的智力资本包括在内,例如私人电脑、博物馆、图书馆,在拥有最大数量的个人电脑与博物馆的人均占有量占前四、五名的国家之中,以色列仍名列其中,同时,以色列科学机构质量较高,它还拥有世界上第二高的人均新书出版量(以色列贸易与劳动部 2007,2008)。

然而,即使在似乎有相当直接关系的地方,也很难看出这种显然非常高水平的人力资本如何转化为社会、经济或可持续性的其他指标。尽管以色列在研究与发展上投资占GDP的比例高于其他国家,但它的人均GDP排名仅为第36位;人均GDP最高的国家为卡塔尔。显然,人类资本作为个人成就与属性的集合并不是国家经济生产力的决定性因素。另外,今年,以色列(包括西岸,不包括加沙)被《外交政策》(2008)与和平基金会列为世界上最容易失败的国家。尽管以色列在稀缺的土地与淡水资源的利用上进行了革新,但对于空气与水污染的记录却并没有与其他产业发展规模水平相当的国家有所不同。

以GDP作为生活质量指标的做法曾招致严重批评。美国国家人类发展指数 (HDI),1990年起源于UNDP,试图寻求一种更精确、多维度的"有利环境"的衡量方法,在这种环境中人们能够"享受长寿、健康、创造性的生活",

并且能够"扩大人的选择"(UNDP 1990:9)。指数中三个主要要素是生活
期望、教育、达到"较好生活水平"所需资源的可得性。另外三个因素是政
治自由、保证人权与个人的自尊。任何HDI分数在0.8以上的国家被认为是
表现出色的,虽然以色列在2007年的人类发展报告中得到了0.932分,但其
在发达国家中仅位列第23位,远远低于排名第12位的美国。2007年HDI分
数排在首位的是冰岛。这种指数最早在1980年公布于世,经常排在第一位
的是加拿大(10次),其次是挪威(6次),尽管这两个国家排名靠前,以色列
在智能资本指数上却一直胜过加拿大与挪威,显然,以人均健康、教育和研
发能力衡量的人力资本与国民生活质量之间的关系,并不比与经济生产率
之间的关系更直接。

如果很难在总人力资本和生活质量之间建立明确的关系,那么在国家
层面证明人力资本和资源管理(原料提取、材料流动和废物处置的管理)之
间的正相关关系就更难了。在非常粗略的层面上,人力资本水平高的国家
往往是人均国内生产总值也高的国家,并可能在人类发展指数中得分较高。
这些国家往往也具备合理有效的环境与资源管理法规与机构能力去实施和
强制执行这些指标。观察结果与所谓的库兹涅茨曲线大体符合,这种曲线
常常被用来描述增加的影响与环境问题的关系。然而,人们仍然难以彻底
弄清楚人类资本的细小差别,特别是在根据不同的地理、气候和人口特征进
行标准化的情况下,国家的环境绩效会有更细微的差异。在这一领域,严谨
的比较研究看起来正处于起步阶段。

企业层面的人力资本

在企业层面,人类资本对于机构性能可能有更强的影响。在一个被研
究的最不发达国家(LDCS)中,人力资本与外资企业的溢出效应相关。一般
而言,案例研究表明,跨国公司比当地公司更倾向于提供更多的个人教育与
培训(Djankov and Hoekman 2000;Barry et al. 2004)。这将为最不发达国家
的员工提供更多的机会,并加强人力资本(ILO 1981;Lindsey 1986)。在墨
西哥的达斯古普塔(2000)等地发现,虽然外资所有权本身对公司的绩效影
响不大,但在公司里的管理人员却获得了国际经验。这可能会大大提高企
业对当地环境标准和规章的遵守程度。

乍一看,对于任何一个有兴趣改善最不发达国家资源管理的人来说,这

都是令人鼓舞的消息。然而，其他研究发现，在高度发达国家（HDCs）与低度发达国家的个人之间实际相互作用时，人力资本的不对称可能对后者智力资本与自然资源产生相当大的损害。例如，有一些有关高度发达国家与最不发达国家之间信息不对称的研究，看一看生物勘探的实践、稀有书籍的获得，高度发达国家图书馆收藏的来自非洲藏品的手稿，洪拉多隆（2007）指出，信息由前者从后者中提取，信息来源地的人口获得的益处非常少。人力资本已经很不对称，跨国公司或外资企业的智力资本经常去提取、利用，但却没有补充、升级原有居民的智能资本。正如另一个研究小组探究生物勘探结果的发现：

> 我们没有已知公开、权威的证据去证明生物发现的益处能够惠及原住民中贫穷的群体。假如这个推测成立，按照一级近似，栖居地改变的机会成本并没有改变穷人。此外，改变栖息地的压力仍然存在于生物多样性地区或周边社区中较贫穷的亚种群中。假如穷人是热带生态退化的主体（也是受害者）（Barrett 1996），生物勘探并没有能够改变那些大多数行为需要改变的人的动机（Barrett and Lybert 2000：297）。

总而言之，从劳动经济学中产生的期望，即更高的教育和知识水平将转化为更高的国家福利标准和对自然资源的更优管理，是极具吸引力的，而且从粗粒度的分析来看，这种期望可能相当可靠，然而，在其他经济与体制发展水平类似的国家具体比较的层面，这仍然没有得到证明。在企业层面，外国人与东道主国家个人之间的不对称并不极端，似乎有潜力去通过提供国际经验以增强管理人的人力资本，进而加强环境与资源管理（这实际上可能是一种网络效应，被认为是社会资本而非人力资本的象征，如下文所述）。在人力资本不对称更加严重的领域（比如生物勘探）国际交流可能加剧攫取的趋势，并且本地居民没有获得价值，甚至被证实对本地的环境与资源管理是有害的。

53

制度能力

有大量关于体制对于经济发展与可持续资源利用的作用的文献。在社会科学中,制度的理念被加列尼(1955)描述为"本质上有争议的"概念。这可以与《布莱克威尔百科全书的政治科学》提供的定义一样广泛——"行为、行动或行为的规则化或具体化的原则,它支配着社会生活的一个关键领域,并随着时间的推移而持续存在"(Gould 1992: 290),或者简单地称为"稳定的、有价值的、反复出现的行为模式"(Smith 1988: 91)(Smith 1988,1991)。政治学、法学和经济学倾向于把制度作为工具性的、理性的、以目标为导向的活动,这些活动通常植根于自身利益。这些准则强调交易与谈判的正式结构受权利与规则约束,这决定了权利与责任的分配,接受与拒绝的事实(知识与无知的社会建设),实施商定成果的程序(e.g., Krasner 1983),在现代社会,国家经常被当作对这些程序与功能负责的最终合法权威。

国　家

由《外交政策》(2008)与和平基金会(2005—2008)发布的年度失败国家报告根据如下标准为各个国家的不稳定性打分:

- 人口压力
- 难民转移与无家可归的人
- 不满群体的遗留问题
- 长期与持续的人口逃离
- 经济发展在群体间不均衡
- 经济快速衰退
- 对政府正当性的挑战
- 公共服务的恶化
- 法治与人权的失败
- 对安全机构缺少管控
- 精英分成帮派情况的出现
- 对别国的干涉

2007年的报告发现了政治稳定与环境可持续性,即一个国家避免环境灾难与恶化的能力,有很强的联系,这意味着在表现不佳的国家中,包括孟加拉国、埃及、印度尼西亚,洪水、干旱、森林采伐的风险几乎不能得到妥善

管理。这一指数显示的结果大多数为：在表现最差的十个国家中，6到8位 54
于非洲。这些国家是工业化国家在国际激烈的矿物资源竞争的焦点。

在一个关于国家对自然资源管理失败的影响的研究中，迪肯（1994）对
比了国家的政治属性及其表现出来的森林采伐率的高低。这些属性有两
种：与不稳定和与违法行为有关的，包括游击战的出现、革命、主要政府和制
度危机，以及那些由特定的精英和有统治地位的个人统治的国家，而不是由
法律和匿名机构统治的国家。在森林砍伐率高的国家，所有衡量政府不稳
定的指标也都更高。

在物质流路径的另一端，有一类重大的国际废物贸易——总是朝着同
一个方向，因为在高度发达的国家中，处理费用很昂贵，所以废物总是被运
往劳动力费用、健康与安全水平较低，不严格执行环境法规的最落后国家，
而不会运到出口国家（e.g., Asante-Duah et al. 1992）。这可能使拉里·萨摩
回想起作为世界银行副主席的角色，他在1991年12月通过发布备忘录来赞
美这种出口的帕累托效率，并由此引发了激烈的争议。尽管危险与有毒废
物出口的危机很快被质疑（Montgomery 1995），关注仍在持续，尤其是关于
电子电器产品的废物（WEE）和废船拆卸业。出口国废物出口管制的存在
和有效执行同进口国限制或管制的意愿和能力一样，是一个体制问题。显
然，在考虑可持续管理物质储量和流量方面，国家的状况值得我们注意。

这些国家的特点是整体上不受法律约束，它们不管占有何种自然资
源，都缺少建立这些资源的可靠库存的能力。它们对于可能有兴趣开采资
源的外国合法投资者也没有吸引力。不论哪一类资源，都可能像康托尔等
（1992）描述的"荒地"那样，被当地军阀机会主义地、不可持续地开发。那
些没有陷入内乱之苦，但却被精英阶层把持的国家，更可能系统地分类和开
发资源。这些精英阶层能够在不考虑民主控制的情况下运作。他们容易可
持续地进行这些事情，这很大程度上取决于他们的贸易伙伴，以及管理制度
与条约的影响。例如管控濒危物种、裂变核材料的贸易，某种特殊物质的生
产（例如破坏臭氧层的物质），或者是保护某种生态系统，比如地中海。 55

政府间机构

条约与管理制度能够确保政府跨国界一致行动，进而达到期望的目
标。某些资源生产国一起行动，形成联合企业来控制波动的价格，保障供

应与利润。OPEC（石油输出国家组织）就是这种企业联合的例子（Alhajii and Huettner 2000）。其他已经从属于国际生产者联合企业的原料包括铜、铝（Pindyck 1977）、钻石（Bergenstoc and Maskulka 2001）、咖啡（Greenstone 1981）。

WTO（世界贸易组织）是为继承GATT（关贸总协定）而在1995年成立的国际条约组织，它力图扫清国际自由贸易的障碍，与为控制战略物资流而建立的国际联合企业组织形成鲜明对比。在WTO内，关于贸易技术障碍的协议旨在保证技术谈判和标准，以及检测和认证程序，不制造不必要的贸易障碍。然而，根据《卫生与植物检疫协定》，WTO确实允许成员国政府在对人类健康或环境有明显风险的情况下实施贸易限制。一些国家政府利用这些规定的行为备受争议，产生了法律纠纷。

其他的一些国际组织为了控制战略物资与材料流而存在。IAEA（国际原子能组织）是一个向联合国大会与联合国安全理事会汇报的独立设立的机构；它的作用是限制可能导致核武器扩散的技术能力和武器级导弹材料的扩散。另外一个不突出的例子是关于常规武器和军民两用物资与技术出口控制的瓦森纳协议，协议中规定不能提供给非签字国家的材料、物资以及专有技术（Lipson 2006）。协议只包括军民两用技术。核武器技术归于其自己的控制管理体制——核供应国集团，然而化学武器技术则被称作澳大利亚集团的组织控制。关于破坏臭氧层物质的蒙特利尔议定书（Benedick 1991；Parson 2003）是一个约定逐步淘汰含氯氟烃（CFCs）和其他消耗臭氧层的化学物质制造业的国际条约。它经常被当作国际合作控制不可持续产业实践的典范。它也经常被当作发展全球气候管理体制的参考方案，尽管一些评论家认为，臭氧问题和气候变化之间的类比在很大程度上是错误的（Prins and Rayner 2007）。臭氧管理体制也有它的问题。有人认为它的控制违反了关贸总协定和世贸组织的自由贸易体制（Brack 1996）。另一个问题是，该组织在多大程度上推动了氟氯烃的地下生产和贸易，导致非法生产和走私化学品的巨大黑市。

这里的重点是，"储量、流量、使用率、相互之间的联系、地球上关键性资源的改变潜力"正被多种国家与国际层面的正式制度安排所塑造，这常常表现在不同的方向。最重要的是，这是由于社会处于竞争状态的事实安排中，其体现的价值、目标、制度设计经常是不相适应的，都带有其各自的路径依赖，从而使它们之间的理性和解几乎不可能。

市场与企业

除了国家之外,主导现代社会的另一种宏观制度形式是市场,在发达的资本主义经济中,企业主导市场舆论,尽管企业本身很少沿着市场线进行内部组织。公司的组织和定位看起来拥有物质提取、变动和资源利用的潜力。这是最近努力发展会计和报告机制的动机之一,使公司能够将环境影响和资源使用措施纳入其自我评价和规划。在学术文献以及将这些想法转为现实的尝试中,都可以发现不同的方法。方法包含的范围从高度聚合到保留更多关于材料、能源和用水量以及其他用于报告和规划可持续性指标的分门别类信息。

这些工具包括:

- 全部成本核算,例如可持续评估模型,这个模型将一系列环境及资源影响与经营预算及企业账本底线结合起来作为资产负债表两边的货币信号(Baxter et al. 2004)。
- 环境足迹(Wacernagel and Ree 1996)使用土地而不是货币作为计量单位来表达公司与国家的环境及资源利用的影响。
- "三重底线"由埃尔金顿(1994)提出,旨在提醒企业需要将非市场的社会和环境价值纳入其商业模式。
- Tableaux de bord 或者"仪表盘",自1932年以来已经在法国企业中广泛实践,以为管理者提供一系列考核指标,并且扩展到包含环境要素(Bourgignon et al. 2004;Gehrke and Horvath 2002)。
- 卡普兰和诺顿(2001)提出平衡计分卡,作为对企业严格依赖财务数据来衡量成功的一种回应。对此的改进是由穆勒和肖特嘉发明的可持续平衡计分卡方法(2005)。 57

仪表盘和计分卡方法的倡导者抵制用金钱来衡量指标的聚合,因为他们认为这种做法在揭示企业的资源使用的同时也掩盖企业的环境绩效(Baxter et al. 2004)。格雷和贝宾顿(2000)发现企业环境信息披露的影响正在增长,但主要集中在大型企业中,并且不同国家之间变化相当大。当然,任何报告和披露制度的效用在于它对环境绩效的影响。大约30年前,英格拉姆与弗雷泽(1980)发现,信息披露的定量衡量与业绩的独立衡量之间只有微弱的联系。尽管自其研究以来报告机制有许多创新,但情况似乎仍然如此。

公司常常通过环境与资源核算来展示企业社会责任的意愿(CSR)。这两个概念经常与这样一种说法联系在一起,即实施这两个概念的公司在经济上也表现得更好。虽然不是全部,一些研究似乎证实了这一观点。然而对于原因与影响,在学者中有相当大争议。例如,豪尔特和阿华(1996)建议,在开始的一到两年内应共同努力防止污染、降低排放到最大限度,由于企业开始时排放水平较高,因此这是一个可以轻易取得成果的案例。另一方面,由于未能成功指定企业R&D投资的恰当作用而造成财政状况,麦克·威廉姆斯和西格尔(1999)认为,无论企业社会责任的立场如何,研究结果都证实了企业社会责任对财务绩效的积极影响,这是由于没有正确规定企业研发投资的作用。关于企业环境和社会责任是否真的是更好的管理的结果,还是更好的管理者只是倾向于更好地管理包括资源和环境在内的所有方面,文献仍然存在分歧。

企业之间与客户之间主要是通过市场相互影响。康托尔等(1992:12)确认了14个"必须由市场本身或规范、从事经济交流的机构来执行"的功能(表4.1)。在当今世界,这些监管职能最终落在国家身上,强化了一个事实(最近的信贷银行危机非常清楚地说明了这一点):国家和市场是密不可分的。共有8项主要职能构成了交换活动,而其余6项职能在交换活动开始时并非必不可少,而是作为效率的工具出现的。

表4.1 市场与调节机构行使的必备功能(after Cantor et al. 1992)。

基本的交换功能	次要的交换功能
1. 定义产权	1. 保障流通与近似替代品
2. 传达供应/需求信息	2. 管理分配的公平,包括征税
3. 为合法交易提供机会	3. 对于应对变化的环境的操作进行监督与调节
4. 合法合同的限制性条款	4. 降低风险
5. 执行合同而不是物理压制	5. 发掘相对的优势,工作的专门化与分割
6. 解决争议	6. 削减跨时间与地区的交易成本(如通过信贷)
7. 维护民事裁定	
8. 其他合法的功能	

在考虑尺度、速率和自然资源辨别、提取、利用、处理的可持续性上，所有的这些要素显然是很重要的。在这里不可能探究它们的全部，但是可以探究第一个功能的一些例子：产权的定义。

索思盖特等人（1996）考察了厄瓜多尔土地所有制保障的效果，以已判决的土地索赔的普遍性来衡量。他们发现所有制的保障与更低的森林采伐率有关。这也反映了一些国家有足够的案例研究证据证明，快速的森林采伐与所有权不能被有力保障有关。

然而，土地私有制并不总能带来积极的环境管理结果。某种传统的西非土地所有制系统是依据对林木的所有权，在较长的一段时期内，植树使人得到土地的所有权。这也保证了他们在树下种植一年生农作物的权利。这催生出了一种可持续的农林系统。另外，森林经常为农民提供经济作物。土地所有制的改革提供了永久性的权利，农民受到两个方面的引导和驱使，一方面是增加经济作物产量的欲望，另一方面是因为没有对土地长期的所有权，人们种树的数量往往比最佳种植量要少。始料未及的结果是，种植与维护树木的主要动机消失了，为了一年生农作物能有更大的产量，人们砍伐树木以腾出空间，这反过来导致了土地被烤干、防风林损失、土壤侵蚀、土地退化以及农林业系统可持续性复合经营的失败（Rayner and Richards 1994）。

当然，财产权不应简单地等同于私有财产。社区网络和公共财产是各种环境和地点的重要资源管理安排。奥斯特罗姆等人（1999）指出，哈丁错误地将开放获取资源（产权未定义的资源）定义为公有资源，这对公共财产管理体制的声誉造成了巨大的损害。

公共产权管理体制可能是一种管理自然资源的有效方式，斯尼思（1998）运用卫星图片的对比，显示中国北部、蒙古、南西伯利亚的草地正在退化。蒙古承诺牧民将延续季节性牧场的传统的公共财产管理，结果显示，只有大约10%的地区明显退化，相比之下俄罗斯有75%的土地退化，这与永久定居的国有集体所有制农业有关。在中国，最近通过将牧场分配给个体牧民而实现了牧场的私有化，但土地退化面积约为33%。"在这里，社会化、私有化与其说与退化有联系，倒不如说是与传统的产权制度有联系。"（Ostrom et al. 1999：378）奥斯特罗姆和她的同事着手研究广泛的多年比较项目，以确定各种以社区为基础的共同财产制度在何种条件下可持续地管理陆地和水生资源。

　　非国家的市场功能提供者可能同样重要。一种没有被康托尔等明确强调的功能是质量鉴定(尽管它可能适合输送供应/需求信息)。在过去几年中，国际上的非国家行为者出现了，它们承担起核实各种资源来源的功能，向购买者保证它们是根据广泛的可持续性标准运作的。海洋管理委员会证明，通过对物种里年幼成员与非目标物种的伤害降低到最小的技术(例如控制网的网眼大小)，鱼类捕捞可以使鱼类总量维持在能够持续繁育的水平。森林管理委员会(FSC)证明，在国际上进行交易的木材是从可持续的资源中获得的。一些非国家行为者因他们的活动而受到国家的支持。例如，在英国，土壤协会按照有机标准对生产的食品认证，只有被这个协会认证的产品才能贴上"有机的"商标销售。20世纪90年代末，安哥拉、塞拉利昂和刚果民主共和国的叛乱组织迫使当地居民从事非法钻石开采，以支撑他们的叛乱，引起了人们的担忧。在2000年，这种担忧导致了金伯利进程(Kantz 2007)的启动，用以证明未经切割的钻石的原产地，从而确保它们不是在冲突或强迫劳动(所谓的冲突钻石或血钻)的条件下生产的。然而，认证体系的严格可能易于变化并且很难监视。

　　例如，FSC认证刨花版、板材的供应商要求有一定污染的产品仍然能满足认证的资格。一旦资源的混杂被允许，就变得更难决定认证木材的污染是保持在允许的范围内的。此外，木材认证经常在工厂或出口地点进行。并不总是能够确定认证标志是否仅用于来源正当的产品，尤其是当供应链经过第三世界的国家时。

　　公平贸易标志是证明产品来源及其供应链完整性的另一种方式。原则上，这使消费者相信，对商品生产和销售的每个阶段做出贡献的人都给予了适当的奖励。然而，正如纽恩指出的(2004)，在现实中，公平贸易标志赋予小规模生产者生产有情怀的小商品的特权，小规模生产者的小商品可能无法反映生产的实际情况。例如，在茶叶生产中，与小的生产者所能做到的相比，大型工会企业更有可能进行公平的劳动实践与环保可持续的土地管理。

　　关于供应链的文献数量太多，无法在这里概括，但这个概念代表了另一套与评估库存和物质资源流动的可持续性高度相关的制度安排。虽然大部分关于市场的学术讨论基于个体消费者的模型，但实际上，大多数经济交换是在组织之间进行的。公司之间的贸易额可能是全球消费体量的5倍,并且不是由个体消费者,而是由公司或政府的物资采购官员决定的,他们的决策和关系对物质流的形成起到决定性作用。企业经常建立能够持续30到40年的稳定供应关系,远远长于个体的物资采购人员担任其职位的时间;这表明,商业(和政府)供应网络本质上是不依赖于人力资本的机构之间的关系。

网络与社会资本

与人力资本不同,持久的社会网络提供了社会理念背后的关键概念。社会资本研究也有了进一步的转变,从曾经重点关注个人属性的分析和解释,转向关注社会关系和组织的突发属性。

社会关系网的重要地位是由美国的城市研究者简·雅各布斯在她的经典著作《美国大城市的死与生》中确立的(1961)。皮埃尔·布迪厄(1986;Lin 2001)明确指出,社会资本的理念是基于资源的观点,詹姆斯·科尔曼借用了这一概念并给出一个清晰的理论构想(1988,1990)。对于科尔曼而言,社会资本的概念仍然来源于个体及他们对于个人利益的追求。然而,罗伯特·普特南(1993,1995)推动了社会资本研究的迅速展开。

《让民主起作用》(Putnam 1993)详细论证了富裕和多样的公民生活之间的积极关系,这种公民生活以意大利北部省份自发组织的社会网络的出现为代表。相对于意大利南部,北部的经济与政府运作是成功的。它不仅区分了高绩效区域和低绩效区域,还考虑了高绩效和低绩效类别中的绩效差异。对当前形势的定量实证分析得到了纵向分析的支持,该分析表明,虽然一组强大的关联网络可以复制公民社区模式,并促进经济发展,但经济现代化本身并不能产生强大的公民社区,也不能自我维持。

普特南解释了关联网络出现的机制,他提出,频繁的重叠互动可以促进普遍的公众信任,以促成组织机构的成功。雷纳和马龙却并不信服这种解释,他们认为,多样化公民网络的出现,为社会提供了复杂战略转变的能力。不仅仅是在国家与市场之间,或者是在等级与竞争之间摇摆,第三种平均主义形式的社会组织的出现,使社会能够制定更弹性的发展与应对战略。

61

他们特别强调：

- 阶层是社会的园艺大师，只要花园没有受外面的灾难影响，它就专长于系统维护。然而，当自发组织的团体和市场对它不加约束时，它就逐渐走向臃肿与腐败。
- 平均主义者是社会的金丝雀，对于外在危险与内在的腐败，他们提供了一种警示系统。他们也是被阶层低估、被竞争的市场忽略的智囊，然而在放任不管的状态下，他们有派系争吵的倾向。
- 竞争带来创新。在最好的情况下，市场会产生新的想法来解决前几代人因解决自身问题的方法而产生的问题。然而，由于不受等级制度和自组织的制约，他们容易滋生垄断和敲诈勒索。

从这个观点来看，意大利北部省份的成功是由于他们拥有所有三种组织形式，而不仅仅是南部繁荣的两种（等级制度和市场）。如果北部的省份的志愿组织发展繁荣，但是缺少阶层与市场，它们的遭遇可能也不会比南部的省份更好。这与那哈皮特与古夏尔的看法一致（1998），他们二人认为社会资本是组织和机构使他们所依赖的知识体系或智力资本多样化的一种方式。因此，与普特南的观点相反，对于雷纳和马龙而言，社会资本必然是组织安排的集合，只有平均主义的志愿组织构建了"社会资本的公民领域"。

斯特雷和伍尔科尔（2004）从更广泛的视角来辨别三种类型的社会资本：黏合（相对同类的成员之间的纽带），相当于平均主义的自发网络；搭桥（社会关系较远的成员之间的纽带），是竞争性个体网络的典型；连接（不同社会阶层中成员的纽带），对应于等级组织。

因此，除了这种普特南与运动联赛、社交俱乐部、家长教师协会结合起来的社会资本，我们应该认识到社会资本是其他类型网络的一种属性，包括商业供应链、商业联盟以及其他类型的组织间关系（Nahapiet），涉及流域管理与林业的资源导向的团体（Pretty and Ward 2001），共有产权体制（Ostrom et al. 1999）和混合的政策网络，正如理查德森和乔丹最先提出的（1974），将政府、企业、公民社会的行为者联系到一起。

衡量社会资本

社会资本概念的出现,促使一些政府组织和国际组织将其作为发展和资源管理政策的工具加以衡量和促进。世界银行是在20世纪90年代末期最早实践这一想法的组织之一,它致力于克服地方性的贫穷,并且改善获得健康、教育和信贷的能力以及构建政策的潜力(Szreter and Woolcock 2004)。相比之下,侧重于工业化国家的经济合作与发展组织则试图解决诸如生活质量、老龄化和移民等问题,"将这一概念转化为幸福指数,并将社会资本视为最终结果"(Franke 2005:3)。然而,在这些案例中,社会资本以某种方式成为经济和政治发展和业绩的基础的想法,鼓励了各国政府和国际组织努力尝试和刺激这种资本。为了评估这一事业的进展,这些机构赞助了无数的努力来监测和衡量社会资本。许多都是有些粗糙的工具,例如依赖于对邻居和组织的信任调查的回答。他们大多依赖现有的数据或现有调查中已经使用的问题,而没有考虑到基本的概念或理论框架。"因此,社会资本被广泛记录在案,但总是[错误地]理解为最终结果,而不是特定社会经济结果的解释变量。"(Franke 2005:6)

衡量社会资本的最复杂的框架可能是加拿大政策研究倡议(PRI)所准备的,由弗兰克(2005)描述,建立在澳大利亚统计局的方法基础上,其试图在社会网络决定的社会资本与其影响(例如信任)之间加以区分(经常在文献中捏造)。PRI方法明确地关注社会关系,而不是将个体或组织作为分析的基本单位。它同样明确地将社会网络概念化作为提供资源认定与评估的　63手段的方法。

> 社会网络分析通过观察不同社会角色之间的关系模式,即通过研究社会关系的结构和功能,来识别在不同社会角色之间运行的资源。潜在的假设是,社会相互作用的结构是决定获取资源的机会和限制的因素,同时认识到,结构本身是这些互动的产物。如果从网络结构的研究中得出结论,则该方法是结构化的;如果关注的是网络的运作方式,那么这种方法就是交易性的或是相关性的。然而,在所有情况下,社会网络分析都涉及运用一种实证方法来检查实体(个人和群体)之间的关系,而不是他们的属性,这是传统社会调查的重点(Franke

2005：13）。

PRI方法关注多属性的方法，这些方法通过观察网络结构（包括网络的性质、成员、关系）和网络动态（例如网络的创造与调动的条件）来衡量社会资本。网络结构是通过社会科学中6个主要的典型的正式网络分析指标来衡量的：

1. 网络尺度：更大的网络更有可能包括更多类型的资源。
2. 网络密度：网络关联性越大，资源就越趋于均匀。
3. 网络多样性：决定了黏合、搭桥与联系的能力。
4. 相关的频率：成员之间接触的次数与时长。
5. 相关的密度：强与弱的联系十分重要（Granovetter 1973）。
6. 成员之间的空间接近性：面对面的交流可能更加接近。

网络动态有9个指标试图在网络中获得不同的地位与权力：

1. 获得网络资源的条件。
2. 感知与调动资源之间的差距。
3. 成员的相关的技能，通过心理测试来衡量。
4. 网络对于重要的生命过程中的事件的支持。
5. 网络成员变化或与重大生命过程事件相关的途径。
6. 网络项目主要阶段的相关稳定性。
7. 合作的交流工具的出现。
8. 类似民主程度的内部操作规则。
9. 网络运行所在环境的组织结构。

64

这些指标比用来衡量网络结构的指标要复杂得多，而且在某些情况下，似乎违背了作者将社会资本作为特定社会经济结果的解释变量而不是作为最终结果加以区分的初衷。网络动态指标似乎也将客观指标与成员的自我评价混杂在一起，例如"依赖性、求助困难"（Franke 2005：17）。这表明，尽管PRI方法是迄今为止最严格的尝试之一，对于量化社会资本时如何"计数"的问题，想要保持严格与一致的视角仍然是一个挑战。

文化理论

弗兰克强调的重点在于"内部的标准与规则"(2005：19)，斯赖特和考克的三种类型社会资本——搭桥、黏合、联系——雷纳和马龙提议的三个组织策略(详见上文)，都表明了社会资本理论与玛丽·道格拉斯倡导的文化理论之间的联系是十分紧密的(1970, 1978; Thompson Ellis and Widavsky 1990)。这种方法提出：社会组织的三种方式——等级、竞争和平等主义——都将以其独特的方式阐述资源管理中的关键问题。这包括：关于自然和经济相对的脆弱性与弹性；对时间与空间的感知；代际间责任的原则；经济贴现程序的倾向；面对风险时意见引导和责任分担；政策监管工具的选择。

借鉴一下生态学家C. S. 霍林的工作成果，汤普森(1987)提出，竞争性的制度安排促进了良性的自然观。自然环境对人类是有利的，不管人类对其做了什么，"它必然将更新、补充、重建它的自然秩序"(Thompson and Rayner 1998：284)。这种观点鼓励自然资源开发，鼓励对自然资源的管理采取试错的办法。这一观点可以用一个球在杯子或盆地中的图像来表示，不管它受到多大的扰动，它都会回到平衡状态(图4.1a)。另一方面，相同的社会安排趋向于将经济描述为脆弱的，可能受到限制使用自然资源(例如限制阿拉斯加的石油钻探)或环境管制(例如限制温室气体排放)的损害。脆弱的或者说是"短暂的"经济形象由倒置的碗中的球表示(图4.1b)。即使是轻微的扰动也会引起灾难性的位移。

65

图4.1 均衡状态下的自然环境(a)的描述；(b)在脆弱状态下的经济；(c)等级社会的安排。

这些自然与经济的图片在社会组织由平均主义的安排主导时将会掉转过来。平均主义的观点是，自然是"短暂的"或脆弱的，虽然经济被视为稳健的系统，可以承受得起资源限制的代价，甚至可以从生态效益的提高中获益。

　　第三种观点(图4.1c)是等级社会安排所鼓励的观点,它可能只是前两种观点的混合。然而,它与其他的观点有所不同。尽管它承认不确定性是任何系统固有的,但它假定管理可以限制任何混乱,并且可以保持一种平衡状态。这适用于自然和经济的等级观念。在两个观点中,球处于地形中的凹陷处时允许有一些但不是无限的扰动。学习与知识选择的过程发生在等级的框架支持下,既不是自然是良性的,经济是短暂的观点下无限制的试验,也不是自然是短暂的,经济是良性的观点下谨慎的限制的行为。因此,等级社会安排需要不断监测自然和经济系统,以及连续的研究项目,以确定山谷有多深,以及球到底离包容它的山脊有多远。政府间气候变化专门委员会、多边环境协定(MEA)等机构的努力,以及ICSU目前提出的建立全球风险观察系统的建议,甚至是本次恩斯特·斯特格曼论坛,都可以被视为建立我们所生活的这个世界全景视角的分层驱动的例子。

　　举另一个简短的例子,对时间的感知、对经济贴现的偏好、对未来子孙后代的义务、赞同和责任是密切相关的。这种竞争性的组织方式促使人们关注活动与投资的短期期望和即时回报。因此,这些类型的机构对于长期计划毫无用处,而且不注意跨时期的责任。他们倾向于认为,未来几代人在对待工业时代留下的遗产时将具有适应性与创新性的思维。只要赞同受到重视,假设未来后代基于当前市场条件做出决定,他们也会因此接受前人做出的类似决定。从这一观点来看,未来负债出现时可以由市场力量加以处理,而且实际上这将为未来的企业提供一种刺激。在这些条件下,不同的商品或同一商品在不同时间适用不同的贴现率。贴现率也往往很高。

　　这与等级制度形成了鲜明的对比,在等级制度中,历史被具有不同意义的时代明确地区分开来。杰出领导人的制度有助于对未来的有序期望。因此,两代人之间的责任往往是强烈的,但与当前的需要相平衡。金融机构的寿命也可能会保证这一点。认同是基于这样一种假设,即后代将承认现有制度的合法性。因此,表面上的贴现率往往低于市场(例如竞争性的)一致应用的贴现率。层次结构是三种组织方式中最可能关注可全面应用的标准化费率的官方决定的。

　　平均主义团体也倾向于把历史看作是超越时代的,但因为他们解决争端的能力薄弱,而且容易出现频繁的分裂,他们倾向于表现出一种历史自重感,认为当前的时代是一个决定性的历史时刻。因此,代际责任很强,但对正式机构的信任很弱。如果不能得到子孙后代的同意,我们的后代也不能迫使早已死去的决策者为他们的错误付出代价,那么我们就没有权利代表子孙后代承担风险。"在这些条件下,用于环境和代际计算的表面贴现率非常接近于零,甚至可能是负数"(Thompson and Rayner 1998: 330)。

文化理论认为,社会网络中社会关系的排序对于理解社会资本及其对资源和材料的定义、识别和使用的影响至关重要。从它们的地理与生物起源到它们的归宿。因此,它试图衡量网络中联系的关系质量以及社会资本方法所特有的弱或强联系的形式属性。

衡量文化

二十多年前,格罗斯和雷纳(1985)提出了区分竞争、等级和平等组织形式的变量的正式测量方法。在相当大的程度上,他们的测量方案预测了PRI的社会资本指标的方法,因为它将社会关系的正式(数学图形化)网络特征从旨在捕捉任何网络中的人际关系和期望的质量的测量中分离出来。他们提出了五个"基本谓词"来衡量网络的紧密度和交互性:

1. 接近:一个网络成员抵达另一个成员所需连接的平均数。
2. 传递性:网络的成员都能够了解另一个成员的可能性。
3. 频率:成员用在彼此上的时间总量。
4. 范围:网络内成员从事活动的比例。
5. 不渗透性:获得成员资格途径的困难水平。

为了区分网络内社会差异水平,格罗斯和雷纳提出了四个断言:

1. 专门化:网络中不同角色被识别的程度。
2. 不对称:成员之间角色可互换的程度。
3. 权利:根据成就和归属分配角色的程度。
4. 责任:成员之间相互负责或责任不对称的程度。

相对于PRI方案,这一衡量文化的建议的优点似乎是,寻求捕捉网络内相

67

关质量的指标并不依赖于成员的自我评价或主观感知，并且看起来成功地从最终结果中分离出解释性变量。然而，在自文化理论指标提出后的20年里，却很少被应用于实践。因为测量方案对研究者来说是非常耗费资源的，需要相当大的投入来仔细地直接观察。它们在某些方面也不如为衡量社会资本而制定的指标全面。显然，这两种方法都有相当大的改进空间，可以相互借鉴。

关于衡量人力与社会资本的最后反思

在这本书和其他地方，资源、资源的联系和资源的持续性都被以物理术语概括性地描述。然而，资源的利用根本上是人类资本、社会资本和机构能力的功能。将社会科学与自然科学概念和方法结合是一项正在进行中的工作，而且进展缓慢。

尽管如此，它仍然是可持续发展讨论的关键部分。向一个更可持续的世界的转变不可能通过专业人员在他们的专业范围内的行动来实现，而是要靠在学科边界上积极的合作努力。这种合作面临的最大的挑战之一就是

68　　理解不同学科的从业者认为衡量什么是最重要的，如何衡量它。如同在自然科学中一样，在社会科学中，我们倾向于衡量我们能做什么。一些标准统计方法（例如，年龄、性别、收入）已经成为调查研究的主要内容，这并不是因为有什么强有力的理论根据把它们与特定的行为或态度联系起来，而是因为它们相对容易衡量。传统的人力资本，例如人均受教育的时间与学历、出版速度、儿童死亡率、人均医生数量比较容易衡量，但是很难与全国整体的生产力联系起来，更不用说在治理、创新、生产和消费等相互重叠的全球体系中，对物质的识别、提取、运输、转化和处置了。另一方面，社会资本的存在与从公司到国家各级组织的经济和管理业绩之间似乎存在着相当牢固的理论联系。然而，关于社会资本究竟是什么在理论上的不确定性，使衡量它变得十分困难。衡量社会资本与评估组织能力似乎在某种程度上取决于环境。这对于任何试图衡量全球资源储量与流量的项目来说都是不方便的，它们本身由这些不易衡量的变量构成。传统的经济分析一般以"保持严谨"之名将难于测量的变量统统省略。这有效地将省略的测量值设为0（或者无穷），比在两者之间设定不充分的值更不可能。在衡量人力、社会资本或制度

69　　能力时，如果某件事值得做，那么就算做得很糟糕，它也值得我们去做。

5 储量、流量与土地的前景

凯伦·C. 濑户、鲁道夫·德·格鲁特、史蒂芬·布莱格祖、卡尔海因茨·埃尔布、托马斯·E. 格拉德尔、纳文·拉马古迪、安妮特·丁贝格、奥斯瓦尔德·J. 施米茨、大卫·L. 斯科尔

摘　要

　　这一章提出一个问题：地球的土地资源能够支持现在与未来的人口吗？探讨不同土地利用之间的经济、地理、社会和环境上的联系，以及土地可持续性利用方面的挑战。土地资源是有限的，却是可以恢复的。土地是大部分人类活动的媒介。它提供了食物、纤维、燃料、庇护和自然资源。虽然这些土地用途是相互补充的，其中一些却是相互排斥的。用以居住的土地不能同时用于农业或用来开采不可再生能源。这一章研究不同土地利用之间的权衡，以及土地资源在当前和未来趋势背景下受到的主要限制，如人口增长、城市化、生物能需求的增长以及饮食结构的变化。本章考虑当前土地测量的概念，提出了量化土地可持续性的概念性框架，并确定了土地可持续性利用的前景与机会。

导　论

　　土地为人类提供了最基本的资源：食物、纤维、能量、庇护以及许多对于地球生态系统十分重要的服务（例如气候调节、空气与水的净化、碳的存储）。地球上土地的数量是有限的。在这有限的资源上，迅速增长的人口却越来越多地改变土地，越来越多地向土地索取。人类占用土地来满足他们的资源需求，大量地转换土地并改变了土地至关重要的支持服务。一半以上的地球表面被人类改变，地球上近三分之一的土地被用于种植粮食。71

　　这产生了一个重要的问题：地球上的土地资源能够支撑现有的与未来的人口与消费水平吗？答案将取决于土地的物理量、土地质量和土地的地

理分布。尽管土地本质上属于可再生资源，然而，土地退化、侵蚀、盐碱化以及其他土地过度使用能够将土地变为不可再生资源（NRR）。另外，我们利用土地的能力可能受到水和便宜、可靠、可持续的能源的可获得性的限制。即使我们有足够的高质量的土地，我们能够持续地养活人类也取决于我们向往的生活水平，我们的饮食消费，我们使用土地的方式；土地可持续性取决于饮食是否进化为主要基于植物或是动物，人类定居的位置和形式，我们如何分配土地来对其进行竞争性的利用。土地可持续性也需要衡量工具，不管土地是否被可持续利用，都可以用这种概念化与量化土地的工具来评价。

在这一章，我们评价了当前土地利用的趋势，并且探索考虑到可持续性衡量的土地选择性的概念化。我们的目标是提供一个衡量土地可持续性的框架，能够保证这一有限资源在未来几代的时间内保持永久可得、富饶、可再生。

概念化土地

我们如何定义土地？传统的土地定义系统是基于一个单一的尺度，其极端是城市地区和荒野。这些类别和其他类别（如森林、农业）被划分为独立的单元，这样，每一块土地都被分配了一个单独的标签。

有许多土地分类系统，但它们都基于相同的前提：土地可以分为不同的类别，这些类别定义了土地覆盖（表5.1a）、地球表面的物理特征［如植被和建筑环境（表5.1b）］或土地使用［即人类在土地上的活动，如农业和工业用途（表5.1c）（Anderson 1971）］。然后，土地会计制度就遵循这一概念。把土地的单位加起来得到总数。通过将每个土地单元标记为一个单独的类别，我们可以通过添加单个单元获得土地的总体估算值。这种土地核算方法是编制所有比额表的土地使用和土地覆盖清单的基础（表5.2）。

表5.1a　土地覆盖分类系统的例子：IGBP土地覆盖说明。

类　别	描　述
0	水　体
1	常绿针叶林
2	常绿阔叶林

类 别	描 述
3	落叶针叶林
4	落叶阔叶林
5	混合林
6	郁闭灌丛
7	稀疏灌丛
8	多树草原
9	稀树草原
10	草 原
11	永久性湿地
12	农 田
13	城市与建设用地
14	农田/自然植被镶嵌
15	永久性冰雪
16	裸地或低植被覆盖地

表 5.1b USGS 土地利用/土地覆盖分类。

类 别	一 级	二 级
1	城市或建设用地	居住区 商业与服务 工 业 运输、通信与公共事业 工业与商业 混合城市或建设用地 其他城市或建设用地
2	农业用地	农田与牧场 果园、小树林、葡萄园、苗圃与 观赏植物区域 畜禽饲养地 其他农业用地

71

类　别	一　级	二　级
3	牧　场	草本的 灌木和灌木丛 混合的
4	林　地	落叶的 常绿的 混合的
5	水	溪流与运河 湖 水　库 海湾与河口
6	湿　地	林区的 非林区的
7	荒　地	干旱盐滩 海　滩 除海滩之外的沙地区域 裸露岩石 露天矿、采石场、沙坑 过渡区 混合的
8	苔　原	灌木与灌木丛 草本的 不毛之地 湿　地 混合的
9	常年冰雪	常年雪地 冰　川 裸露土壤的阔叶林 低矮树木与灌木覆盖土地 裸露土地 农业或C3草地 永久性湿地 冰盖与冰川 缺失数据

表5.1c CORINE土地覆盖分类。

一 级	二 级	三 级
人造地表	城市建筑物 工业、商业与运输单元 矿区、垃圾场、建筑工地 人工的、非农业植被区	持续性的 非持续性的 工业与商业单元 道路、铁路网络与相关用地 码头区 机 场 采矿场 垃圾场 建筑工地 绿色城市区域 运动与休闲设施
农业区域	适于耕种的土地 永久性农田 牧 场 多样农业区	非灌溉的 永久灌溉的 水稻区域 葡萄园 果树与浆果种植园 橄榄园 牧 场 一年生作物结合永久性农田 复合耕种模式 主要被农业占用同时带有重要 的自然植被区的土地 农林间作区
森林和半自然区域	森 林 灌木或草本植被 有很少或没有植被的开放空间	阔叶的 针叶的 混合的 自然草原 荒野与杂色草地 硬叶植物 过渡性林地矮树 海滩、沙丘、沙源 裸露的岩石 植物稀疏区域 烧焦的区域

（续表）

一　级	二　级	三　级
湿　地	内　陆 海　岸	内陆湿地 泥炭沼泽 盐　沼 沿　湖
水　体	大陆的 海洋的	水　道 水　域 沿海潟湖 入海口 沿海和海洋

表5.2　无冰地区的土地分布。

	范围 （M km²）	占总面积的百分比 无冰土地
耕　地	15.01	11.46
牧　场	28.09	21.44
建成区	0.73	0.55
林　地	43.10	32.89
热带草原、草地、灌木林地	22.90	17.48
其　他	21.20	16.18
总　计	131.03	100.00

当前的土地概念化

利用基于单独尺度概念的土地核算系统，我们可以看出，在世界无冰地表中，近三分之一为农业，另外三分之一为森林，其中的建成区不到1%。然而，这种土地计算系统忽略了土地质量与土地利用强度的差别（Foley et al. 2007）。农业就是农业，与产量无关。城市或建设用地的类别不分密度的高低。存在考虑更详细区别的土地分类系统（例如居住、工业与商业），但假设沿着同一轴线有更好的分割，"土地计算"或者"质量平衡"方法一直是形成土地库存的主要方法，但是它们没有提供衡量当前土地利用是否可持续的关键信息。当前的土地核算系统存在一个主要谬误，就是土地具有可以被完美互换的意义。即,在亚洲的农田可以被欧洲的农田代替。通过简单的计算,得出全球世界面积的总数,地理背景被去除了。结果,它假设一个地方(这个地方具有地理、位置与背景的特异性)能够被另一个地方取代。假设一个地方具有空间互换性,却忽视了生物条件、文化、经济、政治与机构的差异。

一种超越简单的、定量的关于使用中的土地范围的账目的方式,是通过估计使用中的或者是通过人类活动从最初的代谢途径中分出的陆地净初级生产力(NPP),它被定义为人类对净初级生产的占有(Haberl et al. 2007;Imhoff et al. 2004;Vitousek et al. 1986)。NPP是植物在扣除呼吸作用消耗(即植物新陈代谢的量需求)后初级生产的净总值。NPP等于单位时间内生态系统内产出的生物量,它描述了地球上几乎所有非自养生物的基础。NPP是基本的生态系统服务,与生态系统提供其他服务的能力密切相关(Daily et al. 1997;MEA 2005b)。

HANPP(净初级生产力的人类占用)参考了对土地使用改变生态系统功能方面的观察,特别是生态系统的能量流(Vitousek et al. 1986;Wright 1990;Haberl et al. 2001)。例如,土地板结或砍伐原始森林获得耕地这一类的土地转换,改变了生态系统模式与程序,并且因此对生态系统的NPP产生影响。另外,在农业与林业的实践中,为了社会经济学目的(例如,收获食物与燃料)从生态系统中提取生物能,因此减少了存在于生态食物链中的NPP的总量。通过计算潜在植被的NPP(NPP$_O$)之间的差异,HANPP聚集这两种关于生态系统能量流的不同类型土地利用的影响。植被将会在不存在人类土地利用时占主导地位——收获后剩余的实际占主导地位的植被的NPP的小部分(NPP$_{ACT}$)(Haberl et al. 2004,2007)。源自土地转换的NPP的变化被表示为$\triangle$NPP$_{LC}$,生物收获量被表示为NPP$_H$。因此,HANPP衡量关于生态系统内能源可获得性的土地利用的影响。它超越了使用中土地范围的衡量,但是使土地利用强度(例如NPP的变化或者每单位土地的收获量)与在一个指标下使用的土地的质量的影响成为整体。

最近的全球HANPP(Haberl et al. 2007)空间的明确评估反映了来自全世界的HANPP的量级与空间模式,呈现了来自全世界的不同土地利用强度。根据哈伯尔等人的研究,潜在的全球NPP中23.8%被人类占用,53%的全球HANPP被用于以食物、燃料、饲养以及改变生态生产率为目的的生物

73

量获得。用于为了基础设施与定居地而进行土地转换的HANPP仅占4%，但这种土地利用类型的特征是HANPP率在70%以上，例如以高比例的板结土为特征的区域（Haberl et al. 2007）。

目前土地概念化的第二个限制是，它没有考虑到连通性（Schmitz 2008），或复杂的土地转换链和"土地远距离联系"。与大气科学中的远距离联系概念相似，土地远距离联系是一种较大地理距离之间的联系：一个区域的土地利用与资源需求如何影响与驱动另一个区域土地利用的变化呢？在日益全球化的经济中，有需求的地方经常无法与生产的地点联系。例如，牲畜饲养的区域与饲料生产区域不在同一个区域是很普遍的现象，动物产品还需要运输到其他区域。

以丹麦的养猪业为例，在每年喂养2 500万头猪所需要的饲料中，有25%从阿根廷进口。丹麦对于饲料的需求对阿根廷农田的扩张有很大的影响。丹麦的养猪业是一个环境问题，因为养猪业是大部分氮从农业土地流失到水环境的原因。为了鼓励环境的可持续性生产，丹麦实行了严格的法律来规范一个农场最多可以饲养的猪的数量（按照每公顷固定的动物数量规定）。猪肉总产量的大部分（85%）从丹麦出口，这是由于日本、中国、英国、德国的需求所驱动的。全球的猪肉生产与消费链说明了在概念化土地利用时，我们必须考虑很多方面的因素。特别重要的是，要从土地利用、生态系统影响和社会经济驱动力三个方面来评估特定地点的情况。

表5.3 土地转换链：消费和生产的地理分离。

	植物生产或饲料	动物生产的位置或产品转换	食物需求或消耗
土地使用：土地需求的趋势与决定性因素	加速的压力：可能向边缘土地扩展；与当地产能或需求脱钩	稳定条件：土地使用与动物饲养需求并不直接相关，但是与当地环境法规有关	可腾出土地作其他用途或提供其他生态系统服务；人口与土地脱钩
生态系统影响	由于领域扩张与集约化而增加的压力（例如，生物多样性、栖息地、水）	压力之下：例如地下水污染，缺少扩张的动机	可能减轻当地环境压力
社会经济学驱动因素	经济、技术、制度	经济、制度、技术（交通、生产）	文化、品位、经济、人口

另一种考虑土地转换链的方法是考虑虚拟土地的地理消费:在遥远地方生产产品的消费如何利用另一个地方的土地、水和能源?这种依赖可以被描述为"虚拟水消耗"、"虚拟能源消耗"或"虚拟土地消耗"。

我们当前对土地的概念化与核算没有衡量土地的转换链。生态足迹的概念是解决全部土地需求进而维持社区的第一步,但它仅仅衡量了土地的总需求,而非供应与需求的地理联系。只有当我们能够考虑全部土地转换链时,我们才能够评估土地系统的可持续性。因此,全球的土地衡量指标需要通过收集关于饲料食物和当地土地利用的地理模式及联系的信息来补充。

当前土地概念化的第三个限制是,人类与自然区域是完全不同的。从事不同活动的土地分配在地理上的分布方式是没有联系的,满足人类资源需求的活动和保护自然的活动是没有联系的(例如生物多样性与生态系统服务)。二元性将人类从发出不可持续土地利用反馈信息的关键过程中分离。历史上,农业系统最初依赖当地的自然资源,自然资源又反过来将生产与当地的环境影响直接联系起来。这使得动物产品的生产与当地土地利用系统的"承载能力"之间具有密切的相关性。在一个全球化的、地理上分离的系统中,人与环境的二元性促使人们更多地占用土地供人类使用,同时也带来了信号很少(或者可能延迟)的危险。以丹麦的猪肉生产为例,阿根廷黄豆产量的下跌将会引发日本猪肉价格信号的延迟。

可持续背景下的土地概念重建

由于当前土地概念化的原因,土地的多类型功能被忽视,假设空间与场地都是可以替代的,我们将土地不同的使用功能分配到不同地点:荒地与人类聚居点位置不同;农业生产区域不能与森林区域并存。这种人类—自然的二元性通过多样的空间尺度共存。例如,在当地的尺度,区划保证了居住区与工业区是分开的,工业区与公园也是分开的。单一标签的分类方法暗示了每个土地单元只能用于一种目的:城市、农业或森林。然而,土地本质上是多维度的。土地可以被用于"生长"或提供人类使用的不同物品。此外,人类通过不同种类方式使用土地。就其本身而言,土地在人类与社会、经济、社会的关系中是多功能的。

　　我们建议通过三维进行所有空间层次改进的土地描述。三条轴线代表了"可持续性凳子"的三个腿：环境（或生态）、经济（或商业）和社会（图5.1）。生态轴（E）是土地质量、相邻地块的背景、提供生态系统服务的衡量标准。商业轴（C）衡量一段时期内在土地上的投入与获得的经济回报。社会轴（S）衡量如人口统计、制度能力和地块上人的教育水平之类的属性。这样，在每一个轴都在相同尺度被标准化的情况下，一块土地就可以被E-C-S空间中的三点所描述（图5.1a）。为了方便起见，我们假设每一个轴有0—10刻度的值。

79　　一块最初为商业城市区域的土地因此有相对于E更大的S与C的值（图5.1b）。类似地，包含更多森林而不是农田的植被区E值将会更高，较低的S值和较低的（但仍然可以测量的）C值代表农业区的商业用途（图5.1c）。这个概念体现了将人类视作生态系统一部分的世界观，人类自身需要遵守限制提供服务能力的热力学的约束。这种观点也认为生物多样性与其附带的服务是土地系统的组成部分。

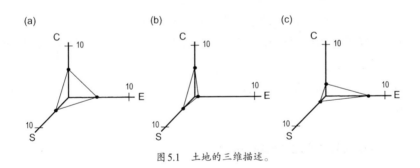

图5.1　土地的三维描述。

　　这种对土地的重新定义使得景观镶块具有比当前单一使用的离散分类系统更强的本地化资源和能源的互联。景观镶嵌的观点还认为，人们可以关注土地在每个空间单元内的功能（例如，粮食生产、生物多样性、碳储存），而不是基于不同单一用途的面积进行核算。

概念实施

　　以上的描述表明，每一个轴都由几个度量标准构成。对于可行性，我们要求它们在 0—10 框架中是可以度量的。我们还需要合适的公共数据集合,这是可以获得的。因为我们想要这个概念在不同的空间层次中发挥其功能,数据集合必须有相当高的空间分辨率。对于这些指标可行的建议是:

1. 生态维度

   E1:地理背景(例如,来源于遥感的景观结构)

   E2:归一化植被指数(NDVI),一种源自遥感技术的植物测量

   E3:生态系统服务(例如,通过 WWF 生态系统服务指标测量的数值)

   E4:地块的污染(例如,通过测量浮游植物增长时的富营养化指标的值)

2. 商业维度

   C1:土地租赁(例如 GDP/面积)

   C2:物理投入/公顷(例如 kgN/平方千米/年)

   C3:物理输出/公顷(例如 kgC/平方千米/年)

   C4:人工水管理(例如地块中可以灌溉的比例)

3. 社会维度

   S1:人口密度(例如,度量标准是指定的,所以最优中间密度的最大分值不会很高或很低)

   S2:制度能力(例如,减少入口数据集的障碍或者减少从允许申请到批准数据集的时间)

   S3:平均教育水平

80

在时间与空间水平的描述

一块可持续发展的土地可以被想象成一个沿着每个轴的排名大致相当的土地,如图 5.2 所示。然而,值得注意的是,这些排名可能会被特别地放置,如土地质量与生态健康的地理差异,将会导致改善环境影响的能力上的差异。这表明由公制单位计算的空间体积是一个有用的测量方法。每个轴等于 5 的固体的体积是 31.25 个单位。我们能够把地块可持续性 σ 置于彩色的刻度(图 5.2)。

图5.2 在色彩条上地块的可持续性。

这一理念的一个演变就是用色彩理论表明对σ值的贡献（图5.3）。这个概念将采用三个轴的数值来定位色彩空间上的一点。例如，假设E=8，C=8，S=2，那么e=8/18=0.44，e=2/18=0.11。点P的颜色被用来表示地块。假如地图上表示体积或颜色三角形的数值，时间序列的直观显示能够展示向着可持续性进步或退步。

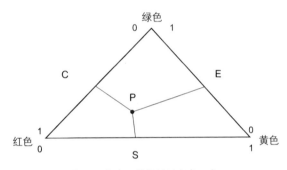

图5.3 土地可持续性的颜色三角。

现在考虑图5.4，我们从三个空间等级来评价地块的可持续性。首先，一个单个的地块可能全部是城市化或商业化的，它的σ值很低。在更高层次的空间等级，地块将是小地块的总和，并且拥有更高的σ值。在更高的空间级别，将会有更高的σ值。

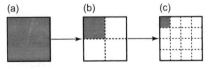

图5.4 土地可持续性的三个等级空间集合。

全球土地使用统计

全球土地使用统计（GLUA）结合商品生产与消费，是为决定区域或国家土地利用而建立起来的。因为农业土地利用主导了所有类型的土地利用，因此GLUA首先结合农业产品来量化土地利用（Bringezu et al. 2009c）。

GLUA方法能够计算全球"总生产面积"，即生产某些国内消费品（例如，从燃料作物大豆中生产生物柴油）所需的面积（Bringezu et al. 2009c）。将生物量的使用分配到几个用途（例如，用于柴油或食品的豆油和用于饲料的豆饼），可以确定一个国家或地区的所有农产品的"净消费面积"。GLUA规定了与国内商品消费相关的土地是在国内还是在国外。在国内层面，用于生产出口到世界其他地区的货物的土地也被考虑在内。

因此，与全部经济物质流量分析中的物质平衡或传统经济核算中的贸易平衡类似，可以建立土地利用平衡。时间序列解释了一种增长的不平衡时，可能表明问题在区域间移动。例如，假如全球农田的净消费面积在增长，就表明那个国家的消费正在推动全球农田扩张。GLUA不能用于量化对生物多样性与生态系统的最终影响，但却表明了面对结果的压力，并把压力与单个国家生产与消费系统的驱动力联系起来。

与此同时，需要考虑到土地的质量与土地使用强度不同，尤其是农田与牧场在自然价值上的显著差异（例如生物多样性），以及当地的环境压力（例如，由于密集的农作造成养分淋失），在很多发展中国家，很大程度上，永久性的牧场不如其他国家，例如西欧管理得严格。因此，为了将区域土地利用与全球不同类型土地有效或平均利用作对比，需要由GLUA分别进行更深入的研究，根据可比较的强度，对农业土地进行更具差别化的分类。未来的工作应该将GLUA方法用于森林用地，为此目的，研究需要考虑到森林用地的不同质量，包括多功能的用途。

前景与政策

我们可以想象区域或地球上理想化的土地可持续性，就像图5.5描绘的那样，为了必要的生态系统服务，最小（m_1）或者最大（m_2）由足够的E来决定，足够的C被用来喂饱与养活人口，足够的S用于人口统计，但不是很多（例如，相当高的密度但不是太高）。这张图可以与当前的地球区域测量结果进行对比，用来制定能够把评估从当前状态推向理想状态的政策。

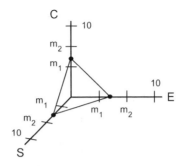

图5.5　衡量土地可持续性，C：
商业的/经济的；E：生态的；S：社
会的。

当前趋势、交易与土地的压力

在当前的条件下，竞争性的土地利用产生了不同的交易，这给土地资源带来了压力。在这里，我们强调不同类型的土地利用，它们当前的条件和未来潜在的前景。

生态系统服务

生态系统服务使人们从自然中获得多样化利益，例如湿地对水的净化与洪水的调节。由于土地已经被改变与转换，地球提供这些服务的能力已经被削弱了。

这带来了一系列环境与社会问题，包括水与大气质量的降低，土壤侵蚀，生物多样性的降低（MEA 2005a；Vitousek et al. 1997b）。除了对健康有直接影响外（例如降低的水的质量和恶化原始的徒步环境），丧失的服务也可能以更高的代价来间接影响社区，例如，建设基础设施来取代生态系统服务（例如，湿地的破坏间接地增加了堤坝建设的需求，以控制风暴潮水）。

森林生态系统通过固碳提供了重要的服务，可以想象利用这样的服务来调节全球的碳排放。在90亿参数（Pg）的全球碳排放中，7.5 Pg来自化石燃料的燃烧，1.5 Pg来自土地用途的改变（Canadell et al. 2007）。考虑到当前全部土地和海洋下沉5 Pg/年（Canadell et al. 2007），对应的是排入大气的净83　排放量大约4 Pg/年。假设我们可以随意造林来固定过量的碳，而全球平均固碳率接近2—3吨/平方千米/年,我们需要大约10到20亿公顷的土地,这相当于现在全球农田的面积(see Ramankutty, this volume)。显然,将土地用于农业生产,妨碍了利用森林的固碳服务来固定过量的碳排放,反之亦然。此外,森林碳汇将会在经过100年树木成熟后达到饱和,然后需要造另外的10到20亿公顷森林来继续碳固定。

另一个例子是巴西的喜拉多(Cerrado),25个全球生物多样性热点地区之一。喜拉多的最初范围在200万平方千米以上,它是4 400种地方性物种的故乡(Myers et al. 2000)。自1970年以来,人类侵略性地将土地转换为农业用地,导致土地基础净损失达79%。巴西喜拉多土地面积的58%用于种植黄豆,41.5%的面积被用于放牧4 000万头牲畜(Hooper et al. 2005)。

喜拉多生态系统的损坏,使得土地利用不可持续的问题更早地出现在我们有关土地概念化的讨论中,即在全球背景下,不能仅用简单的土地核算方法为某种特殊活动计算土地利用的损失或效益。喜拉多的生态系统仅仅代表着全球的一个地理位置。它的彻底消失将导致一种关键的生态系统服务的消失。

另一方面,重新考虑背景的依赖与替代性意味着(a)黄豆生产可能出现在其他区域,在这些区域里,黄豆生产不会导致特别的生态系统服务的终结;(b)或者可以在另一个地理位置种植其他可替代性的油料作物。前者需要根据地理组合的角度审视土地利用,进行可持续的权衡。后者需要我们认识到,我们有必要保护全球农田的多样性,在全球不同地理区域内,再次创造适应不同生物物理学条件下的农田利用的组合。

农 业

农田扩张——栖息地和生物多样性损失的主要原因之一——在未来的10年内仍会在全球范围内继续(Ramankutty et al. 2002)。这将部分取决于农田增产速度的下降(FAOSTAT 2008; Hazell and Wood 2008)。在某些区域有农业增产的潜力,尤其是在非洲撒哈拉沙漠以南。在全球平均水平上,人们期望未来谷物产量增加,但假设以当前的饮食需求而言(UN中等项目),仅需要保持在与人口增长速率同步的水平。

对食物生物量的需求仍在增长,自20世纪90年代早期,全球的消费模式从吃转向对动物产品的高消费。然而关于植物和基于谷物产品的消费却处于稳定状态。在2003年至2007年间,牛肉、猪肉、家禽、羊肉与牛奶的产量增加,在一些发展中国家,增长超过10%(FAO 2008)。到2030年,相较2000年,全球人均肉类消费预计将增长22%,牛奶和奶制品将增长11%,植物油将增长45%(FAO 2006)。这种增长主要是由于发展中国家消费模式的改变,意味着按绝对数字计算,人们对这些商品的需求增加了一倍。此外,在发展中国家,谷物、根茎和块茎、糖和豆类的消费量预计将高于世界平均水平,尽管增速低于动物性大宗商品的消费。

由于对上文概括的营养消费模式导致的全球土地需求并没有清晰的规划,以肉类为基础的饮食结构的预计增长,表明对农田的需求正在增加。到2020年,甚至在已考虑预计产量增长的情况下,不断变化的饮食结构与对生物燃料的需求预计将使农田需求增加200万到500万平方千米(Gallagher 2008)。到2020年,将需要增加相当于目前全球耕地总量的12%—31%。因此,人们可能会得出这样的结论:仅仅为了养活世界人口,就需要扩大全球农作物用地。

牲畜/饮食

如今,35%的粮食(与60%的粗粮)被用于喂养牲畜。将谷物蛋白转化为肉类蛋白导致了效率上的损失。例如,鸡肉的饲料转换率为1∶2,猪肉的饲料转换率为1∶4,牛肉的饲料转换率为1∶10。换而言之,提供相同的营养,直接用谷物可以养活4倍于通过投喂谷物获得猪肉所养活的人。这还没有算上养牲畜所需要的物理空间。向肉类为基础的饮食转变被称为"畜牧革命"(也就是说,发展中国家牲畜产品顾客需求随着快速的人口增长、收入增加与城市化的进程而增长)(Delgado et al. 1999; Wood and Ehui 2005)。从1982年到1992年,在发达国家的肉类需求以每年1%的速度增长的同时,发展中国家以每年5.4%的速度增长着(Wood et al. 2000)。根据IFPRI的IMPACT模型预测,在1997年至2050年间,全球谷物生产将增加56%,牲畜生产将增加90%,发展中国家分别占据了93%与83%的谷物与肉类需求的增长份额(Rosegrant and Cline 2003)。

生物经济学

政策已经开始促使以化石燃料为基础的经济类型转变为可再生能源经85 济。一种潜在的可再生能源资源是基于粮食的乙醇。生物燃料和粮食生产之间的潜在权衡是什么?使用谷物酒精来满足我们对液体燃料的需求需要多少土地?美国当前支持谷类、小麦与豆类生产的土地大约有1 012 000平方千米,其中仅谷类就占这个面积的一半。现在,这个数量中的大约23%被用于乙醇燃料生产,占美国燃料供应的3%;全球平均水平接近5%。用全球的数值作为近似值,我们需要乙醇产量在当前水平基础上增加20倍,以满足100%的谷物乙醇燃料的需求,我们因此需要增加93 000到162 000平方千米的土地,这将超过可用农田总面积的2倍,并且需要粮食产区的面积增加4倍。我们假设这一比率适用于全球。

在2006年,全球收获玉米的面积是1 457 000 m^2。那么,如果仅依赖玉米来满足美国乙醇100%的生产需求,需要的面积将会超过全球2006年玉米收获区域的面积。世界范围内所有谷类生产的总面积为6 799 000平方千米,想要满足美国100%的燃料目标将会消耗全部谷类生产的25%。加上欧洲与亚洲,很容易想象,100%的燃料替代目标将会超过当前全球土地上的谷类产量。不难从这些数字中看出,相应利用的农田将不得不超过当前农田的面积,并且会侵占其他区域(热带地区)与生态系统(森林)。然而,对于类似欧盟这样的净消费区域和德国这样的国家,模型显示,生物燃料使用量的增大将会导致全球农田用地绝对需求的全面增长(Eickhout et al. 2008;Bringezu et al. 2009),这暗示着假如在现有农田上生产生物燃料,替代生产将被转移到其他地理区域。

随着世界从化石燃料向生物燃料过渡,土地利用之间的竞争将以一种既不明显也不直观的方式出现。某些土地用途或农业类型可能发生地理上的转移,并且反过来造成人口转移,雇佣模式的改变,政治的重组,新的交通网络,新的资源消费模式与生活圈。这将增加土地生产性使用与消费之间的不连续性。例如,当前强调增加乙醇生物燃料生产能力,刺激了对遍及美国中西部的处理厂的投资与建设。为了像真正可再生能源那样经济与高效,乙醇生产必须在地理上与随时供应谷物与纤维素的地方同地协作,用于生产乙醇的谷物(主要是玉米)的地理位置,并不是广泛分布的,而是集中在美国的一个农业区域。假如生产与消费的地理位置不匹配,我们将承受创造出不可持续土地转换链的风险。当前,欧洲与美国中北部工厂现有的与规划中的工厂的分布显示,生产加工厂的地理位置过度集中,远离了消费地点,即沿海的城市。 86

城市化

联合国期望"在未来的40年内,城市区域能够吸纳全部增长的人口"(UN

2007b)。在2008年到达了一个转折点：地球上一半以上的人生活在城市中。相应地，地球的表面变得越来越城市化。地球地表向城市转变将是21世纪最大的环境挑战之一。尽管城市已经存在了很多个世纪，就全球城市用地的面积而言，如今的城市化进程却不同于过去的城市转变。土地正快速被转化为城市用地，新城市的位置首先出现在亚洲和非洲。随着城市区域的扩张、转变、包围周边的景观，它们通过改变气候、野生动物栖息地与破坏生物多样性及对自然资源更大的需求等方式，以多种时间与空间的尺度来影响环境。城市范围的尺度与空间结构直接影响能源与物质流，例如二氧化碳的排放和基础设施需求对地球系统的功能产生影响。土地利用的集约化与多样化和技术的进步引发了生物地球化学循环、水文过程、景观动态的快速变化（Melillo et al. 2003）。

在2007年至2050年之间，城市人口有望增加31亿：从33亿增加到64亿。这是假设发展中国家生育率下降的预测。假如生育率维持在当前水平，到2050年城市人口将会增加48亿，达到81亿。简而言之，城市人口可能在未来42年间增加30至50亿。多数增长的人口出现在亚洲（58%）和非洲（29%），在2030年，中国与印度的人口总数将占世界城市人口的三分之一。

假如我们设定中低等收入国家的城市人口密度（7 500/平方千米），以及额外增加了30亿城市居民，到2050年，世界将会增加400 000平方千米的城市用地，大致相当于德国的面积（357 000平方千米）。在生育率不变的情况下，在2050年全球城市区域将会增加666 000平方千米，大约相当于得克萨斯州的面积（678 000平方千米）。然而，假如当前的趋势持续下去，并且城市人口密度朝着全球平均3 500/平方千米发展，对于新增城市用地的需求将会在857 000到1 429 000平方千米之间，或者说，大约是得克萨斯州面积的2倍。

新城市扩张很可能发生在主要农业用地上，因为从历史上来看，人类会在最肥沃的区域开发定居点（Seto et al. 2000；del Mar Lopez et al. 2001）。反过来，现有农业用地转变为城市用地，将会给自然生态系统带来额外的压力。有证据表明，事实上，城市增长确实会对农业用地产生负面的影响，其他自然植被转变为农田伴随着肥沃的平原与三角洲的损失（Doos 2002）。

在以前植被覆盖的地表上建造城市，改变了热量、水分、微量气体、气溶胶以及地表和上层大气之间的动量（Crutzen 2004）。另外，城市区域上空的大气组成与未开发区域存在差异（Pataki et al. 2003）。这些变化意味着城市化会在每日、每季以至长期的时间尺度上影响当地、区域性甚至可能是全球性的气候(Zhou et al. 2004;Zhang et al. 2005)。城市热岛效应在全球范围都有详细的文献记载,它是由建筑空间结构、土地利用和城市材质之间的作用产生的一种效应(Oke 1976;Arnfield 2003)。最近的研究表明,城市也存在"降雨效应"(Shepherd et al. 2009),虽然在一些区域降雨减少(Tursilova et al. 2008;Kaufmann et al. 2007),但在城市化区域降雨却增加了(Hand and Shepherd 2009;Shepherd 2006)。

不可再生资源

NRRS指出与土地需求相关的3种开采类型:

1. 建造类矿物用地(例如压碎石、沙子)。
2. 露天开采矿用地(例如煤、矿物质),包括尾矿库。
3. 地下开采用地(例如油、矿物质),包括尾矿库。

而对这类土地的定性评价,无论是现存的还是残存的,都很少有人做过。然而,与其他土地使用者不同的是,即使在NRR耗尽后,用于可再生能源(NRR)的土地不支持共同使用者。总体上,这些使用者是短期的,因为当资源存储枯竭的时候,大约在50至100年之间,这些使用者就不再使用它们。

1980年的报告(Barney 1980)评估了这些用地的地表。煤矿的占地面积远大于其他用途的用地,这一情况几乎没有变化。在印度,当前的煤矿占用1 252平方千米的土地,或者说约占国家地表总面积的0.04%(Juwarkar et al. 2009)。在1930年到1980年之间,美国采矿活动总共使用了大约0.25%的国土面积(NRC 1997b)。因此,可以很清楚地了解到,NRR需要的土地总量是相当小的,至少对于区域或全球水平来说是这样。

退化的土地

根据全球的和陆地的数据集,全球生态系统相当大的一部分都面临着退化问题,这被认定为生物与经济的产出潜能的损失,主要由于不良的土地管理造成的。旱地的退化被定义为沙漠化。据估计,全球20%的旱地覆盖了41%的陆地无冰表面(Oldemann 1998;Dregne 1992;Prince 2002)。然 88而,当前对于退化及其影响的理解仍是有限的,关于退化及沙漠化存在很多不确定性。特别是缺乏可靠的全球最新数据集,这些数据集可以作为评估退化影响和恢复潜力的基础(Foley et al. 2005)。

可持续土地利用的机会

与土地相关的可持续性的中心问题是:在陆地生态系统再生与缓冲能力范围内,地球的土地资源能够在减轻生态系统压力的情况下支持当前与未来的人口和消费水平吗?答案不是明确的。考虑到当前人口增长的趋势、饮食变化、生物能源需求的突破,有必要将土地利用的实践变得更加可持续。三种类型的机会将会来临:(a)源于土地生产什么的效率收益;(b)源于我们如何利用土地的效率收益;(c)新的机构与管理实践。因为土地与其他资源之间的联系是普遍存在的,因此土地效率收益将会减轻其他资源,例如水资源与能源面临的压力。

产量的效率收益

化肥的权衡

在一些耕种最为密集的地区,作物生产涉及产量最大化和环境退化之间的权衡。随着施肥的增加,作物产量收益递减,而硝酸盐淋失呈指数增长(图5.6)。密西西比流域中氮含量的增加导致墨西哥湾的富营养化(Goolsnby et al. 2001)。这意味着,在化肥大量使用的区域适量减少化肥的使用,可以有效控制硝酸盐污染,同时,在化肥用量较小的区域增加化肥使用来增加产量,将不会产生富营养化后果。此外,一些测量表明,在美国,少数几个农场占据了高肥料施用量的大部分,所以可以在不造成重大产量损失的情况下,把这些农场作为目标,以避免硝酸盐流入密西西比河。关于其他涉及土地利用的生态系统服务,可以追求这种权衡(Foley et al. 2005;DeFries et al. 2004)。美国中部的土地是一个典型的例子。在这里,土地的高产很大程度上是因为使用富含氮和磷的肥料,这些肥料是通过大量的能源投入生产出来的,并由比如铜和钢一类的NRRs保证。假如化肥被过量使用,情况也常常如此,一部分化肥流失到附近的河流,造成了水质的恶化(Raymond and Cole 2003;Simpson et al. 2009)。

89

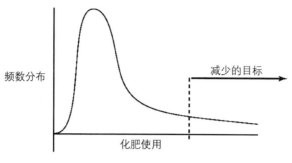

图5.6 化肥减少的目标。

增加产量与优化农业生产

尽管区域之间增产与优化生产的潜力不同,当前农田的生产力还是可以提高的。粮食与非粮食生物量的增产有巨大潜力,例如,在撒哈拉沙漠以南,农业发展受到基础设施投资不足和生产能力、教育和训练的束缚。当地有一些颇具前景的案例,这些案例与如何改善管理有关,也有乡村人口带来益处的案例。在粮食产量水平较高的国家,日益重要的限制因素是不断提高的营养化污染水平。使农作物耕种方式适应当地条件并促进积极的农业实践可能提供提高效率与减轻环境负荷的机会。

牲畜/饮食效率

肉类生产的土地密集性质表明,土地的压力可以通过转向较少肉食的饮食方式得以缓解。机会是十分巨大的。假如将现在喂养牲畜的粮食直接供人类食用,按肉类消费1∶5的平均效率转为人的谷物消费,我们能够养活94亿的人口(相对于如今60亿的人口)。假如我们能够彻底转向植物饮食结构,并且不再向土地施加额外的压力,那么世界人口能够增长到90至100亿。或者反过来说,假如当前人口转向彻底的植物饮食结构,我们能够预测,现有农田的36%(或5 400 000 000平方千米)可以被节省出来,用于农业之外的用途。

90

废物利用与剩余物生产

从市政有机废物与现有农业与林业的剩余物中回收能量,具有相当大的潜力。例如,可以通过废物的能量利用来获得废物管理与能量供应的双重利益。来自农业、林业和生物制品加工业的残留物具有作为固定能源供应的原料的巨大潜力。

用于运输生物燃料的第二代技术一旦可用，也可以利用残留物。从废物和残留物中回收能源可以节省大量的温室气体排放，而不需要额外的土地。但是，还需要研究如何适当平衡留在土地上的残留物，以便提高土壤肥力和减少能源消耗，以及在能源回收后进行营养物质的循环。

土地利用的效率收益

增加能量与物质生产力

全球资源不允许当前消费模式简单地从化石资源转向生物量。相反，需要大幅降低生物燃料的消费水平，以便能够替代的化石燃料使用相关部分。为了实现这一目标，资源效率——单位初级材料、能源和土地所提供的服务——需要大幅度提高。各种发达国家和发展中国家以及国际组织都制定了提高资源生产力的目标和指标。

在促进可持续的资源使用方面，通过制定奖励办法来设计一个政策框架可能比管制和促进具体技术更有效且更有效率。目标生物燃料政策的经验证实了一种假设，即副作用出现的风险随着政策对技术的管制程度的加强而增加，如果不是仅为诸如气候变化控制等目标设定一个激励框架。

拥有相当一部分肥胖人口比例的国家，将会考虑制订并加强鼓励健康饮食的计划。在富裕国家的饮食中增加蔬菜的比例，将改善人口的整体健康状况，并显著降低全球对粮食消费的土地需求。此外，还可开展运动，监测和减少零售贸易和家庭中食品废物的数量。这些措施可有助于更有效地利用国家和全球资源。

总而言之，通过不同的策略与措施，可以使生物量与其他资源得到更高效、更可持续的利用，进而完成更加可持续的土地管理。

91

恢复过去退化的土地

如果使用过去前退化的土地，就不会以牺牲当地森林和其他宝贵的生态系统为代价来扩大用于粮食或非粮食作物的耕地。已有事实证明，可以通过种植某些农作物将已退化的土地恢复到可以生产的水平。在当地尺度，尤其是在发展中国家，农民与社区能够受益于退化土地的利用。尽管如此，农作物与具体地点所面临的挑战与带来的问题仍然存在，尤其是关于可能的收获与必要的投入，还有生活用水与生物多样性带来的副作用。所谓的"边缘"土地从来没有耕种过，其潜在的农业用途的不确定性和对其产生的影响也令人担忧。

基于矿产的可再生能源系统

为了利用太阳能，替代性的、提供电力与热的技术是可以实现的，这些技术比最有效率的生物质能更加高效地利用土地，同时对环境影响也更小。虽然以矿物为基础的系统（例如，光电或太阳能热量的）可能还会更加昂贵，然而它们未来的发展能够潜在地提供更高的环境效益。在发达国家与发展中国家，太阳能技术已经投入使用，并且是可行的。尤其是在远离电网的位置。由于这些技术提供了类似生物燃料的服务，它们的充分性在当地社会文化与环境背景下是确定的，任何国家和地区的资源管理都应该仔细考虑加强生物燃料的利用，而非做出其他潜在的有益的选择。

提高燃料消耗的效率

提高车辆的燃料效率能够显著地延缓气候变化，与使用来自能源作物的生物能相比，提高燃料效率将不会进一步造成全球农田的不足。由于燃料类型的改变似乎在减轻环境压力方面的潜力有限，因此通过提高效率来减少燃料消耗似乎是一种更有益的选择。如果消费者改变他们对车辆尺寸、重量和动力的期望，现有技术可以在未来15到20年内将新型的轻型车辆的能耗/公里降低30%。从长远来看，电动汽车将越来越重要，汽车设计有可能进一步降低燃料需求。与建立燃料作物和生物燃料加工所需的投资相比，对综合运输系统的投资可能需要更长的时间才能奏效，但其长期副作用很可能更低。鉴于运输需求的增加，除了提高运输系统的整体效率外，似乎别无他法。

92

最近的运输生物燃料政策

到目前为止，生物燃料政策已经成功地推动了饲料农业和生物燃料工业的发展。农村发展尤其受益于固定使用生物燃料。由于生物燃料通常面临比化石燃料高得多的成本，各国政府已在很大程度上通过各种各样的支持机制来开发生物燃料，包括补贴、关税和免税，以及混合配额和其他激励和优惠。

根据生物燃料的生产规模、生产地点和生产方式的不同，不同类型的运输生物燃料在成本和效益方面存在巨大差异。迄今为止，运输用生物燃料对化石燃料的替代和对温室气体减排的影响相当有限。为此目的，还存在其他成本效率更高的技术。根据OECD（经济合作与发展组织）的数据，美国、加拿大、欧盟的补助，不考虑其他提供相同支持的目标——在这些国家每避免排放一吨二氧化碳当量的成本在960美元到1 700美元之间。相比之下，在欧洲与美国碳市场的碳价值2008年的上半年初大约在20—30欧元之间，这清楚地表明，存在其他能够更经济地减少温室气体排放的技术。

为了应对人们对生物燃料副作用的日益担忧，一些国家已经开始将目标和要求生物燃料净环境效益的标准结合起来。这些标准和认证依赖于基于生命周期评估的方法，通常只考虑生产链上选定的影响。需要在研究和制定标准方面做出进一步努力，以便更全面地考虑温室气体的影响以及其他影响（例如，富营养化）。虽然认证可以促进生物燃料全生命周期性能的改善（微观层面的"垂直维度"），但这种产品标准不足以避免由于燃料作物需求增加而引起的土地利用变化（宏观层面的"水平维度"）。为此目的，需要其他政策工具，一方面促进可持续的土地利用模式，另一方面将需求调整到由可持续生产能够提供的水平（Bringzu et al. 2009b）。

机构与管理

新的度量方式是可行的，并需要进一步发展，来获得关于世界其他地方土地利用的国家活动的含义，假如整体发展变得更加全球性的可持续。

生态系统服务、认证与标记的支付

三个管理概念能够有助于衡量，并达到可持续：生态系统服务的支付（PES）——一个因服务（deGroot et al. 2002）、可持续认证（Rameststeiner and Simula 2003）、标记（Amacher et al. 2004）而受益者，向提供服务的土地的所有者做出补偿的系统。在相当大的经济与社会范围内，这些方法允许市场机制在非常大的经济和社会范围内指导消费者的选择和行为。这些方法实

93

现可持续性的关键是能够进行一些具体的衡量。例如，PES需要对服务功能及其价值进行测量；认证需要证明对自然资源产品进行可持续管理的措施；而标识需要对产品的输入内容进行量化，比如产品的碳足迹。一些用于标记的信息可以来自对产品内容的直接测量，或者可以展开LCA（生命周期评估）来获得更详细的一套向上和向下的测量方法。

我们面临的挑战是，除了提供简单的食物和原材料外，还要考虑土地所提供的服务的价值。这意味着需要在一段时间内直接（如在提供粮食和燃料方面）或间接（如通过气候变化减缓方面）持续利用土地。

成功的PES计划需要在某一特定区域，对生态系统服务的范围以及服务的受益者进行评估，对不同人群所获的经济价值衡量，评估以及形成一个获取这种价值并奖励土地管理者的保护生态系统服务资源的市场。固碳是PES的一个富有前景的模式，新兴的碳金融市场预示着第一个可靠的经济系统的案例的出现，在这一系统中，环境与环境服务通过生态系统服务的支付而内部化。固碳不受空间限制：买家和卖家可以在任何地方。不同的隔离潜力和风险可以根据地点而定。它在技术上是中性的。与其他PES模式相比，碳有一个经济上较低的门槛，需要覆盖参与成本。

通过认证过程将可持续性价值嵌入产品生产中，这方面的经验越来越多。例如，森林管理委员会提供了认证可持续森林管理的方式。认证的过程为消费者提供了清晰的关于购买产品的市场信号。考虑到消费者对可持续产品流的偏好，消费者可以在每笔交易中做出选择。其他认证制度已经存在，还有更多的正在上线。英国零售巨头Tesco正在开发一系列碳标签的产品。尽管这不属于真正的认证，但它仍然标识了一些信息。更多的创造性工作可以纳入基于土地的PES的发展、认证与标记中。

94

土地可持续的视角

有可能为世界提供可持续的食物、衣服、住房和燃料吗？我们只有发展出一种能够测量和计算土地的制度，才能回答这个中心问题。这需要一个新的土地概念，让我们能够衡量我们当前的土地使用实践是否可持续。目前，由于土地概念化的不完善，我们的指标还不够完善。向更可持续的土地利用过渡需要在土地利用的环境背景、社会对土地的需求和土地提供的经济机会之间进行明确的考虑和权衡。

尽管人口在未来会增长30亿到40亿，但仍有可能实现可持续的土地利用。世界上的农业土地没有必要退化，森林没有必要转变为农作物，城市区域不必包围主要的农田，地球作为一个系统可以继续养活人类。然而，这需要我们寻找一种方式，通过生态系统的再生循环和缓冲能力，来整合我们对源自土地资源的需求。这当然是巨大的挑战，需要从单一到多样的土地概念化与统计的转变、谨慎的降低需求、增加供应和改进自然产品分配模式。

城市规划与一种再生时不会导致增加能源与材料需求的基础设施，将会扮演核心角色。城市的设计和改造可以提高土地利用效率，降低交通和能源需求。功能多样、开发强度适中的土地利用将考虑与生态系统服务功能结合起来。土地使用类型严格的区分（例如，牧场、森林、农田）将转变为景观嵌块的形式，以实现综合的生产和消费方式。

我们正处于影响人类未来与星球宜居的关键时刻。两个多世纪以来，人类从石油、煤炭和天然气等化石资源中生产出越来越多的燃料、化学品、材料和其他商品。现在，在世界许多地区，这一趋势正在达到顶峰并开始逆转。在未来的几十年里，世界范围内将继续摆脱对化石原料近乎完全的依赖。取而代之的是，世界将需要广泛地发展生物经济。可预见的变化范围是惊人的：我们正在从以石油为导向的不可再生经济转向基于生物的可再生经济。在世界范围内，数万亿美元的新财富将被创造，数百万计的工作岗位将产生，社会——可能尤其是农村社会——将发生转变。这种转变将深远地影响全球经济的各个部门——特别是农业和林业。

95　　这种全球转型的影响是深远的。我们可以想象，我们目前的发展方法是基于这样一种理念，即利用大自然留给我们的东西：从深层沉积物中提取金属，从深处储层中钻探石油，从深层蓄水层抽水。这些方式都是不可持续的，我们开始看到这种发展方式的束缚与限制（See Loeschel et al., this volume）。在另一方面，我们可以设想一种利用自然工程与设计的可再生经济。社会如何实现这一转变，将部分取决于如何保证在社会各领域内的土地可再生。

96　地可再生。

不可再生资源

6 矿产资源：可持续的定性与定量方面

雄一守口

摘　要

环境与可持续的问题与矿产资源是息息相关的，尤其值得一提的是金属。回顾近期量化主要元素储量与流量的实证研究的进展，现在面临的首要挑战是从经济、社会以及环境可持续问题的角度，将近期量化评估的成果应用于预测发展经济学中的未来矿产资源需求。

导　论

背　景

在1992年举办的联合国环境与发展大会（UNCED）之后，"可持续发展"与"可持续性"在1993年第一次出现于发表在《资源政策杂志》上的一篇论文的标题中（Eggert 2008）。这些词语现在已经在各领域中被广泛使用。在1995年，环境问题科学委员会（SCOPE）讨论了"可持续发展指标"（Moldan et al. 1997），20世纪90年代中期到晚期，为了量化可持续性，召开了另外一些场次的专家会议。

第一本指南——"整合经济与环境统计的系统"（SEEA 1993）于1993年编制完成（UNSD 1993）。自然资源统计、环境统计、GDP的环境调整，以及类似的方法已经被应用，试图将环境与资源问题整合到经济指标与统计中。21世纪议程，一个联合国环境与发展会议采用的广为熟知的行动计划，提出了对财富与繁荣的新概念——一个更少依赖于地球有限资源的概念——的需求。

99

尽管"可持续发展"和"可持续性"的概念包含着很多问题，其中一个关键问题涉及地球对于现在与未来的人口承载能力的限制。这一能力包括向人类提供自然资源（禀赋）的"源"功能和吸收人类活动剩余的"汇"功能。大气吸收人类活动释放出的二氧化碳（CO_2）的能力是"汇"功能限制的典型例子。矿产资源是这一章的重点，是"源"功能的一个典型例子。开采矿产资源的同时产生了大量需要吸收的固体废弃物。资源流动研究的先驱对此进行了解释，即在"牛仔经济"中，免费商品作为对采掘业的隐性补贴（Ayres 1997）。在这一章中，我将试图阐述与矿物资源使用有关的可持续性问题的各个方面。

矿产的覆盖面与当前焦点

"矿产"在矿物学学科中被严格定义。然而，在这一章，我更加灵活地使用这"矿产"一词，用以指代一组通过采矿与露天开采得到的资源，包括金属、半金属、工业非金属和建筑矿物。虽然主要讨论的是金属，但我也将讨论与其他矿物共有的问题。化石能源有时被归类为矿物资源，称为"不可再生资源"，但我不会在这里讨论能源资源的可持续性（See Löschel et al., this volume）。然而，应该指出的是，塑料——主要的工业材料之一——是由化石资源生产的。因此，本文讨论的一些问题（如材料的可回收性）也适用于从化石燃料中提取的材料。

在本章阐述的非能源矿物包括：

1. 金属
   a. 基本的：铁、铝、铜、锌
   b. 珍贵的：金、银、铂族金属（PGM）
   c. 稀有的：铟、镓、碲
2. 非金属矿物
   a. 工业：石灰岩、白云石
   b. 肥料：碳酸钾、磷酸盐
   c. 建筑材料：碎石（集群）、沙、砾石

工业与建筑矿物常常直接提取，而不经进一步转化或加工，然而金属作为矿石被开采出来后，还需要富集与加工。

矿产的可持续性问题

虽然这里的主要重点是与矿物生命周期有关的环境问题，但必须指出，矿物资源与可持续性的其他方面密切相关。要彻底了解资源的可持续性，我们还必须考虑到可持续性的经济和社会方面，开采产生的物理干扰。

矿物埋藏于地壳之中，由于它们所处的位置，它们在资源统计中有时被称为地下或底土资产。那么，在资源开采过程中（即采矿活动），土地表面受到的高强度的物理干扰是不可避免的。为了获得目标矿石，必须进行地表与地下开采。在后一种情况下，矿物层上的覆盖层被移除。矿产活动导致了地表覆盖的变化与土地的退化。有时对多种生态系统造成破坏。在开发新的矿址时，现有植被与野生动物栖息地被破坏，覆盖被移走时，表面形貌也惨遭破坏。如果能够展开修复工作，这些变化未必是永久性的，但是需要识别与避免不可逆的变化，以确保环境的可持续性。

退化的矿石品位导致开采废弃物的增加

金属矿石通常以氧化物和硫化物的形式与废石结合在一起。开采的粗矿石经过"选矿"，从废石中分离矿石矿物。在这个阶段，不可避免地会产生大量的固体废物（尾矿）；与实际开采的矿石总量相比，有价元素的量相对较小。随着时间的推移，随着大多数金属矿石品位的下降，废品量有增加的趋势。例如，20世纪初开采的铜矿含铜量约为3%（Graedel et al. 2002），但目前典型的铜矿品位仅为0.3%左右。因此，目前开采1 000千克的铜伴随有30多万千克的废料。以黄金为例，19世纪末澳大利亚金矿的典型矿石品位约为每1 000千克20克，但目前的品位仅为其1/10。因此，磨碎和浪费的矿石量大约是黄金净含量的50万到100万倍。此外，露天开采的废石量也比开采的矿石大好几倍（Mudd 2007b）。根据有关公司报告，马德（2007b）提出了20个金矿的现场特定矿石等级，从每1 000千克0.45—14.5克不等。

代表纯金属与矿石总质量之比的因子被用来计算所谓的"生态背包"或隐藏流。一个被称为"总材料需求"（TMR）的指标用来表示采矿石的总量以及从地壳表面挖去的覆盖层。TMR已被用作大规模资源利用对环境影响的代理指标(下文将进一步讨论)。

采矿与精选过程造成的环境污染与退化

通过采矿、精选处理、加工,材料总量与矿址上遗留的固体废弃物总量直接相关,这一数量与动力资源、水资源以及土地资源的需求有关(Norgate, this volume)。采矿、加工活动涉及多种环境问题:

- 酸性矿山废水对生态系统的影响;[1]
- 土地中或水表面与沉积物中金属含量及它们对生态系统产生的影响;
- 用于精炼的有毒物质(例如,用于浸出的氰化物与用于融合的汞);
- 气体排放与沉积物(例如,露天开采的机械运转造成的悬浮颗粒);
- 小型企业不成熟的采矿作业带来的污染;
- 废矿的污染物排放;
- 土地退化与采伐;
- 风与水的侵蚀以及沉积;
- 冶金过程造成的环境影响。

在精选过后,集中的矿物用于加工生产纯金属元素与合金。这涉及一种元素的多种冶炼过程,所以它们的环境状况也是多样的。铁矿与铝矿(以铝土著称)是氧化物,因此需要投入大量的能源来分离出纯金属。

以铁为例,矿石首先在高炉中转化为生铁,然后转化为成品钢。高炉中最典型的还原剂是焦炭。尽管新的污染控制和能源效率投资已经改善102 了焦炭生产过程中的环境影响,焦炭生产仍然是黑色金属行业中最脏的过程(Ayres 1997),至少在一些国家,钢铁企业是CO_2最主要的工业排放部门。列入统计的炼焦炉和高炉中的碳在温室气体排放库中十分重要。炼钢时副产品的回收,如高炉矿渣,可以有效减少固体废弃物;矿渣可用于水泥生产。

以铝为例,铝土矿首先被转化为脱水氧化铝(Al_2O_3)。这个过程产生出

---

[1] 当暴露于水分与氧气中时,尾矿、矿石与含硫或硫化物的废弃物能够通过细菌的氧化作用生成酸。这种酸不仅危害动植物,而且造成重金属污染。在美国,这种酸性废水的形成与生成的污染物已经被描述为采矿业中最大的环境问题(USEPA 2000)。

大量的被称为"红渣"的腐蚀性废弃物。接下来，通过电解作用，从氧化铝中得到纯铝（Ayres 1997）。这一冶炼过程需要投入大量的电力。用电的来源依据地区而定。在拉丁美洲，水力发电是主要的电力来源。然而在澳大利亚，火力发电是主要的电力来源。因此，原料铝生产中的碳排放在不同区域之间存在显著差别。

铁和铝之外的矿石金属含量比铁矿与铝土矿更低，甚至在精选之后含量仍低于铁矿与铝土矿。在实际的冶炼之前，多数硫化物精矿首先被转化为氧化物来将 S 元素以 SO_2 的形式分离出去。从历史上看，这被证实为所有工业加工中污染最大的程序之一（Ayres 1997），但现在大多数工厂都会将 SO_2 收集起来，回收为硫酸再利用。

对危险金属与矿产的评估与管理

一些金属的毒性多年来一直被人们所熟知，向环境中的排放不仅来自开采和金属加工产业，也来自金属的使用者。在 20 世纪 60 年代的日本，含有机汞的废水被化工厂排放到海岸区域，被可食用的鱼类吸收并在生物体内累积，这导致了当地人的健康受到严重的损害。原田等人（2001）报道了在发展中国家里有类似的症状，汞被用于收集河水中的金砂。虽然已经对许多热点进行了案例研究（e.g., Moiseenko et al. 2001），但关于采矿和加工工业排放的有毒金属对环境的影响的完整图景仍有待汇编（e.g., Moiseenko et al. 2001）。

分析的方法论

生命周期清单分析和金属的影响评估

将特定元素和金属作为一个整体作若干生命周期库存分析和生命周期影响评估研究（Dubreuil 2005）。例如，对镍、铜、铅、锌、铝、钛、钢和不锈钢的金属生产过程的环境影响作比较评估（Norgate et al. 2007），评估中展示了对生产每千克金属四种问题导向的影响类型的评价。这些类型被概括为能源需求、全球变暖的可能性、酸化的可能性，以及固体废弃物的负担。尽管其他的环境影响类型（例如对生态与人类的毒性）也很重要，但由于数据有限，未纳入本研究范围之内。在采矿与冶炼过程产生的固体废弃物中，有毒

103

物质的迁移率(浸出的表现)应该属于覆盖更广的环境影响类型。目前，没有被广泛接受的单一指标，能够将所有与金属生命周期过程有关的环境影响表示出来。

作为影响类型的资源枯竭

资源枯竭是矿产资源可持续性的核心问题之一。资源枯竭经常作为生命周期评估的影响类型之一，然而，在一套可持续性指标中，资源利用有时仅被归为经济轴上的一项(例如，1996年联合国开发计划署可持续发展指标)。对于地壳中的不可再生资源的可持续性，人们持有不同观点。最近关于铜的可持续性的观点交流(Gordon et al. 2006；Tilton and Lagos 2007；Gordon et al. 2007)阐明，除了物质丰度，还涉及额外的因素：(a)作为能源与水可持续性的结果，传统采矿的潜在限制；(b)全球贸易的潜在限制；(c)通过加强循环与再利用取代开采新矿；(d)需求的增长，以及(e)技术的改变。

在生命周期影响评估中，经常使用一个相当简单的因素P/R(生产/储备比率)来表示矿物资源的稀缺性。然而，这种方法并不能充分地捕获所涉及的问题。

矿产的储量与流量的量化

自然保护区、物质流和人造储量

常规的矿床中的矿产储量构成了可持续研究的基础。这些储量的量化受到地理上的挑战，凯斯勒(this volume)认为，美国地理调查的储量基础预测是最可靠的。

资源流的统计基于总量平衡原则。最近，柯尼斯等人(1970)的研究提供了物质流研究的源头。主要工业部门(Ayres and Ayres 1998)与主要工业物质(Ayres and Ayres 1999)的系统应用的研究已经被编辑整理，在过去10年间，有了很多关于特殊物质流的案例研究。

104

人们越来越重视有价值物质资源的人造储量，包括耐用产品、基础设施和废物堆积物的使用储量。相比于自然储备，这些储量经常被称作"城市矿产"。

系统物质流统计与分析的进展

物质流分析（MFA）在环境统计与产业生态研究中有相当长的历史。从纯学术角度来看，最近的 MFA 研究可能看起来像是在重复成果，这是由于 MFA 遵循简单与通用的方法论原则使然。尽管如此，在将其应用于环境和其他问题方面，在官方统计机构的数据汇编方面，以及在政策环境下改变方法和改进这一系统分析工具的相关性方面，已经取得了宝贵的进展（Moriguchi 2007）。

在1997年，世界资源机构发布了一篇来自国际合作研究项目的报告，报告旨在采集与经济活动相关的物质流总数（Adriaanse et al. 1997）。重点是自然资源从环境流入经济的情况。提出了直接材料输入（DMI）和 TMR 作为表征输入流的参数。TMR 是 DMI 与隐藏流（与资源开采有联系的物质非直接流）的总和。TMR 与金属尤其相关，因为金属矿的开采经常伴随着大量的隐藏流，例如表土与尾矿。

自20世纪90年代后期，MFA 组织的全球专家网络已经通过非政府与政府渠道得以强化。非政府渠道包括 ConAccount（区域与国家环境可持续物质流统计合作组织）以及产业生态的国际社团（ISIE）。政府提供支持的包括 OECD（经济与合作发展组织）与 EUROSTAT（欧洲委员会数据办公室）。不同的组织都发布了关于经济系统 MFA 的导则文件，以此来支持成员国的数据分析工作（EUROSTAT 2001；OECD 2008a, b, c）。国家物质流统计与指标的发展很大程度上依赖于使用者的技术与勤勉，正如挪威（Alfsen et al. 2007）与日本（Moriguchi 2007）的经验所证实的那样。

许多国家对关键指标 DMI 和 TMR 进行了国际范围的比较（Bringezu et al. 2004）。此外，个别国家的案例研究已经发表，包括中国（Xu et al. 2007）。

特殊金属元素的储量与流量的分析

近年来，许多研究人员发表了针对特定元素的案例研究。以下是一份有选择性但不详尽的清单：105

- 铜：欧洲回收利用（Graedel et al. 2002）；拉丁美洲与加勒比海回收利用（Vexler et al. 2004）；美国回收利用（Zeltner et al. 1999）；

瑞士回收利用（Wittmer et al. 2003）；混合回收利用（Graedel et al. 2004）。

- 锌：技术特点（Gordon et al. 2003）；欧洲回收利用（Spatari et al. 2003）；拉丁美洲与加勒比海回收利用（Harperet et al. 2006）。
- 铅：混合回收利用（Mao et al. 2008）。
- 银：欧洲回收利用（Lanzano et al. 2006）；混合回收利用（Johnson et al. 2006）。
- 铁：混合回收利用（Wang et al. 2008）。
- 铬：混合回收利用（Johnson et al. 2007）。
- 镍：混合回收利用（Reck et al. 2008）。

为了预测铜在使用中及尾矿库中的蓄积量，研究采用了多年动态研究的方法（Spatari et al. 2005）。在这一研究中，20世纪内北美洲的储量与流量，利用多种含铜产品的消耗率及使用寿命数据，以自上而下的模式进行描述。在北美洲，这一研究预测，有可能从尾矿中回收5 500 000吨铜资源。

澳大利亚尝试利用GIS来描述多样的铜、锌使用量的空间特性（van Beers et al. 2007）。还对州一级的铝使用量做了自下而上的估计（Recalde et al. 2008），并对市一级的镍使用量做了自下而上的估计（Rostkowski et al. 2006）。有关当前使用中的金属库存研究的最新综述，见格斯特与格拉德尔（2008）。

这些研究表明，不同空间层次的储量与流量的量化在方法上是可行的。然而，准确地说，由于可以获得的、连续的数据受限，仍然不足以对储量和流量进行量化。

塑造未来的资源需求

除了对当前与过去储量与流量的趋势分析，人们还试图大胆预测未来自然资源使用的模式。MOSUS（为了使欧洲转向可持续创造机会并采取限制）的研究计划为2020年的六大资源组进行情景分析，资源组包括生物量、化石燃料、金属矿产和产业/建筑矿物。这为不同的资源政策的环境与经济影响提供了事前评估（Giljum et al. 2008）。

另一种尝试则显示了更大的雄心，即通过利用人均金属消耗量与人均GDP之间关系的宏观线性模型，来预测2050年之前的金属消耗量（Halada et

al. 2008)。这项研究预测了金属消耗量将会增至当前水平的五倍。这是由
于巴西、俄罗斯、印度与中国的发展，某些金属的消耗甚至超过它们的储量
基础。然而，需要将这个结果解释清楚，因为价格影响与技术革新并没有在
研究中加以考虑。

　　尽管很难通过发展中国家经济来预测长期资源需求，我们确切地知道
中国的粗钢产量在过去10年从1亿吨增加至5亿吨（图6.1）。在过去世界的
任何地区、任何时间都不曾有过与中国相同的增长模式。这个例子说明，随
着发展中国家人口与经济的财富增加，对矿产资源的需求也会增加。技术
创新将会是决定未来某些特殊金属需求的巨大推动力。尤其是，涉及能源
效率与可再生能源技术的金属需求增大的副作用应该值得注意。

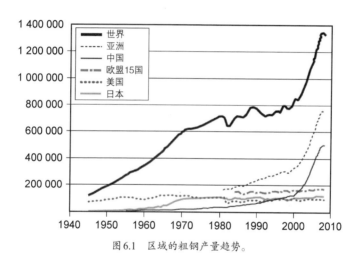

图6.1　区域的粗钢产量趋势。

结论与展望

　　与矿产资源有关的可持续性问题集中于金属储量与可持续性的环境维
度。近期实证研究的成果证明，在不同空间层次上对物质流与储量进行定
量分析在理论上是可行的。如今，人们关于金属生命周期过程中不同类型
环境负面影响方面的知识已经很广博。众所周知，金属的开采、精选、熔炼
是一个肮脏的过程。然而，还没有一个被广泛认可的单一指数用来量化与
金属生命周期有关的环境影响。

107 　　为了确保矿物资源使用的可持续性,仅仅知道储备的规模和相对于目前的生产和消费水平的储备基础是不够的。此外,我们必须谨慎地评估由于越来越多的利用低品位等级矿石所造成的多种负面影响。物质/物质流动研究的最新进展应使我们能够更准确地预测发展中经济体对矿物的未来需求。使用中的储量的统计研究还应阐明未来替代供应方案的可能性。尽管如此,量化的储量与流量的研究与经济、社会、环境可持续性多样指标考量之间的联系仍然有待解释。需要更加深入地跨领域研究来填补空白,只
108 有这样,金属的未来前景才会是稳健与全面的。

7 地理储量与不可再生资源的展望

斯蒂芬·E.凯斯勒

摘　要

多数地质学家认为地球上矿产资源储量是有限的。甚至在经济学家中，虽然有很多人认为储量具弹性，但也承认它最终会达到某个极限。回收利用与替代延迟了资源耗尽的问题，但并不能解决这一问题。储量的前景，部分取决于矿产资源开采与加工成可用形式所需的能源。总的来说，加工比开采需要更多的能源，所以，不需要加工的、以矿与岩石形式使用的资源有更大的储量。已知常规矿藏（已发现的）最准确的储量预测是美国地质调查局的储量基础预测。2007年的数据显示，全球储备基础能够支持现在的消费的时间，较短的为钻石的15年，较长的为珍珠岩的4 400年，算术平均数值为350年。预计大部分未被发现的常规矿床储量都集中于地壳的最上面1公里附近，这一预计同时利用了地质与生产两个方面的数据。目前仅有铜的常规矿藏的预测是针对整个地壳的，预测结果表明，在当前，地表3.3公里以内（可能是未来勘探与开采的深度极限），铜储量可以以当前的消耗水平供应5 000年，但仅仅是在有足够的能源与水，且深层开采技术发展迅速的情况下，同时需要确保在这些土地上进行勘探与开采的权利。假如其他元素以与铜类似的地壳特征存储，这表明相同深度的常规矿藏资源在一段时期内能够满足当前的消费，这个时间范围在2 000年到200 000年之间。非常规资源的性质，尤其是矿物元素与替代硅酸盐的关系，人们尚未充分了解，所以无法很好地预测它们的量级。从现在的观点来看，矿产可持续性最大的机会是在尽可能地每一处矿藏都开采一些，而不是集中于高品质的矿藏。

109

导　论

为社会提供大部分原材料的矿床被大多数地质学家认为是"不可再生的",因为它们形成的速度不如使用的速度快。因此,它们从地球上生产是不可持续的(Wellmer and Becker-Platen 2007)。大多数讨论都认识到这一事实,指出"矿物可持续性的时限从几代到20万年不等"(NRC 1999b；Pickard 2008)。对于矿产资源,哪一种耗尽的时间范围更为现实,部分取决于社会中矿物资源的储量与流量、供应社会的常规矿床的特点,以及构成地球最终矿产资源的常规和非常规矿床的储量。

常规矿床的特点

尽管矿产资源是不可再生资源这一观点得到了广泛的认同,但在矿产资源的储量是否固定的问题上仍存在争议。争论的一方是那些认为矿产资源有固定储量的地质学家、环境学家、新马尔萨斯学说的支持者,他们认为地球上的矿产资源是有限的。争论的另一方是机会成本经济学家,他们和其他的乐观主义者认为,随着矿石价格的上涨,我们可以开采低品位的矿藏,地球上的储量也将会增加(Tilton 1996)。戈登等人(2006)指出,到2100年,世界所需要的铜量(如果人口达到100亿,世界铜使用量相当于当下美国)将超过地球上预测的铜资源量。蒂尔顿和拉各斯(2007)回应说,铜对于社会的实际成本(相对于其他成本)在过去130年里没有显著增加,这种趋势可能会持续到2100年,从而满足需求。

不管哪一个阵营是正确的,所有的参与者都认为,由于缺乏廉价的能源,满足社会需要的矿物资源必须来自矿床,在矿床中,地质作用已使人们感兴趣的商品集中到高于地壳平均丰度的水平。

矿产资源为社会提供了巨大的先机；德维特(2005)估计,地球形成铜矿所耗费的总能量为前铜市场价值的10到20倍。通过利用这种浓缩物,我们免去了将这些能量耗费在寻找铜与其他矿物资源的必要。

矿产资源的形成需要经历特定时间与空间条件下的地质过程。除了一些可以从海水(如硼和镁)及大气与其他气体(如氮、氦和硫)中回收,大多数矿物资源都来自固态土壤或岩石圈。固态土壤的组成比大气和海洋更为复杂,并且经历了更广泛的过程,这些过程把元素浓缩成矿物矿床。矿产资源以元素、矿物质或岩石的形式存在于岩石圈,对于这种区分的更好的理解对于任何可持续性的分析都是十分关键的。根据简单的定义,元素是超过100种已知的物质(其中92种是天然的)中的一种,它无法分离为更简单的物质,并且能够单独或结合组成所有的物质。矿物是天然形成的,均质的,有确定的化学组成与晶体结构的无机固体;岩石是矿物与其他固体材料的聚合物。一些元素,包括金、银、铜、硫,是以自然状态被发现的(元素),因此矿物有它们自身的性质。然而,大多数元素,在自然中与其他元素结合(化学上的)在一起形成矿物,之后矿物又结合(物理上的)形成了岩石。

从矿床中获得矿物产品需要经过开采与加工。采矿需要将矿石从土地中挖出来。(矿石是任何元素、矿物的组合与含有较高的足量目标元素、矿物的聚合物,或用于经济生产的岩石的统称。)在大多数情况下,目标物质与其他人们没有或有较少兴趣的物质一起混合存在于矿石中(常常是矿物)。这需要对矿石加工,将目标物质从无用的物质中分离出来。在大多数情况下,加工所耗费的能量要高于开采。根据是否主要以矿物/岩石形式或是元素的形式被利用,表7.1将普通的非燃料矿产资源分成两组。这两组反映出为了获得感兴趣的产品所必须耗费的能量。

以岩石与矿物形式利用的矿产资源生产所需要的能量更少,因为它们大部分是以物理而非化学方法加工的。在这一组中有大体积的建筑材料,包括骨料、沙、砾石、碎石与小体积材料,例如硅藻土与浮石。通常只需要清洗、上胶,或者经过粉碎即可使用。在使用之前需要进行化学加工的岩石包括石灰石与珍珠岩,需要加热来去除 CO_2 和 H_2O,矿物以最初或未加工的状态即可被利用的包括用于融化路面冰雪的岩盐($NaCl$),用于制作珠宝的钻石(C),充当研磨剂的石榴石与长石,用于钻井泥浆的重晶石。黏土用于陶瓷与纸,硅灰石用于火花塞。其他矿物需要额外的、往往是化学的加工,包括岩盐用于含 Na 与 Cl 的化合物的生产,也包括食用盐,石膏需要加热去除水分来制作灰泥。如上文中提到的方解石($CaCO_3$),需要加热去除 CO_2 来制造石灰(CaO)。

从锑到锆,制取以单质形式利用的矿物资源的能源消耗要高得多,因

表7.1 非燃料矿产资源:(a)那些以岩石或矿物形式利用的资源与(b)那些以元素的形式利用的资源。数据显示世界矿产量、储量基础和它们伴随循环水平的比率(源于2007年USGS矿物产品调查)。除了钻石以克拉为度量标准,其他的矿石数量都以吨为度量标准。循环的数量表示方式为:L(大,<50%矿物产量),M(中等,50%—100%),S(小,1%—10%),I(无意义,<1%),ND(没有数据)。

(a)矿物与岩石形式	产 量	储量基础	供应年数	循 环
骨 料				S
石 棉	2 290	200 000	87	M
重晶石	8 000	880 000	110	I
黏 土				S
钻石(包括工业的)	80 000	130 000 000	16	S
硅藻土	2 200 000	1 920 000 000	873	I
长 石	16 000 000	大		I
石榴石	325 000	70 000 000	215	I
宝 石				L
石 墨	1 030 000	210 000 000	204	S
石 膏	127 000 000	大		S
氧化铁颜料				S
高岭土				S
蓝晶石与相关材料	410.000	大		I
云 母	360 000	大		I
珍珠岩	1 760 000	7 700 000 000	4 375	I
碳酸钾	250 000 000	大		I
浮石与火山灰				I
盐				I
沙与沙砾				S
二氧化硅				M
石(压碎的)				I
石(规格的)				S
硫	66 000 000	大		M
滑 石				I
蛭 石	520 000	180 000 000	346	I
钙硅石				I
沸 石				M?

(b)元素的形式	产 量	储量基础	供应年数	循 环
铝(包括铝土)	19 000 000	32 000 000 000	168	M
锑	135 000	4 300 000	32	S
砷	59 000	1 770 000	30	S
铍	130	ND		S
铋	5 700	680 000	119	S
硼	4 300	410 000	95	I
溴	556	大		I

（b）元素的形式	产　量	储量基础	供应年数	循　环
镉	19 900	1 200 000	60	S
水　泥				S
铯		110 000		I
铬	20 000 000	12 000 000 000	600	M
钴	62 300	130 000 000	2 087	M
铜	15 600 000	94 000 000	60	M
萤　石	5 310 000	480 000 000	90	S
镓				ND
锗	100	ND		ND
金	2 500	90 000	36	L
铟	510	16 000	31	ND
碘	26 800	27 000 000	1 007	ND
铁矿（包括铁与钢）	1 900 000 000	34 000 000 000	179	
铅	355 000	170 000 000	48	L
锂	25 000	11 000 000	440	I
镁	690 000	大		I
锰	1 160 000	5 200 000 000	448	I
水　银	15 000	240 000	160	
钼	187 000	19 000 000	102	M
镍	1 660 000	150 000 000	90	L
铌	45 000	3 000 000	67	M
磷酸盐岩	447 000 000	50 000 000 000	340	I
铂族金属	230	80 000	348	S
稀　土	124 000	150 000 000	1 210	ND
铼	47.2	10 000	212	ND
铑	ND	ND		ND
硒	1 550	170 000	110	ND
硅	5 100 000	大		ND
银	20 500	570 000	28	S
碳酸钠				I
硫酸钠		4 600 000 000		I
锶	600 000	12 000 000	20	I
钽	1 400	1 800 000	129	M
碲	135	47 000	348	I
铊	10	650	65	I
钍	ND	1 400 000		I
锡	300 000	11 000 000	37	S
钛	11 700 000	1 500 000 000	128	I
钨	89 600	6 300 000	70	M
钒	58 600	38 000 000	648	S
钇	8 900	610 000	69	S
锌	10 500 000	480 000 000	46	S
锆	124 000	72 000 000	58	S

111　为它们必须通过化学过程从其寄主矿物中释放出来。提取来自矿石的元素往往涉及两个步骤(Kesler 1994；Norgate，this volume)。第一步，是被人们熟知的精选，矿石被物理分解为小块(压碎与碾磨)以分离矿物，这些矿物被收集"精选"。来自这一程序的废物，就是人们熟知的尾矿，含有少量的不能被经济回收的目标矿物；它们可能会因为需求的增大或价格的提高而被再次加工。尽管竭尽全力，浓缩仍然是不纯的。虽然铜的重量约占普通矿石矿物黄铜矿($CuFeS_2$)的35%，但经过选矿形成的大部分黄铜矿精矿铜含量不足30%，其余为废矿物，通常附着在黄铜矿上。一些矿石由于颗粒过于细碎而不能被加工得到纯精矿。在澳大利亚麦克阿瑟河沿岸，铅—锌—汞混合分类矿的开采被推迟了几十年，因为铅和锌矿十分紧密地共存，以至于不能够将它们分离为两种不同的铅与锌的精矿。

　　第二个步骤涉及萃取冶金，也就是人们所熟知的萃取，打破矿物内的化学键来释放其中一种或多种组成元素。这一步需要更多的能量，并且通过熔化实现，这需要加热将硫从黄铜矿这类硫化物矿中以SO_2式去除，或将氧元素(得到CO_2，通过与生产过程中加入的焦炭中的碳元素结合)从氧赤铁矿(Fe_2O_3)一类的化物矿中除去。也可以通过溶解矿物得到元素。假如溶剂有足够的选择能力(仅仅溶解矿物而不溶解废弃矿物)，那么它就可以直接作用于矿物上。例如，酸与氰化物的稀释溶液分别被用于直接从矿物中萃取铜与金。在矿石上直接采用选择性浸出加工(而不是精选)降低了可以处理的最低品位，这扩大了可提取资源的范围。

　　几乎所有矿石都含有一种或多种主要元素，例如铁、铜、铅、锌或者镍，这些元素高度集中，并且常常形成自身的矿物(矿石矿物)。这些矿石也含有其他少量或微量元素。如镉、钴、铪、铟、镓，这些元素集中度相对较低，并且一般不会形成矿石矿物，而是在矿石矿物中代替了部分主要元素。有中级丰度的元素，金、银、铂等中间丰度的元素可以从自己的矿床中开采，也可以从铜、铅锌和镍的矿床中开采，它们构成了重要的微量元素。微量元素和中丰度元素从主要元素矿石中可回收的程度差异很大，并且取决于它们在矿物中的位置，以及在精选与提取这些矿物过程中的反应(Reuter and van

114　Schaik 2008b；Hagelüken and Meskers，this volume)。

矿物资源流

对社会中矿物资源产品的洞察可能源于对物质（或材料）流的分析。这种类型的研究能够识别主要的储层，并试图决定多种储层中的物质流（流量）。就了解长期需求而言，最重要的储量是使用中的物质与废弃的物质，最重要的流量是循环的物质数量。要使在废物管理储量中物质的规模与停留时间之比最小化。

更好地回收利用，是提高可持续性的最有效方法。各部分废物管理库存对回收利用都有一定的限制；报废汽车是钢材的优质资源，却非微量元素较好的来源。很多来自矿石精炼的尾矿品级太低，以至于无法再处理。甚至在最理想的环境下，来自生命周期末端的储量回收也是极不高效的（Reuter, this volume; Reuter and van Schaik 2008b）。对于个别矿物商品，替代可以起到与循环相同的作用。威尔贝鲁（2008）指出，我们对于矿物资源的实际需求是它们所提供的服务，而不是特定的矿物本身。那么，假如可以发现有效的替换，短缺可以被大大延迟。在做替换时，不选择储量少的矿物资源是尤其重要的（Graedel 2002）。有着不同资源配置的两种产品，水泥和铜，可以作为当前情况的例子。

水泥是通过加热石灰石、二氧化硅和其他原材料来生产的，这些原材料开采时除了覆盖在某些地区石灰石上的少量废石外，很少或根本不产生废石。卡普尔等（2009）的研究表明，82%—87%在美国生产的水泥构造物仍然在使用中，其中所有的水泥几乎都是1900年之后生产的，这个总量平均到每个人的身上为1.5万吨。随着时间的推移，人均水泥在用库存的增长率一直在下降，但仍高于人口增长率。回收是有限的，主要是将破碎的水泥构造物向下循环用作骨料。保持水泥原材料的供应是巨大的，而且基本上是没有限度的，尽管将其加工成水泥构造物需要有足够的能量来支持开发具有更长使用周期的产品（Kapur et al. 2009）。许多其他以岩石或矿物形式使用的矿物资源，例如，骨料、石膏与盐，类似地，供应需求无限大，回收量却很小，使用量仍在持续增长。

在范围的另一端，是大多数以元素形式使用的矿物资源，特别是铜等金属。铜的生产涉及开采，大多数的铜从露天开采的矿中搬运出来，除去大量

的废石，并广泛地选矿和开采，产生更多的大量废料。对于斑岩铜矿而言，
它是铜最普遍的来源，铜矿中的金属含量比废弃岩石、尾矿与冶金炉渣量的
1%还小。自1900年被开采出来以后，仅有43%的铜仍在使用中，在提取过
程中损失了大约18%的铜（在尾矿与生产废弃物中），另外34%则成了用后
废料（在垃圾填埋地中）(Spatari et al. 2005；Gordon et al. 2006)。大约40%
开采出的铜被回收，大多数以与原来相似的使用方法再利用，而不是降级循
环。目前铜的人均使用量为0.17吨/人，自1900年以来一直持续增长，尽管
在20世纪40年代后期与1990年增长有略微的减缓，之后又再次增长。保持
铜矿供应与预计需求之间关联很小(Gordon et al. 2006)，其他大多数金属的
储量与流量也有类似特点。

　　由于各种各样的原因，不同的矿物产品回收存在巨大的差别（表7.1）。
很多商品以岩石或矿物的形式被利用（包括磷酸盐、磷酸钾、硝酸盐肥料、道
路防结冰专用盐、铅笔与润滑剂中的石墨，以及研磨剂中的长石），它们以目
前的利用的方式分散在环境中，以至于它们基本上以微量成分的形式返回
岩石圈。其他的矿物产品（例如，建筑材料与制陶业中的黏土，以及灰泥与
墙板中的石膏）在加工过程中经历了矿物学的变化，致使它们不适合在原来
的市场中再次利用。在如今经济情况下，大多数的岩石与矿物产品仅因太
廉价而不能证明它们具有再利用的价值，即使这被证明是可行的，尽管工业
钻石是一个明显的例外。以元素形式被利用的矿石产品要多很多，但仍然
出人意料地不同（表7.1）。以元素的形式利用的矿产资源的回收主要有三
种限制，首先，甚至当它们以纯净的形式被利用时，许多商品在其宿主单位
中所占的比例非常小，以至于回收的成本太高。其次，很多涉及合金与合成
材料的其他用途，有效地降级产品，使它只适用于降级循环的应用。最后，
回收过程中微量元素的回收部分取决于它们在处理过程中所遵循的路径或
元素(Reuter, this volume)。

　　预测长期需求也受国家逐渐将经济从制造业转向服务业趋势的影响
(Cleveland and Ruth 1999)。在最简单的构想中，这意味着在一个国家的历
史中，矿产资源的利用在初期会增加，而在之后会随着材料利用与回收效
率的提高而呈平缓状态，继而减少。人均（每年）金属消耗与人均GDP相
比较，应该呈倒U形，这被称为环境库兹涅兹曲线。这种关系的正确性引
起了很大的争议。古斯曼等人（2005）发现日本在1960年至2000年间铜消

115

费的趋势呈现了一种典型的下降式的库兹涅兹曲线。在回顾许多国家的这种关系时,克利弗兰和露丝(1999)以及布林格祖等人(2004)仅发现很 116少的能够支持这种关系的例子。不管它们与GDP的关系如何,矿产资源在可预见的未来里将会对社会有十分重要的作用,因此预估剩余储量有诸多益处。

矿藏的储量

储量基础

地球上的常规矿床包括各种物质,从目前正在开采的矿床到尚未发现的矿床,从常规矿床到尚未确认的矿床。最广泛使用的分类系统是由美国地质调查局(2007)提供的。在这一类别中,矿物资源被认为是现在或将来可以经济开采的任何物质的浓缩物(图7.1)。这里的关键词是"浓缩"在矿石中,浓度通常被称为品位或矿石品位。"经济"一词并不是一个关键词,因为增加了"将来"一词,使成本结构发生变化,甚至允许开采极低等级的材料。任何含有比其本底浓度(平均岩石浓度)更大的商品的岩石体都是全球资源的一部分。稍微延伸一下,波多黎各和不列颠哥伦比亚省的玄质火山岩含有200 ppm的铜(几乎是火成岩平均地壳丰度的10倍),尽管在不久的将来它们不太可能被经济地开采。在特殊情况下,即使是水圈的富营养

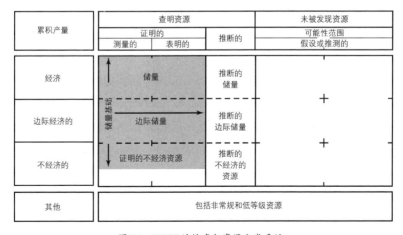

图7.1 USGS的储存与资源分类系统。

117 化部分,如富含锂或硼的盐湖,也有可能被污染。低层的大气本质上是同质的,并不包含可被认为是矿物的富集带,尽管在多孔的岩石圈中,氦和甲烷等气体在一些富气带中富集。

在图7.1中,资源按其经济性质沿纵轴分为若干类别,包括各种自然和人为因素,例如采矿和加工的适宜性,与生产有关的环境和税收负担,以及目前和预期的商品市场。沿着横轴,根据资源是已经发现(已确定),还是仅仅被认为存在(未发现),将其划分为不同地质类别。根据抽样的等级,已确认的资源被分为探明的资源和推断的资源,探明的资源被进一步分为测量与显示两种类别,反映了从更好的抽样中获得的保证水平。

储量是根据所涉商品的规模和集中程度在物理上明确划分的资源的一部分,对其开采具有经济吸引力(图7.1)。已经被充分地取样,但是仍然不能被经济地提取的材料构成边际储量,这里值得注意的是,只有在受到仔细地抽样,较大的矿床可以进入储备类别,通常涉及成千上万的地下样本,这些样本常常是花费几百万美元,钻出几千米的洞,从疑似矿床中获得。根据数据的解释,以获得对矿床的规模和富集程度(品位)的有效统计衡量,是基于一整套被称为地质统计学的统计数据(Goovaerts 1997),它涉及空间分布的数据。即使这些估计数字中有很小的误差,也会对盈利能力产生很大的影响,因为大多数矿产使用的是处于或接近经济回收率下限(临界品位)的矿石,以便最大限度地提高总回收率。

"储量基础"由储量、边际储量与部分已经证明了的非经济资源组成,这些全都是经过探明(发现并取样),不仅仅为显示的。储量基础中的多数矿床是常规矿床,与如今开采的那些矿产相似。在储量基础中,非经济的矿床的品位较低,或具有其他的边际经济特点。其中许多是在大宗商品价格高企期间发现的,这鼓励了人们在边缘地带勘探矿床,但勘探持续的时间不够长,无法开发和开采矿床。例如,在1969年发现的加拿大育空地区的凯希诺斑岩铜矿床有9.64亿吨矿料(即使还不是矿),其中含有0.22%的铜、金和钼,但并未进行发掘。

储量基础(图7.1)是我们用来预测长期可持续性的唯一广泛可得的量

118 化基础。根据年产量划分储量提供了一个衡量常规矿藏可持续性的简单指标。将储量基数除以年产量,可以简单地看出常规储量的可持续性。根据2007年可用的数据,这种类型的储量基础/产量比率范围从最少16年到最长的4 375年（表7.1），其指数频率分布的算术平均值为350年（图7.2）。如果我们用60年作为两代人的时段，那么根据本章开头提到的NRC的定义，略多于四分之三的商品是可持续的。这些商品都不符合皮卡德（2008）的20万年可持续性要求。

钻石（工业与装饰的）与锶的储量基础最低（图7.2）。自然钻石产量可能由人造宝石补充，相对当前消费量而言，锶的需求可能随着阴极射线管不再在电视机中使用而减少。锑、砷、金、铟、银、锡是第二低的储量类别。

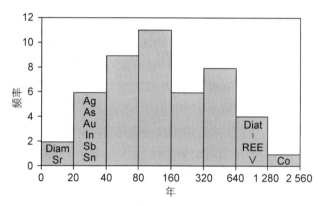

图7.2　USGS预测的所有矿物产品2007年年产量中储量比率的直方图。储量本质上代表着地壳最上面的所有已知矿藏。有较高或较低价值的元素被标注。REE：稀土元素；Diam：钻石；Diat：硅藻土。

除了铟以外，所有这些元素都存在于它们自己的自然矿床中，锡是唯一的一种在矿床中占主导地位的元素。大量的金和银，多数的砷和锑，以及所有的铟是基础金属熔化与精炼的副产品。对于砷，下一个十年的需求或许可能减少，而锑和金的需求则会保持平稳，铟的需求会增加，锡与银的需求也可能会增加。在最近的需求变化中，包括砷作为木材防腐剂的使用量减少了（Brook 2007），金作为交易所交易基金，其购买量增大，银在其传统的首饰、摄影、银器市场中的使用量减少，然而在这些用途中减少的量被造币、焊接、电子识别装置的用量增加抵消（Brook 2006）。对铟的主要需求来自显示器的铟锡氧化物涂层、电视机与其他电子设备——这是一个日渐增大的市场（Tolcin 2006）。格拉德尔（2002）指出，对锡和银的需求可能因作为　119

用于焊接的铅的替代物而加倍。

　　元素经历的需求变化大到足以改变储量基础的预期寿命,包括镉、锂、镍、铂族金属(PGM)与碲的储量基础。可能增加需求的主要市场是电动汽车和混合动力汽车的电池、太阳能电池和催化表面。镉的变化最大,因为它是电池和太阳能电池的潜在成分。镍和锂可能被用于电池,碲可能被用于太阳能电池,铂族金属可以用于燃料电池的催化表面。灵活应对这些金属增长需求的方式是不同的,差异最大的是镍和锂,它们构成了它们自身的矿床。铂族金属部分来自它们自身的矿床,部分(主要)来自生产镍过程中产生的副产品(Mungall and Naldrett 2008)。大多数镉与碲分别为精炼锌或铜过程中的副产品,它们长期的可持续性将取决于这些元素的资源和用途。电池的回收可能性是最大的,尽管仅仅在有大量使用中电池做储量时才有助于满足需求。

储量基础的拓展

　　随着储备基础的枯竭,社会必须转向新的常规矿床或非常规矿床。这可能涉及一个三步过程。几乎可以肯定的是,第一步将是在未被充分勘探的近地表地壳部分发现新的常规矿床。在此之后,我们可以在地壳更深处寻找常规矿床,或尝试利用非常规矿床。现有的资源估计数大致可分为这三类。

地壳近地表部分的常规资源

　　常规矿床的储量明显大于已知的储量。世界上许多地方没有得到充分的勘探,即使在进行了一些勘探的地方,许多地质上有趣的发现也没有得到充分的评价。几乎所有估计现存常规矿床的努力,都是利用地表的信息来确定矿床在地壳里的深度。无论明示或暗示,我们对深度资源的估计能力一直局限于为所述矿床类型勘探和开采地壳的深度。对于大多数矿床来说,这段距离不超过1公里,因此,目前对我们常规矿床资源的大多数估计只能代表地壳的这一部分(最上面或近地表)。这些预测最常用的方法以两种类型的信息为基础:生产信息与地质学信息(Singer and Mosier 1981; Mclaren and Skinner 1987)。

120

　　基于生产的预测采用了矿物生产运作的信息,并且假设它们提供了人们有关地区具有代表性的样本,包括其已勘探的部分和未开发部分。这些数据显示了两种被人熟知的地球尺度的关系。麦凯尔维（1960）指出，要想形成矿床，商品必须集中在地壳中达到的程度，不仅与该商品的平均地壳丰度有关，而且幸运的是，与社会使用的商品数量有关。铁，使用量很大，仅来源于铁聚集5—10倍于平均地壳丰度的矿床。另一方面，黄金的使用量很小，而且来自黄金浓度至少是平均地壳丰度（约为0.002‰）250倍的矿床。因此，对于地球来说，大量使用的元素比少量使用的元素更容易富集成矿床。在另一个例子中，洛基（1950）指出，某些商品的矿石体积呈对数增长，品位呈算术下降，尽管德扬（1981）声称根据这种关系推断普通岩石极低品位的类型是不合理的。最后，弗林斯比（1977）和豪沃斯等人（1980）利用齐普夫定律的一个变体，证实可以根据未探明矿床的大小对单个矿床进行排序。

最著名的以生产为基础的方法，被称作"哈伯特曲线"，它被用于预测全球石油资源，并且它也是广为宣传的"石油峰值"概念的基础（Hubbert 1962）。"哈伯特曲线"，最早由休伊特概述（1929），是基于对全球和美国石油产量长时期增长缓慢的观察得出，相关假设称，随着储量枯竭，产量将降低，后期曲线将与最初增长过程呈镜像。那么，对曲线增长部分的了解与产量峰值的认知，最终使资源预测成为可能。尽管美国的石油产量峰值已经得到公认，但世界石油产量是否达到峰值仍然存在争议（Bartlett 2000；Deffeyes 2005）。对于金属生产峰值的认同甚至更少（Roper 1978；Petersen and Maxwell 1979；Yerramilli and Sekhar 2006）。尽管在个别国家中，出现了个别产品的峰值（Figures 1—8 in Kesler 1994）。尽管这些方法提供了有趣的视角，但它们之中仍然没有出现对于地球尺度矿产资源无可辩驳的量化预测。对石油的预测除外。

美国荒野保护计划（Wallace et al. 2004）对建议纳入的区域进行研究时，对地质估计数进行了改进，从而提供了更多的定量信息。这些估计通常是根据一种特定类型矿床的遗传模型，包括关于形成这些矿床的地质环境的信息，那些地质条件已知但尚未勘探过矿产的地区，可以根据其未发现矿床的可能储量，以量化为标准排名（Wallace et al. 2004；Singer et al. 2005a）。研究表明，这种方法在一定程度上取决于收集和评估数据的规模，因为有利地区的大小与其所含沉积物的空间密度呈反比关系。只要关于新矿床或非常规矿床的性质和环境的地质资料，这种方法就可以用来估计这些矿床的资源。

最广泛流行的地质学预测是由美国地质调查局完成的（Anonymous

121

1998)，这份调查量化了地壳约1公里深度以内、传统矿床中的金矿资源（$4.5×10^4$吨）、银矿资源（$7.9×10^5$吨）、铜矿资源（$6.4×10^8$吨）、铅矿资源（$1.8×10^8$吨）、锌矿资源（$2.5×10^8$吨）。在这一层面中，大约75%—80%仍在开采。如果我们假设矿床均匀地分布于所有大陆之上（这是不完全正确的），在世界资源（包括开采的物质）的数量中，金大约为$6.9×10^5$吨，银为$1.2×10^7$吨，铜为$9.9×10^9$吨，铅为$2.7×10^9$吨，锌为$3.9×10^9$吨。这些数量是资源基础数量（表7.1）的7—10倍。

更深层的（最终的）常规资源

大陆地壳厚达50公里，目前采矿深度达3.3公里。因此，我们传统矿床的最终资源应该比地壳上层半公里处的物质大得多。利用威尔金森与凯斯勒（2007）的构造扩散模型对整个地壳的常规矿床资源进行了估计，是为数不多的尝试之一。这种预测以对地壳模型的固定深度的形成模型的计算为基础，并考虑到每种矿藏随着时间在地壳中扩散，随机向上、下及两侧移动（停滞）。这一模型对所有的矿床在地壳中的移动进行跟踪。一些矿床扩散到模型的地球表面，然而其他的矿床通过表面被腐蚀，还有一些仍然埋藏于地下。这个模型评价了很多种矿床上下两侧可能的组合，并且在模型表面的矿床数量和年代频率的分布最适合那种类型的矿床实际的年代频率分布时，对其进行监测。模型输出结果显示，接下来，代表着最合适条件的模型输出，随后会被参考的矿床类型所处位置的平均深度来校准（源于地质信息），这段时期由年代频率分布表示。

对铜在地壳构造中扩散的预测是以辛格等人汇编的信息为基础的（2005b），这包括500年内已知斑岩铜矿藏的年代与铜含量（表7.2）。模型计算显示，在目前斑岩铜矿中，大约有$1.7×10^{11}$吨的铜遍布于全部的地壳。斑岩铜矿占地球铜矿的57%，因此，地壳中所有铜矿床应该含有大约$3×10^{11}$吨铜（假设其他铜矿藏的大地构造扩散路径与那些斑岩铜的相似）。这种铜足以按目前世界的产量供应大约19 000年。然而，由于在地壳深处的矿床很难通过勘测发现，并且更加难以开采，因此，并不是所有的铜都可以被社会获得。应用3.3公里的深度限制可以获得更加实际的铜资源，按照当前产量可以供应5 400年（Kesler and Wilkinson 2008）。那么，最终的（潜在可开采的）全球常规铜矿床资源大约是储量基础的90倍，比近地表资源多10倍。

表7.2　基于凯斯勒与威尔金森(2008)预测的铜的储量与资源。
所有数量以吨为度量;年产量,以及来自USGS的储量。

类　别	吨	年
铜的年产量(2008)	1.56E+07	1
铜的储量基础(USGS)	9.4E+08	60
所有已知斑岩铜矿藏中的铜(模型)	1.90E+09	122
所有已知铜矿藏中的铜(模型)	3.33E+09	214
所有已知的地壳中的斑岩铜矿藏中的铜(模型)	1.7E+11	10 897
地壳里铜矿藏中的铜	3.00E+11	19 231
所有3.3公里以内深度的矿藏中的铜	8.39E+10	5 377
岩石与地壳中的铜	3.90E+14	25 000 000

对于其他金属还没有类似的预测,主要是受矿床的年代信息量的限制。然而,大多数金属矿床在地壳深处形成,并且可能伴随与斑岩铜矿相似的大地构造扩散路径(唯一可能不以这种路径扩散的是铝、铁和锡,大部分以近地表面的沉积矿床的形式形成)。假如这种简单的假设是正确的,在地壳上部3.3公里内,大多数金属常规矿床的最终资源应该显示与预测的铜矿床储量基础相似的关系。大多数在图7.3中显示的金属,按照当前供应量,可以供应的年数大约在2 000到200 000年,其中,砷、锑、金、银、锡年数最少,铬、

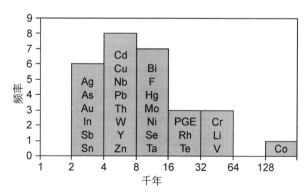

图7.3　直方图显示,在地壳上层3.3公里以内的常规金属矿藏储量预计可以供应的年数,可能是可预测的未来中探测与开采的实际深度,这种预测深度类似并且依赖于一种假设,即金属矿藏随着地壳构造扩散路径与斑岩铜矿的路径相似。

钴、锂、钒年数最多。假如矿床间歇地而不是持续地按照地质时间形成,最终资源将会有所不同。类似的限制可存在于一些以矿物的形式利用的矿产资源,特别是重晶石、黏土和钻石。其他以矿物与岩石的形式被利用的矿物,包括硼、溴、石膏、磷、碳酸钾、盐,以及骨料、碎石、块石都不能通过这种方式预测。

非常规矿床

非常规矿床通常以低品位或不寻常的矿物学特征为特征,在几乎所有的矿产资源中分布广泛,而且出奇地普遍(Brobst and Pratt 1973)。这些矿床大多位于大陆上,许多矿床含有几种元素,但没有一种元素集中到足以引起经济利益的程度。海洋中发现的矿床较少,虽然火山成因的块状硫化物矿床和锰结核及结壳是重要的潜在海洋资源。

不管这些矿床的形式如何,含有所需元素的矿石矿物都是一个关键因素。斯金纳(1976)注意到许多矿石元素可以形成它们自己的矿石矿物(通常是硫化物和氧化物),也可以代替常见的岩石形成硅酸盐矿物的晶格中的其他元素,这种现象引起了人们的注意;例如,铅可以代替钾。

从长石和橄榄石中释放铅和镍所需的能量远远大于从常见的硫化矿矿物[如方铅矿(PbS)和镍矿(Fe, Ni) 9S8]中释放铅和镍所需的能量。斯金纳进一步提出,在地壳中随机取样的样品中,铅或镍的含量呈双峰分布,即高浓度模式下含氧化物和硫化物的元素,低浓度模式下含硅酸盐的元素(图7.4)。这种高度浓缩模式由矿物矿床组成,在这种矿床中,矿物元素形成了一种经过简单加工而成的矿石矿物;其他的,更大、低浓度模式由其余的地壳组成,在其中,矿石元素代替了其他矿石形成的硅酸盐中的元素,并且经不起简单的加工。在当前,不是所有高度集中的岩石都是有经济效益的,但是可以肯定的是,随着价格的提升,它更有可能变得具有经济价值。

双峰分布的证实将为固定储量一方提供有力的支持,但是这是一个有很大争议的话题。斯金纳(1976)表示,这不太可能适用于铁这样的元素,铁是硅酸盐和矿石(氧化物和硫化物)中的主要元素。辛格(1977)发现,对于构成地壳的大样本岩石,现有的分析表格中不存在双峰分布。格斯特纳(2008)测定了各类矿石中铜的含量分布,认为其形成了一种不同于一般地壳岩石的模式,但在矿石外缺乏样品来证实这一点。解决这一争议显然需

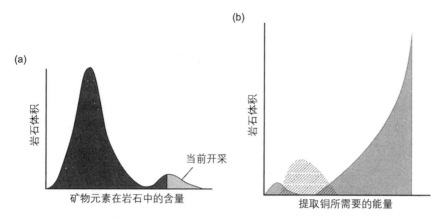

图7.4　（a）地壳岩石量与矿石元素聚集的关系；（b）表明了在地壳岩石量与释放矿石元素需要的能量之间的选择性的关系。

要更全面的抽样计划，包括抽样分布和抽样规模。　　　　　　　　　　　125

　　即使这两种模式存在，量化的证据表明，它们重复进行了金属聚集，例如，人们发现铜在很多种岩石中以硫化物的方式（最容易加工的形式）存在，在这些岩石中的铜含量远低于一般矿石的水平，实际上，接近地壳中铜含量的平均水平（Banks 1982；Borrok et al. 1999）。即使在黑云母中，人们经常建议用铜来替换铁，铜的存在形式也仅为少量原铜、硫化矿物、亚氯酸盐或未确定特点的斑块（Al-hashimi and Brownlow 1970；Ilton and Veblen 1993；Li et al. 1998；Core et al. 2005），而不是黑云母中的替换物。铜的多样形式反映了一个事实：它倾向于与硫化物结合，而不是与硅酸盐与碳酸盐配离子结合。当得不到这些阴离子时，铜能够形成氧化矿物或硫化矿物，或者被吸附到黏土及其他矿物上，我们可以从以上的含铜物中相对容易地提取铜。

　　结果，关系铜的分布在地壳中可能看起来更像那些图7.4b所示的两种模式，传统矿床和岩石组成的有目标元素背景浓度水平的硅酸盐岩石，由能量差距（而不是浓度差距）重叠的第三个模式，包含广泛的矿物和岩石物质，其中的铜可以通过中间能量输入释放出来。量化这一图表的能量轴正处于初步阶段。对于含硫矿的预测表明，释放铜所需要的能量随着矿中铜的浓度降低而以指数的方式递增（Noragete and Rankin 2000）。这种能量的增加能否继续逐渐增加，达到将铜从过渡形态甚至硅酸盐矿物中释放出来所需要的能量水平(如果它们含有铜)就不清楚了。

　　几乎可以肯定的是,我们将最终用尽我们的常规与非常规矿石矿藏,无论这种情况需要多久,但是在未来,还是会留下图7.4这样的中间模式的岩石作为我们唯一的供应来源。皮卡德(2008)指出,几乎所有无法克服的问题都与这样一种资源有关,这些问题要么是所开采物质其难以管理的量,要么就是回收元素其不合适的比例。然而即使在这种情况下,组成上层地壳几百米的风化物中的岩石中仍存有一线希望。

　　风化带中,大多数成岩硅酸盐矿物会发生化学反应,形成新的矿物,并在此过程中释放出取代它们的微量元素。这些微量元素的命运是鲜为人知的,但其可能分布范围从以上提到的黑云母中的原铜到吸附在黏土和铁锰氧化物矿物上的元素。对于所有的这些元素来说,从岩石中释放出来要比从硅酸盐中释放出来容易得多。近年来,在这方面已经取得了一些进展,重点是存在于风化带内氧化物与碳酸矿物中的含有铜与锌的矿床(Bartos 2002)。

126

　　需要引起注意的是,在图7.4中,中间模式的形式与其他元素不同。例如,铅和锌具有成键特性,(相比于铜)在硅酸盐与碳酸矿物中允许进行更大规模的替换,铁、铝、锰是普通岩石形成的硅酸盐矿物中的主要元素。然而,对于这些元素和所有其他元素,必须寻找和研究主矿矿物与成岩硅酸盐矿物的简单替代/合并之间的过渡形式。发现、描述、量化带有这些媒介性质的岩石,是为使矿物长期可持续供应而需要努力克服的主要地质学挑战。

展望:迈向可持续发展

　　目前,对于参与到加强可持续工作的大多数专业人员来说,他们关注的时间范围(通常为一代的时间)比在这里探讨的更短。公众在更短的时间范围内,关注于纸张与玻璃的回收、降低能源消耗、保持水体清洁这类的目标。甚至全球变暖问题只需要我们展望未来几十年的时间。在此整理总结的信息表明,地球有足够的常规矿来满足短期内的社会矿物需求。

　　不幸的是,有两个理由让我们不能指望这种保证。首先,暂且不管可开发的矿物资源究竟可以维持多久,它们终究会枯竭,到那时仅有岩石可以作为我们新物质的来源。为了延迟这一时间,我们必须把握任何能够改善回收利用方式的机会。对于钾肥和磷肥以及在溶液中使用的其他材料,回收将需要在使用方式上作出重大改变。对于金属,特别是像铟和碲这样的微量金属,需要在产品的设计和处理方面作根本的改变。

　　在关注回收之前,我们必须优化开采的效率。目前的采矿方法主要是将有品位的矿石从某一更低品位的矿石中挑出(分离)。在很多案例中,矿床含有大量低品位的物质(正如上文提到的拉斯基关系所展示的那样),这些物质被留在地下(图7.5)。这种做法是由于商品价格的短期波动所造成的,这种波动会使个别企业的盈利能力发生巨大变化。税法和环境条例也鼓励采矿作业的回收,即使可能具有经济价值的材料仍埋在地下。仅仅开采矿体的高品位部分会增加我们必须勘探与开采的矿藏数量,但从低品位矿石中回收物质也增加了所耗费的能源。因此,必须在操作与法规两个方面寻找一些方法,来鼓励对矿床中几乎全部矿石的开采。

127

　　甚至当我们优化开采与改进回收方式时,我们也必须继续寻找新矿床,

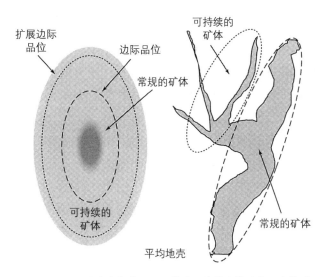

图7.5　假设的矿藏展示了一种矿石质量品位从中心向外逐渐降低的类型(一般含有金属)。这种类型的矿藏一般向外开采直到边界品位,界限外的低品位物质被遗留在地下。可以通过扩大品位边界来扩大可开采的物质量,进而增加可持续性。正如右图所示,这种概念可以被用于向外品质有更显著降低的矿体,因为降低边界品位将会允许开采含有更小块矿的岩石。

不论是常规矿与非常规矿，这是我们不能停止的第二个原因。世界上大部分的民众都反对矿物的开采与生产。这种趋势在美国尤为严重，美国消费了地球资源最大的份额，但却拒绝承担生产它们的环境压力。大多数反对矿业发展的原因是基于土地是均质与原始的偏见。世界上只有很少有公民意识到，地球上各个地方的组成差别很大，有些地方是矿床，这些矿床的"地域价值"高于所有其他可能的用途（它们必须在被发现的地方利用）。他们也将矿物生产视为永久性损坏的作业，这是对于在环境敏感性与环境法生效之前的采矿活动破坏环境证据的反应。很少人理解共享与连续利用之间的差异，或者意识到土地可以在矿产枯竭后恢复，转向其他生产性用途。结果，这导致了勘探与开发用于未来的新矿产的推迟，以至于现有矿产远远小于未来几个世纪的需求。

128　因此，在我们当中，有长期矿物供应视角的人必须推动社会去认识人类的矿物需求以及我们需要什么，从更好的回收到更有效的勘探，来满足他们的需求。

致　谢

感谢布鲁斯·威尔金森就地壳中矿藏构造迁移问题多次的讨论，感谢汤姆·格拉德尔与匿名的评论者就这篇文章原稿早期观点做出有益的
129　评论。

8 退化中的矿石资源：能量与水影响

特里·E.诺盖特

摘 要

用来满足社会对初级金属持续需求的矿石资源状况，几乎不可避免地会随着时间的推移而恶化。金属矿石资源质量的下降将与能源和水等其他资源产生重大的相互影响。这些影响主要是由于，在金属的生命周期的矿物加工阶段，当品位下降时，必须移除和处理额外的脉石（或废物）材料。下游金属提取与精炼阶段几乎不受矿石品位的影响，金属浓度相对恒定的产出流大多数在矿物加工阶段产生，与最初矿石品位无关。

通过许多加工工艺生产的不同种类金属，特别是铜与镍的生命周期评估，其结果已被用来量化这些金属的矿石等级下降时能源和水消耗量可能增加的幅度。将细粒的矿石磨碎到更小的尺寸来获得有价值的矿物的需求已经被研究，由于这种铜与镍产量可能的量化，导致能量消耗可能呈现的量级的增长。鉴于在未来很长一段时间内从矿石中生产初级金属的需要，人们讨论了一些可能的方法来减轻由于矿石质量下降而增加能源和水消耗的影响。考虑到矿物加工阶段对能源与水的显著影响，这些方法最初关注金属生产供应链阶段。其他源自矿石质量的退化的问题也被讨论（例如，温室气体排放与未来可能的金属利用）。

导 论

随着发展中国家努力提高生活水平，这些经济体的预期增长意味着，在未来至少几十年内，即使在非物质化程度增加（即减少生产消费品或提供服

131　务所需的能源和物料）及循环再造的前提下，人们对于金属原料[①]仍将会有持续的需求。虽然存在发现新的高品位（例如，金属含量）资源[②]的可能，但随着高品位资源的开发与逐渐耗尽，矿石资源在一段时间内将不可避免地枯竭。例如，在图8.1中，在过去一个世纪中，美国与澳大利亚铜、铅与金矿的品位下降。此外，很多较新的矿石资源是细粒的，需要更小的研磨粒度来实现矿物的释放。这两方面的影响，无论合在一起或单独存在，都会增加金属原料生产对于能源与水资源的需求。能源、水与金属矿石资源之间的互动将对这些资源的可持续性产生显著的影响。在这一章，我描述了这些互动是如何产生的，它们可能的大小与影响，以及一些能有效衡量这些影响的方法。

金属资源

　　从地质学的角度看，金属和其他元素被分为地球化学丰富的和地球化学稀少的两类。第一类包括12种元素（其中4种是广泛使用的金属：铝、铁、镁和锰），占地球大陆地壳质量的99.2%；其他元素，包括所有其他的金属，组成了地壳量其余的0.8%。已经有人提出某种地球化学稀缺的元素趋向于呈现双峰分布（图7.4），在这种分布中，较小的峰（与相对高的浓度对应）反映了地球化学的矿化作用，主峰反映了更多普通矿物中的原子取代（Skinner 1976）。以铜为例，图8.1a展示了美国开采的铜矿的平均品位在过去一个世纪中是如何下降到当前的0.5%这一数值的（全球大约为0.8%）。然而，铜在普通的地壳岩石中以原子替代物的形式存在，平均品位大约为0.006%。将铜原子从周边矿物基质中分离出来需要耗费比当前提取过程更大的能量。那么在矿化铜的储量枯竭后，为了开采地壳岩石中的铜，将要

132　增加数百倍甚至数千倍的能量需求（在提取每吨铜金属时）（Skinner 1976）。这被称为"矿物学障碍"，在图8.2中，虚线与实线分别代表地球化学稀缺与丰富的金属。斯蒂恩与伯格（2002）预测，从地壳中探测与生产金属精矿的

---

① 从地壳开采的矿石中产出的金属。

② 资源是由天然形成的物质以某种形式与数量在地壳内的浓缩物，且从浓缩物中提取一种商品在当前或未来是可行的。另一方面，一种储存物是一部分已确定的、经济的开采或在决定之时即生产的资源，因此，储量的可获得性随着地质学知识的提升、生产技术的提高、增加的价格期望而动态变化。

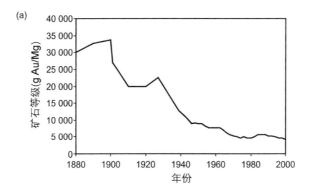

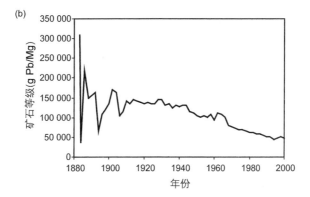

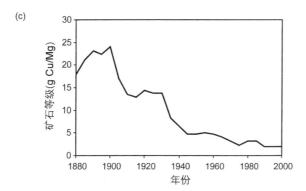

图8.1 （a）美国铜矿平均品位的下降（Ayres et al. 2001）；
（b）澳大利亚铅矿石平均品位的下降（Mudd 2007）；(c）澳大利
亚金矿平均品位的下降。

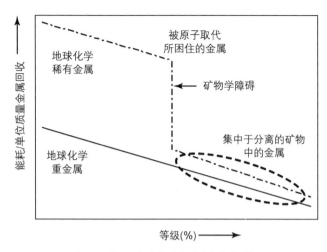

图8.2　矿石品位的影响与"矿物学障碍"。

成本比当前从金属矿中生产金属精矿的成本高很多。在本章,我主要论述
当品位高于矿物学障碍时,矿石品位对能量消耗的影响(见图8.2)。

133

金属矿物资源被归类为非生物资源①。尽管例如石油、天然气、煤与铀等
非生物资源本质上是以破坏性的方式被利用,而非生物非能源类资源(例如
铜与铁)主要以耗散的方式利用。因此,金属不会被耗尽,它们只会消散。
大多数非生物资源仅对人类具有功能性价值;即,它们之所以有价值是因为
它们能够使我们能够达到其他具有内在价值的目标,例如人类福祉、人类健
康或自然环境的存在价值。

原料金属生产需要的能量

大体而言,金属生产需要比陶瓷与塑料材料生产耗费更多的能量。与
金属生产相关的高能耗有重要的物理和化学原因,即化学稳定性、可获得性
与提取过程中对能量的需求。重要工业金属的氧化物与硫化物具有化学稳
定性,需要大量的能量来打破化学键,进而得到金属。虽然吉布斯自由能是
化学稳定性最终的衡量标准,然而生成热通常会决定生产过程中的最低能
量需求。例如,氧化铝还原为铝的生成热是31.2兆焦/千克,而氧化铁还原
为铁的生成热是7.3兆焦/千克。这种差异在一定程度上解释了铝的生产比

———————————————

① 非生物资源是过去的生物过程(煤、石油和天然气)或过去的物理/化学过程(金属矿床)的产物。

钢铁消耗更多的能源。   134

来自金属矿石的金属生产一般包括采矿、选矿、金属提取和再精炼几个阶段。可使用火法冶金与湿法冶金的加工工艺，前者使金属精矿在高温下熔化，然后将矿石与精矿在与周围温度相近的情况下沥滤到水溶液中（如框架图8.3所示）。选择采用哪一种加工工艺，会因为经济方面的考虑而有所不同，同时受矿石品位与矿物学问题的影响也很大。

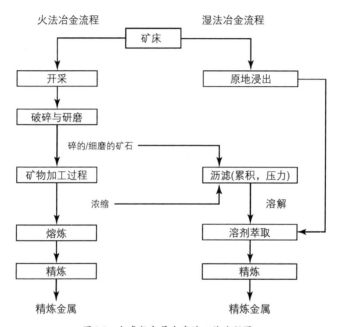

图8.3　大多数金属生产的工艺流程图。

对可持续性的关注集中在金属生产和产品制造的供应链和生命周期上，这突出了在确定初级金属生产所需的真实能源消耗时采取生命周期方法的必要性。这种方法考虑到内部或金属生产上游阶段的能量输入，即所谓的间接输入。生命周期评估是近年来发展起来的理论，它可以被用于这一目的。图8.4展示了许多LCA研究的成果，就内能或者总能量需求[①]而言，这些成果涉及在不同加工工艺下很多种原料金属的生产。在图8.4中显示的GER的结果被分开展示开采/矿物加工与金属提炼/精炼阶段的总能   135

────────────

① 内能，或称GER，是累积的大量的在金属生产的生命周期不同阶段的初级能量。

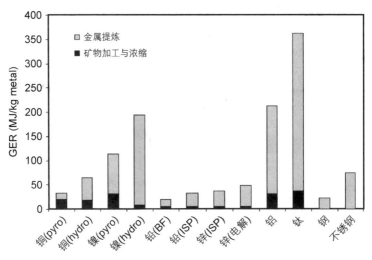

图8.4 生产不同种类原料金属的总能量需求。

量需求。[①]对于在LCA中使用的具有代表性的澳大利亚矿石品位的金属而言,金属的提炼与精炼阶段(尤其是前者)对GER(内能)的影响最大。

原料金属生产需要的水

大多数类型的开采用水量相对较少;水主要被用于矿石加工与精炼。尤其是磨碎、浮选、重力选矿、重介质分离、湿法冶金过程都会消耗大量的水。使水成为矿物加工液体选择的因素如下:

- 水是为过程之内或过程之间运输颗粒、混合颗粒提供反应物到反应点的有效方式(低能耗,低成本)。
- 水是一种为分布式力场(例如重力或离心力)的特定行为提供合适运载工具的媒介。
- 水是一些过程中的必备化学成分。

图8.5显示了先前提到的关于内含水消耗的LCA(生命周期评估)的结

---

① 按由黑炭(效能为35%)生产的电力计。

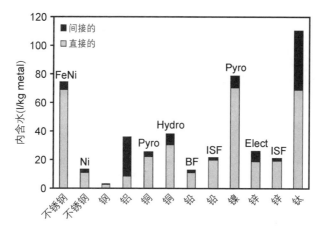

图8.5 用于多种初级金属生产的内含水。

果。然而这一次，它被分开展示直接（即从过程之内）与非直接（即进程外 136
部，最初来自电力产生）的贡献。因为黄金（252 000升/千克黄金）与其他金
属相比，具有较高的价值，镍也比其他金属的价值（377升/千克镍，湿法冶金
工艺）高一些，这两种金属的价值没有在图8.5中标绘出来。

　　图8.5中的具体含水结果与澳大利亚各种金属的生产数据结合使用，
给出了澳大利亚所有金属生产的年度具体耗水结果，并将其分解为三个处
理阶段（图8.6）。图8.6清楚地表明，矿物加工阶段对金属生产用水的消耗 137
最大。

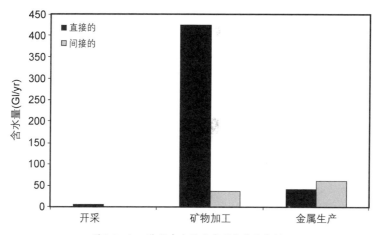

图8.6 加工阶段占金属生产用水量的份额。

退化的矿石质量对于能源与水的影响

矿石品位对于能量消耗的影响

未来产自矿石的原料金属生产的能源需求将会首先基于以下要素:

- 矿石品位的降低将会增加能源需求。
- 更小的金属缝与更高的覆土层将会增加能源需求。
- 具有更高化学能量的矿石将增加金属提炼时的能耗。
- 较远的矿藏将需要更多的运输能量。
- 技术的进步将减少能量需求。

$$E_{copper} = \frac{E_{m\&m}}{\dfrac{G_{ore}}{100} \times \dfrac{R_{m\&m}}{100}} + \frac{E_{s\&r}}{\dfrac{G_{conc}}{100} \times \dfrac{R_{s\&r}}{100}} \qquad \text{(公式8.1)}$$

在此

E_{copper}=湿法冶炼铜产量的 GER

$E_{m\&m}$=开采与矿物加工过程中的 GER

　　=0.54兆焦/千克铜矿

$E_{s\&r}$=融化与精炼的 GER

　　=3.55兆焦/千克铜浓缩液

G_{ore}=铜矿的品位

　　=3.0%的铜

G_{conc}=铜精矿的品位

　　=27.3%的铜

$R_{m\&m}$=在开采与铜加工阶段回收的铜

　　=97.3%

$R_{s\&r}$=熔化与提炼阶段回收的铜

　　=97.0%

　　由于在选矿阶段（见图8.3）结束时产出的铜精矿品位相对稳定（这里假设为27.3%），与初始矿石品位无关，因此后续的冶炼和精炼阶段基本上不受矿石品位的影响。因此，采矿和选矿的能量与矿石品位成反比，而冶炼和精炼的能量则与矿石品位无关。同样，湿法冶金工艺路线中浸出液至溶剂萃取阶段的金属浓度（见图8.3）也是相对恒定的，与初始矿石品位无关。

138

　　公式8.1与以上给出的数值可以用来说明矿石品位下降对湿法冶金工艺的铜生产所消耗能量的影响，这种影响在图8.7a中得以体现。图8.7b说明了下降的矿石品位对于湿法冶金工艺生产的铜与镍的GER（内能）的影响，正如LCA（生命周期评估）模型预测的结果与一些文献中列举的一些数据那样（与公式8.1截然相反）。以铜为例，图8.7a与图8.7b之间的相似性是

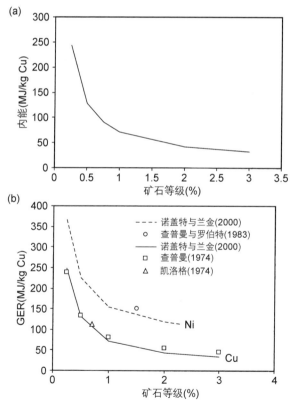

图8.7　（a）矿石品位对湿法冶金的铜生产耗费能量的影响（来自等式8.1）；(b）矿石品位对铜与镍湿法冶金的生产的GER的影响（Norgate and Rankin 2000）。

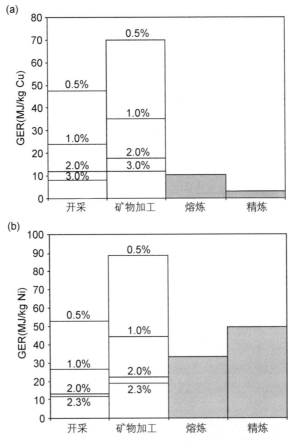

图8.8 矿石品位对于(a)铜的湿法冶金生产耗费能量的影响;(b)镍的湿法冶金生产GER的影响。

很明显的。随着矿石品位的降低,GER(内能)增加,这是由于在开采与矿物加工阶段,必须耗费额外的能量来移除与处理额外的脉石(废弃物)材料。图8.8a和b分别列举了矿石品位在0.5%—3.0%与0.5%—2.3%范围内的铜与镍的生产(湿法冶金)过程中,每一阶段的能量份额。

研磨粒度对能量消耗的影响

在矿石对于颗粒尺寸方面,矿石必须被压碎或研磨[①],以生产有价值的

----

① 破碎产生的物质通常比5毫米粗,并且消耗相对少的能量,而研磨(或铣削)可以产生非常精细的产品(通常小于0.1毫米),需大量的能量。

分开的矿物或脉石的颗粒，它们可以通过工业设备加工，以能够接受的效率从矿石中除去（分别以精矿与尾矿的形式），这种颗粒尺寸被称作释放颗粒尺寸。达到释放颗粒尺寸并不意味着已经是纯的矿物品种，这是一种在品位与回收之间的经济上的权衡。很显然，特定矿物的释放尺寸越精细，矿石就需要被研磨得更精细，这造成了较高的能量消耗。邦德方程（Austin et al. 1984）被广泛用于预测研磨所需能量，这一等式可以表示为： 140

$$E = WI\left(\frac{10}{\sqrt{P80}} - \frac{10}{\sqrt{F80}}\right) \qquad （公式8.2）$$

其中，E 是研磨所需能量（兆焦/毫克）；WI 是邦德粉磨功指数（兆焦/毫克）；$P80$，$F80$ 分别相当于产品与进料80%的通过尺寸（微米）。

铜与镍的硫化矿邦德粉磨功指数大约为54兆焦/毫克。图8.9显示研磨这些矿所需的能量是如何随着释放与研磨尺寸（$P80$）的缩小而增大的，根据邦德方程，$F80$ 为5000微米（5毫米）。

澳大利亚矿物加工工厂当前的铜、镍硫化矿的研磨尺寸目前大约为75—100微米，因此，假设上述LCA结果（图8.7b和8.8）中，每种金属在选矿阶段的能耗均对应于75微米的磨矿粒度。图8.9随后被用来估计这一阶段的能量消耗的增加，因为研磨尺寸从75—5微米逐渐缩小。修正过的能量预测分别包含于相应的LCAs之内。图8.10a，b显示，随着湿法冶金的铜与镍矿石品位降低与研磨粒度缩小，内能是如何增加的。值得注意的是，细

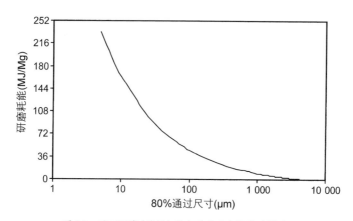

图8.9　矿石研磨（释放）尺寸对于研磨耗能的影响。

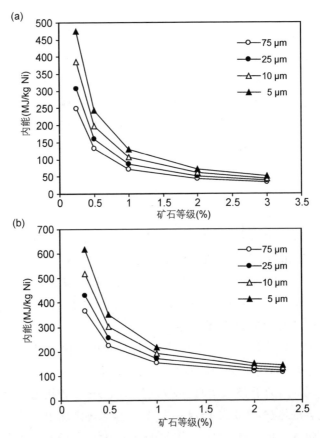

图 8.10 矿石品位与研磨尺寸对与 (a) 铜生产与 (b) 镍生产的
内含能的影响 (Norgate and Jahanshahi 2006)。

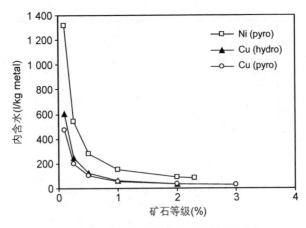

图 8.11 矿石品位对于铜与镍生产的耗水量影响。

粒的矿石不一定是低品位的。相反，一些高品位的矿石也是细粒的，例如澳大利亚北部地区麦克·阿瑟河的铅—锌矿藏。图8.10显示，降低矿石品位与缩小研磨尺寸的共同作用，将会对矿物加工阶段的能量消耗产生显著影响。

141

矿石品位对水消耗的影响

正如金属矿石品位的降低增加了原料金属生产的内能，同样地，由于在矿石加工过程中，需要处理额外的物质，因此水的消耗量也随之增加。铜与镍的这种趋势在图8.11中呈现（同见图8.5）。矿石品位下降而使耗水量增加的趋势，与图8.10中所示的前者对耗能的影响类似。

退化的矿石资源与温室气体的排放

矿石燃料被认为是未来金属生产的主要能源来源，而与世界矿石资源品质退化相关的首要问题是温室气体排放。正如图8.10中所说明的，考虑到矿石燃料与温室气体之间明显的联系，随着矿石品位下降与研磨尺寸缩小，这几张图中所展现的内能消耗的趋势和全球变暖的可能性趋势十分类似。

然而，尽管基础金属矿石（例如铜、镍、铅和锌）质量退化导致了温室气体排放量的显著增大，这种排放量仍然小于当前铝与钢生产过程中的排放量，如图8.12所示。图8.12取澳大利亚矿石平均品位（Fe 64.0%，Al 17.4%，Cu 2.8%，Ni 1.8%，Pb 5.5%，Zn 8.6%）；全球生产加权平均基本金属矿品位为5.2%，且按各种加工路线计算全球金属年产量。图8.12只是一个初步的近似值，来说明各种金属对排放的相对影响，假设铜80%为热，20%为水；镍60%为热，40%为水；铅89%为BF，11%为ISP；锌90%为电解，10%为ISP。将图8.12中的平均基本金属矿石品位降低到1/10，由5.2%降至0.5%（即0.3% Cu，0.2% Ni，0.6% Pb，0.9% Zn），预计每年将源自基础金属生产的温室气体排放从大约140 Tg增加到450 Tg，远远低于钢的1 970 Tg的数值。类似地，将平均基础金属矿石品位降低到1/30，从5.2%降低到0.2%（一个几乎肯定是不经济的方案），这使基础金属全球每年温室气体排放增大到1 500百万吨——仍然小于当前钢铁的数据。

143

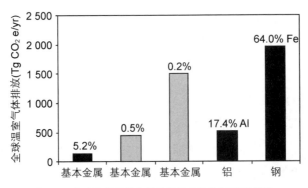

图 8.12　全球各类原料金属每年温室气体（GHG）排放。

　　虽然基本金属引起的温室效应在未来可能变得更显著，然而，当前金属部门应对减少全球温室气体排放的尝试还是将大部分注意力集中于钢与铝之上。根据美国的地质学调查（USGS 2008a），世界铁矿石储量大约为 1 500 亿吨，含铁量为 49%。这代表着当前 80 年的矿石产量。铁矿石品位从 64% 降为 49% 将会增加全球温室气体的排放，如图 8.12 所示，折合 CO_2 大约为 500 万公吨/年。当前基本金属的平均矿石品位会不止下降到 1/10 来满足这一增长，如图 8.12 所示。

前进的道路

　　虽然在一段时间内，矿石资源会不可避免地枯竭（在相应的矿石品位与晶体尺寸层面），但是，有很多种方法可以缓和这种改变对于能源、温室气体与水的影响。解决矿石枯竭问题显而易见的方法，首先就是减少对于产自这些资源的原料金属的需求。去物质化与回收（即次级金属生产），正如之前提到的，将会有助于实现这一目标。由于金属品位下降对于提炼与精炼阶段的能源消耗影响相对较小，因此在这里主要讨论开采与矿物加工阶段。

减少开采与矿物加工阶段的能量消耗

　　图 8.13 展示了当前美国每年的能源消耗。金属开采与加工部门可以分解为不同几个加工步骤。不同步骤的实际最低能量消耗也在图中表示出

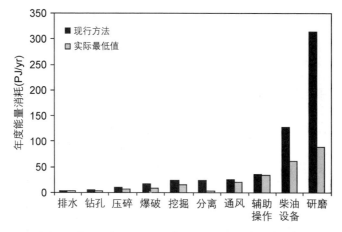

图 8.13　美国开采与矿物加工部门现行方法与实际最小每年能量
消耗（USDOE 2007）。

来。很显然，粉碎（即在美国，尺寸缩小，主要是通过研磨）这一步骤是最主
要的消耗能源的步骤。因此，为了减轻矿石资源枯竭严重的结果，重点应该　144
放在减少粉碎耗费的能量上，一些可能的方法如下：

- 粉碎更少的材料：挑块选矿法，预浓缩，改善采矿实践来减少废
  弃物稀释。
- 更高效的粉碎：优化粉碎流程，包括加工控制与使用更加节能的
  粉碎设备（例如，减少粉碎）。
- 以更低的浓缩品位为代价，解离低价值的矿物来实现更高效的回
  收（即在融化与精炼阶段分离更多的金属与废弃物）。
- 直接加工矿石：这是前面方法的极端情况，没有（或者）很少粉
  碎，火法冶金（例如，直接熔化）或者湿法冶金（堆摊沥滤）。在爆
  破阶段（开采）阶段进行更多粉碎。
- 这些方法中最先进的是发展与应用更加节能的粉碎设备。

更多节能的粉碎设备

假如适宜地应用一些新的技术到粉碎过程中，那么在粉碎过程中可能
节约更多能源。其中有两种技术，一种是搅动研磨机，一种是高压辊磨机

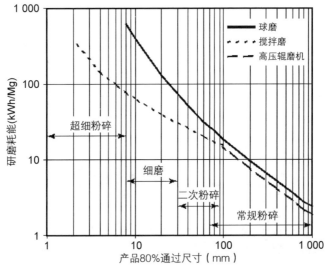

图8.14　研磨耗能与产品尺寸。

(HPGR)。图8.14显示了这两种技术可以应用到整体粉碎方案中的哪一个

145　部分。

　　三种搅拌研磨类型的精细与超精细研磨作业受到了业界的认可,塔式磨机、艾萨磨机与碎石机,前两个磨机分别是带有螺旋形钢片和长销子的立式搅拌机,用以搅拌磨料,第三个磨机是一个大型卧式磨机,以圆盘作为搅拌器。有报告称搅动磨比传统球磨的效率高50%以上,同时其产品比球磨细100微米。

　　就HPGRs（高压辊磨机）而言,使用工业机器磨碎水泥熟料与石灰岩,与前面的磨碎流程相比要节约15%—30%的能源。最近,人们更多地考虑更广泛地将高压辊磨机应用于含金属的矿石上。关于最初轧辊磨损率的问题已经得到解决,人们对此兴趣正逐渐增加,尤其是在金、铜、铁矿的加工上。

减少矿物加工过程的水消耗

　　虽然可以采取若干可能的办法来减少矿物加工阶段的水的消耗,但最有希望的办法似乎是（a）水的处理和重复利用、（b）"符合用途"的水质和（c）干法处理。

水处理与再利用

处理和重复利用过程水和矿井水，正成为减少总用水量以及减少在排放前可能需要处理的受污染水量的重要手段。再生水特性对植物性能的影响，包括有机分子、无机和微生物物种的循环，以及收集器的建立，都是在实施水回收过程之前必须考虑的方面。适当的处理过程将取决于水的特性、环境排放要求、水的重复利用的经济效益和水的价值。

"符合用途"的水质

由于供水受到限制，许多采矿和矿物加工作业被迫接受质量较差的补充水（例如咸水、灰水、处理过和部分处理过的污水和工业废水）。这可能对过程水质和矿物加工作业的性能产生不利影响。一般来说，只要矿物表面的化学性质很重要（例如，浮选），水质就同样得是重要的。然而，高品质的水并非总是必需的。水质可以从高质量水到低质量的硬水（溶于水中的钙、镁含量较高），从地下含水层到更低品质的含盐地下水①与海水（溶解了大量的固体，包括氯化钠）。开采与加工操作应该采取"符合用途"的水质的策略，即水质与水的应用方式匹配，以此来减少未净化的水与淡水的消耗。

干法处理

虽然增加水处理和重复利用是帮助减少采矿和矿物加工作业的水足迹的一个明显的选择，但一个更根本的替代办法是干法或接近干法的加工。现在及过去使用的干法分离处理包括筛选（同样可以湿法进行），通过风选或空气气旋分类，通过振动台进行形状排序、磁力分离（同样可以湿法进行）、电力分离、重力与重介质分离（同样可以湿法进行），通过光学、传导、放射线、X光的发光性进行矿石分选。

如前文所概括，因为能够减少能源消耗而被研究的高压辊磨机新技术也是在干燥的条件下操作的。然而，干法加工工艺也并非不存在问题。主要的问题是灰尘，但另一个问题是目前大多数工艺生产能力低，也存在较低的能源利用率和可选择性少的情况。尽管如此，在矿石产业中减少水资源

① 有一些地下水比海水咸得多，这在澳大利亚西部是众所周知的现象。

的利用再次引起了人们对干法加工的兴趣。

结　论

尽管社会在去物质化和回收利用方面做出了最大的努力，但在未来很长一段时间内，对初级金属的需求仍将持续。虽然仍存在发现高品位资源的可能，但随着更高品位的矿藏被最先开发并逐渐耗尽，在一段时间内，提供这些金属的矿物资源将不可避免地退化。高品位金属矿物资源的退化，将对其他资源产生显著的影响，例如能量与水，退化将导致每单位金属生产需要这些资源的数量的增长。在本章，我概括了随着矿石品位下降，这种增长将会以哪种方式产生，本质上是由于产生了在金属生命周期中的矿物加工程序中，必须移除与处理的额外的脉石（或废弃物）而造成的。下游的金属提取和精炼阶段实际上不受矿石品位的影响，因为在选矿阶段生产的是相对恒定的精矿品位或恒定浓度的浸出液，而与矿石的初始品位无关。

由于通过多种不同加工工艺生产的不同金属的LCAs，尤其是铜与镍，常常被用于量化随着矿石品位降低所需能量与水量的大小。本文还审视了将较细粒度的矿石磨成较细粒度以释放有价值的矿物的需要，并对铜和镍生产造成的能源消耗增加的可能幅度进行了量化。本文还讨论了矿石质量恶化所引起的问题，特别是温室问题。

为解决退化的矿石资源的耗尽带来的影响，其中一个显而易见的方法是，首先减少对于产自这些资源的原料金属的需求。然而，回收只可能用于非耗散应用的金属，在这种情况下，金属可以被经济地回收。考虑到将来从矿石中生产初级金属的需要，对很多种方法进行了描述，这些方法可以缓解随着矿石质量下降带来能量与水消耗增加的影响。考虑到矿物加工过程阶段对于能量与水的显著影响，这些方法首先集中于金属生产供应链中的阶段。

148

9 转变不可再生资源的回收与循环

马库斯·A.罗伊特，安托尼·范夏克

摘 要

优化废物回收与再利用活动，是谨慎利用不可再生资源的关键。前者在很大程度上属于政治与社会行为，这是至关重要的。后者主要是技术层面的，在很大程度上取决于分离和回收过程的科学原则以及产品设计工程师所作的选择。通过设计选择材料组合与连接方式，来确定产品的内能，在此之后，确定通过消费商品的再利用来回收能量与物质含量的难易程度。因此，设计师是实现闭合材料循环过程中不可或缺的一部分。越来越详细和基于物理的模型现在可用来指导设计，这将大大提高不可再生资源的回收率和再利用率。

导 论

想要将不可再生资源的损失最小化，需要找出最有潜力的方法来实现真正的资源回收利用，守口（this volume）强调这一目标对可持续性至关重要。实现这一目标需要在资源循环中的所有角色和谐地互动：采矿业，冶金处理商，原始设备制造商（OEMs），非政府组织，生态学家/环境学家，立法者，消费者（举几个例子来说）。基于物理和化学的主要原则将这些行为者联系在产品系统之内。因此，评估用于产品不可再生资源可持续性的模型应该将基本的自然法则整合到模型中，并预测不同水平的变化。在本章，我们列举了产品设计是如何与基础工程、回收原则与金属加工相互作用的，以应对这一挑战。在这一基础上实施不可再生资源利用的进展已经被一些规模最大、最具远见的公司所接受。例如，世界上最大的钢铁公司在采矿和提 149

炼冶金、钢铁生产和回收利用方面开展业务,同时与汽车和消费电子工业等大型原始设备制造商保持密切联系;自始至终,他们都在争取实现钢铁的高回收率。世界上大型的有色金属和贵金属生产企业虽然资源不全面,但他们确实与消费电子和商品领域的大型原始设备制造商有着密切的联系,以走向日益闭合的材料周期(Reuter and van Schaik 2008a,b)。这些公司理解这些元素的地质学与基础性质,并开发和完善了尽可能多的回收金属的消费后提取技术。然而,由于产品设计定义的材料组合往往不考虑金属提取的自然限制,这些设计损害了实际的物质回收,并不得不进行细节上的分区与分类,来达到"可接受的"回收质量。在本章中,我们将演示如何在产品设计中从一开始就结合拆卸和资源回收的概念来解决这些问题。

回收的基本原则

产品的回收/回收率可以被认为是一种表达回收系统性能、产品再回收利用能力与可回收利用程度的指标。回收系统的性能是描述各个过程分离效率的功能,从分解、粉碎与物理分离到冶炼、热处理,由循环流的质量确定。循环流的质量不仅由产品设计中的各种不同的材料与合金决定,也受颗粒大小与在粉碎与释放后混合材料颗粒组成决定(Reuter and van Schaik 2008a,b)。图9.1列举了具有物质回收利用特征的成分:

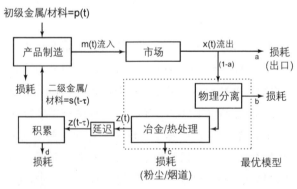

图9.1 影响回收率与消费产品生命周期结束时的物质流的各方面总结(从左侧顺时针方向):时间与财产分配,产品设计,释放等级,分离物理学,熔炉的熔液热力学,再利用技术,再利用质量,最终输出流的质量。

- 产品设计：产品的功能和美学规范决定了材料的组合，如何连接，使用什么涂料，等等。然而，这些因素不断变化，从而影响着材料的供应和需求、在物质链中锁住资源的数量和时间，以及现在和将来需要什么技术来回收这些材料。这些变化是由消费者需求和原始设备制造商的营销活动驱动的，两者都是设计变化和需求以及技术发展的重要驱动因素。

150

- 物理分离：分离材料的难易程度取决于产品设计和成分的物理性质。分离的物理性质决定了从这种混合材料中可以回收什么，以及达到什么纯度。任何杂质都可以影响从原始资源中回收金属的碳足迹。最后，原始资源的品位（或纯度）与回收物决定了开发它们是否经济——封闭物质循环的关键驱动因素。

- 金属冶炼加工：最后，从原始资源与回收物中回收金属与物质是由热力学、动力学与技术决定的，所有这些都会影响系统的经济效益。假如这些因素是有利的，那么，金属与/或能量就可以被回收，物质循环也可以闭合。能够以这种方式量化资源和回收利用的经济潜力，为材料循环的优化、调整和未来预测奠定了第一原则基础，并反馈到设计中，提出更可持续的设计。

- 动力反馈控制回路：材料和/或产品能量循环的实际闭合度由最终的处理过程决定，如冶金和热处理，这些过程又必须从热力学角度定义。动态反馈给设计人员的基本信息是以可持续的方式闭合循环的关键。

这些物理和化学方法是通过几个关键概念的操作来实现的：

151

- 系统的分析：只有通过系统的物理和化学方法，从根本上考虑材料/金属回收、技术和设计因素的相互联系，才能对不可再生资源的使用进行评估。这将产品回收率与回收质量预测同冶金与热加工效率联系起来，也与材料与金属网络中的原料金属生产产生联系。由于热力学决定了什么可以被回收，什么不可以被回收，所以那些没有恰当属性的回收物，也就是没有经济价值的回收物，就会从资源循环中丢失。在过去的几年，模型已经被证明有能力发现质量下降、系统效率与回收中原始资源利用的强度（Ayres 1998；Szargut 2005）。假如过程模型能够根据产品的设计，以及产品的经济价值与可持续性来预测回收质量，那么这是可行的。

- 回收与模拟系统模型：追踪进程的动态模型结合了热力学、物理学、化学与技术的基本原则，这是静态模型（例如，物质流分析、MFA、生命周期评估、LCA）无法做到的。原始设备制造商的设计模型是基于工程设计在经济技术上的精确性，因此回收系统模型必须与计算机辅助设计结合。

- 为回收利用而设计（DfR）：需要以第一原则为基础，模拟和预测产品的回收/再利用行为，从而促进资源循环的闭合并尽量减少资源使用对环境的影响。这一基础将回收技术和回收的环境后果直接与产品设计联系起来（Braham 1993；Deutsch 1998；Tullo 2000；Rose 2000；Ishii 2001）。最终，材料和金属系统的泄漏是由不纯的（因此是不经济的）回收物决定的，这些回收物是由不良的回收系统、不可持续的产品设计以及设计和回收之间的不良联系造成的。

在讨论资源可持续性时，产品分析在技术层面上预测和显示变化是至关重要的，因为技术与不可再生资源的利用有关，也与回收和循环利用这些资源有关。

材料加工过程中的物质释放

产品的设计决定了材料的选择和材料组合的多样性和复杂性（例如，焊接、胶合、合金、分层、插入）。不同材料的释放（分离）是产品设计的结果，152 它决定了回收流的质量（Reuter et al. 2005）。对于简单的产品，拆解可能像移除一个螺丝一样容易（Braham 1993）。对于经过粉碎和/或拆卸的更复杂的产品，颗粒或部件是由一种材料（纯颗粒）或多种材料（非纯颗粒）组成的（表9.1）。

表9.1 粉碎的连接类型与释放状态。

连接类型	粉碎前	粉碎后
螺栓,铆钉		高度释放(如果材料易碎)
胶 合		中等程度的释放
油漆,涂料		低程度释放

释放状态的预测

想要理解和预测设计对释放和回收质量的影响,需要从粉碎和回收实验或实际的现场数据中收集大量的工业信息(van Schaik and Reuter 2004a, b)。仔细拆解产品并将其分离成各种成分材料,为建立产品的物质质量平衡提供了必要的信息。材料分析可以用来预测不同材料在连接粒子和未连接粒子中的数量,以及通过循环系统的质量流量。

对不同材料之间的连接进行细致、准确的分析,可以发现各种连接材料、连接类型(如螺栓连接、形状连接、胶水连接等)、连接特性(如连接面、连接尺寸等)在粉碎前后的变化。这种信息能够被用于获取启发式规则,用以预测释放的程度,以及预测粉碎或者尺寸缩小引起的物质连接与结合(van Schaik and Reuter 2007)。

物理的分离效率

分类的过程受分离的物理属性支配,之后由粉碎后的产品中出现的不同材料的物理属性与回收流(间接地)支配。不可避免地,分离与分类步骤是不完美的,这导致循环物等级的不同,如图9.2。个体单一的或混合的物质颗粒在实践中是由颗粒的实际组成与不同物质的比例决定的。

分选过程是由分离的物理规律决定的,因此,分选过程是由不同物质的

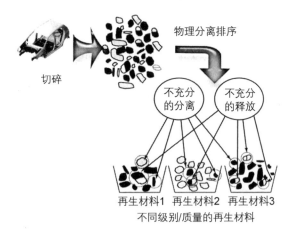

切碎

物理分离排序

不充分的分离   不充分的释放

再生材料1   再生材料2   再生材料3
不同级别/质量的再生材料

图9.2   不完善的粉碎和分类程序后的回收等级（质量）。

物理特性决定的,这些物质存在于碎制品和(中间)回收流中。不可避免的
是,分离和分拣的步骤是不完善的,这导致回收物的等级不同,如图9.2所
示。在实践中,单物质与多物质粒子的分离效率是由粒子的实际组成和不
同材料的比例决定的,因为它们影响着控制它们物理分离的性质(如磁性、
密度、电学)。因此,分离效率需要根据粒子组成来考虑,而不是假设只有纯
粒子存在。

冶金、热和无机处理

虽然在物理加工过程中未被释放的物质不能被进一步分离,但在随后
的冶金和热加工过程中有分离和回收的可能。在热加工的过程中,不同阶
段的(金属、炉渣、燃料灰尘、废气)分离取决于随着温度变化的热力、颗粒的
化学成分,以及回收物中不同元素/阶段/混合物之间的相互影响。表9.2提
出了关于消费者产品复杂性的观点,并因此建议,为了回收所有物质,需要
深入精细的加工,以使它们不至于成为废物。最终,设计与描述它们的模型
必须克服这种复杂性,并同时预测微量元素的去向,更重要的是要了解微量
元素发生了什么。因此,任何对次要元素的预测模型都应该包含这些知识,
以便在估计采收率和采收率损耗时有所帮助。

重要的一点是,一个基本的联系是建立在物理(设计师所创造的材料组
合及物理分离)及消费后物品(纯金属、合金、合成材料)的化学描述,这一

153

环节必须完整无缺，才能在设计、物理分离、金属和材料回收以及能源回收之间架起一座桥梁。对于消费后产品中的每种材料，必须定义相应的化学成分，以描述和控制最终处理过程以及化学元素和相应的实际回收和分布。

表9.2 循环系统中材料的总体描述：分解组，它们的材料组，它们各自的化学组成。PVC：聚氯乙烯；PWB：印刷线路板；PM：贵重金属；W：钨矿（钨）。

电磁线圈	铜，陶瓷，塑料，PVC/铜线	$Cu, Fe_3O_4, [—C_3H_6—]_n, PbO, SiO_2$
电　线	铜，PVC	$Cu, [C_2H_3Cl—]_n$
木材：房屋	钢（主要原料），塑料	$Fe, [—C_3H_6—]_n$
塑料：房屋	塑料，钢（例如：螺栓）	$[—C_3H_6—]_n, [—C_{11}H_{22}N_2O_4—]_n,$ Cl, Br, Sb_2O_3
PWBs	环氧，锡，铝，钢，不锈钢电缆，（PVC/铜），电子元件	$Au, Ag, Pb, Pd, Sn, Ni, Sb, Al, Fe,$ $Al_2O_3, epoxy, Br$
吸气剂	玻璃，钨，塑料	$W, BaO, CaO, Al_2O, SrO, PbO, SiO_2$
阴极射线管	玻璃（正面与椎体），钢（例如：面具），荧光粉	$SiO_2, PbO, BaO, Sr_2O_3, Fe_3O_4, Fe,$ Y_2O_3, Eu, ZnS
金　属	钢	Fe

回收利用系统的热力学

不纯的回收物在熔炼时，需要用原始材料来稀释金属中的杂质，从而生产出适用于冶金反应器的合金。图9.3举例说明了材料的冶金处理和回收，以及各种回收系统输出流的质量（组成）：产出的金属、贵重金属氧化物、能量和炉渣（源自 SiO_2、CaO、Al_2O_3、MgO、FeO_x 等氧化物熔融混合物的良性建筑材料）。冶金反应器的输入和输出之间的关系可以用热力学术语来表示，而不可逆损失可以用效能来表示：一种测量由于缺乏循环利用而从系统中损失的复杂（更小）颗粒的熵增加的方法。通过对回收系统的性能进行量化，不同的作者已经讨论了这些方面（Ignatenko et al. 2007；Meskers et al. 2008）。

回收的模拟与优化模型

以上讨论的理论方面强调了在评估资源回收、执行回收设计、监视回收

系统的进展和限制时,捕获释放度、回收和输出质量,以及预期的物理、冶金
155 和热分离性能的重要性。产品设计师不能轻易预测这种程度的细节,但是
第一原则系统模型却可以预测这种细节,这一模型回收输出流的速率、组
成,以及毒性作为设计选择的依据。这些模型是最近才开发出来的,它们
具有模拟并且优化产品的回收系统的潜质,包括优化产品的(a)材料组成
影响、颗粒构成、释放等级;(b)颗粒尺寸等级;(c)物理的、冶金的与热加工
的分离效率,根据回收物的质量(颗粒构成、释放等级、回收物化学组成)与
(d)回收系统架构(回收的安排与结合以及最终处理程序/技术)。

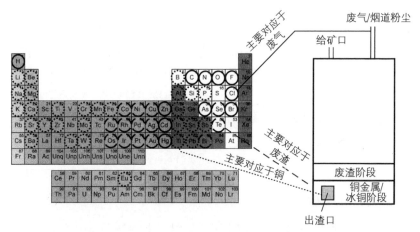

图9.3 复杂循环物冶金加工,与在不同热力情况下元素与混合物在熔炉里面的目的
地的示例。

我们以废旧电子电器设备(WEEE),特别是阴极射线管(CRT)的回收
为例来说明仿真模型的使用。在这种方法中(Reuter et al. 2005),模型接受
一组由设计师选择的物理材料。表述如下:

材料:铝、铜、其他金属、亚铁、不锈钢、粉末冶金、焊料、玻璃PbO、
玻璃包、磷粉、陶瓷、木材、PP、PVC、ABS、环氧树脂等电子产品。

其后,模型通过不同分离单元操作将它们转化为由它们生成的化合物:

材料中的化合物:Al, Mg, Si, PbO, Fe_2O_3, Fe_3O_4, ZnO, Sb_2O_3,

W，Cr，ZnS，Y_2O_3，Eu，Ag，Au，Pt，Pd，Rh，Pb，Cu，Bi，Ni，Co，As，
Sb，Sn，Se，Te，In，Zn，Fe，S，Cd，Hg，Tl，F，Cl，Br，Al_2O_3，CaO，SiO_2，
MgO，Cr_2O_3，BaO，TiO_2，Na_2O，Ta，SrO，$[—C_3H_6—]_n$，$[C_2H_3Cl—]_n$，
$[—C_{11}H_{22}N_2O_4—]_n$，环氧树脂与木材。

156

再后，通过适当的化学转化，这些金属、塑料和能源被回收、利用，这是
在适当的经济技术框架下的热力学所决定的。

这种模拟/优化模型为每种释放的与未释放的材料创造一种闭合的质
量平衡。循环/回收率预测与产品设计选择连接。这个模型根本上是基于
质量、元素、混合物、微粒、材料组团的保持，也基于物理、热力学、化学，以及
阶段间的质量传递，而不仅仅是基于更简单的方法（例如，LCA 与 MFA）所
依赖的全部元素与物质流。最详细的方法（正如在这里应用的）使得个别材
料与能量的实际回收量可以被计算出来，这对于预测与控制有毒的与污染
的物质在不同单个的粒子中的分配来说十分关键，对于不同回收流和它们
在最终（冶金与热力学）处理后的终点也十分重要。这为控制和评估有毒性
与相关的环境/生态效率结果提供了准确可靠的基础，因此对于及时监视与
量化进程是关键的。

模型的结构的一部分在图9.4中呈现，涵盖了所有上文中讨论的现象。
例如，混合材料颗粒的回收效率是根据不同材料确定的，同时也由所有的物
理分离程序与所有的分类混合材料的颗粒决定。

假如 PWBs（压水堆）直接在铜冶炼厂里处理，则可以最多地回收贵重
金属铜与锡。然而，由于钢铁与铝以炉渣这样一种低价值的建筑材料的形
式终结，它们的回收率将会很低。这一模型证实了尚瑟雷尔与罗特（2009）
得到的现场数据。此外还有一个典型的质量和毒性计算的例子，该模型捕
获了回收和输出流；在这种情况下，为铜冶炼厂列出材料和化合物清单。由
于模型运用分解组团与化学混合物各自的回收物等级，因此它可以用于预
测金属、炉渣和烟道粉尘的化合物质量（因此也可以用于预测它们的毒性）。
模型结果显示了不粉碎、中粉碎和高粉碎对从 PWBs 中回收有价值的特种金
属和商品金属的影响。

分离与过程模型一个潜在的、明显的优势是：它可以预测系统内不同的
设备配置（包括分解）与粉碎装置中微量元素的流失，然后提出设计与程序

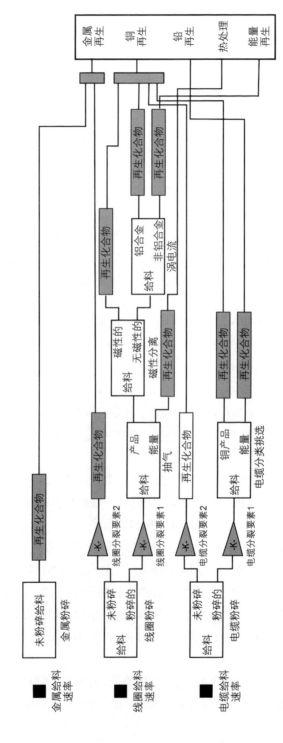

图 9.4 图表展示 Matlab/Simulink 动态回收模型的一部分（MARAS）:（1）来自 CRTs 的分解组;（2）物理分离／分类;（3）结构系统指数／流的增加;（4）冶金／能量／垃圾填埋地。

上的缓解策略来使损失最小化。如果通过可持续性测量影响不可再生物质流，这种指导是必要的。很明显，回收物市场相关经济价值——基础措施决定了回收物是否可以被回收利用。

显然，与市场相关的回收经济价值——基本的测量决定回收物是否可以被回收——是决定系统内损失的关键。值得注意的是这种不能被MFA模型预测的结果类型（Graedel and Allenby 2003），因为它们预测回收物的质量不够详细。

表9.3 理论上的CRT电视回收不同客观功能的优化案例研究典型的结果，展示了回收模型的能力与广泛的用途。这种解释没有统一的答案。

最大化的计算结果				
案例研究	当前状况	循环率	金属循环	循环与回收率
循环/回收整体比率	0.75	0.59	0.51	0.73
循环比率	0.27	0.58	0.43	0.21
回收比率	0.45	0.00	0.08	0.54
物理分离的废弃物	0.00	0.09	0.01	0.09
钢的循环率	0.82	0.81	0.84	0.84
铜的循环率	0.73	0.51	0.73	0.47
铅的循环率	0.77	0.38	0.77	0.37

第一原则循环回收型也可以被用来优化回收利用系统。以表9.3的结果为例，根据优化结果可以得到不同的回收率和能量回收率。这在评估系统的完整性、性能以及如何改进和管理系统时非常有用。

结　论

长期以来，不可再生资源的可持续性一直是一个原则，即回收和再利用是最大限度地减少原始材料的提取的核心。然而，分离过程的复杂性却很少得到重视，直到最近才受到人们的关注（e.g., Sekutowski 1994）。我们已经在这里展示了，分离模型与随后的加工处理能够改善这一问题，并且可以根据时间来预测回收率与循环率，以及预测循环质量。这样做，模型为连续的、有意义的数据需求与模拟定义提供了第一原则框架，因此原始设备制造商、设计师、立法者、消费者、冶金学者等能够 (a) 评估，(b) 量化限制，并且 (c) 模拟消费者产品与材料循环／回收的表现。这种根本的基础对于我们的社会利用不可再生材料的进程的监视与实施是十分必要的，并且为产品设计师提供了十分必要的透明的理论与数据。

162

10　贵重金属与特殊金属的复杂生命循环

克里斯汀·哈格卢肯,克里斯蒂安·E.M.麦斯克

摘　要

本章基于广泛的实践经验、研究项目与文献研究。本章论述了与金属的生产、供应、回收利用相关的关键性问题:在整个金属/产品生命周期中,对于金属来说,每一步的损失是什么,现在与未来,这种损失是如何受出现在整个生命循环的社会因素、经济因素与金属因素影响的。

人们正在探索答案,并以可持续的方式为生命周期与它的子系统的优化提供指引。重点在于生命周期终端(EoL)阶段,也在于初级生产与制造过程中的损失。由于多种原因,为了研究这一问题,并识别存在于综合的系统方法中的相互依存与潜在的矛盾,贵重金属与特殊金属被当作例子,这些原因包括:一些金属被视为对当前有关于稀缺的争论的关键,因为它们于清洁与高科技应用方面有着重大意义,并且从经济学与环境视角来看是十分重要的,由于它们大多取自与其他载体金属成对的生产,因此面对着特殊的供应挑战。

在生命周期的每一阶段都会有损失,尤其是副产品金属,只有那些与矿石一同开采出来的部分才被作为金属供应到市场。提升纯度品位与产品制造过程中损失则更大。然而,最大的问题与生命周期终端(EoL)产品不能循环或者低效率的循环有关;这对于消费者产品来说是极其准确的,因为它们的生命周期具有开放性。额外的技术挑战源于复杂的材料构成,并且在金属中浓度经常很低,这种挑战遍布于最终产品的不同部分。结果,在贵重金属与特殊金属循环链上,实际回收率低于50%以下,甚至在欧盟情况亦是如此。

只有通过整体的、以提高生命整个周期资源效率与金属回收率为目标的全球系统方法，才可以实现回收率的提高。消费者意识、有效的收集、以多种方式对生命周期终端（EoL）流量进行监控都是必要的先决条件。通常来说，有效的、高科技的回收技术是存在的，但最优化界面与带有支持性的新商业模型需要克服生命周期中的结构缺陷。不管是在现在，还是在未来，有效工具与技术的后续使用，能够对更加可持续性的金属供应与利用产生显著的贡献。

163

导　论

金属与矿物是不可再生资源的典型例子，从严格意义上来讲，通过矿石开采从地球中获得的金属与矿物不能被认为是可持续的。按照定义，开采会耗尽矿石储量。通过矿物加工和随后的冶炼和精炼，矿石被分解，所需的物质（如特定的金属）被分离出来。其他不需要的矿石成分从根本上改变了它们的外观，作为尾矿或矿渣沉积到环境中，排放于空气或溶解于处理废水中。

然而，假如更少地关注矿石的某种特殊的改变，或者更多地关注它的金属成分，并且系统界限被拓展到整个利用周期，那么情形将会有所不同。金属不会损失或者被消耗掉（除了那些被用在宇宙飞船并发射到外太空去的金属）；它们仅仅是从一种转化形式转变为另一种，在岩石圈与人类圈之间移动。产品与（生产）废弃物能否构成未来金属提取的资源，取决于例如浓缩、"储量规模"、可获得性这样的物理参数，以及社会、技术与经济参数。在一个理想系统中，金属的可持续利用可以通过避免生命循环周期的每一个阶段（即在开采、熔化、产品使用与金属循环／回收阶段）的损耗而得以实现。

然而，对比这个理想系统而言，我们当前的情况还有很大的差距。生命周期与回收系统远远没有最优化；尤其是贵重金属与特殊金属，十分容易受到非最佳的／使用周期的影响。源于金属种类的不同，损失可能很小或者很大。因此，对一些金属资源的材料安全的讨论再次出现，这些讨论集中于潜在的短缺与供应限制的影响（Gordon et al. 2006；Wolfensberger et al. 2008）。这些讨论需要大量有关金属储量（矿体与 EoL 产品）与流量的信息。此外，有必要明确其他因素(例如,专门生产与专业知识的可获得性而不是材料本身的可获得性)在链条的哪一部分造成了瓶颈(Morley and Eatherley 2008)。另外,材料安全性的讨论之中,必须包括金属回收与未来需求及发展之间的相互影响和相互依赖。

在某些方面,金属的有效的量化数据集是可以获得的,例如在地质储量与资源(矿石储量)、矿山生产、应用的需求与区域诸方面。由于耐久产品和基础设施的库存数据较少,因此我们十分依赖于关于使用中的损失、产品寿命等数据,以及休眠产品的假设。很少能够得到有关潜在的金属废弃物储量的数据。金属储量与流量的模型对于金属的数量的统计起到了有价值的作用(e.g., Bertram et al. 2002; Boin and Bertram 2005; Elshkaki 2007; Reck et al. 2008)。用于这些研究的假设表明,当调查的范围缩小时,数据就会变得越来越缺乏。全球或整个国家水平的数据相对容易获得,然而在过程层面上的(包括材料效率)数据却很难获得。尽管如此,这种信息是对生命周期中发生的情况、损失大小、存在什么样的优化潜能进行预测与量化评估的先决条件。

最大的挑战与金属产品的生命周期终端(EoL)阶段有关,在这一背景下,有一些开放的问题:有多少生命周期终端(EoL)产品进入回收利用渠道?废弃产品是否聚集在控制/集中区域?未来的金属资源将是什么?或者它们是广泛分散,以至于不可能回收吗?这些(旧)产品如何在全世界流通?它们在最终的目的地将有什么样的命运?在一个回收链中,每个回收过程和过程组合的有效性是什么?如何在产品中有效地从复杂的多金属组件中回收单一金属?产品设计/寿命和社会因素对前面提出的问题有什么影响?

我们提出了一个关键的问题:金属在其整个金属/产品生命周期中现在和将来每一步的损失是多少?这种损失又是如何受整个生命周期中出现的社会、经济与技术因素影响的?

在本章中,我们探究这一问题可能的答案,并为如何以可持续性的方式优化生命循环系统以及它的子系统提供指导。我们探究的重点在于生命周期终端(EoL)阶段,也在于发生在初级生产与制造过程中的损失。为了辨别复杂系统中的相互依赖性与潜在的矛盾,由于以下原因,我们以贵重金属与特殊金属为例:

- 贵重和特殊的金属[1]相当昂贵,因此为回收利用提供了经济上的激励。在回收失败的地区,结构性限制比混杂着经济和技术限制的金属更容易识别。

- 这些"次要金属"大多是一种主要金属或载体金属矿石的副产品。这在解释储量和采矿生产时具有特殊意义。

- 贵重与特殊金属被广泛用于复杂的、混合金属产品之中,在这些产品中,每一种的含量都比较低。这意味着,金属回收利用存在着很大的技术挑战,这是由于次要金属每一种都与其他的主要金属成对出现,但是在矿石中成对的方式则不同。

- 较低的矿石浓缩与复杂的生产程序意味着它们的初级供应对环境产生了显著的影响(表10.1),这也使有效的回收利用变得更加有意义。

- 这些金属的大多数被用于"清洁技术"或"高科技"产品中,并且在过去经历了显著的增长。它们被视为未来的关键资源,其中一些被视为供应安全方面的关键资源。"技术金属"的说法越来越习惯于强调它们的关键功能。

在这一章中,陈述和观点将用一种或多种贵重金属或特殊金属的例子加以说明。

尽管没有明确的定义,但正如在很多其他出版物中那样,次要金属的表达方式仍被使用。"次要"指的是产量与利用率较低的金属,它们以较低的矿石浓度出现,很少或从不出现在主要公共交易场所(例如,伦敦金属交易所)。该术语也用于描述"特殊金属",它们具有相当独特的性能,但不属于主要金属或大批量的金属(see e.g., Minor Metals 2007)。在本章的背景下,这些特殊金属的有用的属性,赋予它们有价值的高科技应用,构成了什么是被理解为一种次要金属的关键问题。另一个更加重要的特点是,大多数次要金属从地质学上来说与某种主要金属矿藏紧密相连。因此,它们的开采产量极其依赖主要金属。这种副产品或成对的产品(为了区分,见下文讨

[166]

---

[1] 贵重金属有(完整列表):金(Au)、银(Ag)、铂(Pt)、钯(Pd)、铑(Rh)、钌(Ru)、铱(Ir)和锇(Os)。特殊金属有:锑(Sb)、铋(Bi)、钴(Co)、镓(Ga)、锗(Ge)、铟(In)、锂(Li)、钼(Mo)、稀土元素(REE)、铼(Re)、硒(Se)、硅(Si)、钽(Ta)、碲(Te)。

论) 会导致非常复杂的需求/供应和价格模式。少数几种稀有金属可以独立提取(如锂、钽),但由于特殊性质和相对较低的产量,它们仍然被包括在内。因此,总而言之,本章使用"次要金属"或"技术金属"一词作为特殊金属和贵金属的同义词。"次要"一词绝不意味着重要性较低;相反,这些金属在可持续技术解决方案中发挥着重要作用。

表10.1 某种与电或电子设备高度相关的矿物初级生产中的 CO_2 排放量。

EEE 金属	EEE[a]的需求 (t/yr)[b]	排放[c] (t CO_2/t metal)	总量 (MT)
铜(Cu)	4 500 000	3.4	15.30
钴(Co)	11 000	7.6	0.08
锡(Sn)	90 000	16.1	1.45
铟(In)	380	142	0.05
银(Ag)	6 000	144	0.86
金(Au)	300	16 991	5.10
钯(Pd)	33	9 380	0.31
铂(Pt)	13	13 954	0.18
钌(Ru)	27	13 954	0.38
总　计	4 607 731		23.71

(a) 作者基于不同数据的预测(全面的)。
(b) 贯穿全章,保持工业标准,量化以吨(t)每年为度量单位。
(c) Ecoinvent 2.0,EMPA/ETH Zurich.

特殊与贵重金属对于可持续性的意义

特殊与贵重金属对于现代工业技术有着关键性的作用,因为他们对于清洁能源与其他高科技设备有特殊的作用。它们应用的重要领域包括信息技术、消费电子产品,还有用于可持续性能源生产的材料,例如太阳能电池、风力涡轮、燃料电池与混合动力汽车电池(see also Rayner, this volume; Loeschel et al. this volume)。它们在更高效的能源生产(在蒸汽涡轮中)、低环境影响的运输(喷气发动机、汽车催化剂、特殊过滤器、电子操控)、加工效率提升（催化剂、热交换器）与医学及药物应用方面是十分重要的。表10.2提供了每种金属主要应用领域的论述，并列举了它们对于现代生活的意义。

它们蓬勃发展的推动力源于它们非凡的、有时是独特的特性，这些特性使许多金属在广泛的应用中成为必不可少的组成部分。例如，铂族金属（PGM，Pt、Pd、Rh、Ru、Ir）具有独特的催化属性，因此被广泛用作汽车催化剂（Pb、Pd、Rh），也被用于加工催化剂（PGM金属相互之间的不同种组合，或是与特殊金属）。此外，Pt与Ru对于燃料电池（PEM、DMFCMY与PAFC类型）、高密度的数据存储（计算机硬盘驱动）与超级合金来说是必要的。Pt与Ru应用于传感器、热电偶、LCD玻璃技术与玻璃纤维制造。Pb用于牙科，Pt用于医药（支架、起搏器）与制药应用。Pd可以用于电子产品（高压积层陶瓷电容器、MLCC），而Ru也用于电阻或等离子体显示，并可能成为新技术（如超级电容器、超导体、染料敏化太阳能电池和oled）的重要组成部分。

其他特殊金属也是如此（表10.2）。氧化铟锡（ITO）能够形成导电透明层，这是液晶显示器和薄膜光电所需要的，故也导致对铟的需求飙升。它的其他应用包括无铅焊料和低熔点合金。碲作为一种合金元素，用于制造永磁体、光电器件（感光器、激光二极管、红外探测器、闪存）、催化剂（合成纤维）和光伏产品。钴的使用在不断增长，特别是可充电电池（镍氢、锂离子或锂聚合物类型）的应用，这是下一代混合动力和电动汽车的关键组件，以及消费电子产品。此外，在气—液（GTL）催化、磁性数据存储、硬质合金和超级合金中，钴与稀土或PGM在结合使用。

这几个例子证明，采用技术解决方案来建设更加可持续的社会，在很大程度上依赖于充足的技术金属来源，这一趋势将进一步加大对它们的需求（Halada et al. 2008）。这是最近的发展情况：在过去30年中，PGM、Ga、In、REE与Re的开采量占累积开采量的80%或者更多。对于大多数其他特殊金属，它们50%以上的利用都发生在这一时期，甚至相关于"古代金属"（Au，Ag），在1978年以后的利用量占累积利用量的30%。一个很好的例子就是Pt、Pb与Rh在汽车催化剂中的使用，如今占据它们50%的年产量。需求量从1980年时的30吨增长到了2008年的近300吨（图10.1），增加了10倍，证明了这种增长。

表 10.2 次要/技术金属的应用。

	Bi	Co	Ga	Ge	In	Li	REE	Re	Se	Si	Ta	Te	Ag	Au	Ir	Pd	Pt	Rh	Ru
药物	■																■		■
医疗/牙科														■		■	■		
超合金		■					■	■			■								■
磁体		■					■			■									
硬质合金		■									■								
其他合金		■						■	■		■	■							
冶金的 (a)	■								■										
玻璃，陶瓷，颜料 (b)	■				■	■	■		■				■			■		■	■
太阳能光伏			■		■				■	■		■	■						■
电池		■				■						■	■						
燃料电池							■									■	■		■
催化剂		■		■	■	■	■	■						■	■	■	■	■	■
核能					■	■	■												
焊料					■							■	■						
电子的		■	■	■	■		■		■	■	■	■		■		■	■		■
光电子的			■																
油脂，润滑																			

(a) 添加剂，例如用于熔炼、电镀。
(b) 包括玻璃上的氧化铟锡 (ITO) 层。

163

类似汽车催化剂,其他像LCD屏幕、个人电脑与手机之类的新(大量)产品引发了技术金属需求指数的增长(图10.2)。另外,像薄膜光伏电池技术依赖于In、Se与Te的供应,燃料电池需要Pt,等等。与广泛用于基础设施的铁和基础金属截然相反,这些技术金属的特殊用途似乎不能与经济增长断开。此外,在不远的将来,我们能够预测到发展中经济体会对这些金属有过度的需求,这也将影响价格发展。表10.3汇总了当前开采产量与金属价格及产量价格平均增长率(1978—2008)。图10.3详细表明了特定金属的价格增长。除了总体向上的趋势,很多种金属有较大的波动(暂时的)与价格骤增,这反映了新应用/技术不断上升的需求(例如,Ru, In)[1]。尽管部分受炒作的影响(反映了预期的未来发展),对价格实质性的作用来自供需发展。

在供应短缺与价格达到最高点的背景下,替代物经常被提出作为可能的解决方案。在过去已经有成功的替代案例(例如,在某种MLCCs中Pb由Ni替换)。尽管如此,对于技术金属,了解替代金属经常来自同族金属是很重要的(图10.4)。因此,在一个领域需求的缓解有可能在另一个领域带来新的挑战。在汽车催化剂中,由Pb替代Pt就是一个这样的例子。截至20世纪90年代,贵重的Pt部分被相对便宜的Pd所取代。这导致了Pb需求的大量增加(图10.1)并引起了Pt与Pb价格比率的逆转;结合俄罗斯对于Pd的出口限制,Pd的价格持续走高直至2 000(图10.3)[2]。PGM的持续高价也促进了改革。纳米技术正被用于降低催化剂中PGM的含量,并探索其他金属和非金属代替PGM的应用。

---

① 价格上升是最近公众对金属供应保障关注的背后原因。表10.3报告了截至2008年6月的价格。由于2008年下半年经济危机的影响,大多数金属的价格大幅下滑,但这被排除了。我们假设在某一时期经济严重下滑,但对于技术金属的需求(随之是价格)再次回到较高水平,由于基础市场驱动力并没有明显改变。

② 市场再一次做出反应,Pb部分被Pt重新取代。与此同时,欧洲柴油汽车的销量引发了对于Pt的额外需求,并且使其价格显著提升。Pb的价格回升也导致了其他领域的替代,例如电子产品,结合这一汽车催化剂的新发展,预测最终将导致Pb价格下降,同时Pt的价格稳定增长直到2008年早期达到最高纪录:这一水平是1999年Pt价格的五倍,在1999年Pd的价格也已经显著高于20世纪90年代中期的水平。

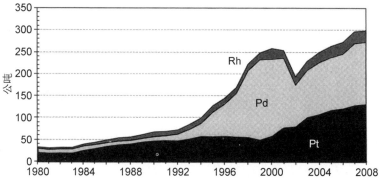

图10.1 全球用于汽车催化剂的铂、钯和铑的年度需求总量。

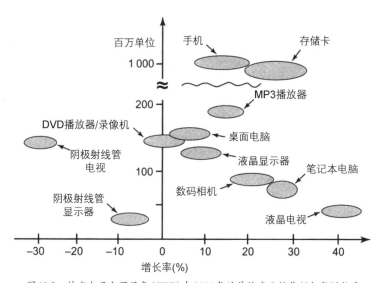

图10.2 特定电子电器设备(EEE)在2006年的单位产品销售额与年增长率。

表10.3 当前开采产量、累积产量的份额，以及选定的贵重金属与特殊金属的价格发展。数据来源于USGS，GFMS金银调查，Johnson Matthey Platinum，未发表，及作者估计。

	矿产量	开采自		年增长率	平均价格 (USD/kg)		年价格增长	总价格增长
	2007 (t/yr)	1988[a]	1978[a]	1988—2007[b]	2008.6[c]	1988	1988—2007[b]	1988—2008[d]
Bi	5 700	35%	51%	3%	28.7	12.3	5%	132%
Co	62 300	44%	65%	2%	99.8	15.6	8%	541%
Ga	73	78%	95%	4%	525	475[e]	1%	11%
Ge	100	36%	62%	1%	1 500	369 (in 1990)	7% (1990—2007)	306% (1990—2007)
In	510	85%	94%	9%	677	306	4%	123%
Li	333 000	54%	70%	4%	2.3	58.9[e]		
REE	124 000	66%	82%	4%				
Re	50	78%	96%	3%	10 000	1 470[e]	10%	580%
Se	1 540	50%	66%	3%	72.8	21.5	7%	238%
Si	5 100 000	58%	80%	3%	2.5	1.5[e]	0	67%
Ta	1 400	68%	74%	9%	390	135[e]	5%	190%
Te[f]	450				241	77.6[e]	6%	210%
Ag	20 200	33%	46%	2%	546	210	3%	160%
Au	2 460	33%	40%	1%	28 622	14 043	2%	104%
Ir	4	71%	85%	5%	13 987	10 212	2%	39%
Pd	267	74%	90%	5%	14 440	4 006	6%	260%
Pt	204	58%	74%	4%	65 607	17 069	5%	284%
Rh	26	76%	90%	5%	314 424	39 633	9%	693%
Ru	36	81%	91%	9%	9 470	2 277	11%	316%
Cu	15 600 000	45%	60%	3%	8.4	2.6	9%	224%
Ni	1 660 000	89%	66%	3%	22.5	13.8	5%	64%

(a) 对比1900年后累积产量与过去20—30年累积产量。
(b) 基于年平均值。
(c) 2008年6月平均价格。
(d) 对比1988年平均价格和2008年6月的平均价格。
(e) 截至1998年的美国金属价格。
(f) USGS有关Te的数据不可靠，因为没有将很多生产者考虑进去，数量是基于未发表的文献与自己的估计。

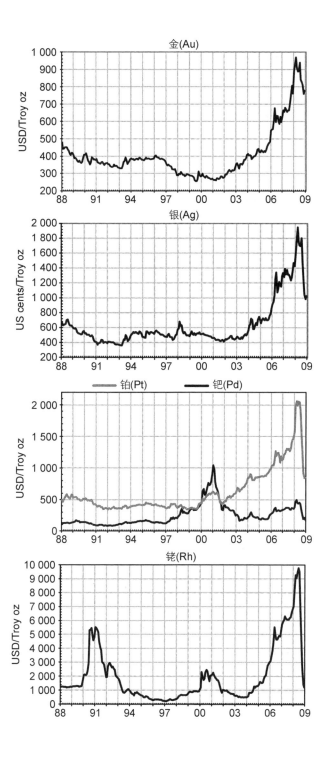

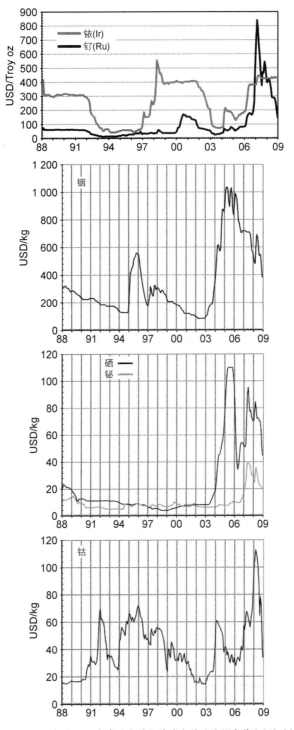

图 10.3 1988 年至 2008 年贵重金属与特殊金属的价格走势（月平均）。

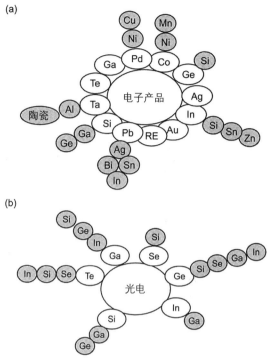

图 10.4　电子产品的金属替代品（a）与光电应用（b）。
内球展示了应用中的元素；外球呈现了可能的替代元素。

除了价格之外，立法也可以推动替代。对于焊料中铅（Pb）的禁令导致
了对于锡（Sn）、银（Ag）与铋（Bi）的需求增加。后两种金属部分为 Pb 生产
的副产品；因此，减少对 Pb 的需求导致了对于 Ag 与 Bi 供应的额外压力。铟
可以用于无铅焊料，但这将会加大 In 在价格上的压力（图 10.3）。在 2003 年
之后，由于 LCD 屏幕的高需求，以及后来的 PV 应用，In 价格已经短暂上涨了
10 倍。

174

次要金属的利用链

每个产品都经过产品生命周期的四个阶段（图 10.5）。在每个阶段，都
会产生损耗和残差。根据产品设计，主要金属和次要金属以一种复杂的方
式组合在一起。对产品功能的需求驱动对（微量）金属的需求，并在原材料

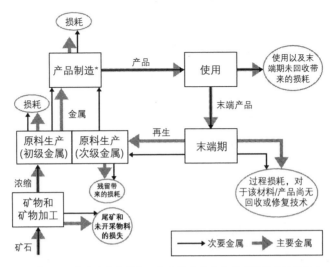

图10.5 产品的生命周期。与次要及主要金属有关的产品用组合的箭头描述；分开的阶段用分开的箭头展示。*在产品制造，金属需求由产品设计掌控,因此次要金属与主要金属之间的连接消失了。

生产阶段确定它们的提取。制造包括半成品和将所有的半成品组装成最终产品。在这一阶段,材料之间的连接被制造出来。在制造过程中,组织的与技术的低效或限制产生了废弃物。生产产生的废弃物与次品可以通过循环来回收金属;然而,损失还是会不可避免地发生。人们不再需要一件产品时,它的使用阶段也就随之终结,产品用坏或不能再修补,便被丢弃。产品进入EoL阶段形成了设计与模型的混合,从最近的设计到过去多年使用的设计,设计有一定比例会随着时间改变(Retuter et al. 2005: 210)。

　　无法收集或遗弃的EoL产品或其部件,与没有回收技术的材料离开了循环。可收集的EoL产品被分成不同的(金属)流,它们必须通过适当的回收方式提取金属。分离那些为次生原料而创造的主要与次要金属流(回收物)。为了使回收更有效率,需要有相应特性的回收物;这取决于EoL处理的特性,也取决于(消费)产品中的材料组合。不适应的组合增加了EoL阶段与回收时的损失。产品设计选择因此对物质生命周期的可持续性产生了长远的影响。专门的、高科技的冶金加工经常需要有效地回收贵重与特殊金属;然而,一些金属不可避免地流失到炉渣、灰尘与其他剩余物中。在EoL处理过程中,金属组合不完全的释放带来了额外的损失。混合材料颗粒将在回收加工时，通过处理来得到颗粒的主要成分。少量组成假如没有适宜的回收技术，将会流失。这样，来自资源的金属产量对于满足生命循环周期损失的补充与市场增长的需求仍是必要的。然而，由于初级和次级资源中材料组合的差异，为稀有金属的回收带来了具体的挑战。

现在让我们讨论一下次要金属的原材料生产与制造阶段。想要进一步讨论生命循环，请参见麦克莱恩等的成果。

提取与制造的机会与限制

从自然资源中生产金属与从EoL材料中生产金属有着根本的区别，这是由于主要与次要金属的比例是由矿石的矿物学属性决定的。次要金属与主要金属同时被开采，但是每一种金属在生产中的流失却有很大差异，初级生产集中于主要金属的生产和需求，这使初级次要金属供应的机制复杂。对于次要金属的需求受到 (a) 产品设计中材料的选择与 (b) 制造加工过程的效率决定。这些因素反过来决定了生命周期的这些阶段的界限。

次要金属复杂的供应机制

成对生产

技术金属常常与主要金属一起被发现，这种主要金属常常是一种基本金属。矿物集合或组合与数量由发现这些矿物的地质环境决定。例如，镓在铝土矿（铝矿石）中被发现，一般情况下，锗、铟与锌同时被发现，PGM与铜和镍同时被发现（图10.6）。

典型的"副产品金属"（Ge，Ga，Se，Te，In）存在于主要（载体）金属的矿石中，其含量在ppm水平（Wellmer, pers. comm.）。这里采矿的经济驱动力显然是主要金属，由其在总内在价值（集中度乘以价格）中所占的份额决定。副产品金属可以产生额外的收入，如果它们能被经济地开采出来；然而，在某些情况下，它们也被视为会抬高生产成本的杂质。铼的特殊之处在于它是钼的副产品，钼本身是铜的副产品（图10.6）。在某些案例中，一些元素是副产品元素，虽然它们本身也是目标金属。锂是一个例外，因为它产自卤水，并且以矿物质的形式（锂辉石）与锡矿一起被发现。

176

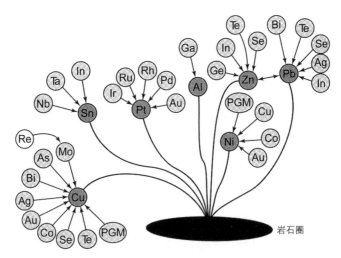

图10.6　主要金属与次要金属生产的组合。

　　其他次要金属以"成对的元素"出现,没有真正的载体金属。它们常常在同一族中被发现,并且常常不得不一起开采与加工(Wellmer, pers. comm.)。在这一背景下,可以提一下PGM、REE[①]与钽铌矿。矿石中成对金属在矿石中的比例与特殊金属的产量随着位置的不同而有所差异。因此不同地区的具体金属产量也不同。这并不总是与市场需求相对应,所以通常一个群体中的某个要素成为生产的驱动力。[②]

区域集中供应

　　次要金属矿与冶炼厂在世界上的分布部分与基本金属生产者的集中区域吻合,这是由那些从主要金属加工剩余物中回收次要金属的设备的位置决定的。根据美国地质调查局(USGS)的矿物信息汇总,表10.4给出了三个次要金属的主要生产国家。对于大多数特殊金属,来自三个主要生产者的组合输出量供应了超过70%的市场。这种对于一些国家与/或生产者的依

---

① 稀土元素(REE):La, Ce, Pr, Nd, Pm, Sm, Eu, Gd, Tb, Dy, Ho, Er, Tm, Yb, Lu, Y。

② 以如今的PGM为例子,Pt是主要的生产驱动力,但是这是可以改变的,例如,当需求(价格)显著增加时会变为Pb。Rh与Ru的浓度为Pt与Pd的1/10,这使得它们不太可能变成"生产驱动金属",即使有很高的价格,因为Pt与Pd的生产过剩带来不利的价格效应将会过度补偿,导致Rh/Rh产量增加的获得。浓度为Pt/Pb 1/50的Ir是一种成对金属生产的副产品。

表 10.4　2005 年主要生产国家（初级生产）与次要金属的产量比例。注：Ga 与 Ge 的主要生产方在本表里已在表里显示，但实际市场份额有关的数据无法获得。Si 的数据未源于 2005 年（Flynn and Bradford 2006）。

	Bi	Co	Ga	Ge	In	Li	RE	Re	Se	Si	Ta	Te	Ag	Au	Ir	Pd	Pt	Rh	Ru
刚果		36																	
澳大利亚		12				53					61			10					
加拿大		12		X	10				19		5	57			2	12	5	2	2
赞比亚		11																	
中国	71		X	X	49		88			1			12	10					
韩国					17														
比利时	7			X					13			X							
日本			X	X	10				48	24		18							
智利						13		46											
津巴布韦						9													
美国			X				6	15		54				10					
哈萨克斯坦								16											
巴西											18								
莫桑比克											5								
乌干达											5								
秘鲁												25	17						
南非														11	91	34	78	86	91
俄罗斯				X											5	51	12	9	5
墨西哥	10												15						

赖使得次要金属供应很容易崩溃,因为,例如,加工问题、政治稳定性,或者环境危害,都可以带来这种后果。

初级生产中的流失

在金属(与产品)生命周期中的某种流失是不可避免的。假如我们仔细回顾原料金属与生产阶段(图10.5),我们可以看到发生在开采与加工过程中的流失。开采是有选择性的;只有具有足够金属含量的可以移动的矿石能够开采,次要金属却因此被留在了后面。在之后的加工阶段,次要金属导致了处罚或后期程序中的困难,开采具有较高次要金属含量矿石的动机就更弱了。例如,多年以来,集中发生在一些铜冶炼厂中的关于硒的处罚,使这些工厂不愿再开采富硒矿。然而,较高的需求又使硒的价格在2003年增高,随后这种情况减少了,甚至处罚也解除了。结果,开采含有较高硒含量的矿石变得更加有吸引力(Yukon Zinc 2005)。

在矿物加工过程中,当脉石材料与有价值的矿物分离时,会发生进一步的流失。以Co氧化矿石浮选为例,Co回收率在50%—70%之间,手选法从脉石中提取Li矿物的回收率为60%—80%(Ullmann 2002),而In在选矿过程中的回收率约为96%(Schwarz-Schampera 2002)。每一种金属确切的回收率依赖于金属的储量及加工过程中使用的方法。甚至完美的加工都无法达到100%的回收率,因为需要在材料品位(纯度)与主要金属和次要(副产品)金属的回收率(数量)之间做出权衡(Wills 2006)。除了技术因素之外,加工的经济性也产生影响。通常次要金属的损失要远远高于主要金属的损失;有时次要金属不包含于主要金属矿物中,但却出现于单独形式存在的颗粒/粒子中,其主要回收过程未得到优化时,这种情况尤其容易出现。

次要金属与主要金属的分离常常通过熔炼与精炼实现。这些程序的目标是回收大多数主要金属和有价值的次要金属,在熔炼与回收的过程中,次要金属可能:

- 熔解于载体金属并且在载体金属精炼时分离:在铜的电解冶炼过程中,铜中的Te、Se与贵重金属集中于阳极残渣。
- 在炉渣与剩余物中收集:炼铜过程中的Mo,湿法炼锌过程中的Ge。

- 挥发并因此以灰尘与废气的形式：铜冶炼过程中的 Se 和 Re,锌冶炼过程中的 In,锌焙烧过程中的 Ge。

次要金属副产品的回收率取决于是否存在适当的回收程序(见附录1),在很多情况下,这种副产品的分离程序不是没有就是严重缺乏。在未作勘探或开采的情况下,这为很多次要金属的产量增长提供了很大的潜能。成对的元素有更高的回收率,因为开采与熔炼的程序是以这些元素的回收为目标的。例如,从钽矿石中熔解钽的熔解效率为99%(Ullmann 2002)。额外流失发生在次要金属最终生产期间,相比于次要金属在主要金属融化/精炼过程中的损失,这只是很少的一部分。相对于高科技的应用,例如光伏与电子产品,生产后获得的次要金属的纯度是不足的,为达到更高的纯度,进入下一步精炼程序是必要的。[①]

总而言之,次要金属的回收通过使用高度复杂与相互连接的过程得以实现。[②]最重要的是,次要金属副产品的供应不受其自身的需求驱动,而是首先由它们的载体金属的需求决定。向市场供应的次要金属与精矿中存在的量之间的差异可能很大,这是由于在生产过程中不同步骤中的流失造成的。

改进机会初级生产

存在几个机会可以增加次要金属的产量,提高资源效率和供应安全：

投资通过引入可行的技术(例如,用洗涤器来获得Re)使次要金属的回收成为可能,或指导开展新技术的研究。

- 通过调整现有工艺与操作条件优化加工产量。
- 调整投入/质量组成。

180

---

① 以Si为例,在初始得到冶炼品位(纯度为96%—99%)之后再被精炼到99.999 9%(6N)纯度的太阳级硅或9N—11N纯度的电子级硅(Flynn and Bradford 2006)。Ge(9N—13N)也有类似需求,但是对于Se与Te的需求没有那么迫切。

② 附录1中讨论的流程图假设所有的次要金属都被回收,其实并不总是这种情况。一些次要金属被除去,因为它们干扰了最初过程,之后如果少量元素被回收,则充分依赖经济与技术的可能性。

- 从既存初级储量^①中回收次要金属,例如积累的尾矿与炉渣,还有矿体未开采的部分。
- 开展以稀有金属为主的勘探,增加储量基础。

产品制造对金属需求的作用

在生产阶段,流失以生产废料的形式出现,而这些废料并不总是被回收利用。例如,生产废料可以是浇道、铸件的磨屑、溅射靶的废屑、溅射室的刮屑、锯末和转弯处。生产废料的数量可能很大(表10.5)。这种低资源效率也可能发生在主要金属,例如,如果涉及高纯度或技术,如溅射,就会如此。

在产品制造阶段,流失以生产废弃物的形式产生,然而废弃物并非总是可以循环的。生产废弃物可能是传递者,来自铸件、废弃的溅射靶材、溅射室的残余物、锯屑与切屑。生产废弃物的数量可能是很大的(表10.5)。这种低资源效率可能发生在主要金属生产方面,涉及例如高纯度或技术诸方面,类似于溅射。回收利用,既可以在公司内部进行,也可以外包给专门机构,能减轻对初级金属需求的巨大影响。对于特殊金属,生产废料的回收通常不是常见的做法,因为它需要特殊的技术。^②真正的回收成功取决于废料的类型、污染的程度和类型,以及使用的技术。没有回收的机会时,具有高价值的废弃物就会不断累积,或在无法回收其中所有金属的情况下进行加工。由于能力有限,且对于特殊金属的需求日益增长,导致回收的生产废弃物高度积压。一旦具备适当的回收能力,加工累积的储量可以带来大量的二级金属供应(与价格下降)。例如铟(2004—2007)与钌(2006—2007)便是如此。

改进机会制造

在生产过程中,更有效的资源利用需要最小化的生产废料流失。这可以通过以下方式实现:

---

① 例如原来的尾矿、炉渣储量,或者其他来自过去运转过程中的开采与融化的剩余物中,可能含有很多(次要)金属资源,利用如今的矿物加工技术提取,例如,精细颗粒矿物可以从未加工过的尾矿中提取出来,改善(冶炼)程序能够回收"不可回收的"元素,增加金属价格可以集中于某种过去不是回收目标并因此彻底丢弃的金属。

② 存在超级合金、硬合金、钽电容器、(ITO)溅射目标、Ge与Si晶片生产过程中产生的废弃物、Ge晶体制造,以及Pv制造。

- 提高制造效率(产量),改进回收程序。
- 开发回收技术,提高对于目前为止对未回收物质的回收能力。　　181
- 优化产品设计(选择使用与回收相适应的材料组合)。
- 回收既有储量(来自过去生产累积)与最近产生的当前生产废弃物储量。

表10.5　金属输入数量与每制造1千克产品产生的生产废弃物(Hydro 2007)。

	输入(kg)	残余物(kg)	效率(%)	参　考
Co,超合金	7	6	15	Sibley(2004)
Co,抗腐蚀合金铸件	1.6—2.5	1—2.1	16—36	Sibley(2004)
连续式真空溅镀	3.33—6.66	2.33—5.66	15—30	Tolcin(2008),Phipps(2007)
Si,晶片	2	1	<50	Flynn(2006)
Mg,拉磨铸造	1.25—2	0.25—1	50—80	Hydro(2007)
Pt催化剂			99	Own data

回收的机遇与限制

载体金属生产与副产品次要金属生产的强大联系,决定了市场中次要金属的供应。当与产量的不变性相结合时,由于并没有足够迅速的可以满足突然增长的需求的能力,可能导致供应很长的延时。次要金属的市场需求持续增长对有限的自然资源产生了更大的压力。通过替代物缓解这种压力的可能性是有限的,因为同族的金属被用来相互替代。此外,生产过程中的低效率增加了总金属的需求,远远超过最终产品所需的净需求。如果不建立有效的生产废料回收循环,也不建立EoL产品来刺激二级金属生产,那么可能会出现次要金属供应的问题,并伴随着相应的价格效应。

生命周期中回收的作用

回收是实现金属可持续与产品生命周期的必要环节,因为:

- 通过扩大金属储量基础来节约自然资源,从而减少了对能源与水的消耗，以及减少金属生产的土地使用。此外，与矿石相比，产品中相对高浓度的(贵重)金属可以使与金属供应相关的CO_2排放[1]的显著减少。

- 通过从报废和 EoL 产品中回收有用的材料，提高生命周期中的资源效率。
- 通过(a)缩短市场需求与初级供应之间的差距，(b)部分地将次要金属生产与载体金属生产分离，(c)降低对于一些供应区域或公司的依赖，因为废弃物与循环物的区域分配是不同的，这样确保供应安全。

理论上来说，有效的回收可以使金属无限循环。不同于纸与塑料，不会有"降级回收"的发生；即，回收金属的质量与初级金属是相同的。然而，实际上，金属从生命周期中流失，因为它们不可再用于回收。回收的作用是使这些金属的损耗最小化，这种损耗可以发生在金属/产品生命周期的所有级别上。

在讨论回收的时候，原料金属的生产往往不被涵盖在内。尽管如此，加强对尾矿、炉渣，以及其他来自开采、熔炼与精炼过程的测流的处理，可以显著提高资源效率与次要金属的供应。结合既有初级产量的再加工与提高初级生产效率，可以为大多数副产品金属(例如，In、Ge、Mo、Re 与 Ga)提供很大且相当容易获得的额外金属来源。对于许多成对出现的金属而言，像 PGM，这些低效已经在很大程度上被克服。在制造业，回收生产废物在生产程序[2]越向下游靠近，挑战通常会增加。如表 10.5 所示，早期的制造步骤为很多种次要金属提供了很大的回收潜能。以 In、Ge 与 Ru 为例，这在过去几年中越来越多地被应用。发生在产品使用阶段的金属流失很难被回收，因为它们大多具有耗散的性质。[3]

---

① 假如 2007 年来自优美科的霍博肯回收工厂的 7 000 吨金属混合输出产自原料资源，那么这类金属的总体 CO_2 影响(根据酸化 2.0)将会比现实操作实际产生的水平高出 100 万吨，主要用于二级给料(Hagelüken and Meskers 2008)。

② 例如，铟的回收变得越来越难：目标制造业→使用氧化铟锡目标→从溅射室被刮削下的碎屑→破碎或不合格的 LCD 玻璃→完全不符合规格或过时的液晶显示器。

③ 一个例子是汽车催化剂的 PGM 流失：与最初的情况相反，如今在欧洲与美国驾驶环境下，汽车催化剂在使用阶段几乎不排出任何 PGM。然而，在一般的"非洲"驾驶环境(例如，较差的路况，发动机无法打火，较差的汽车保养，较差的汽油质量)，催化剂可能会被机械破坏，催化剂陶瓷破碎的 PGM 会从废气中逸出，并沿路边消散，并在消散过程中被耗尽。

EoL产品的回收将是实现金属可持续的关键。类似于"城市开采"或者是"地面上的开采",指的是存在于废弃物中的资源潜能。这一点已经被欧委会等政府机构认识到,欧委会努力使欧洲成为"回收型社会",设法阻止废物产生,并将废物作为资源利用。支持性的法律措施着重强调了这一途径:2000年9月颁布了《报废汽车指令》,2003年1月颁布了《废弃电子电器设备指令》。

这是否意味着现在一切都已步入正轨了呢?大多数金属的闭合循环是否可以很快实现呢?这一切是否适应技术金属的回收呢?

最终从EoL产品中回收金属的成功与否取决于一套主要的影响参数以及整体回收链的建立。不存在一个通用的回收程序。根据涉及的产品或材料,需要不同的逻辑与技术组合,涉及很多不同的利益相关者。回收链的主要步骤是收集、拆解/预加工,以及最终金属回收。成功的因素是连接在单个回收步骤之间的界面优化、特殊材料的特殊化与经济规模的利用。关键的影响参数包括技术和经济、社会或立法因素,以及产品的生命周期结构(Hagelüken 2007)。

次要金属回收率的技术影响因素

从产品中有效回收金属的技术能力和设备容量需要在考虑整个回收链的系统视角下进行评估。技术上的利益冲突是无法完全避免的,而且在复杂的金属流中,有些金属是无法回收的。设定正确的优先顺序很重要。注意事项包括:

- 复杂性(例如产品中的物质多样性):汽车与电子设备是高度复杂产品的例子,它们都含有大量的复杂组成部分。很多物质都以不同的组合利用,常常是紧密地相互连接,并且含有有价值的与危险的物质。贵重的与特殊的金属通常是这些产品的关键因素,或者出现在其中的关键组成部分之中。
- 金属的富集与分布:相比于从电缆中回收铜,从轮缘中回收铝,从汽车电池中回收铅,技术级金属的回收发生于ppm水平(例如电路板、催化剂或液晶显示屏),在技术上更具有挑战性,因为前者所含的金属高度集中于这些部分中。

- 成对回收：类似于原料金属成对的生产,有限数量的有价值的"赢利的"金属为回收提供了经济上的动机,使副产品金属的附带回收具有潜在经济价值或浓度。对于印刷电路板(PCBs),循环的驱动力是 Au, Ag, Pb, Cu; 不过, 不同种类的特殊金属可以通过适当的技术一起回收。

- 产品设计与组成部分的可获得性:一个好的"为回收而进行的设计"消除了阻碍回收进程的(有害的)物质的使用(例如,液晶显示器背光源中的汞),并确保关键的组成部分容易获得。汽车催化剂就是一个很容易获得的组件,它可以在分解之前从排气系统中切割出来,然后送入适当的回收链。相反,大多数汽车电子设备广泛地分布于交通工具之中,很少在粉碎之前移除。结果,大多数汽车电子设备中的技术金属在粉碎过程中流失。

金属回收:熔化与精炼

复杂的金属需要良好组织的、专用的程序链,涉及不同的利益相关者。特别是为了从复杂组分中有效回收低浓度的技术金属,需要高技术冶金工艺。例如,优美科集团,在这种"整合冶炼精炼厂",14种不同的贵重金属与特殊金属和被当作冶金收集器的主要金属 Cu、Pb 与 Ni 混杂在一起。对于多氯联苯或催化剂中的贵金属,尽管其浓度较低,但其产率达到了95%以上,同时可回收锡、铅、铜、铋、锑、铟、硒等贵金属(Hagelüken 2006a)。

在其他专用工艺中,优美科集团从电池(NiMH、Li离子、Li聚合物类型)中回收Co、Ni和Cu,从生产废料中回收Ge,从氧化铟锡溅射靶中回收In。目前正在研究,以便进一步扩大原料的范围(例如,在光伏应用方面)和回收特殊金属(例如,Ga、Mo、Re、Li)。对于已经跟随其他金属流的金属或可以从废气或废水中分离出来的金属,可以通过适当调整流程图和/或开发专门的后处理步骤来实现回收。然而,对于易氧化和分散为低品位炉渣成分的金属,经济回收可能是极其困难的,甚至在热力学上是不可能的。[1]

许多EoL产品中,金属以及有毒和有机物质与卤素的结合,需要特殊的设

---

[1] 以钽或REE在电器用品中的应用为例。它们呈现较低的集中度(例如,在电路板中),它们在炉渣中稀释得更多。因为它们的扩散/稀释,需要额外的能量乘回收与循环金属,这些能量大于原始提取所需要的能量。

备和大量的投资来进行废气和废水管理,以确保对环境无害,并确保能够防止
重金属和二噁英的排放。在实践中,很多回收厂,特别是在亚洲转型国家的回 185
收厂,并没有安装这些装置。电子废弃物在不符合规定的冶炼厂"工业化"处
理,或者在有问题的废水管理的条件下在湿法冶金厂用强酸淋洗;这里,重点
在(仅仅是)回收 Au 与 Cu。电子废品中最大的一部分是在数以千计的"后院回
收"的非正规部门中处理的。这包括露天焚烧以去除塑料,在焊锡、氰化浸出
和汞合金的火炬上"烹饪"电路板(Puckett 2002, 2005; Kuper and Hojsik 2008;
Bridgen et al. 2008)。除了对人类健康和环境的灾难性影响,这些过程的效率非
常低。在印度班加罗尔进行的一项调查显示,电路板中所含的黄金只有25%被
回收,相比之下,在综合冶炼厂中回收的黄金超过95%(Rochat et al. 2007)。

从自然界中不存在的产品组合中回收金属仍然是一个挑战。大多数湿
法冶金回收程序在过去几个世纪围绕着金属族的与脉石矿物的组合得以发
展(Reuter et al. 2005)。一些已经被调整为二级金属,尽管仍然应用相同的化
学与热力学法则。主要的冶金工艺是铜/铅/镍的冶炼(包括贵重金属与很多
特殊金属)、铝与含铁的/钢的冶炼。对于 EoL 产品,情况则有所不同。一旦贵
重金属进入了钢铁厂或熔炼厂,几乎就不再有回收它们的可能。然而,在大多
数情况下,冶金技术本身并不是达到良好回收率的障碍。对于新材料与有难
度的材料,假如有经济动机的刺激,那么合适的技术程序可以被开发出来(例
如,移动电话、锂电池、GTL 催化剂、柴油车黑烟净化器或者燃料电池)。

预处理

预处理的目的是通过分解(粉碎)与分类(见上文),为主要的熔炼与
精炼程序生成合适的输出流。预加工必须能够掌控随着时间变化的进料,
并组成很多不同的模型与不同类型的设备(Reuter et al. 2005)。尽管对于
主要金属来说,这种工作相当简单,然而,对于次要金属而言却是十分困难
的。在不同的工艺与材料组合影响下,量化预处理过程,主要在冶金与(机
械的)预处理之间的技术交接中的流失对于评价程序的效率与改善可能性
是十分必要的。高科技 EoL 设备的复杂性导致了材料无法完全释放,因为
它们之间紧密地连接在一起,PCBs 中的贵金属与其他金属同时出现在接
点、连接器、焊料、硬盘驱动器等器件中,与陶瓷一起出现在多层陶瓷电容器 186
(MLCCs)、集成电路(ICs)、混合陶瓷等器件中;在印刷电路板、内板层与集

成电路中与塑料同时出现。小尺寸金属连接、涂层与合金不能在粉碎时释放,不完全的释放以及随后的不正确分类,造成次要金属流失到侧流(包括粉尘)中,它们不能在金属处理时回收(Hagelüken 2006b)。

粉碎处理不能完全释放存在于高度复杂产品中的金属。尽管大部分的贵重金属以铜碎片的形式终结(在这里它们可以在之后被回收)。在其他输出流中仍然可以发现重要的组成部分,一份工业试验表明,Ag、Au与Pd可以回收部分的百分比(线路板与铜碎片)分别仅仅为12%、26%与26%(Chancerel et al. 2009)。高品位的线路板、手机与MP3播放器应该在机械预处理之前被移除,以避免不能回收的流失。这些材料可以直接输入到可以高效(超过90%)回收大多数金属的熔炼—精炼程序。对于低品位的材料,如小型家用电器或许多棕色货物,通常不采用直接冶炼方式,需要一定程度的机械预处理,而不是强力粉碎材料,将粗大的尺寸缩小,然后手动或自动去除电路板的部分,这可能是一种有效的选择。在这种背景下,受过训练的工人的使用不能被低估。在许多发展中国家和正在工业化的国家,只要当地有廉价和可靠的手工劳动,去手工拆卸、分拣和去除关键的(如电路板或电池)部位,并结合最先进的工业金属回收过程,可能是一种有效的替代方法。目前,联合国大学正在步骤倡议的框架内考察这种"两个世界的最佳"办法。

总而言之,分类深度与多种生产部分的历史性优化能够带来整体产量大幅的增加,尤其是对于技术金属而言。

收　集

建立有效的收集系统是金属回收的先决条件,相应的基础设施必须适应于当地环境。收集的EoL产品被分为若干个类别,这些类别(至少在欧盟)是由国家一级的立法确定的。出于物流目的,经常会尝试减少类别的数量;然而,过多的减少导致了高、低品位的不均匀混合,从而降低了预处理与收集之后的回收程序的效率,必须在种类过多和种类过少之间取得平衡,以便最大限度地回收整个回收链上的次要金属。

经济因素

金属与资源的较高价格刺激着人们努力回收它们。废弃物的价格取决于它所含物质的内在货币价值,以及实现这些价值所需要的总体花费。因此,价值取决于金属的市场价格与回收物质的种类与产量。花费包含物流、在回收链随后步骤中的处理,以及环境友好型不可回收部分/物质的处理。产品的复杂性与其中含有的有害物质提高了成本,但贵重金属与特殊金属的"痕迹"或者高集中度的基础金属提高了价值。

为了说明回收利用复杂产品/组成部分的动机,可作如下考虑:在2008年年中,手机除去电池,"平均的"净金属内在价值大约为8 000—10 000美元/吨;相对于电脑主板,价值约为4 000—6 000美元/吨;相对于催化剂转换器,为40—100美元/件。[①]这些价值已经包含了在熔炼厂中的成本,且符合当今严格的排放法(即没有"在环境方面妥协")。Pb价格超过2 000美元/吨时,很多商业的汽车电池对于铅冶炼厂来说是具有吸引力的;这同样适用于在专门冶炼厂中回收Co、Ni与铜的锂电池。考虑到钢铁与铜的价格,EoL汽车在当时具备很好的报废价值。整个回收链的效率越高,最终EoL产品的价值也就越高。

虽然每件设备只含有少量的贵金属,但贵重金属往往构成内在价值的最大份额。例如,手机、电脑电路板或其他高档设备中的贵金属(占重量的不到0.5%)占价值的80%以上,其次是铜(占重量的10%—20%或价值的5%—15%)。铁、铝、塑料,这些在设备中占较大分量的物质,仅在总体价值中占据较小的份额。也有较少的例子(例如,Co在充电电池中),大多数特殊金属在单元级的价值份额仍然微不足道,因为它们的集中度较低并且相对于贵重金属价格也较低。很多回收厂因此仅重点回收铜与贵重金属。这意味着大量本可以通过技术回收的特殊金属流失掉了。然而,在大多数现代化回收工厂,例如优美科集团,特殊金属回收每年产生了可观的额外价值。这种"副产品回收"可与初级材料的副产品回收投资相媲美。

188

社会与法律因素

很显然,回收消费商品的意识是十分重要的。法律、公共活动(例如来自当局、非政府组织、制造商),以及适当的处理旧产品的基础设施都是重要的先决条件。在欧洲(尤其是在斯堪的纳维亚、比利时和讲德语的国家)已经在普及大众的"回收意识"上有了长足的进展。尽管很多人习惯于将旧

[①] 金属在2008年8月的价格水平:净值—回收金属价值减去熔炼与精炼成本,但是不考虑之前的收集、预加工与运输成本。根据特殊的质量/类型(尤其是汽车催化剂),价格可能显著不同。在2008年年末,净值价格水平实际上降低了。

物品卖给或返还给回收点用来再利用,然而一些物品(例如,移动电话,或者类似于电脑之类的"高价"电子产品),还需要一些鼓励政策来使它们摆脱"蛰伏"或废弃的命运。一项消费者调查表明:仅有3%的人将移动电话交还用以再利用或回收,却有44%的人将它们保存于家中(Nokia 2008)。EoL产品的数量持续增长并受到消费者行为,例如,与产品寿命与材料总消费相关的消费者行为的影响。产品的寿命取决于耐用性以及功能性、技术性和美观性的退化程度;这些反过来又取决于产品设计和社会因素,如当前的时尚和生活方式(Walker 2006;Van Nes and Cramer 2006)。看起来对于一些初次拥有者,物品,尤其是时尚与技术敏感的物品,如手机、电脑和iPods的生命周期变得越来越短了。

大多数人在准备丢弃他们的物品时,都会寻找合适的方式。然而,很多被回收或再利用的商品并没有进入适当的渠道。这不是由于缺乏认识或立法,而是由于控制和执行方面的弱点,以及结构上的缺陷。

技术方面的法律影响

法律对回收仅有有限的影响。例如,强制的移除可以支持EoL设备的某部分(催化剂、电路板、电池)的回收,假如旨在使目标金属进入确定的处理程序(结果导向的),并且实际的去除程序是不受限制的(描述性的)。此外,将WEEE按一定的质量收集(分类)是非常重要的,这样就可以得到用于之后下游处理的优化流。满足以重量为基础的回收率[①]的义务应该被严格评估,因为它改善了主要产品成分的回收,这些成分从经济的角度(也是环境视角)来看不是最重要的低浓度的技术金属没有被考虑在内,最终,确定技术与环境处理标准对于回收产业很重要,因为标准帮助创造一个公平竞争的环境并推动革新。控制与执行很关键,尤其是对于欧洲以外的回收工厂。只要满足欧洲法律的标准,欧盟并不反对在非欧洲国家回收欧洲的废弃物,实际上,情况常常不是这样。

立法的经济影响

依据2008年年中价格,例如移动电话、电脑与汽车这类产品,在回收链

[①] 金属与产品的数据与动态循环率的计算不是直接的。广泛的讨论请见罗伊特等(2005)与GFMS(2005)。

中处理, 有正的净值。其他产品 (例如 CRT-TV 或显示器, 大多数音频/视频设备与小家电) 仍然是负的净值。立法能够, 并且确实可以负担这些"负值产品"的成本。到目前为止, 这类产品中所含的次要金属情况并非如此, 相关立法也没有起到支持作用。等待市场通过进一步增长特殊金属的价格来进行自我调节, 指望有一天将会产生足够的回收的经济诱因, 这种做法是不可接受的。由于金属价格反应时间的延迟, 必然导致过多的二级次要金属资源的流失。从一个国家的经济视角来看, 尤其是对于特殊金属的回收 (例如, 对于带有负值的产品的循环), 应该考虑给予更多的法律支持。

结构因素: 产品的生命周期

基于对经济因素、技术因素与法律因素的探讨, 可以想象汽车催化剂、移动电话、电脑和汽车 (至少在欧洲) 是高回收率的产品, 这是由于: (a) 具备有效的技术与足够的能力以环境兼容的方式回收这些产品; (b) 法律、消费者意识与回收/回收基础设施广泛存在; (c) 回收的经济诱因具有吸引力。然而, 实际上, 这些产品的回收率远低于 50%。最突出的例子是比较有价值的汽车催化剂。在全球范围内, 只有大约 50% 的 PGM 最终被回收。在欧洲, 这一水平甚至低于 40%, 部分原因是 EoL 汽车出口量巨大。尽管 (a) 在拆卸厂很容易从报废汽车上识别和移除催化剂, 这是 EoL 车辆指令所要求的, 但仍会发生上述这种情况; (b) 有超过足够数量的催化剂收集者在拆卸厂、废料场和车间积极追逐自动催化剂, 并以高价购买每件催化剂; (c) 适当的熔炼和精炼技术能够回收催化剂中 95% 以上的 PGM。因此, 有助于生命 190周期的其他因素一定出现了一些本质上的错误。

生命周期结构的重要性

截至 2001 年, 优美科 (Umicore) 和生态研究所 (德国)[①] 开展了一项研究项目, 调查在 PGM 生命周期中起作用的结构因素 (Hagelüken et al. 2005; 2009)。被更详细研究的结构性因素包括产品生命周期、产品所有权的顺

[①] 关注区域以联邦德国为限。然而, PGM 物质流的全球条件是在研究中充分考虑的。调查领域包括所有相关的 PGM 的应用部分: 汽车催化剂、化学与石油的精炼催化剂、玻璃制造、牙科应用、电子产品、珠宝、电镀加工与燃料电池。

序、使用位置的顺序、系统边界/全球流以及回收链。该研究确定了两种截然不同的生命周期结构："封闭循环"和"开放循环"，通常称为直接（封闭）系统和间接（开环）系统。一般来说，PGM确定的结构因素显然可以扩展到一般的工业和消费产品。

封闭循环：从工业过程中回收

封闭的环在金属被用于制造其他物品或中间产品的工业程序中比较普遍。例如PGM工艺催化剂（例如，石油精炼催化剂）或在玻璃工业中使用的PGM设备。对于PGM，产成品一般不包含PGM本身。相反，金属是工业产品的一部分，这些工业产品为工业设施所拥有，并位于工业设施之中，因此具有有助于回收的、很高的经济价值。所有权或地点的变更已详细记录，并保持物料流动透明。生命周期中的所有利益相关者都以专业的方式紧密合作。因此，闭环系统具有固有的效率，工业过程中使用的90%以上的PGM通常是回收的。

一个较长的生命周期没有对已达到的回收率产生负面的影响。石油精炼PGM催化剂有超过十年的生命周期，仍然可以回收。因此，有吸引力的固有价值（PGM）结合工业循环的框架条件是成功的促进因素。总体而言，不含贵重金属的工业产品的回收，例如溅射靶或产品废弃物可能具有较少的经济吸引力，但是其他基本的框架条件依然类似。旧的工业基础设施与机械装置为未来回收利用，包括钢、铜与其他很多金属的回收利用提供了巨大的潜力。大规模基础设施很难迁移，因此，它们是"城市开采"的优质目标。报告称，二手机器也正越来越多地运离欧洲（Janischewski et al. 2003）。

开放的循环：耐用消费品的循环

开放环系统普遍存在于EoL消费品（如EoL车辆和WEEE）的回收中。它们复杂的结构和缺乏支撑框架的条件导致了低效/失效的金属回收。有价值的含铂（PGM）催化剂的回收率低于50%，可以假定，对于大多数技术金属，这种情况甚至更糟。生命周期中的许多参与者都没有意识到EoL消费品中的（经济）金属价值。虽然每个产品的浓度（价值与之关联）较低，但巨大的产品总量代表了重要的物质资源和经济价值。

消费产品常常在生命循环过程中改变所有权，并且随着每一次改变，制

191

造者与拥有者之间的联系就会变得更弱。更糟糕的是，所有者的变更常常意味着位置的改变，高度流动的消费产品分散到全球各地。旧设备的贸易与慈善事业的捐款导致了稳定但不透明的以东欧、非洲与亚洲为方向的物质流（Buchert et al. 2007）。①回收与再利用的EoL产品之间的明显的区别取决于位置（即欧洲的废弃物等于非洲的再利用）。贸易者通过出口来再次利用这点，尽管相当大数量的这类出口规避了巴塞尔公约的废物出口程序。因此，原想为回收或再利用而收集的旧产品有可能逃脱，而又在原来的垃圾填埋池或是在发展中国家糟糕的后院"回收"操作中重新出现。

实际上，在发展中国家或转型国家中最终EoL有效回收的可能性相当低，因为没有适当的回收基础设施，或者仅仅是一些有价值的（贵重的）金属以非常低的效率回收（Rochat et al. 2007）。在生命周期和回收链上的合作不足（尽管已经实现了"扩大生产者责任"），加上对整个链上的产品和材料 192 流的跟踪不足，说明了为什么开放循环仍然存在。

接下来是什么？

贵重金属和特殊金属是生产清洁能源、有效利用能源、清洁运输、延长产品寿命以及信息技术、电子和通信所必需的。稀有金属供应的潜在短缺可能是绝对的（有限的储量），但目前这种可能性很小。主要金属和次要金属由于需求增长与金属供应增长之间存在一定的时间差，往往存在暂时性的短缺，难以预防。例如，硅市场在过去几年遭遇了暂时的短缺（Flynn and Bradford 2006）。此外，相互竞争的产品部门对金属的需求会影响生产和供应（例如，LCD屏幕和光伏应用中的铟）。由于初级资源的成对生产和产品

① 据预测，大约50%的IT电子产品以某种方式或其他方式离开欧洲。对于移动电话，小于5%的理论上的循环可能性现在正在全球范围内以应允的方式实现。2006年，德国EoL交通工具的监测结果显示：在3 200 000辆未登记的客车中，仅仅有540 000辆在德国回收利用，与此同时2 060 000辆以二手车的形式被出口。640 000辆车的差距主要是未登记出口。循环率大约为86.2%（Umweltbundesamt 2008）。但这指的是德国504 000的报废汽车。算上3 200 000未登记的汽车，德国的循环率将跌至13.5%。尽管1 800 000的出口汽车主要移动到其他欧盟国家（主要是欧洲东部的国家），可以假设这些汽车的大部分最终将离开欧洲。2 500 000辆汽车代表这二级材料潜能为：1 300 000吨钢，180 000吨铝，大约110 000吨其他不含铁的金属，大约6.25吨PGM金属。大量EoL交通工具也从其他欧洲国家出口（Buchert et al. 2007）。

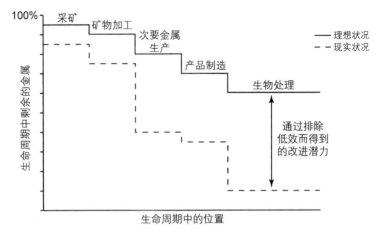

图10.7　对于生命循环周期中次要金属损失的描述表明理想的条件与当前的状态。尽管某些损失不可避免，程序与系统改善能够显著提高次要金属的可获得性。

回收的成对回收，次要金属最可能出现结构性或技术性短缺。由于技术的缺乏或不成熟，初级生产、制造、产品使用和回收等方面的效率低下，造成了很大的流失（图10.7），并降低了稀有金属的可用性和资源效率。克服了这些低效率可能等同于"快速的胜利"，并带来更多的供应保障。需要深入的研究来量化这一点。通过克服生命周期中的这些低效，可以获得多少额外的次要金属供应？要回答这个问题，需要解决以下问题：

1. 对于初级生产：
   a. 主要矿床中副产品金属的矿石比例。
   b. 初级副产品回收的技术效率。在最理想的情况下，如果"冶炼厂"配备了分离技术，在侧流中仍然会流失多少百分比？
   c. 最终的最佳供应比例是多少？主要金属与次要金属（例如锌）的比例是多少？这对于量化次要金属的可采储量和未来产量意味着什么？从初级生产链的"所有"效率低下问题得到解决的那一刻起，初级次要金属的生产就直接（并以非弹性价格）与主要金属的年度生产挂钩。装配副产品回收新设备。
   d. 为了建立新的副产物回收装置和提高现有工艺的效率，需要哪些技术和投资？

2. 对于产品制造：

    a. 次要金属的损失发生于哪一个阶段？

    b. 这些残留物有什么质量（成分）？有什么技术可以用于金属回收？

    c. 制造程序与回收技术如何提高？额外的次要金属产量如何产生？

3. 对于 EoL 设备的回收：

    a. 对于已定义的（消费者）产品，如果它们进入最优的工业回收链，在回收链上有最优的接口和最先进的单个流程，那么可以实现哪些（次要的）金属回收？

    b. 什么样的产品不能较好地回收，甚至在优化的回收链中（例如汽车电子设备）也是如此，这对产品设计与（回收）技术革新有什么影响？

    c. 与（消费者）产品生命周期中的结构性低效率相比，这种技术改进潜力在数量上是如何体现的？

    此外，必须考虑到稀有金属的复杂供应关系。成对生产的副产物金属供应价格缺乏弹性，替代作用有限；因此，市场力量无法"自发地"缓解供需失衡。甚至回收也会对次要金属的供应产生反作用：对次要金属的良好回收会减少它们的初级生产，从而减少次要金属的副产品。如果这些次要金属不能得到同样好的回收利用，就会出现供应短缺。

    撇开关于潜在资源匮乏的复杂争论不谈，通过采矿开发新资源可能会增加生态系统的负担。在一个探索得相当充分的星球上，发现新"富矿"的可能性会变得更小。开采较深层或较低品位的矿石需要更多的能量。另外，"海洋采矿"或在北极/南极地区以及在热带雨林的活动可能增加储备基础，但不会对可持续性作出积极贡献。采矿和回收需要演变成一个互补的系统，其中采矿得来的金属供应被广泛用来弥补不可避免的生命周期流失和市场增长，而 EoL 产品的回收对金属的基本供应的贡献越来越大。

    回收过程中次要金属的流失部分是由于技术上的原因，并且与回收的设计、预处理与金属回收程序的不匹配以及低效金属回收技术的应用[1]有关。主要因素是结构性因素，因为许多EoL消费品存在开放循环。这些因素的组合导致沿着回收链的回收率非常令人失望，即使在拥有良好回收基础设施的国家也是如此。假设收集效率为50%，综合分选/拆除/预处理效率为50%，回收率（冶炼/精炼）为95%，则特定（少数）金属的净回收率仅为24%。对于消费品中的许多金属来说，这些仍然是相当乐观的假设，很明显，要实现一个平衡的采矿和回收系统所需要的"回收社会"或"闭环经济"，我们还有很长的路要走。

为了克服消费者商品开放循环的结构性约束，就工业商品而言，需要逐渐向闭合的循环转变。在这里，新的商业模型与所有权结构起到重要作用。消费者产品的库存可能支持使用后的回收（例如，啤酒瓶）；租赁产品而不是销售产品（例如，汽车/关键汽车零件[2]或电脑）将会使制造商更好地把控自己产品的生命周期；在某些细分市场，制造商可能销售功能（"驾驶""网络通道""移动交流"）而非硬件，来加强与消费者之间的关系，并获得更新设备的途径。在较长一段时间内，对于制造商通过它们自己的EoL流来保证它们金属需求，因为这将有助于增强他们从关键的初级供应商那里获得的独立性。

如果我们要向全球回收利用型社会迈进，还有许多工作要做。如果我们要制定适当的措施和监测影响，对所有层次（全球、国家、产品、过程等）的产品和材料流动进行量化和预测是很重要的。回收目标需要强调所有EoL产品的收集、处理和回收。目前，回收目标（如欧盟的人均4千克WEEE）并不能促进这一目标的实现，而且（以质量为基础的）回收率导致了稀有金属的不可恢复的流失。此外，如有关指示所界定的高"回收率"，除非能正确计算/确定回收率（如回收率不足），以及/或废料以可疑的出口方式逃过回收，否则并不具有任何意义（亦无助于可持续发展）。

如果我们要优化回收链各部分之间以及回收链与制造商之间的接口，

---

[1] 对于一些金属应用，流失是不可避免的（Morley and Eatherley 2008）。例如联合物质（镀锌），又例如玻璃制造中的 Se 与 PET 瓶中的 Ge 一类的添加物。这对于稀缺或贵重的次要金属来说是可以接受的吗？

[2] 这种模型时间上已经在讨论中，例如，对于在移动应用中的燃料电池堆栈。优化堆栈的催化剂核载量可高达 autocats 中的 2—3 倍。一种高效的闭合循环系统是燃料电池汽车大量应用的前提条件。

就需要改进整个生命周期的国际利益相关者间的合作。合作包括监测整个回收过程,以确保对这些过程进行无害环境的管理。与制造复杂产品一样,回收需要分工,利用专业化的预处理和金属回收,以及相应的规模经济。扩大生产者责任可以是一个适当的框架,但尚未充分发挥其潜力。各国政府应控制和立法,防止非法出口和不遵守回收过程是有益的。

有必要运用全球回收利用型社会的概念,从整体和全球的角度来看待系统边界。当系统边界被跨越时,立法措施可能适得其反。在欧洲法律中,对于具有开放生命周期结构的EoL产品,将再次利用置于回收之上意味着在世界其他地方也会再次利用,最终的EoL产品很可能会被丢弃。在延长寿命的社会利益与资源流失对环境潜在的负面影响之间存在着博弈。①

总而言之,复杂的高科技与清洁技术产品中的技术金属,需要高科技与清洁科技的程序/系统来进行回收。这种技术在很多情况下都是可获得的,但是这种技术由于本节列举的不同原因而不能得到有效的运用。假如这些问题得到纠正,则有可能在初级生产阶段和对于EoL产品实现更好的金属回收,可以使我们在朝着可持续的路上前进一大步。

自2008年年末以来,金融危机导致了金属价格显著下降,这已经导致了矿与冶炼厂的倒闭,也导致了勘探活动的减少,同时也削弱了回收EoL产品的经济动机,对亚洲与非洲(非法的)出口变得没那么有吸引力(事实上EoL电子产品的贸易量已经减少)。尽管如此,仍存在这样一种危险,即进入专业回收链和处理的EoL材料较少,并且处理标准降低,仅仅考虑节约成本。希望这不会导致对可持续性问题,特别是对闭合金属循环的努力的忽视。 196
尽管按目前受到的经济危机的影响,贵重金属和特殊金属的基本市场驱动因素预计还不会发生重大变化,它们的资源有效利用和回收仍然至关重要。 197

---

① 在这里,典型的利益冲突需要解决:一个以保存资源为目标的循环型社会将停止出口到不能保证EoL管理的目的地。从社会与开发援助的角度来看,出口,尤其是对于功能性IT设备的出口是有意义的("连接了数据分隔")。对于这种现象没有简单的答案,但是又不能同时实现两个目标。

11　储量、流量,以及矿物资源的前景

希瑟·L.马克莱恩,法耶·达钦,克里斯汀·哈格卢肯,原田幸明,斯蒂芬·E.凯斯勒,雄一守口,丹尼尔·米勒,特里·E.诺盖特,马库斯·A.罗伊特,埃斯特尔·范德富特

摘　要

本章集中讨论金属,因为它们提供了矿物资源在初级生产和回收方面给社会带来挑战和机会的最清楚的例子。这里描述了基础概念、信息需求、消费者与工业资源,还描述了不稳定的价格与供应链中断产生的不稳定的影响。讨论了开采地面资源和生产二次资源所面临的挑战,并考虑未来的情景。这些设想的结果表明,特别是对于能源,以及水和土地的需求可能日益成为限制金属生产的因素。提出了关键的研究问题,讨论了建模和数据优先级,重点讨论需要新概念和分析工具来帮助减轻与矿物有关的负面环境影响的领域。可持续发展的挑战需要从业者和分析师的合作,他们对一系列广泛的问题具有多学科,包括经济学、工程学、地质学、生态学和数学建模等方面的理解,并议及政策的制定和实施。

导　论

加强对全球挑战和矿物资源对可持续性的影响的了解,对管理这些资源、指导社会和技术革新以及有关的公共政策至关重要。我们讨论的矿产资源包括金属和工业矿物,但不包括原油、天然气和煤炭等化石能源资源。许多矿产资源在地壳中相对丰富,但全球范围内不断增长的资源需求引起了人们对其稀缺性、价格和环境影响的关注,增进关于全球挑战对于与可持续含义相关的矿物资源问题的理解。本章集中讨论金属,因为它们提供了矿产资源在初级生产和回收方面给社会带来的挑战和机会的最鲜明的例子。

199

包括铁和铝在内的主要金属，其区别在于它们在地球上的相对丰富程度或它们的经济重要性；其他金属被指称为次要金属。对大多数金属的需求正在上升，特别是对一些次要金属的需求，这些次要金属的特殊用途取决于它们独特的性能。保证次要金属的充足供应是一个问题，因为它们经常同主要矿物一起开采，在大多数情况下开采的目标是一种主要金属。同时获得主要金属与次要金属带来了一系列地缘政治的挑战，例如无法获得矿产丰富的土地，对于能源、水与人力资源的大量需求，以及与使用土地进行采矿、产生尾矿和其他废物有关的损害。在产品生命周期终端（EoL）时回收金属则伴随着技术与社会上的限制。

在本章中，我们将确定基本概念和信息需求，并描述消费者和工业资源需求的来源，以及资源价格波动和供应链中断的不稳定影响。我们详细阐述了开采地下资源和生产二次资源所面临的挑战，并考虑了未来的情景。提出了关键的研究问题，讨论了建模和数据优先级，重点讨论了需要新概念和分析工具来帮助解决与矿物有关的环境挑战方面的问题。

基本概念与测量要求

概念与定义

矿床是指地下的矿物资源存量：初级生产从这些地下矿床产生矿物流，次级生产回收利用矿物源材料。二级储量包括耐用产品和正在使用的基础设施（包括战略储量，这也是一种资源库存）。产品在其使用寿命结束时，可回收它的组成材料。第三级储量指的是被废弃的商品，大多数在垃圾填埋场中，它们组成了材料和金属的复杂混合物，但也包括塑料和其他用于功能性产品的相关材料。

矿物储量与流量的量化对于测量与监视性能，以及对于设计与评价使我们朝着可持续迈进的潜在未来方案是十分关键的。图11.1说明了单一矿物资源从矿床流入经济的情况。该图是简化的，没有反映实际流动的多种连接材料，并且不能反映包括大多数消费者产品以及连接的复合材料产品的实际的流量。在生产之后，这些材料被体现在产品中，流向消费者，增加了使用中的储量。当产品流入填埋场（如果回收或其他EoL系统不到位）或回收设施时，使用中的储量会减少。堆填区包括三级堆填区，当堆填区内的

200

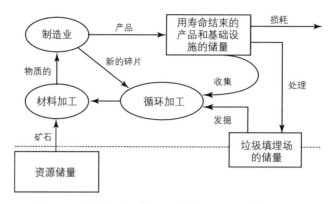

图11.1 从库到经济的单一矿物资源流。矩形代表储量，箭头代表流量，椭圆表示加工活动，水平的虚线代表岩石圈与人类圈的界限。"产品"代表使用中的产品量与基础设施。

废物被移走回收再利用时，三级堆填区便会减少。因此，流动是现有储量增加或减少的原因。

信息需求与数据库

下面将讨论使用物质流分析（MFA）、生命周期评估（LCA）和投入产出分析（IO）来检查可持续性问题的研究。还需要金属、塑料和建筑材料的复杂的、相互连接的混合物的基本物理和热力学性质的模型（see Reuter and van Schaik 2008a），以及潜在政策和行为反应的模型。在本节中，我们描述了支持分析矿物资源使用的可持续性所需要的基本要求。

美国地质调查局提供了有关大多数非燃料矿物的主要探明储量的信息。这一数据最全面的摘要载于"矿物商品摘要"，其中报告了个别国家的储量和储量基础资料。其他国家的政府——尤其是加拿大、德国、法国、日本、澳大利亚和南非的政府——也提供了类似的信息，这些信息通常集中在本国的矿产生产上。这些数据中最完整的是主要金属和商品，如铜和磷酸盐，但较不完整的是次要金属和副产品，如锑和铼。大多数生产数据是一般化的，不包括特定矿床的信息，虽然这类信息可以从上市公司的年度报告和10-K报告中获得。关于个别矿床的大小（品位和吨数）的资料也可以从这些来源获得，美国地质调查局和加拿大地质调查局为一些特定矿床类型或商品的资料提供了数据库。其他数据库，特别是关于特定矿藏的数据库，可从原材料集

201

团、美国金属统计局等咨询组织和从铝到锌等各种商品的贸易组织获得。

由于这些组织和其他组织的主要矿物库存汇编扩大了范围，我们鼓励开发一种数据库模式。我们认识到，并非所有的开采都在单一矿床上作业，也并非所有矿床都由一个矿场开采。从储量和流量的观点来看，这种数据汇编最好依据矿的汇总信息来完成，尽管可能需要利用那些没有开采的矿藏信息。不论哪种情况，包括矿或矿床的名称、它的位置(经度和纬度)、矿床的地质类型、主要生产元素与生产率、相关联的次要金属、开采矿石的品位与吨位、加工方法与加工废弃物，都需要提供有关矿床经济特征(深度、矿石质量)的具体信息。

二级储量数据资源与二级储量完全不同，二级储量的数据用于量化耐用性的消费品商品和基础设施，以及它们的使用年限和构成。必须通过成分与组成材料才能将产品与个体金属区分开。消费商品的复杂性使得我们不仅需要考虑单个的材料，还需要考虑它们在产品中的关联性(see Reuter and van Schaik, this volume)。一些公司和贸易集团拥有与其业务相关的二级储量数据库。最优先的是集中于材料密集的、大规模生产的产品，如车辆和电子设备，包括在发展中国家和转型经济国家的二手产品这样一些数据库。需要对包括正在使用的库存的物品进行分类，并提供其平均材料组成和寿命的数据。更长期的优先事项是描述第三级储量，特别是一些关键消费品的EoL分配及其物流回收限制。

混合材料的基本特性模型可以使MFA模型扩展到产品级别，开发正在持续，并将有自己的数据需求。类似地，政策导向的模型将需要量化那些描述主要参与者行为反应的参数。

对于所有经济范围内的模型，都需要估计某个国家或地区每年可开发的最大资源供应量。这将取决于当前的价格、不同储量规模，以及正在或在下游工序中开发它们的基础设施能力，类似于冶炼与精炼。

202

影响资源需求与供应的主要因素

需求的决定性因素

最终需求、流入，以及人口

人类工业最终目的是提供人类社会需要的建筑物、商品与服务。资源最密集的需求包括公共与私人基础设施（例如，道路、水坝、建筑物、生产设备与住宅）以及耐用商品（例如，机动车辆、手机、电脑）。国民经济账目是由大多数国家统计局根据常规的基础编写，并包括数据输入表 (IO)。这些表格以几十到几百个被广泛使用的工业分类来记录该经济体系中某一年发生的所有交易的货币价值。

数据输入表追踪了各个行业之间的商品流动，对于每个行业，还跟踪了包括附加值在内的其他几类货币支出。此外，这些表格量化了流向几类最终用途或最终需求的产品价值，特别区分了国内消费和公共、私人投资以及对外进口和出口。国内最终需求包括由各种建筑和制造业生产的一揽子商品。当然，从食物、服装到能源与回形针，所有这些物品的生产都需要资源，这种需求是直接的，正如在回形针的例子中表现出的那样，或者至少有间接的需求。代表性的，有更长服务寿命的物体是最重要的，不管是就其材料使用强度而言，还是作为二次级储量为材料回收提供的机会而言。电池是一个例子，虽然它是一种具有短暂使用寿命的产品，但对它的回收却很重要。

最终需求是由人口规模、富裕水平和文化规范所驱动的。世界人口约为67亿，预计到21世纪中叶将稳定在90亿至100亿之间，发展中国家和转型期国家的人口几乎全部增加。后者已经包含了世界上大部分的人口，他们的经济增长和消费增长速度令人印象深刻。消费者的愿望包括更大、更舒适的居住空间和个人机动车辆，他们的政府正在建设大量的基础设施，比如中国西部正在分布广泛的交通网络 (He and Duchin 2008)。

产业需求与技术变化

虽然人口的现实与生活方式是消费者产品需求与随之而来的资源需求的主要推动力，技术变化同样显著地影响了经济的资源利用制造部门。当开采工艺革新、材料加工、制造部门决定关于特殊材料（每种结构或每单位产品）的需求时，产品革新影响了最终需求的组成。很多材料变得廉价，并因此被更广泛利用，资源可获得性与价格的变化对于材料中的替代品具有不可估量的影响。很明显，新材料的设计，包括纳米材料的出现，对材料使用的最终影响目前难以评估。另一个重要因素是涉及特定材料利用或成本的立法，包括补贴。

随着人口增长和资源利用的增加，回收利用的作用将会扩大。回收永远不会是100%有效的，而且由于不同矿物商品在其各自应用中的用途和功能,它们之间差别很大。因此,对新的初级资源的需求是不可避免的。

资源价格波动和供应链中断的影响

剧烈变动的价格

资源价格的变化对私营公司的决策有巨大的影响,因为它直接关系到利润率。稳定的价格将会促进对采矿和加工(提取)的投资。不幸的是,许多矿物商品的价格变化很大,并且生产与利用的平衡对微小变化十分敏感。这些变化可能是对于短期事件的反应,例如大型露天开采矿的围墙的坍塌,可能导致停产几个月;或者是长期的趋势,例如,由于技术变化而带来的金属需求增长。价格可能影响材料的预期需求,例如在20世纪90年代末期至21世纪初期避险基金对原材料的巨大投资。

政府行为也会对价格产生积极或消极的影响,比如改变金属的货币使用方式(例如,提高金属价格)。例如,美国在20世纪70年代放弃金本位制,转而规定减少金属的使用(如消费中的铅和汞,20世纪70年代为应对环境问题而出现的产品)。最后,价格对囤积或卡特尔活动作出反应,尽管除了石油和钻石以外,这类行动很少对矿物产品长期有效。

在面对价格波动时,原矿物生产者的战略行动能力有限,因为大多数是具有大量固定成本的大规模作业。当短期价格上涨,新业务出现时,增加的产量可能超过最初推动价格上涨的需求变化,从而又导致价格下跌,并给包括新业务在内的所有业务带来压力,其中许多新业务将永久关闭。法律允许它们在休眠一段时期之后开放,并在价格波动时关闭,每一次转变都不需要官方的批准,这可能有所帮助。204

其他几个因素可以帮助减轻价格波动的不良影响。在价格高或上涨期间,回收是非常有效的,但在价格下跌期间,回收有中断的风险。更好的产品设计可以降低回收成本,并使回收在更长的价格周期内具有竞争力。高价格可以激发创新和高价材料的替代,如最近的钴与其他金属的替代。但是,对于许多次要元素,这种方法的灵活性受到特殊产品需求和功能的限制。

供应中断

供应链日益复杂是造成供应链中断的另一个重要原因。专业化和外包使供应链变长,全球化使供应链在地理上分散,而"精细生产"实践减少或完全消除了库存提供的缓冲。所有这些因素都使供应链更容易受到生产和运输的实际威胁而中断(例如,自然灾害、军事冲突、恐怖袭击、政治动荡或流行病)。

其他推动变化的力量是由于供求不平衡、资源和运输的垄断控制或政府政策的改变而引起市场变化。向其他国家出口矿产和炼油以及从事回收活动的国家可能特别容易受到影响。一些工业化地区和国家,如欧盟和日本,已经广泛建立了回收和能源回收基础设施。获取某些材料对国家来说往往具有战略重要性,而政府储备以确保国家安全是缓解潜在供应链中断的一种选择(NRC 2008)。

初级生产的挑战

主要与次要金属

大多数分类将铝、铜、铁、铅、镍与锌确定为主要金属,尽管钽与锡有时也被包括在内。大多数其他金属被视为次要金属(see also Hagelüken and Meskers, this volume),虽然对于这类金属没有被公认的定义。它们主要出现在矿石浓度较低、产量或使用量相对较低的地方,而且不在伦敦金属交易所等大型公共交易所上市交易。就其在地壳中的存在而言,金、银与铂族元素属于次要金属,但较高的价值使它们成为商业角度上的主要金属,它们常常被称作贵重金属。主要金属与次要金属的名称在一段时间内可能会改变。例如,在1900年以前,铝是一种稀有金属,而今天,它是全球第二常见的金属,无论如何,它都被归类为一种主要金属。"次要金属"一词也用来指特殊的金属,因为它们具有独特的性质,使它们对高科技应用有价值:这就是本章的含义。因此,把一种金属归类为"少数的"绝不意味着它不重要,而只是因为它不是大规模生产的,这就使得它们的回收利用特别重要。

大多数次要金属在地质上与某些主要金属矿床有密切的联系;采矿生产在很大程度上依赖于这种主要金属。例如与铜有关的钴和钼,与锌有关的铟和锗。因此,如果主要金属价格下降,采矿活动也会随之减少,那么次要金属的回收和供应也会下降。这些副产品或成对产品导致高度复杂的需求、供应和价格模式,尽管也有一些独立提取稀有金属的例子(例如锂和钽）。次要金属有时在很少的地理位置生产，这一事实使它们的供应不稳定（例如，钽和铌）。

土地与土地使用权

对土地的考虑以两种主要方式为矿物资源的初级生产带来挑战。首先，对于非专业人士而言，最显而易见的是矿物生产对土地的影响，涉及矿石的初级提取（开采），为了分离矿物或化合物而进行原油加工（精炼），进一步加工得到纯金属或其他产品（冶炼加工，例如，通过熔化与精炼）。露天开采矿包括被废弃岩石环绕的地面巨大的坑，这些岩石是被移除以便抵达矿体并且通过选矿成废弃物（尾矿）。地下矿有隧道或竖井入口，除非它们是由原来的露天矿向下扩张而成。

采矿作业一般覆盖几平方千米，而且与其他土地用途相比（例如农业与城市用地），占地面积相对较小。除了直接的土地破坏，大多数采矿作业都带有影响周边水、土壤、空气的自然或人为污染的"光环"。大多数现代矿物开采作业都遵守减少人为排放的环境法规，但是早期的采矿作业却不是这样的，它们有害的影响造成了未来开采的主要障碍。尽管生态系统不能恢复到开采前的原始状态，土地改良却是可行的。改善的实践与关于实践更好的交流对于未来采矿的社会认同与接受来说是关键的必要条件。 206

与土地相关的矿物生产的第二个挑战，是获得矿物开发的土地。尽管我们对于矿床是如何形成，以及决定矿床在地壳中分布的因素有了更进一步的认识，但大多数这方面的知识却只能延伸到大约1千米的深度。寻找矿床是十分复杂的工作，这是由于大多数只能通过遥感的方法（例如重力的或电的方法）在矿床外部边界仅几百米的范围探测到。这与石油及天然气的勘探是截然不同的，以地震勘测的方法勘探石油或天热气可以从相当远的距离提供指引。最终，很多发现的矿床品位太低而不能以当前的技术开采。结果，矿物勘探必须勘测很大的区域才能够发现一个可以经济地开采的矿床。在之前矿物勘探过程中土地使用的经验表明，对于新的、较深埋藏的矿藏，包括通过地下钻探取样，需要匡入比最终开采面积大几千倍的面积。

这意味着，将来利用土地进行矿物勘探是一个关键问题，土地分类方法不应排除这一用途。在这一背景下，我们需要意识到，矿物勘探在通常情况下对土地没有重大的影响，最多从平台上钻一个或几个类似于大型卡车大小的洞。公众对采矿的反感与可能增加的采矿难度,可能会加剧未来的地缘政治紧张局势。

能量与水

当地壳中的高品位矿床开采殆尽时,采矿将不得不转向低品位的矿石、更细粒度的矿床或更深位置。几十年来,世界金属资源的矿石品位一直存在下降的趋势。此外,最近发现的许多矿床都是细粒的(虽然不一定是低品位的),需要更细的研磨才能释放出个别的矿物。矿石品位下降可能导致勘探力度加大,勘探到新矿床以取代原有品位较高的矿床。鉴于已经在全球范围内进行了大量的勘探工作,许多新矿床可能比目前的矿体更深,分布更散。金属矿石资源质量的恶化以及更深的采矿将对其他资源,例如能源和水产生影响。矿石品位下降对金属生产的能源和水需求的影响已由诺盖特(this volume)描述。对于铜和镍,随着矿石品位下降到1%以下(假设目前的技术水平),对能源和水的需求将显著增加。对于其他的金属也有类似的207 结果。大多数增加的能源与水的需求可能发生于金属生产生命周期中的开采阶段与选矿阶段。这是产生了额外废弃材料的结果,必须把控、处理。此外,增加的能量可能源自未来资源的勘探与辨别的需求,尤其是勘探与辨别那些处于更深处的资源。足够数量的保障性能源与水的供应将会因此成为很多采矿作业具有长期可行性的关键因素,并且事实上可能会阻碍一些矿藏的开发。特别是在偏远地区,这种情况可能发生,在这些地方,有限的水资源供应已经在当地引发了严重的问题。水质影响各种处理工序(例如,浮选、絮凝及水的最终回收)。此外,水资源可能受其他废弃物质排放的影响,这些物质具有严重的危害,例如污染地下水资源。

虽然从更深层或更贫瘠的矿藏中采矿将不可避免地增加对能源与水的需求,但仍有可能限制这种增长的幅度。就能源而言,可能的选择包括通过改善采矿实践来减少需要控制与处理的废弃物的量,在矿石粉碎与研磨之前的破碎阶段进行更多的矿石破碎,利用更多的高效的研磨技术,使用替代的加工工艺,例如,就地浸出。目前,大多数作业都依赖于化石能源资源,这对环境产生了巨大的负面影响,并且导致了大量的温室气体排放。随着可再生能源技术的使用——太阳能、风能、生物能、地热能与废弃物转化能——能源可能不再是一个制约因素。然而,每一种替代能源都有必须权衡的成本和收益，这往往意味着额外的物质需求（例如，制作燃料电池与光伏板需要的特殊材料）。今后将需要节约、提高能源效率、各种低碳（和低整体环境影响）能源，以减轻矿物开采所需能源的影响。减少水消耗的可能方法包括处理和重复利用，使用适合应用的优质水，以及其他处理途径，如干法处理。

次级生产挑战

材料与产品生命周期与损耗

采矿与矿物加工提供了获得原材料的机会，这些原材料被用于制造复合材料产品。产品在一个系统边界内被使用——可能在所有权变更后被重新使用——但也可能离开系统边界，例如这体现在从欧盟到非洲的出口、新产品或使用的产品中。当产品最终达到 EoL 阶段时，产品可能被丢弃，也可能在城市垃圾焚烧厂或废弃物回收厂中处理；或是运到固定的废物堆或垃圾填埋场，被囤积起来；或是在回收物具有足够经济价值的情况下进入回收链。在第一种情况，任何包含于产品中的金属都可能流失；在第二种情况，废物垃圾场形成第三储量，它在未来可能因其所含有的金属而被开发；在第三种情况，假如储量再次流通，则能够延迟导致回收或再利用。图 11.2 比图 11.1 更详细说明了这些选项。

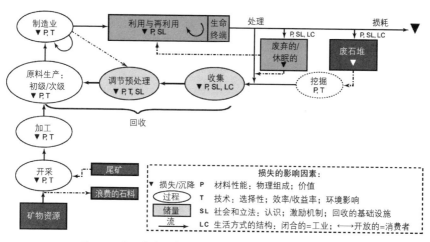

图 11.2　次级生产挑战的图示，分别表明了影响流失的因素。

当材料进入回收链时，会通过收集、预处理、最终加工阶段。尽管这些阶段通常是由不同的利益相关者管理，但在程序之间却是相互依赖的，例如，预处理的质量影响随后的最终加工步骤的运行，或者最终加工阶段的技术革新可能需要预处理不同的输出质量。

生命周期损耗的关键参数

由于受四个主要参数决定，产品或材料的损耗可能发生于生命周期中的不同阶段（见图11.2）。首先，物质属性包括物质的物理组成或复杂程度，由产品中所含物质的种类及其相互联系以及所含物质在给定市场价格下的价值所决定。其次，技术描述包括分离目标物质的选择性、从单个过程和整个过程链中物质回收的效率、加工成本和环境影响。工艺性能受材料性能特别是产品复杂性的影响较大。基本的限制由热力学、物理学、经济学决定。成本与环境影响包括对水与能源的需求，以及对于最终废物、废水与废气的处理。再次，社会驱动力包括消费者意识和主动性、回收基础设施的可用性、EoL产品回收的便利性、立法框架及其执行和控制，以及经济激励。最后，生命周期结构具有根本的重要性。闭合系统（通常用于工业产品）和开放系统（用于消费后产品）之间存在基本差异。后者的特点是存在所有权的频繁变化的生命周期，日常全球产品流动性高，缺乏透明度，因为下游制造商通常无法找到他们的产品，还有非正式结构的早期步骤回收链，如果回收发生，往往会导致高度低效、污染严重的"后院回收"。开放系统的生命周期流失本来就很高。显然，闭合系统更透明，更容易管理，并且由于对生命周期有更多的跟踪和控制（Hagelüken and Meskers, this volume），通常具有获得高整体生命周期效率的适当条件。建造的基础设施，包括大坝和道路，都是在技术领域积累起来的，但通常使用的时间更长。

材料特性和现有技术决定了回收利用的技术可行性和经济吸引力，这可以通过适当的产品设计强化，并依赖于表明这些特性的数据库（Reuter et al. 2005）。公民倡议、立法和生命周期结构构成了变革的环境，而失败往往反映了这些因素的弱点。一个回收社会需要的不仅仅是法律和技术。如上所述，完整的系统和主要参与者的利益需要被所有的利益相关者所掌握，并从多个角度分析（e.g., see Hertwich 2005）。有效的分析必须将这些现象与日益增长的现实结合起来。

关键需求，挑战与潜在的解决方法

二次生产的主要要求是产品的可回收性（由设计定义），适当的生命周期结构及其基础设施，以及最佳的可回收技术。易于拆卸，避免不适当的物质组合，支持产品回收的内置功能发挥着重要作用。然而，一个最佳的设计永远不能保证一个产品可以被回收。为此，一个合理的生命周期结构，包括在立法和营销努力支持下的公民的积极合作，对于帮助逐步将开放系统重组为闭合系统至关重要。在整个生命周期中保持产品的可追溯性，并确保EoL的回收是有吸引力的，而且确实会发生，这是闭合循环的最关键的措施。虽然对新产品回收利用可能会有所帮助，但更根本的方法包括改变商业模式，比如租赁产品或销售功能，而不是销售产品。具 210 有高全球流动性的产品（如汽车）需要一个全球回收基础设施，以确保其在全球范围内的回收。回收链的后续步骤不一定发生在每个国家，但可能依赖于国际分工，如在产品制造中，国际分工受益于专业化和规模经济。

最有效的回收技术将EoL产品中有价值的资源的回收率最大化。技术升级应遵守生态效率原则，这意味着环境影响与经济影响都应被详细地考虑在内。主要的挑战出现在复杂产品和新产品上，这些产品通常需要创新的材料回收过程（例如，光伏板）。

总效率是在生命周期的每一步中个体效率的组合。链条中最薄弱的一环对流失的总体影响最大。今天，在大多数情况下，薄弱环节是回收率低，其次是使用不适当的回收技术。缺乏可回收性通常影响较小。

电器、电子产品和交通工具的制造商可以从更严格意义上的生产者责任中受益。设计出具有良好可回收性的产品，在EoL中回收，并将其送入受控的、有效的回收链中，这将产生内部的原材料供应。反过来，这将改善潜在次要金属的供应安全，并对环境做出负责任的贡献，这比单纯为了可回收利用而设计更能证明绿色产品的存在。这种回收和再利用活动可以外包，只要实际的物质流动得到很好的控制，直到最终目的地。

未来的展望

场景分析

待解决的问题

随着全球人口增长与发展中国家和转型国家寻求更高的生活水平,消费者对物质密集型产品的需求将会增加。这种增长似乎是必然的,尽管富裕国家生活方式的改变可能会抵消这种增长。与材料开采、加工和产品制造直接相关的行业技术创新将提高材料生产率,但也会对关键材料提出新的要求。集约化是可以预见的,但面临许多技术、经济、立法和行为上的障碍;总是需要从岩石圈中开采更多的初级物质。这些挑战是相互依存的,但也会同时出现。可以将不同的假设拓展成关于未来的备选方案,作为评估各种方法的可行性、成本和环境影响的基础,以应付未来矿物需求所带来的挑战。

各种类型的模型和数据库已经存在,并且正在作为系统的一部分进一步开发,包括系统范围内的优化模型。在一种极端情况下,存在原子甚至亚原子层面的物质属性模型。另一方面,政策导向的模型主要关注人类行为和经济激励。下面我们将介绍三大类模型和应用,它们涵盖了广泛的范围:从给定的材料到产品和技术,以及生产和消费活动。之后,我们提供了考虑长远限制的数量级,并在几十年的时间框架中描述了相关的研究问题。

MFA、LCA 与 IO 分析

材料流动分析、生命周期评价和投入产出经济分析的方法分别被用来深入了解金属储量和流动及其对环境和(就输入输出分析而言)经济的影响。越来越多地,这些方法被组合使用来解决更复杂的问题(see, in particular, Suh 2009)。然而,在情景分析能够抓住经济发展之间的相互关系之前,还有许多工作要做;消费者行为与需求;与消费品有关的金属和其他材料;围绕采矿的各种物质、经济和体制上的限制;多方利益相关者的利益;以及矿物部门以及其他有关部门的技术革新。跨学科边界的更紧密的合作和概念框架的进一步扩展是需要的,也是可以预见的。

211

　　MFA用于分析在空间和时间中定义的系统中的物质和能量流（Brunner and Rechberger 2004）。已经完成了许多金属（例如锌、铜）和各种不同尺度的多金属结构的研究。早期MFAs只考虑城市或地区的个别物质储量和流动（例如，Wolman 1965；Ayres et al. 1985）。2000年年初，第一次在国家、地区和全球范围内对金属回收进行了分析（van der Voet et al. 2000；Graedel et al. 2004；Hagelüken et al. 2005）。这些研究使工业和政府了解系统不同阶段的资源使用效率、对环境的损失以及增加回收的潜力。已经完成了静态和动态MFA的研究。静态研究（van der Voet 1996）的结论是，排放的重要来源往往不是金属的大规模应用，而是它们无意中作为污染物流入，例如矿物燃料。动态研究分析了使用中库存的增长模式（Spatari et al. 2005；Müller et al. 2006），评估了储量动态对未来资源可用性的影响，并通过将物质与服务联系起来预测资源需求（Müller 2006；Bergsdal et al. 2007）。基于全球动态技术的MFA模型也将元素和产品相互关联，并将其与采矿、冶金以及环境影响联系起来（Reuter and van Schaik 2008a）。MFA可以与LCA结合起来，以检查在采矿、产品生产、使用和废物管理期间产品或过程的环境影响。

　　LCA是一种支持生命周期中产品、服务或项目环境意义系统评估的工具：从资源提取到EoL［ISO（2006）呈现了完成LCA的导则］。很多金属（例如，铜、镍）的产品开采、提取与生产的环境表现，可以通过LCA来检测。很少有研究评估EoL方面，包括回收。诺盖特和兰金（2000）完成了铜和镍生产的LCA，诺盖特和兰金（2001）回顾了与铝生产相关的温室气体排放。金属和大量其他材料也被包括在复杂产品的LCAs中，比如那些涉及汽车及其部件的产品（相关评论，see MacLean and Lave 2003）。鲍威尔等（1996）完成了回收LCA与经济评估，而吕德霍尔姆与卡尔斯多姆（2002）回顾了镍—镉电池的回收。LCA发现了将环境负担从一个生命周期阶段转移到另一个生命周期阶段的机会。LCA研究强调了与金属、材料和产品相关的环境负担，并向政府、行业和其他利益相关者通报了相关的环境影响。

　　里昂惕夫等人（1983）首先使用IO模型来量化整个世界经济中非燃料矿物的开采和特定行业的使用，以应对未来需求和技术变化的替代场景。最近，纳卡穆拉和他的同事（e.g., Nakamura and Nakajima 2005）开发了"废物IO"，它包括关于日本材料使用的详细数据库的汇编和一个明确代表材料使用和回收部门的IO模型。连接LCA和IO的第一批举措包括科瓦斯等

205

人（1995）和近藤等人（1996）的举措。更多细节见亨德里克森等人（2006）。最近工作，流曼将LCA数据整合到世界经济IO模型的数据库，依次来检验铝生命周期中不同阶段对于环境与经济的影响，权衡成本和碳减排，以减少碳排放。山田等人（2006）与尾上松之助等人（2007）拓展了通过经济学使用的马尔科夫链跟踪物质流的方法，然而，因为没有IO模型，这些研究缺少对于产品流的清晰表达。达钦与莱文（主张）通过将产品流的IO模型与马尔科夫链方法整合在一起来追踪物质流，将马尔科夫链的方法扩展应用到资源流与产品流的关系上。他们在静态、单区域模型的案例中展示了资源途径的属性。概括全球IO模型的理论，并且描述动态全球IO模型的特点，其中后者追踪资源的库存，并显示资源的产品和流动。

　　总而言之，MFA在一个确定的系统中追踪物质与能源的储量与流量；LCA库存输入与输出结合了来自不同生命周期阶段的产品；IO进行经济建模，考察各部门之间的经济交易，同时越来越多地纳入MFA与LCA的数据。这些方法通过实践或说明性的数据，来呈现更广泛的、富有挑战性的问题，而这些问题刚开始形成。它们与其他科学和工程模型一起，为扩展概念范围、数据库和方法"工具箱"奠定了基础，以预测和处理社会物质基础中未来的挑战。

限制与矿物可得性

　　在这里，我们研究未来的物质可得性如何成为矿物商品的限制因素，以及能源、水或土地的资源状况是否可能限制对它们的利用。几项研究（Spatari et al. 2005；Gordon et al. 2006；Müller et al. 2006）得出的结论是，一些正在利用的资源储量已经达到了与已确定的地下可开采资源相同的数量级。然而，凯斯勒（this volume）以铜为例证明，未发现的资源可能比已发现的资源大几个数量级。今天，金属的开采和加工利用了世界总能源的7%和世界总用水的0.03%。下面我们将探讨铜的潜在的未来需求和相关的输入需求。我们充分认识到，这个系统比在此的分析要复杂得多；然而，我们的目的是说明金属提取和关键资源之间的一些关键相互依赖关系。

　　铜的初级和次级（来自旧废料）产量估计如下：

$$初级 = P \times U \times (1 - r + a \times r)$$
$$次级 = P \times U \times r \times (1 - a)$$

（公式11.1）

其中P＝人口，U＝人均铜使用量（千克／人／年），a＝使用中的铜的净储量累积率，r＝（旧的）残余物回收率。

基于2050年人口预测，对2006年与两个假设的未来情境预测。场景H1反映了在技术快速发展时，铜使用量的缓慢增长，与此同时场景H2反映了在较低技术发展水平下铜使用的快速增长。

表11.1 铜的情境在以下假设下形成：人口数据（UN 2007b）；根据美国地质调查局（2009）2006年投入使用的铜的平均数量；新的废物一代的转移系数与摘自格拉德尔等人的铜合金循环（2004）。H1假设当前全球人均消耗量的二倍（当前美国水平的三分之一）；使用中的铜储量到达一个稳定的状态，与投入使用相同数量的铜达到EoL阶段，废物回收率为0.8%（这需要分类、加工与精炼技术的提高）。H2假设所有的国家都想与当前美国的水平接近，再次，格斯特与格拉德尔（2008）确定在2000年使用的铜为13.2千克／每人／年。在H2中的储量增加是基于使用中的材料增加与较长的产品滞留时间。假设净储量累积率在这两种情形下下降，由于矿石品位的下降与由此而来的次级资源的竞争优势，废物回收率在这种情境下增加。

情 境	2006	H1	H2
人口 (P) (10^9)	6.5	8	10
铜的使用 (U) (kg/capita/yr)	2.7	5	15
累积率 (a)	0.67	0.0	0.4
废物回收率 (r)	0.53	0.8	0.6

根据诺盖特（this volume）对低品位矿石开采对铜的能源和水需求的影响进行的预测，如果当前的全球平均铜矿石品位从0.8%下降到0.1%，那么初级生产（采矿、选矿和冶金加工）所需的能源估计将从95兆焦／千克增加到600兆焦／千克。关于这两种情形，假设为200兆焦／千克与600兆焦／千克，技术的进步可能提高开采与加工的能源效率，尽管在更深的地方采矿需要更多的能源。假如矿石品位在更深的矿床中更高，则后者可能被部分抵销。假设对于次级生产的能源需求为恒定的15兆焦／千克，勘探所需的能源在今天看来是微不足道的，因此不在分析之内。当勘探集中在较深（1至3公里或更深）的矿床时，这些可能变得至关重要。火法冶炼矿石品位为0.8%的铜与0.1%的铜在初级生产时需要水的量分别为75与477升／千克铜。对于这种情况，假设为200升／千克与500升／千克。

214

铜的初级和次级产量如表11.2所示。在情景H1中,初级铜产量较2006年的值减少了40%。然而,如果整个世界都按照美国目前的消费水平消耗铜,并适度改善回收利用(假设H2),初级产量将增加近7倍。预计二次铜产量将大幅增加。这些结果突出了了解在用产品的储量动态并进行需求预测的重要性(Müller 2006)。

表11.2显示了2006年全球铜产量和2050年预计全球铜产量的相关百分比的情景和增长的能源和水需求。2006年,铜产量占全球能源消耗的0.3%。在未来的情景下,铜生产所需的能源将占0.2%—5%(基于2050年世界能源使用量)。在2006年,铜生产消耗的水占全世界用水量的0.03%,然而在未来的情境下,这将消耗全世界用水量的0.03%—0.8%(基于2050年世界水使用)。

表11.2 初级与次级铜生产与相关的能源和水的需求:
2006年关于两种假设的未来情境。

	2006	**H1**	**H2**
初级铜生产 (10^9 kg/yr)	14	8	96
次级铜生产 (10^9 kg/yr)	3	32	54
能源需求 (EJ/yr)	1.4	2.1	58
世界能源使用百分比[a] (%)	0.3	0.2	5
水需求 (10^{12}l/yr)	1.1	1.6	48
全球水资源使用百分比[a] (%)	0.03	0.03	0.8

(a) 基于实际使用的2006年的值;情境H1与情境H2的数值是基于预测的2050年能源与水的使用(Nakienovi and Swart 2000; Barth et al., this volume)。

然而,应该注意的是,这些场景仅适用于铜。如果对其他主要金属进行分析,到2050年生产金属所需要的能源接近全球能量供应的40%。考虑到对于能源的其他需求,这显然是不可能的。这表明,技术上必须找到方法,以更低的金属使用需求来提供服务或降低生活质量(以服务供应衡量),这将显著降低所用能源。

在未来,人类有可能更加依赖于可再生能源。即使用水量的直线增加也不太可能影响全球人类的水预算,然而,当地水资源短缺状况却能够影响采矿，这可能会由于人口的增长与气候变化而变得更加严重（例如在澳大利亚西部）。此外，对为勘探和采矿而取得土地的机会的影响，以及采矿对土地的影响预计也都会增加。铜矿石品位从目前的0.8%下降到0.1%，将导致每吨铜产量的尾矿增加8倍。

我们回顾了物质供应是否可能是矿物商品的一个限制因素，特别是能源、水和土地需求所造成的限制。尽管对模型进行了简化，但结果表明，尤其是能源，以及水和土地问题，可能会逐渐成为金属生产的制约因素。

研究议程

从研究的角度来看，必须量化矿物消费最密集的方面，包括住房、家用电器、运输设备、公共和私人基础设施。一些替代方案包括高密度的生活（例如，在城市和郊区），购买电器服务而不是电器，以及共享电子产品。基础设施在一定程度上反映了交通选择，比如遍布的道路系统和私家车，而不是公共交通的密集覆盖。一些技术选择和相关的挑战已经在前面的章节中讨论过，粗略的计算表明了关注能源使用和能源来源的重要性。 216

模型与数据优先级

考虑到挑战来自不同方向，一个代表这些相互作用的模型是必不可少的。有效的模型是理论完善且经过丰富的实践的，它包括三个组成部分：数学的形式体系、系统汇编、记录的数据库，当然还有专业技术——在这种情况下，指的是矿物与产品生命周期领域的专家的技术。一般情况下，这三种类型的活动是由三个不同的研究团体进行的，他们之间的沟通不够完善，并且因方法不同而关系紧张。我们确信，如果我们要加深对于当前情况的了解，并就如何为未来调整目前的局势得出现实和有效的设想，这些跨领域的合作显然是必要的。

一个引人注意的建模需求是从静态模型（无论是MFA、LCA、IO，还是其他模型）转移到动态模型（指定储量和流量以及它们之间的相互关系），以捕获消费产品中互连材料的复杂性。在这方面已经取得了相当大的进展。然而，与这些主要基于技术和经济的模型相结合，需要能够捕获社会行为方面、政策和颠覆性技术的方法（例如场景）。以市场没有预料到的方式改进产品／服务的创新。现有的模型和数据库与那些需要建模能够应对巨大挑战的各种场景的模型和数据库之间仍然存在重大的概念和数据差距。

情景分析的另一个明显的需求是发展数据库，使世界范围内矿物储量的量化取得进展，包括预测初级、次级和第三级储量以及按区域划分的相关流动。流动不仅受到资源可得性的限制，而且也受到利用资源的基础设施的限制，而这一部分的资本尤其需要加以描述和衡量。正在进行的一个重大研究项目将建立一个全球环境扩展的 IO 数据库，其中将提供空前详细的资源流动情况和对资源和资本储量的一些估计；然而，这种尝试也强调从对流量的关注转移到在储量上付出类似努力的困难（Tukker et al. 2009）。

至关重要的是确定现有的或正在发展的技术选择，这些选择可以在矿物生命周期的每一阶段加以利用，并估计有关的能源、水（和水质）、土地需求以及与之有关的污染物和废物的排放。

在设计和开发场景、动态模型和扩展数据库时，在矿物部门具有专业知识的研究人员将需要与许多其他领域的同事合作。除了刚才提到的挑战之外，必须在这些模型中考虑到矿物和所有其他经济部门之间的相互关系。因此，将需要在经济、环境和社会三个主要组成部分，以及其他制度要求的方面进行新的跨学科合作。本章讨论的所有建模方法都做出了重要贡献，并且对于解决可持续性的棘手问题至关重要。从长远来看，我们预计这些方法能够结合起来。

教育与研究

为了应对围绕资源可持续利用的挑战，很多领域需要改进：整个矿物生命周期的技术革新（例如，勘测，开采与加工方法，以及产品设计与回收系统设计的改进），新的政策手段，更完整的数据库，更多的集成模型，更明智的利益相关者与公民积极性，不同类型的创业。最重要的是，可持续性的挑战需要一代对广泛问题有着多学科理解的实践者与分析者。这一现实为研究生与有经验的研究者提供了令人兴奋的研究机会，和有经验的研究者一样，他们将常常以小组的形式工作，小组中包括受过经济学、工程学、地质学、生态学与数学建模（仅列举几个重要领域）训练的个体，以及政策制定与实施者。所有人都必须做好准备，才能够做到真正意义上的跨学科合作。

水

12　全球水平衡

约翰内斯·A.C.巴尔特,瓦切斯劳·菲力毛那,彼得·拜尔,威廉·斯塔克米亚,彼得·哥若斯伍

摘　要

在过去已经发表的文章中,全球淡水资源和水流量很少得到定量化的研究,而且不同研究对此给出的预估值也存在较大的差异。对于预计占世界水资源总量0.3%—0.6%的陆地淡水资源来说,这个问题更加严重。由于大部分深层地下水的含盐量较高,陆地淡水资源中仅有很少的一部分可供人类利用。另外,由于地下水循环过程十分缓慢,且影响深远,所以只有通过合理利用地下水资源,并采取必要的保护措施,才能保证地下水资源的可持续性。未来农业灌溉、工业生产和人类生活对水资源的更高需求迫切要求我们增加对地下水资源特征及其定量化研究方面的投入。在对水资源特征和定量化研究的过程中,气候变化、大面积水库建设、河流改道、城市中心区扩张以及化学和微生物承载力等诸多影响因素均应考虑在内。有助于缓解淡水资源压力的措施主要包括化学和生物防治措施、海水淡化、人工地下水补给以及提高水资源利用效率,如滴灌等。

导　论

2000年9月,联合国千禧年宣言采纳了关于"生命之水"行动的倡议,并通过2002年约翰内斯堡地球峰会正式宣布人类进入"生命之水"时代(Gardiner 2002)。"生命之水"时代倡议最初的目的是致力于水资源更大程度的可持续利用,这里尤其强调安全饮用水的获取。目前,全球将近有10亿左右的人口无法获得安全可靠的淡水资源——这一事实使得"生命之水"

的时代倡议合情合理（Diamond 2005）。另外，在瑞典首都斯德哥尔摩举办的世界水周上，报告说，全球无法获得良好公共卫生环境条件的人口数量已经超过25亿。尽管与此同时会议也宣布了一项宏大的计划，旨在通过此计划使得全球无法获得安全饮用水资源的人口数量在2015年前减半，但事实愈来愈显著地表明届时这些目标几乎不可能实现。究其原因，其中很重要的一点就是该计划缺乏清晰明了的刺激机制来促使世界各国实施这项计划。在众多影响因素中，未来这项计划可能会在很大程度上受到资金缺乏、人口快速增长、城市化、气候变化以及经济发展等因素的限制。尽管如此，不管是对于局部地区、区域尺度还是全球范围而言，我们迫切需要对自然界中的水循环进行更深层的定量化研究，以为我们的下一步行动打下基础。

到目前为止，水是地球表层最丰富的物质（Berner and Berner 1996）。水资源储存于陆地、海洋以及大气中。陆地上水的主要存贮形式包括冰、雪、土壤蓄水层、地表水、土壤水、生物圈中的水、岩石不透水结构中的水以及岩石形成过程中产生的原生水。当前，人们认为世界上的水资源来源于地球早期形成过程中陨星撞击地球带来的大量水汽迅速蒸发后凝结而形成的固态水（Berner and Berner 1996；Shiklomanov 1996；Shiklomanov and Rodda 2003；UNEP 2008；UNESCO 2003）。但是，水资源定量化的重点还是应该关注可被人类利用的淡水资源量。鉴于此，通常被广泛引用的一个全球淡水资源总量的估测值为3 500万至4 000万立方千米（UNESCO 2003），其中，大约70%的淡水资源储存在冰雪中，剩余30%主要以地下水的形式存在。福斯特和希尔顿（2003）粗略地指出全球地下水资源总量的50%供给人类生活饮用，约40%用于工业生产，约20%用于农业灌溉。斯塔克米亚（2008）和联合国环境规划署（UNEP）采用其他数据计算得出，随着人口的快速增长，目前已经有超过25%的世界人口（也就是说15亿至20亿）依赖地下水资源生存（UNEP 1996）。

斯塔克米亚等（2005）推算，当今人类可利用水资源的可再生量约为每年4.3万立方千米。这个数值与戴尔和菲德勒（2008）通过全球水平衡模型计算得出的结果大致吻合，貌似是合理可信的。但如果用现在和未来全球可利用水资源总量的预估值与这个数值进行比较的话，就会发现它们之间存在很大的差异。例如，全球各类淡水资源每年减少的总量约为4 000立方千米，约占贝加尔湖水体总量的17%，其中贝加尔湖是世界上蓄水量最大的淡水湖泊，其总蓄水量达2.36万立方千米。许多专家预测全球淡水资源总量减少的速度不断上升，到2025年有可能达到5 300立方千米/年（Seiler and Gat 2007；Shiklomanov and Rodda 2003），这个数值大致相当于贝加尔湖总容量的22%。其他研究者预估到2050年全球淡水资源减少的速度可能达到1.2万立方千米（Nature 2008），这个数值大概相当于美国苏必略湖的总容量，或者是贝加尔湖的51%左右。

实现淡水资源可持续供给的另外一种十分有前景的途径就是海水淡化。人们认为海水淡化是一种十分有吸引力的选择，其优点在于可以弥补过多大型水利工程（水坝、管道或运河等）的不足，但在实施时依然需要仔细斟酌资源的利用效率（Schiermeier 2008）。若干具有良好前景的淡水生产技术途径包括正向渗透技术、碳纳米管薄膜和高分子聚合物膜技术。尽管如此，平均而言，通过海水淡化等技术途径而获得淡水资源的成本依然高于地下水抽取（Schiermeier 2008；Shannon et al. 2008）。例如，戴蒙德（2005）指出海水淡化的成本是地下水抽取费用的3.5倍。不仅如此，在海水脱盐过程中产生的浓盐水及其他残余物也是必须要认真考虑的问题。残留的浓盐水和盐类需要隔离储存，或者通过稀释使得其浓度降低，以确保不会对生态系统产生危害。

虽然从全球尺度来看，人类消耗的水资源量看起来比全球陆地上降水所更新的水资源量要少，而且陆地表面还蓄积着许多淡水资源，但预计未来人类实际可利用的淡水资源和优质水资源的短缺状况将进一步恶化。这一问题的根源就在于地球上水资源的分布和更新不平衡。举个例子来说，世界上干旱地区存在的主要问题是水资源短缺，但是，即便在水资源更新速率较快的地区，如果水环境的卫生和化学条件改变，水资源质量下降，那么该地区也会受到水资源短缺问题的困扰。另外，随着未来人口数量的不断增加、工农业生产的快速发展和人们生活水平的提高，人类对淡水资源的需求量将逐步上升。本章我们最基本的目的是介绍全球水资源的概况。在全球多种水资源储存形式中，地下水资源以其相对较低的成本和几乎不需要任何再处理的便利性优点，成为当前人类最广泛利用的水资源类型。因此，本章的重点将放在地下水资源的量化，以及未来这种珍贵资源所承受的压力，包括水资源的保护和管理。地下水资源具体的探测和定量化研究在附录2中显示。

222

223

全球水资源总量估算值的对比

基于方法的计算途径纷繁复杂,参数输入多变,也只能使得我们对水资源总量有一个大致的估算,比如前面提到的全球可利用的水资源总量为130亿至150亿立方千米,这个数值就是一个估计值,其中海水占该总水量的96%至97.5%,其余的淡水资源占总水量的2.5%至4%,即3 500万至5 000万立方千米。这里的淡水资源又可以分为冰和雪(约占地球可利用水资源总量的2%至3%)、地表水和地下水(约占0.5%至1%)。大气中的水只有0.013立方千米,占全球淡水资源总量的0.033%。由于数据来源和估算方法不同,以往对地球上淡水资源每一组成部分量的估值也存在较大的差异。

图16.1(Kanae, this volume)基于联合国环境规划署(2002a)和西勒与加特(2007)的研究给出了合并式的全球年均水量平衡数据。图中显示,全球年平均降水量约为50万立方千米,其中几乎有80%的降水属于海洋上空降水(39万立方千米/年)。陆地表面的水分蒸发量约为7万立方米/年。如果我们假设有一个稳定的全球水循环系统的话,大陆降水量和蒸发量之差(7万—11万立方千米/年)约等于全球从陆地流失的水量(4万立方米/年),这部分水又可以细分为地表径流(估计占55%或2.2万立方米/年)(Seiler and Gat 2007)和地下径流或地下水注入海洋的部分(估计约占45%或1.8万立方米/年)。全球每年注入海洋的地下水和地表水总量(4万立方米/年)约等于海洋表面水分的蒸发量(43万立方米/年)和降水量(39万立方米/年)之差。地下径流和地下水注入海洋使得全球水循环形成了一个闭合。这些数值与神奈(this volume)给出的结果大体上一致。

表12.1给出了许多关于水循环过程中通量的估算值,包括全球降水量、蒸发量、地表和地下径流量以及可利用水资源总量。基于联合国环境规划署(2008)和西勒与加特(2007)的研究估算出海洋降水总量,与其他研究提供的数据相差15%至25%,而范德莱登(1975)给出的海洋上降水和蒸发的估值比其他研究者给出的值低25%以上。研究者们给出的海洋上水通量的估值之间之所以存在较大差异,原因可能在于这些估值只是建立在模型的基础上,并且缺乏大量实际测量值的验证。另一方面,冲和神奈(2006)给出的地表径流数据是西勒和加特(2007)估值的两倍,同时伯纳和伯纳(1996)

224

给出的世界冰雪储水总量比其他研究高出1.8倍。产生这些差异的根源可能与大气储水量有关。由于大气中水分停留时间较短,因此难以量化空气中的储水量。当然也要注意地表径流量只是从拥有水位监测站的大河流域的地表径流量推算出来的。举个例子来说,全球径流数据中心(Global Runoff Data Centre 2008)的大部分数据都是通过推算和总结得到的。尽管许多流量较小的河流每年流入海洋中的水量也相当大,但这部分水量均未被包含于总地表径流量。

表12.1　摘选的全球水量平衡中水通量与库的若干估算值。水通量数据的单位为百万立方千米/年,水资源总量(库)的单位为百万立方米。

	海洋降水	陆地降水	海洋蒸发	陆地蒸发	陆地地表及地下径流	陆地地下水径流	海洋水容量	大气平均水平含量	冰储水	陆地地下水总量
1	0.4	0.1	0.4	0.06	0.04	—	1 400	0.01	48	15.3
2	0.32	0.1	0.35	0.07	0.04	—	1 320	0.013	29.2	8.35
3	0.359	0.122	0.384	0.097	—					
4	0.385	0.111	0.425	0.071	0.04	—	1 350	0.015 5	27.8	8
5	0.391	0.111	0.437	0.066	0.076	0.030	1 338	0.013	24.1	23.4
6	0.46	0.11	0.5	0.065	0.045	0.018	1 351	0.013	27	8
7	0.46	0.119	0.5	0.074	0.045	0.002	1 365	—	32.9	23.4
8										4
9										6
10										8.2
11										8.34
12										10
13										10.55
14										23.4
15										23.4

[1]Berner and Berner (1996); [2]Van der Leeden (1975); [3]Marcinek et al. (1996); [4]Mook and de Vries (2000); [5]Oki and Kanae (2006); [6]Seiler and Gat (2007); [7]UNEP (2008); [8]Lvovitch (1970); [9]Nace (1971); [10]Jones (1997); [11]Schwartz and Zhang (2003); [12]UNESCO (2003); [13]Shiklomanov (1996); [14]Gleick (1993); [15]Shiklomanov and Rodda (2003)

关于全球含盐地下水和地下淡水资源库的估值存在更大的差异，其最小值可以达到 400 万立方千米，而最大值却高达 2 340 万立方千米，这样算下来，总变异可以达到 585%。造成这种差异的原因可能是对地下水资源总量的估算存在较大不确定性。地下水资源只能通过压力表、管道或者高分辨率的地球物理设备才能可视化，而这些设备等只能在小尺度范围内使用。除此之外，关于地下水流出到地表的量，尤其是岩石圈的水流入海洋的部分，只是进行了粗放的定量。在大尺度范围内，这部分水量只是通过对陆地降水的收入量与河流的径流排放量之间的差额计算得出的。由于地下水很可能储存在于地下至几千米深的地壳内，所以一般认为人类可利用水的深度只是在地下几百米处。超过这个深度，再通过抽取的方式利用地下水在很多情况下都是不可取的，因为水中的盐分同时也会上升。人类到底应该利用多少米深的地下水？这个深度一般是很难确定的，而且蓄水层的空隙也几乎没有得到量化。另外，抽取多少米深的地下水还取决于供水的迫切程度。比如，在干旱区（像沙特阿拉伯和北非的许多地区），井深可达地下几千米甚至更深处。

全球水循环的主要过程由自然因素控制，如蒸发、植物蒸腾、降水和径流等。尽管如此，人类活动也会对全球和区域水平衡带来许多未知的影响。从全球尺度上讲，人类活动导致气候变化进而影响水资源总量及其流量；在区域尺度上，人类可以通过重塑水道（如修建堤坝、开凿河道、地下建筑等）、地下水开采、灌溉或者向蓄水层重新注水等行为影响水平衡。水污染引起的水质下降问题也会对人类可利用淡水资源总量产生严重的影响。迄今为止，影响全球水平衡的诸多因素都难以定量化，但是已经有大量关于人类对水资源总量和质量产生严重影响的实例（Diamond 2005）。随着世界人口的持续增多，以及科技与社会发展过程中对水资源需求的不断上升，人类对水的影响也将不断增加。因此，未来需要更多地关注人类对水平衡的影响。由于地下水的流动性差，记忆效应较长（污染物质的影响时间长），导致其自净能力很弱，再加上人类对地下水的需求不断上升，所以未来更要关注人类活动对地下水的影响。

地下水资源及其在全球水平衡中的地位

地下水资源是保证人类饮用水供应的重要资源，其重要性仅次于粮食生产（Struckmeier et al. 2005）。在许多情况下，人类利用地下水资源往往受到限制，因为对地下水的利用需要一系列的预处理措施和技术保障，如必要的卫生设备、过滤系统或脱盐处理等。如果没有这些措施的话，未经处理的地下水资源只能被用于工业生产（Arad and Olshina 1984）。

地下水资源中的96%至97%属于较容易开采的淡水资源（Seiler and Gat 2007），全球陆地表层53%的地下部分（不包括南极地区）都存在主要含有地下水资源的蓄水层（Struckmeier and Richts 2008），其余47%大陆表层的地下部分中很少含有地下水资源，因为水被其上部的隔离带截留（Struckmeier et al. 2005）。地下水资源的流量与补给主要取决于其上部地表和地下的水文地质特点，气候和大气环境过程，以及湖泊、河流、溪流与湿地的水文状况（Freeze and Cherry 1979）。通过直接测量的方法可以对地下水可利用性、流量和补给状况进行定量化研究，这种研究主要在小尺度的局部区域开展，它可以促进区域尺度上的模型研究。但是，在中尺度的区域范围和大尺度的陆地范围内，要获取地下水资源总量的精确数据依然存在较大的困难，原因在于（Balek 1989；Seiler and Gat 2007）：

- 对地下孔隙结构总体积的估算存在不确定性；
- 关于地下水补给、地下水径流和地下水水位的可利用且可靠的数据十分短缺，尤其是对于那些不具备充足资源来建立监测网络的国家来说，这个问题更加严重；
- 在大尺度范围内，确定地下水位与地面之间的距离，地下水的年内变化与长时间尺度的年际变化均存在较大困难；
- 地表水和地下水之间交换的流量和水流向是未知的，尤其对于海洋和海岸系统来说；
- 人类活动对地下水长期影响的资料十分有限；
- 目前还无法知晓海洋底部或陆地表层以下深部含水层中圈闭的不可利用或难以利用的地下水资源总量。

尽管全球地下水资源中约60%的水储存于地表1千米以下（Arnell 2002），大陆的可利用地下水资源也主要储存在浅层蓄水层中，越靠近地表，可利用性地下水资源总量越大，但其环境承载力也越弱。地下水可抽取的 227

平均深度是地表以下100米以内，但也可以达到几千米之后，从深部的承压含水层获取地下水。一般情况下，浅层地下水与大气环境密切相连。大陆浅层地下水来源于大气降水及其之后的土壤入渗（即地下水补给）。模型研究显示当前大气降水总量的85%用于补给大陆浅层地下水，其余的15%降水补给了深层地下水（Seiler and Gat 2007）。由于大气降水规律性的补给，陆地浅层地下水的平均周转周期较短，一般是数周到数十年不等（Nace 1971）。地下水的周转期取决于补给区与地下水排出区（如温泉、河流、湖泊、湿地和海洋）的距离。据估算，浅层地下水向地下水排出区的平均流动速率大概是每天若干米，也可能更慢，这取决于含水层和目标区域溶液的类型（Seiler and Gat 2007）。对比之下，深层地下水的平均周转时间在数百年到数千年不等，平均而言，大约是每年若干米或若干厘米，甚至更少。例如，列米欧等（2008）利用大尺度数学模型研究的结果显示，北美深层地下水运转变化依然受到更新世冰川作用（一万年以前）的影响。

地下水总量和流量还受到人类活动的影响，如抽取地下水、建筑基础设施和河流改道等活动。最近几十年来，人类排放大量废水、毫无节制地开采地下水资源、对土壤和植物的破坏等导致了全球水平衡系统的剧烈变化（Falkenmark et al. 1999）。人类活动对水平衡系统严重破坏带来的恶劣影响在未来的几个世纪都将是无法逆转的。以过量开采地下水为例，过量开采地下水已经使得澳大利亚、印度、中国、拉丁美洲和北非许多国家的地下含水层系统枯竭（Diamond 2005），进而导致从邻近含水层流入本区的地下水量无法预测。未来，人类活动对环境的压力不断增大，可能会对地下水产生更严重的影响，尤其在城市区域和农业活动密集的区域，人类活动对环境的压力更大。从水资源可持续利用管理的角度来看，这些地区特别需要管理者的关注。

在干旱气候区，不可再生的地下水是当地水资源中最重要的部分，通常也是本地区水资源的唯一来源。工业生产和农业灌溉对水资源需求量的不断增加，导致干旱地区不可再生地下水资源面临的形势十分严峻。针对这种情况，为了避免未来水资源供需之间的矛盾，保障不可再生的地下水资源不会因过量开采而枯竭，应该考虑发展地下水资源可持续利用的多种管理方式（Foster and Loucks 2006）。

气候因子强烈地影响区域地下水资源的分布及其补给状况。大气降水到达地面后，通过土壤入渗，为地下水补给提供了水源。但在这个过程中，蒸发减少了大气降水补给地下水的总量。在干旱气候区，蒸发作用强烈，一定程度上阻止了地下水补给，甚至还可能通过毛细作用力或达到地下水位的深根植物消耗一部分地下水。从另一方面来说，包气带的孔隙度和导水性决定着地表水的渗透和地表径流和壤中流的水量。一般情况下，在温暖湿润的气候带，地下水补给量较大，大气降水也会产生更多的地表径流。与之相反，年总降水量低于200毫米的温带地区占地球大陆表层的15%左右。通常在这些干旱气候区，蒸发量占大气降水量的比例高达97%。相比较而言，在湿润气候区，如欧洲西部地区，蒸发量仅把总降水量的62%返还给了大气。

228

由于开放水域的水也有可能流向地下水（Lerner et al. 1990；Trémolières et al. 1994），所以我们可以推断，通常是地下水通过底流的形式补给地势较低的河流、湖泊、溪流和湿地等，这种底流是干旱气候区河流补给的唯一来源（Struckmeier et al. 2005）。需要注意的是，目前我们还没有关于地下水直接流入海洋部分的准确数据（Dragoni and Sukhijia 2008；Moore et al. 2008）。

据斯塔克米亚等（2005）估算，2001年全球地下水总的开采量约为600至700立方千米。尽管这个数字仅相当于全球淡水消耗总量的15%，但与其他环境资源（如砂石、煤炭或石油等）的开采量相比，这个数字足以证实地下水是人类开采最多的资源（Zektser and Everett 2004）。一般情况下，在地下水补给源较匮乏的地区，地下水的开采量更大。法尔肯马克（2007）发现印度粮食生产中25%以上均依赖于地下含水层中的水，每年地下水开采量远远超过其补给量。纵然如此，人类从地下含水层中抽取的地下水有一部分并没有流失，而是通过再循环返回地下水。农业灌溉用水中约有一半的水可以通过土壤入渗重新返回地下水，而这将取决于植物蒸腾作用、土壤入渗性能、灌溉方法的改进等。对比之下，人类饮用水、生活用水和工业用水中的大部分却直接排放到地表水系统中。

水　质

世界上许多城市用水均来源于地下水抽取。因此，地下水资源总量不断下降，尤其在城市及其周围，地下水总量几乎已经缩减到临界值（Potter and Colman 2003)。世界上规模较大的城市(如墨西哥城、曼谷、北京和上海),地下水水位已经下降了10至50米(Foster et al. 1998)。地下水位下降往往会对地下水水质产生不良影响。举个例子来说,城市下水系统渗漏可能会污染地下水,城市周边绿地和农业区大量施用农药和化肥,也会对地下水水质产生较大的压力。这说明过量开采地下水与地下水污染通常会相伴出现,尤其是浅层地下水更易被污染。虽然地下水位上层和下层的土壤、岩石和次表层带中的矿物质可能会滤除、截留、降解部分污染物,但许多可溶性化合物(如农药、氮肥)还是有可能进入地下水井。另外,在河流附近,洪水可能会冲刷化粪池及其他污染区域,导致地下水污染。不仅如此,如果土壤含水层中含有高浓度的砷、硼、硒等重金属,地下水污染自然也会发生。表12.2列出了地下水污染的主要来源。

表12.2　地下水污染的主要人为源,改自菲特(1988)。

来　　源	地下水污染的人为污染源			
	市　　政	工　　业	农　　业	个　　人
地表或近地表	大气污染	大气污染	大气污染	大气污染
	垃圾填埋池	垃圾填埋池	化　肥	垃　圾
	城市径流	工　厂	农　药	合成洗涤剂
	公共交通	露天矿场	化学品溢出	清洗剂
	储存设施	化学品溢出	牲畜粪便	机　油
		储存设施		
地表之下	垃圾填埋池	管　道	水　井	水　井
	排污系统	地下储存设施	地下储存设施	化粪池系统
	—	矿　井	—	—

　　水质恶化的地下水中的污染物一般以多种微生物、病毒、重金属、有机金属化合物、有机污染物和化肥等为主要组分(Fetter 1999)。此外,地下水盐碱化也是一个普遍存在的问题,尤其在干旱气候区、农业活动频繁区和堤坝的下游,这个问题更加严重。而且,在许多海岸带,过量开采地下水已经引起海水倒灌,进一步导致地下水质量下降(Shannon et al. 2008),进入海岸带地下含水层中的海水最终成为人类饮用水。农业生产中含有化肥和农药的灌溉水

进入地下水后,使得地下水面临的水污染形势更加严峻。这样的例子比比皆是,尤其是在资源匮乏,无法落实可持续性水资源管理和农业发展的国家,问题更严重(Diamond 2005)。为了解决这些问题,人工补给地下水技术已经被用于修复地下含水层。但是,在人工补给的过程中也要注意,人工补给后的地下水位不能过分接近地表,因为水位接近地表,地下水的蒸发十分旺盛,最终会导致土壤盐度上升。尽管如此,在印度、以色列、德国、瑞典和荷兰等地利用预先处理好的雨水进行人工补给地下水的成功案例依然大量存在。

归纳与总结

到目前为止,尚未有关于全球淡水资源总量和通量相对准确的定量化数据,前期许多已发表的文章对此给出的估值之间存在较大的差异。这种现状给未来的天然水资源配置、局部区域和大范围内的水资源规划带来较大的困扰。由于世界人口不断增多,人类社会发展的脚步并不停息,农业灌溉、工业生产和生活消费对水资源的需求不断上升,全球水资源供给面临巨大压力,所以对水资源利用进行合理规划是当务之急。在水资源合理规划与配置中,气候变化、不断拓展的人类活动对水资源总量和水质安全的影响等这些因子都应该考虑进去,而且大规模的水利工程、河流改道、城市中心区扩张、垃圾堆的化学物质载荷与微生物量、城市排污系统、工农业发展及人类生活用水等,这些因素也都需要考虑进去。

230

关于未来人类可利用淡水资源总量的预测存在很大的不确定性,所以我们更要重视陆地表层之下稳定且庞大的地下水库。地下水是人类饮用水、农业灌溉用水和工业生产用水最根本的来源,所以地下水是对人类而言最重要的淡水资源。但由于地下水流动缓慢,污染物质在地下水中的周转速率很慢(污染物质在地下水中的长期记忆效应),地下水的自净能力十分有限,这使得地下含水层成为最基本的,但同时也是敏感的、不确定的淡水资源来源。因此,明确人类对地下水需求的总量和水质恶化状况十分重要。另外,地下水开采严重的地区通常也是地下水被城市和农业用水严重污染的地区。在水资源极其短缺的地区,地下水过量开采与水质污染对水资源造成了双重的压力,尤其在过量开采地下水同时又缺乏合理的地下水资源管理策略的地区,水量减少和水质恶化对水资源造成的双重压力更加明显。

我们也知道，与石油、砂石及其他矿产资源和金属资源相比，地下水资源的开采量是最大的。尽管水资源的"地位"如此特殊，但是人类可利用的淡水资源总量，尤其是大尺度范围内的淡水资源总量，依然是未知的。这并非意味着地表水和空气中的水更重要，只是获取地表水和大气中水分数据相对比较容易，因此关于地表水和大气中含水量的数据相对准确一些。所以，在区域尺度和大尺度范围内，我们应该增加关于地下水变化规律、水质管理及地下水利用的勘察与研究，得出小规模尺度上地下水总量和地下水补给状况的精确数据。在此基础上，进一步预估全球的地下水总量，应用于大尺度模型的校正。由于利用压强计与监测井测量或者其他地球物理方法、地电测量方法、卫星遥感监测和运用全球系统化数据的GIS技术相结合的方法等进行地下水总量和水质的高分辨率监测的费用较高，所以对地下水资源总量和水质的估算依然存在较大的挑战。尽管我们已经拥有比较先进、有效的地下水调查和预估方法，我们也不得不承认准确构建全球地下水231 储量分布的全景几乎是不可能的。对地下水资源总量预估不准确很可能会导致地下水的过度开采。因此，如果要对地下水进行科学的定量化研究，一定要做一些更细致的工作，做到更加清晰地了解地下水与地表水之间，尤其是地下水与海洋之间的相互作用。

当然，地下水资源也并非是淡水资源的唯一来源，另外一些能够减缓水资源压力的途径包括：进一步发展海水淡化技术、地下水人为补给技术、新型水资源高效利用技术（如滴灌技术）等，还可以把淡水资源储存于地下含水层中而不是地上储水结构中。尽管在地下含水层中储水不能利用水进行水力发电，但它可以避免修筑堤坝对生态系统的破坏，减少水分蒸发，而且如果地下水水位在地表之下相对较深的位置，还能防止土壤盐碱化。

致　谢

在这项工作中，约翰内斯·巴尔特和彼得·哥若斯伍得到巴登符腾堡州科学研究与艺术部门的大力支持（AZ33-7533.18-15-02/80）。同时，这项工作中的一部分是在欧洲一体化项目——水星球项目（GOCE 505428）中进232 行的。另外，该项目得到欧盟第六框架计划提供的科研基金的资助。

13 水质是水资源可持续供应系统的
重要组成部分

托马斯·P.克奈珀,托马斯·A.泰恩斯

摘　要

随着全球人口数量不断增多,人类原有的饮用水资源和灌溉用水资源总量呈现严重亏缺的趋势。为了合理、高效地利用水资源,保护水资源质量同保护水资源总量一样占有举足轻重的地位。为了在确保全球水资源储量充沛的同时促使水资源质量达到较高标准,我们迫切需要从以下三维途径出发。首先,必须落实水资源保护措施:必须采用合理的农业和工业用水措施(例如,可生物降解化学物质的使用),避免污染河流和溪水。其次,规范水资源处理办法,为安全地重复利用水资源提供参考依据,为半咸水和海水的合理利用提供准予许可。最后,应确保在淡水资源的开采利用与及时补充之间的平衡。为了达到这一系列目标,未来在水资源高效合理利用过程中需要更多的创新。本章内容主要关注与水资源质量密切相关的问题。

导　论

淡水资源总量减少、水质污染等问题已经成为当今研究水资源的学者、水资源领域的专家以及国家政策决定者所面临的巨大难题:如何才能提供充足的水资源以满足全世界不断增多的人口的用水需求? 如何才能避免因水资源问题而引起冲突(局部冲突、地区冲突,甚至国际冲突),确保环境与公众的安全? 如何才能同时解决好这两大问题呢?

在世界许多国家,淡水资源可利用性已经明显下降到水资源压力指数(每人每年1 700立方千米)之下,该指数是通过满足生活用水、工业用水和农业用水的年可再生水资源总量计算得出的（Angelakis et al. 1999；Postel 2000）。多种预测表明，到2025年，世界总人口的三分之二将会面临中度至高度的水资源压力。另外，全球气候变化可能会加剧世界许多地区淡水资源可利用性下降的现象（Kanae, this volume）。因此，可持续性的水资源管理成为未来最基本的挑战之一。

233

　　为了达到水资源可持续管理的目的，我们必须对水文循环（包括水循环系统的输入和输出）有全面、清晰的认识，同时利用多方面的信息来发展节能、经济效益高并且能可持续利用的科学技术，旨在为人类提供数量充沛、质量有保障的水资源。在全球基础上，为了保证水资源总量，需要考虑对其他可用水资源（废水、半咸水以及海水等）等进行净化处理。但是，所有应用于水资源处理中的措施都应以保证水资源质量为根本，避免对环境和人类消费者产生危害。

　　废水处理技术必然反映不同水资源利用地区的发展水平。尽管在许多工业发达国家，污水处理将物理化学和生物步骤作为最低标准，但发展中国家只采用了一些非常简单的污水处理措施（如湿地净化污水）。例如在摩洛哥，由于运转需要消耗大量的能源，许多修建好的污水处理厂还处于休眠状态。因此，一方面污水处理行业必须积极寻找良好的解决方案，以确保所有国家均能进行高效的污水处理。另一方面，化学工业部门必须开发既高效又能完全降解的化学产品，以保证输入环境中的任何一种化学产品都不会对环境带来危害。为了达到这两个目标，最重要的一点是寻找多学科协作的解决途径。

水循环

　　全球范围内水资源开发利用过程中，人类活动已经对水循环产生了相当大的影响。无论从水资源总量方面（地表和地下淡水资源减少），还是从水资源质量方面（在同一水体中，污水排出后大量水资源随之流失，导致水体中污染物封闭和半封闭性累积的可能性上升）来说，这已是客观存在的事实。因此，水资源短缺并不仅仅因为可利用水资源量减少，同样也是水资源被污染的结果。因此，可持续的水资源管理也应该把与水资源质量密切相关的问题列入重点考虑的范畴。

面临人类可利用性水资源不断减少的现状,我们可以通过高效、合理利用淡水资源(包括施用节水技术)的方法,或者多途径重复利用废水的方式来平衡。对废水的部分重新利用或全部重新利用是可持续性水资源管理中的重要内容。污水处理厂的废水回用为非直接的饮用水资源(例如,当污水处理厂的这些废水排放到地表水里后,可以利用这些地表水作为饮用水)为我们提供了一条可行之路。尽管没有得到预先的规划,这种废水回用的方法在实际中很可能已经被采用了,尤其在生活污水和工业污水直接排入到大规模水体的地区,由于这些水体是用于水资源供应的,所以废水实际上被重新利用了。

234

尽管如此,预先规划的废水非直接饮用重新利用技术要求我们必须要确保水资源中不存在病原微生物和渗透性极强的持久性污染物,这样才能达到供应饮用水的质量标准。从这方面看,除了可溶性盐类,极性有机废水成分和微小的微生物(如病毒)是最重要的污染成分,因为这些成分可以直接流入自然和人造的过滤系统。另外,许多极性污染物质很难降解,目前已经存在于地下水和人类饮用水中(Knepper 1999; Ternes et al. 2006)。废水中最重要的生物和化学污染物分别是:

- 病原微生物:鞭毛虫和隐孢子虫是值得高度关注的肠道病毒、甲肝病毒和轮状病毒。世界卫生组织已经强调了若干种寄生虫卵(例如,人蛔虫、鞭虫、十二指肠虫、绦虫等)之间的关联性。
- 一般有机污染物和无机污染物,包括固体悬浮物、可溶性固体总量、生物需氧量、有机碳总量、非有机氮和磷。
- 痕量污染物,包括重金属、有机微污染物、产品消毒过程中产生的前体物质和新型污染物。

为了利用废水来获得饮用水,去除废水中污染物、防止病原微生物泛滥的需求的强烈,促使许多水厂建立起废水多级处理程序。但是除了微孔滤膜(如反渗透法)外,最常用的废水处理技术方法并不能够完全去除废水中的化学污染物。因此,微小污染物可以用作指示饮用水是由一定比例的已处理废水加工生产而来的指示剂。消费者的意识导致公众对饮用水质量的怀疑程度不断上升。目前在欧洲和北美,人们关于饮用水质量的讨论,比如,对饮用水药物残留量的探查,使得民众不愿意接受非直接饮用废水回用,尽管这种非直接饮用废水回用并不会对消费者产生毒害影响。

图13.1图解了一个(部分)闭合水循环的主要组成部分,以及在水循环过程中人类活动造成干预的环节。人类通过利用水资源(通常是饮用水)满足生活用水、工业用水和农业灌溉的需求,改变了水循环过程。在许多情况下,人类对水循环干预的最终结果是水资源被微生物、非有机污染物和有机污染物污染。

合理处理废水的目的是防止(至少是减少)生物和化学的微污染物排放到地表和地下水中。这项目标通过以下途径实现:(a)提高市政污水处理能力,把废水回用为非直接饮用水和非饮用水;(b)通过对非直接排放出去的工业废水进行预处理,提高未经处理废水(原生废水)的质量;(c)通过替换235 废水中的特定化学物质为易降解的物质,避免微污染物点源污染的扩散。

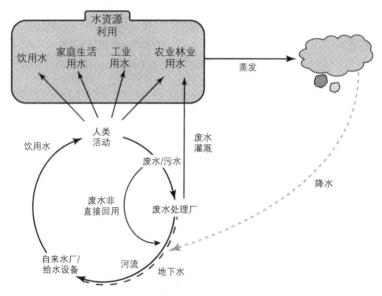

图13.1　一个(部分)闭合水循环的组成部分(不包括海洋环境),以及人类活动干预水循环的环节:饮用水,地下水,废水,废水处理厂。

非直接饮用废水回用的处理要求差异很大,主要取决于原生废水的来源、地点、回用的类型以及自然净化过程的可利用性。除了标准的活性污泥处理外,废水处理必需的处理过程包括凝固/凝结、过滤、离子交换、颗粒活性炭吸收、消毒、微孔滤膜过滤、化学氧化、反渗透。废水回用技术不仅在去除市政污水中病原微生物的能力方面存在差异，而且在去除化学微污染物的潜力方面也有所不同（Angelakis et al. 1999；Crook et al. 1998；Asano and Cotruvo 2004；Lazarova, pers. comm.）。从人类健康角度考虑，最好对废水处理持警惕性的态度。我们应该运用一种多重屏障技术来提高废水处理后水质的可靠性，而不仅仅从常规处理理念和废水回用设计方面提供支持。尽管采用了多重屏障技术，也应该让该技术与蓄水层或储水空间的自然净化相结合，从而确保废水回用的水质安全及公众对它的接纳。

欧盟资助的两个项目（P-THREE 和 POSEIDON）有助于增进人们对市政污水处理中生物转化和极性污染物去除的理解。这些综合性研究中的数据表明：所选化合物几乎遍布整个欧洲（Reemtsma et al. 2006；Terzic et al. 2008；Ternes and Joss 2006）。因此，可以利用这些选择的化合物作为水资源中含有市政污水的指示剂。为了去除这些化合物，应该采用更加有效的废水处理技术，因为仅靠活性炭吸附技术是远远不够的。全球案例研究发表的相似结果也显示，这是一个全球性的问题（Buttiglieri and Knepper 2008；De Wever et al. 2007；Ternes and Joss 2006）。

城市发展引起的城市扩张，以及与此同时不断增多的人口和密集的工业生产活动，导致人类对可利用性水资源的处理和循环利用的需求不断上升。在欧洲，30%以上的废水资源得到循环利用，这些废水通过废水处理厂后再进入水环境。废水处理厂排放出来的废水量是相当大的，有时候可能会与河流径流量持平。一般可以通过检测废水的生物需氧量和化学需氧量确定废水的化学性质，因为这样可以恰当地定量化废水对接受废水的水体的短期影响（例如，溶解氧消耗量）。

既然许多发达国家在市政污水的生物处理过程中已经采用了活性污泥吸附技术，很明显，我们急需新的质量标准以确保污水处理后的质量能够满足非直接饮用的重新利用（规划的和未规划的）以及灌溉的需求。尽管大多数公众关注的是污水处理后其中较低浓度的极性化合物和持久性污染物，可是被重新利用的废水资源的生态毒性及其可能产生的毒副作用其实是更加严重的问题，因为在这些水体中，病原微生物（如病毒、原生生物、细菌）和现存化学污染物的潜在毒性主导着水体的质量。

膜生物反应器在微生物污水处理技术中具有极大的发展前景。与活性污泥吸附技术相比较，膜生物反应器产生更少的污泥，占据的空间更小，从水体浑浊度、细菌、病毒以及通常考虑的可溶性有机物总量等方面改善了污水的水质。从饮用水资源重新利用的角度来看，膜生物反应器是一项很好的选择，因为大部分病原微生物可以通过膜生物反应器得以清除。但是，膜生物反应器会比活性污泥吸附技术消耗更多的能量。因此，在大范围内安装并启用膜生物反应器工厂需要考虑能源资源消耗的严重后果，以及对气候变化的影响。

调控水循环

我们可以采用不同的水资源管理措施以避免水资源无法可持续利用的状况发生。在水资源匮乏的地区，为了满足人口不断增加的对水资源的需求，全部的水资源都应该循环用于灌溉或者饮用水（图13.1）。森林采伐加剧、农业灌溉用地增多，必然会导致可利用淡水资源总量的大大减少（因为蒸发量而减少）、水质恶化（因为水体中盐分含量上升）、水体中农药残留增多。从长远上看，这会加剧地区水资源匮乏的问题。

在监测饮用水和灌溉用水的质量时，我们应该采用多种不同的质量标准。尽管如此，在这两种情况下，必须避免有害物质和病原微生物的累积。为了保证达到水质标准，应该考虑以下水资源管理措施。

水资源保护

地球上全部类型的水资源（地下水、地表水和海水等）均应得到有效保护，避免受到病原微生物、有毒物质和难降解化学物质的污染。为了高效地达到水资源保护的目的，迫切需要全世界就水资源保护的标准和最大程度上的水资源保护的措施达成共识。目前，我们与这个目标还相差甚远。

废水回用

在过去20年中，全世界范围内实施了大量废水回用为非饮用水的实践项目（例如最初的废水回用为灌溉用水计划）（Hamilton et al. 2007；Lazarova and Bahri 2004；Ternes et al. 2006）。在干旱、半干旱地区，循环利用水资源是确保区域水资源可持续供应、减少环境污染、促进物质再循环以及确保公

237

众健康的重要途径。目前在欧洲，废水回用技术发展的一个主要驱动力是日趋严格的废水排放质量标准和环境保护需求。如果天然水资源的质量无法达到饮用水标准，废水回用为非直接饮用水就为补充饮用水资源供应提供了可能性（EEA 1999；Asano and Cotruvo 2004）。当前世界的科技发展水平完全可以做到避免废水中污染物可能产生的危害。因此，我们期待在未来几十年，废水回用技术能够得到更广泛的应用。

与可生物降解的水资源相关化学物质的生产与应用

为了避免环境中化学物质的累积，进入水循环系统中的化学物质均应该被降解为能进入整个生物化学途径的小分子。如何在花费最少成本的条件下发展废水污染物降解的必要程序是未来的主要挑战之一。有毒的降解产品必须首先被排除在外，这是废水中污染物降解的最低标准。为了实现这一目标，第一步应该在化学物质准入程序中引入合适的检测系统，预测生物性农药、腐蚀性抑菌剂、添加剂、洗涤剂、药物以及其他人工化合物在水环境中的含量及变化。

污染物源地的相关措施

我们应该成立一些与水资源保护相关的国际组织和国内机构，用于推广水资源保护措施（例如水资源相关的禁令、实施限制等）、监测程序以及评价难降解化学污染物质量的全球标准。由于水资源的跨界流动性（比如水资源不可能局限于地缘政治的分区内），我们更应该强调在全球尺度上重视水资源保护的问题。如果要限制进入水循环系统中有毒化合物的总量，那么在有毒化学物质生产和投入使用的地点就应该进行定量限制。水循环过程中涉及的机构或对其负责的机构（如与生产相关的机构、中小型企业、废水处理任务、水务工程、工业、研究机构或水资源调控机构等）之间存在密切的联系和相互影响。我们应该建立永久性的反馈机制，在各级负责机构之间传递化学污染物相关的信息。

优化农业生产，避免地下水和地表水污染

农业生产过程中应该避免向地表水和地下水中排放农药，如果达不到这个要求，至少也要保证排放的农药量减少到最低值。另外，应该限制自然

238

肥料或合成肥料释放的营养物质总量,并控制进而减少病原微生物和抗生素菌体的引入量。为了达到这些目标,应该发展最优化的农业生产——既考虑本地区的实际需求,同时又尽量减轻地表水和地下水污染的风险。在当前发展情景下,建立闭路式温室是一种可取的途径,这种温室的灌溉用水需求量极少(约31立方米/天)(Buchholz et al. 2006)。但是大规模实施该农业发展模式也会产生明显的负面效应:(a) 肥料和农药用量减少可能会导致农业生产力下降,进而使得为全球人口提供粮食的农业用地需求上升;(b) 高科技含量的温室是能量密集型的,所以可能会对能源资源产生额外的需求。

废水处理技术的革新

废水处理的基本功能是去除废水中超标的固体污染物、有机污染物和微生物。全球范围内,就污水处理设备去除废水中的生物需氧量和固体悬浮物总量给出了明确的标准。另外,根据污水处理设备的大小和污水排放的性质,有些标准也考虑了水体中的氨类、硝酸盐类、磷、微生物、具体的有机污染物、金属物质的含量。废水处理过程中同样还需要关注的两个核心内容是能源消耗和废水处理过程中产生的污泥。如果不停地降低污水处理设备部件的准入标准,那么可持续性的节能将很难维持。因此,从长远上看,技术革新是减少污水处理过程中能源消耗的唯一出路(例如通过厌氧系统实现污水处理)。

污泥处理所消耗的成本约占废水处理总成本的2/3。在这方面,合理使用化学物质,采取必要的化学处理工艺可以大幅度增强污泥处理效果及其可持续性。因此我们预测未来污水处理过程中,化学方法与技术将会发挥 239 越来越重要的作用。通常情况下,污水处理的主要方法是解析法。解析法使得工程师们能够了解污水处理中用到的生物和物理处理过程。但是在未来,污水处理过程中需要清除大量未知的、低浓度的微污染物,这种需求导致污水处理的重点将会转移到化学过程上。

中短期时间内,污水处理领域最具发展前景的应该是新型吸附剂、微孔滤膜、新型污泥处理化学物质和技术,以及化学氧化技术,其中化学氧化技术可以针对不同的污染物提供具体的化合物,而不是仅仅给出一个笼统的解决方案。

工业用水

工业用水主要是把水用于热量传导或其他媒介过程。不管是在热量或蒸汽传导热量模式下,还是在冷却媒介系统中,都需要用水传导热量。因此,工业污水处理中最大的困难就是如何做到污水对车间设备腐蚀的最小化、合理分布管道并清除设备中残留的硬水盐类和细菌污垢。另外,必须要确保水的导热功能达到最大,同时要确保其对环境的影响以及对公众健康和安全产生的风险(尤其是军团杆菌潜在的风险和其他相关公众健康问题)降低到最低值。工业生产中,对水资源的利用十分普遍,类型复杂多样,从造纸过程中的固体转移介质到工程切割流体中的溶剂或润滑液,处处都显示出水的重要性。当然在类似的工业生产中,也存在减少利用水资源的机会。

饮用水处理过程中的创新

目前在很多情况下,污水处理过程主要包括曝气和凝结两个主要步骤。在这两步之后,通过沉淀,去除废水中的固体悬浮物和体积较大的有机物,然后过滤,最后杀菌消毒,去除废水中的病原微生物与病毒等。目前生物和物理解析法能够检测污水中较低浓度的微污染物,但它对污水水质的要求逐渐提高,因此创新型的污水处理技术是迫切需求的,例如在全球范围内许多污水处理工作中使用颗粒活性炭和臭氧是十分必要且重要的。最近饮用水处理技术的发展包括新型过滤介质的使用,尤其是微孔滤膜的使用。微孔滤膜对去除胶体物质和致病性有机体效果十分显著,但容易产生污垢是微孔滤膜技术存在的严重弊病,这也是阻碍其发展的最大障碍。通过氯化作用或高级氧化处理过程对废水消毒杀菌,可能会产生有害的消毒副产物,因此在饮用水处理中要促进杀菌技术的创新,及时检测这些化合物,防止污垢形成。

由于水资源短缺问题日益严重,对水资源供应商而言,未来水资源供给中存在的最大问题在于不得不对劣质水进行处理,同时还要承担高耗能的压力。我们期待水资源短缺的问题能够激起人们对能源密集型脱盐技术、废水回用和水资源循环利用技术的关注,但这些过程中也会产生大量污染物,迫切需要进一步的处理。因此,在处理劣质水资源的过程中,微细或超细过滤技术和反渗透技术是十分重要的(Hardy 2007)。

240

海水利用和含盐水利用

含盐水和海水可以用于生产灌溉用水和饮用水。当前全世界范围内许多国家都通过合理的科学技术实施了大量海水和含盐水利用的工程（如中东地区、北非地区、美国、澳大利亚等）。但是未来我们依然需要可持续性的解决方法，确保我们在去除海水和含盐水中盐分的同时，尽可能地降低其能源消耗量。就水资源质量而言，在水资源严重匮乏地区，海水和含盐水在地区水资源供应中占据至关重要的地位。

结　论

随着世界人口的不断膨胀，水资源质量问题成为限制水资源可利用性的一个重要因素。在世界上许多地区，人类开采大量的地下水资源，过量使用生物和化学药品导致地表水和地下水污染，从而对水循环产生了深刻的影响，尤其是废水中的病毒和难降解的极性污染物未得到标准化的处理，从而进入了（半）封闭式的循环系统中。为了解决越来越严重的水资源短缺问题，我们需要借助于非直接性废水回用作为一种饮用水水源。废水回用意味着我们需要更多地关注水资源纯化技术：首先在水源方面，改变社会代谢的性质，只使用可完全降解的化合物；其次在废水产生后的管道末端，采用新技术净化污水。由于使用新技术进行污水处理可能会导致更高的能源消耗，所以在污水处理中要充分考虑这些新技术的负面效应。

241

14 水循环与能源、原材料资源、温室气体排放及土地利用间的相互作用

海伦·德·韦弗

摘 要

本章主要探讨了水循环与能源、资源、温室气体排放及土地利用之间的联系,这对于检测水资源的高效可持续利用至关重要。研究中使用的方法通常包括收集大量可利用的数据、展现当前水资源利用现状,最后与选定的技术性突破概念相比较。近年来,水与能源之间的联系获得了广泛的关注,因此水资源与能源相关的问题已经得到较好的定量化研究,其中许多研究关注了如何减少能源生产中的水足迹和水资源循环过程中的能源足迹。例如,在废水处理领域为了降低能源需求,而采用厌氧处理技术。水资源管理中的一个重要问题是从本地区废水中重获养分。在工业水循环中,污染防治方面的突破性进展来自清洁技术的引进。目前在全世界范围内,农业用水是消耗水资源的主要活动,并且由于人口不断增长和消费模式的变化,这种情况可能会持续下去。为了加强水资源的可持续性利用,满足未来人类的需求,我们唯一能做的就是提高单位面积土地的生产力和单位体积水资源的生产力。

导 论

从可持续性的角度评价水链,必须要调查其与能源、资源、温室气体排放和土地利用之间的联系。在这一章中,我不会对与水链有联系的要素之间的所有相互关系都做出详尽概述,相反我会有选择地讨论可能增强水链可持续性的某些新颖概念和观点。文章中我筛选了一些定量化水资源与能

源、资源、土地利用相互关系的相关数据,讨论了"一切照旧"方案的可能
243 后果,并将其与备受关注的发展趋势和潜在的突破性进展进行对比。文章
中的大多数观点源自技术层面,并包含一部分废水处理和生物技术相关的
内容。

水与能源

水和能源之间的关系非常复杂。水资源的生产、加工、分配和最终使用
均需要能源,而能源生产亦需要水资源。人口增长和经济的发展给水资源
带来日益沉重的压力,同时也产生了更大的能源需求。对水资源供应的需
求竞争影响着水资源的价值和可利用性。一方面,由于水资源相关的问题,
一些能源设施的运转可能受到影响而缩减,新能源设施的选址和运行必须
考虑到水资源的成本和可利用性;另一方面,水资源生产和处理基础设施的
运转需要大量的能源。通过系统的每升水代表了巨大的能源成本。水资源
泄漏、消费者浪费和低效率的运输导致的水资源损耗,将会直接影响水资源
供给于消费者过程中所消耗的能源。因此,浪费水资源往往意味着浪费能
源。所以,未来我们应该同时考虑水资源和能源资源的生产和使用。

能源生产用水

能源产品中的水足迹可以定义为燃料开发和发电过程中的水资源消耗
量。"水资源消耗"这一术语指的是通过蒸发、蒸腾、进入产品或农作物、人
类消费、流入或排入大海,或以其他方式使得淡水资源减少。这与水资源
流失有所不同,后者指水资源永久性地或暂时性地从任何一个水源地流走
(DHI 2009)。因此,生产过程可能只是消耗少量的水,但很有可能会导致大
量的水资源流失。即使水力发电厂消耗较少的水资源,但是如果没有足够
的水资源可供水资源流失,发电厂的正常运行也会受到影响。

发电厂水资源消耗

水是发电不可或缺的一部分。平均每千瓦小时的热发电约需要100升
的水,其中水资源主要用于冷却。例如,根据美国地质调查局的数据,2000
244 年美国能源生产用水占淡水资源总抽取量的39%,仅次于灌溉用水。表14.1

展示了美国各种热电厂的取水量和用水量标准。大多数电厂都基于一次性直流冷却技术，取水率很高。较新的发电厂的取水量较低，但大部分水被蒸发冷却消耗。如果新建的发电厂依然使用水资源进行蒸发冷却，那么到2030年，电能生产所消耗的水资源可能会翻一番（NETL 2006）。

除了热电发电厂之外，水力发电站也同样存在水资源损耗，其形式是在水力发电大坝后产生的人工湖湖面蒸发旺盛。在美国，水力发电站平均蒸发量达到19立方米/吉焦。欧洲第二大水电站大坝每年的蒸发量约是其有效容量的1.7%（Lloyd and Larsen 2007）。

能源生产中的其他耗水活动

与电厂用水相比，除了石油开采，矿物提取和采矿活动中的水足迹很低（见表14.1）。在深加工方面，石油再次显示了其更高的水资源需求。在乙醇加工中，需要注意的是，水资源的利用效率已经比过去十年提高了30%。尽 245 管如此，在美国，随着新型发电厂数量的急剧增加，这种类型的燃料加工过程已经使得总用水量增加了254%。

表14.1　美国部分能源生产过程中的水足迹，按取水量的
递减顺序排列（after Lloyd and Larsen 2007）。

能源生产	取水量（m³/GJ）	耗水量（m³/GJ）
热电发电站类型		
核工业，直流冷却	26—63	0.4
化石燃料，直流冷却	21—53	0.3
天然气、石油，直流冷却	1—2	0.1
核工业，冷却塔	0.8—1.1	0.8
化石燃料，冷却塔	0.6	0.6
天然气、石油，冷却塔	0.3	0.2
水力发电		19[a]
提炼与采矿		
石　油		0.4
煤　炭		0.02

（续表）

能源生产	取水量（m³/GJ）	耗水量（m³/GJ）
瓦　斯		0.01
铀		0.01
燃料加工		
石　油		0.6
乙　醇		0.2
铀		0.03

(a) 蒸发损耗的水。

向生物燃料转变的影响

　　受多方面因素的影响，经济发展的燃料基础向 CO_2 排放量适中的可再生能源转变，例如生物质能源在当前得到广泛推崇。第一代生物燃料产生于粮食作物，这些粮食作物主要是用于加工酒精。与之相比，第二代生物燃料产生于废弃物中，但其还没有达到商业可行的阶段。2008年，格本斯–莱恩斯等人试图通过对比当前最重要的一次能源载体中的水足迹，来确定生物燃料转变对水资源的使用及其可行性的影响。该水足迹由三部分虚拟水组成：(a) 绿水，指的是生产过程中蒸发的雨水；(b) 蓝水，指的是生产过程中从地表水和地下水中蒸发而来的用于灌溉的水资源；(c) 灰水，被定义为生产过程中受污染的水资源总量。为了进行生物量评估，考虑了粮食作物（比如用于生产酒精的甘蔗和用于生产生物柴油的油菜籽）和能量作物（如可以提供热量的杨树）。第三代能源生物质（即有机废料）未纳入研究范围之内。表14.2显示，由于农作物、应用的农业生产系统及气候条件的不同，生物燃料中水足迹存在一定的差异，其中，玉米的水足迹总体上是有利的，而油菜籽的水足迹则不然。对于一些农作物，尤其是用于生产能源的农作物（例如杨树和油菜籽），其水足迹比玉米这样的粮食作物要高。另一个值得注意的结果是，生物质燃料水足迹的平均值比水力发电外的其他类型初级能源载体的水足迹高出70—400倍。因此，生物质能源的转变将会对淡水资源的使用产生很大影响，也将会和其他类型的水资源使用产生竞争（Gerbens-Leenes et al. 2008）。这与劳

246

埃德和拉森在2007年的发现一致,他们认为能源生产过程中水资源消耗率都处在同一数量级(表14.1),并分别计算了美国的农作物和巴西的甘蔗在生产酒精过程中的水足迹,其值分别为51立方米/吉焦和81立方米/吉焦。

表14.2　所选一次能源载体的水足迹总量的平均值(立方米/吉焦)(after Gerbens-Leenes et al. 2008),只有生物质能量载体的数值是各国特定的,其他均为平均值。

初级能源载体	荷 兰	美 国	巴 西	津巴布韦
玉 米	9.1	18.3	39.4	199.6
杨 树	22.2	41.8	55.0	72.0
甘 蔗	—	30.0	25.1	31.4
冬油菜	67.3	113.3	205.2	—
生物质	24.2	58.2	61.2	142.6
15种农作物的平均值	71.5			
水力发电	22.3			
原 油	1.06			
太阳能	0.27			
煤 炭	0.16			
天然气	0.11			
核 能	0.09			
风 能	0.00			

2008年,德弗雷托等指出,目前在全球范围内每年农业灌溉用水量达到2 630立方千米,其中2%用于灌溉生物燃料作物。目前,生物燃料产品仅占汽油使用量的7.5%,到2030年,生物燃料产品将增加4倍,这一过程将会产生180立方千米额外的水资源消耗量,而这些水资源将会从河流和地下水中获取。同时,相比较而言,食品生产将消耗2 980立方千米水资源。这些平均数值貌似是适度的。然而,在一些干旱地区,水资源严重匮乏限制了农业生产力,大部分农作物都需要人工灌溉,因此没有足够的水资源来支持政府扩大生物燃料产品生产的计划(Pearce and Aldhous 2007)。

欧洲和美国能源产品中水足迹的发展趋势对比

正如前面所讨论的,到2030年,如果新的发电厂均采用闭路蒸发冷却技术,美国能源生产过程中的水资源消耗量将会翻倍,原因在于尽管闭路蒸发冷却技术的取水量仅占开放回路系统的1%—2%,但其水资源消耗量比开放回路系统增加近200%。因此,到2025年,淡水资源的取水量将保持相对较低的平稳态势。

欧洲能源部门预计,从2000年到2030年热力发电量将增加54%。如果直流冷却系统逐渐被冷却塔取代,到2030年,发电过程中的水资源消耗量将增加两倍,也就是相当于0.15亿立方米/天的水资源消耗量或者说每天有0.2%的可用淡水资源不断消失。与之相反,取水量将会显著降低。尽管在美国,生产能源产品的水资源可用性问题通常情况下并不引人关注,但是在地中海国家和一些单位面积用水量较高的国家,情况将大不相同(DHI 2007)。由于气候变化引起水资源可利用性的时空变化,加上其他行业水需求量也在增加,能源生产不可能一直保持当前的水资源利用效率。但是,由于水资源可利用性面临着愈发严峻的竞争,水资源的价值将会上升,这将会影响能源价格,并且在一定程度上刺激能源行业不断发展和落实能源领域降低水资源使用强度的方法和技术。到目前为止,风能的水足迹最低(表14.2),它通过风力涡轮机来提供较高的能量转化率,因此会节约较多的水资源。

除了水资源量的问题,能源生产也会直接影响水资源的质量,或者通过大气中的痕量污染物沉降而影响水资源的质量(NETL 2006,2009)。

水资源作为能源利用的新概念

盐度梯度能。目前,在公认的可持续性能源中,有若干与水资源相关:水能、波浪、潮汐能和海洋热能。获得清洁能源的重要潜力还在于将不同盐浓度的水流混合。盐度梯度能,也被称为蓝色能源,可从天然或工业盐水中,或者从淡水汇入大海的河口中获得(Post et al. 2007)。在通过淡水或河流水与盐或海水混合获得能量的多种方式中,最重要的两种是基于膜过滤技术的:压力阻尼渗透(PRO)和反向电渗析(RED)。尽管反渗透和电渗析技术已经应用于大规模脱盐,但是若以相反的模式来操控盐度梯度,则这些技术可用于发电。布劳恩斯（2008）提及，海水的潜在能源价值大约是1兆焦/立方米。波斯特等（2007）通过模型计算，发现压力阻尼渗透和反向电渗析均拥有可观的应用前景。压力阻尼渗透在使用集中的含盐水时，会产生更高的功率密度和能源回收量，而反向电渗析在使用海水和河水发电时才更具有吸引力。从技术角度来看，这两种技术仍处于研究阶段。模型研究表明，为了进一步实现压力阻尼渗透和反向电渗析的发展潜力，需要不断发展膜过滤技术和系统特征研究。蓝色能源概念的一个示范测试点在荷兰的阿夫鲁戴克大坝（van den Ende and Groeman 2007）。

　　能源和饮用水的热电联产。根据最初的反向电渗析理念，通过向稀释箱和浓缩箱中分别填充淡水和海水获得能量。布劳恩斯（2008）指出，可以通过分别供给海水或盐度比海水高得多的水来进一步提高电能生产力。在一些通过海水脱盐技术生产饮用水的地区，随着海水淡化技术或者通过太阳蒸发使含盐水的含盐量增加技术的不断发展，上述方法是可行的。通过太阳能加热海水和含盐水，将会额外提高盐度梯度动力装置的性能和输出功率。这将会产生一个海水脱盐、反向电渗析和太阳能能量单元的混合概念（图14.1）。它结合了可持续性饮用水和能源生产的机会。除了海水脱盐产生的饮用水外，还可以通过太阳能对含盐水蒸发过程中凝结的水蒸气而

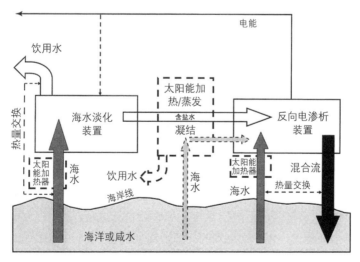

图14.1　海水淡化装置混合组合。盐度梯度产能装置采用反向电渗析法和太阳能，同时产生饮用水和能源（after Brauns et al. 2008）。

248 获得饮用水。这一示例概念显示出水资源生产和能源生产系统结合的潜在优势。从经济的角度来看,盐度梯度能量技术的可行性取决于进一步降低过滤膜的价格(Post et al. 2007)。对于某些特定地区而言,水资源、能源生产与太阳能巧妙的结合,可以生产出可持续的、可再生的能源和饮用水资源。当然,这些过程和其他新能源产品概念中的水足迹,只有在这些技术全面实施后才能计算出来,并与现有概念进行比较。

水资源加工中的能源消耗

水资源转移、加工和使用的过程中均需要消耗大量的能源,尤其是在地下水抽取、运输、污水处理和海水脱盐过程中的能源消耗量较大。因此,在水资源加工过程中存在较大的节能潜力。与能源加工过程中的水足迹一样,水资源利用过程中的能源足迹可以定义为水资源运输、处理和使用过程中产生的能源消耗(DHI 2009)。在引用的文献中,尚无与水资源加工过程中能源足迹相关的综述性数据。因此,这里仅呈现水循环部分环节中单独的能源消耗量。

例如,在美国,据估测水资源和废水资源处理与输送所消耗的能源量约为 5×10^4 百万千瓦时,约占全国电能消耗总量的1.4%。市政水资源供给系统和废水处理系统是由当地政府控制和运行的能源最密集的设备,约占能

249 源消耗总量的35%(Elliott 2005;EPA 2008)。这样看来,美国环保局近期颁布水资源和废水资源使用中能源管理办法并不为奇,其中给出了节约能源的建议。

水资源加工和处理的现状

饮用水生产。一般情况下,我们通过对地下水和地表水进行一系列常规处理,获得饮用水;或者通过含盐水或海水的脱盐淡化获得饮用水。荷兰的一项研究表明饮用水生产的能源消耗量达到0.5千瓦时/立方米(即生产每立方米饮用水消耗0.5度电)(Frijns et al. 2008)。文斯等人(2008)给出淡水或含盐水处理过程中能源消耗量在0.05到0.7千瓦时/立方米之间。相比之下,海水淡化工厂生产饮用水的能源消耗量超过了3.5千瓦时/立方米(表14.3)。由于在饮用水生产过程中,能源消耗承担着最大的环境负担,因此与淡水资源处理厂相比,海水淡化技术的环境性能比淡水资源处理厂要差。

减轻饮用水生产厂对气候影响的潜在缓解性策略在于能源的高效利用、优化配置以及甲烷气体的回收利用(Frijns et al. 2008)。以反向渗透法(RO)进行海水淡化为例,目前其能源消耗量约为3—4千瓦时/立方米(Singh 2008),是运营成本中占比最大的部分。随着高通量膜技术的发展和能源回收设备的引进,如今利用反渗透法进行海水淡化的能源消耗总量可降至2千瓦时/立方米以下,已经达到技术上可行。近年来,反渗透方法不断革新,促使海水淡化技术更加具备竞争力(Fritzmann et al. 2007)。在混合系统中,反渗透法可以与其他海水淡化理念或发电设备相结合。目前,已经有 250 一些关于可再生能源,如风能和太阳能,与反渗透处理海水淡化工厂相结合的实际案例。

表14.3 饮用水生产厂各处理环节电能消耗量的范围(after Vince et al. 2008)。

处理环节	电能消耗量(kWh/m^3)
取水泵	0.05—1
水处理环节	
传统的淡水处理	0.05—0.15
滤膜淡水处理	0.1—0.2
先进的淡水滤膜处理	0.4—0.7
含盐水淡化处理	0.6—1.7
海水滤膜淡化处理	3.5—7
热能脱盐处理	6.5—20
废水回用	0.25—1.2
化学产品	0.1—0.4
饮用水输送	0.2—0.8

废水处理。废水处理的主要过程包括废水收集(下水管道和污水泵站)、污水处理(初级处理、二次处理和第三次处理或深度处理)、生物固体处理以及废水清理或回用。污水处理厂每人每年需要处理15—50千瓦时当量的污水或每人0.4千瓦时/立方米的污水。污水处理厂在实施高效节能措施时,最重要的是关注废水处理过程中能源消耗量较大的环节。例如,二级处

理比一级处理要消耗更多的能量。在一些传统的污水处理厂,城市污水通过好氧生物活性污泥法处理,生物处理阶段所消耗的能量占整个设备电力总成本的30%—80%,尤其在曝气阶段会消耗大量能源,去除每千克化学需氧量(COD)时需要消耗0.5—2千瓦时的能量。我们选择曝气设备时应该仔细斟酌,良好的曝气设备可以大大降低污水曝气阶段的能源成本(James et al. 2002)。在污水处理过程中,合理使用污水处理设备不仅可以使多种能源消耗成本下降,而且这些废水处理设备甚至可能会产生能量。比如,对剩余污泥进行厌氧分解处理时产生甲烷,而甲烷可以作为燃料来源。捕获沼气的同时可以获得热能和电能,这部分能量能够满足污水处理厂40%的电力需求。从污水处理中潜在可用能量的总量来看(昆士兰环保局 2005),通过污泥厌氧分解处理可以回收27%的能量。

如果不存在多余的污泥,污水处理过程就可以获得更多的能量,但废水本身也要经过厌氧处理。与高耗能的常规好氧处理方法不同,厌氧废水处理在可持续性和成本效益方面得分更高。这种生物过程的特点就是低污泥产量和低能量输入(图14.2),它不需要曝气过程,通过废水中有机物转化为沼气的过程重新捕获一部分能量。厌氧生物处理技术不使用化石燃料,每去除一千克化学需氧量,可以产生约14兆焦的甲烷能量,并输出1.5千瓦时电量。随着高速率反应堆系统的发展,20世纪80年代工业废水处理技术有了新的突破。目前食品加工和工农业废水处理领域已经引进了许多设备,主要用于污水的末端处理。对于大多数稀释后的污水而言,如城市污水,厌氧处理技术只适用于一些气温较高的地区,因为这些地区的水温符合厌氧处理过程中对水温要求的理想范围。这类系统的主要约束条件就是污水后处理要满足污水排放或回用标准。

251

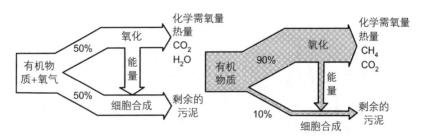

图14.2　好氧(左)和厌氧(右)微生物转化过程的对比。

废水回用。水资源只通过一次利用就被处理并排放到环境中,此时水资源回收量最小,能源消耗量最大。若污水通过先进的污水处理设施进行回收,并将其应用于非饮用水,那么人类对饮用水的需求量就不会如此紧张,水资源收集、可饮用化处理、水资源再分配、废水收集、处理和废水回用等过程中的能源消耗强度(单位体积)也会相应地降低。在这种情况下,废水的回收和循环利用会达到节约水资源和能源的目的(WETT 2009)。在水资源消耗速率固定的情况下,这种说法可能是正确的,但是当水资源消耗量不断增加,并且需要更先进的饮用水生产技术和废水处理技术以满足终端用户和法律规定时,废水回收和循环利用很可能就不再能达到节约能源的目标。杜·皮萨尼在私人通信中引用澳大利亚水协会前首席科学家唐·伯西尔的话:"只要给它投入足够多的钱,一个过滤器就可以把任何湿的东西变成饮用水。"事实上,当今世界上确实存在能够从任何水源物质中生产出最高质量水的技术。去除污水中持久性污染物或有毒化合物的先进处理工艺包括氧化过程和膜过滤过程,通常这些过程会消耗大量能量或者产生浓缩的废水流。这里我们需要说明的是,目前缺乏相关法律法规明确浓缩废水排放到接收水体中可能对生态环境产生的影响。我们预测废水排放点会对生态环境产生十分明显的影响,但遗憾的是浓缩废水排放并没有被纳入可持续性评估之中。废水中污染物后续处理的可选方案(如通过蒸发或者灼烧灭菌)比较昂贵而且也需要消耗大量能量。因此我们需要回答的问题是:在何种条件下废水回用才是可持续的?

其他可选的废水处理理念

从氧化到还原的废水处理技术。传统上城市污水一般通过生物过程处理,所以工业废水中少量未降解的有机化合物往往很难被去除。相比之下,化学氧化处理过程可以实现此类污染物的全部去除,但化学氧化处理工艺能量消耗太大。在地下水修复中,还原剂添加技术已得到成功的应用(例如,用于将氯化有机物转化为无害的最终产品)。零价铁是一种常用的还原剂,可以逐步去除这些有机物中的氯。过去几年中,零价铁添加技术已被广泛地应用在污水处理中,小规模的测试结果也证实了零价铁在去除工业废水中有机染料、含氯化合物和其他有机物的潜能。马和张(2008)率先对这项技术的技术可行性和经济可行性进行了全面的评估,发现如果在污水生

252

物处理之前对其添加零价铁还原剂进行预处理，那么污水中化学需氧量、氮和颜色的去除效果将会明显提升。这个例子表明，还原技术为（工业）废水处理提供了一种新视角。即便还原技术最终可能不如氧化技术那样得到广泛的应用，但对于那些对还原剂反应敏感的污水而言，还原技术无疑是一种更加高效节能的理想选择。

从集中到分散的卫生设施。一直以来，排放的污水要经过大型污水管网收集，从污水产生地输送到污水处理地。为了防止污水输送系统堵塞，要经常进行大量的清洁工作，而且需要使用大量的饮用水来稀释最初的浓缩污水，于是就会产生庞大的稀释废水流。因此，在污水管网中，宝贵的饮用水基本上作为了人类排泄物和工业废物的运输媒介，尤其是在水资源匮乏的地区，根本就没有足够的水资源来满足污水输送系统的这种需求。另外，泵送并处理这部分体积庞大的稀释废水流也需要消耗大量的能源。由于废水的强度较低，不能直接进行厌氧消化处理，通常需要在耗能较大的有氧系统中处理。对常用废水收集和管理方法的反思促进了废水分散化概念的发展，这一概念是在生活污水分流的基础上产生的。两种废水水流是有区别的：浓缩污水（黑水）由尿液和粪便组成，混合有部分厨房有机垃圾；低浓度的中水（灰水）由淋浴水、厨房用水和洗衣水组成。通过废水源头分离技术，安装使用具有较低稀释因子的新厕所系统，这样就可以得到能够直接进入厌氧转换过程的高浓度废水水流，这也是地下卫生管道设备和污水处理的核心技术。黑水通常用于生产化肥和可再生能源，灰水被处理成能够满足生活用水需求的低质水，或者在膜过滤技术和多重屏障过滤的帮助下，处理成自来水。尽管通常情况下浓缩废水中一般都存在持久性的微污染物、药物残留和致病性微生物，但这种风险往往仅局限于小流量水流中。个人护理产品和其他微污染物在中水循环中不断累积，因此家用日化产品应该选择可矿化的产品（Otterpohl et al. 2003；Zeeman et al. 2008）。赛曼等（2008）从试点实验的结果中发现：与传统的卫生设备相比，卫生设备资源分类结合厌氧处理过程作为污水处理的核心技术，可以使得节能量达到200兆焦/人/年，资源回收量可以达到0.14千克/人/年。

253   从能源消耗型向能源产出型转变的废水处理理念。通过废水厌氧消化生产甲烷的过程已经发展为一项十分成熟的工艺，在全球范围内已经投入了许多废水厌氧消化相关的先进设备。废水处理过程中产生的沼气反过来又可以作为该过程中热量和电力生产的燃料来源。除了产生甲烷的厌氧消化技术外,在废水生物处理过程中另外两种可以产生生物能源的策略最近也获得了极大关注:生物制氢和生物电化学系统(Angenent et al. 2004)。

氢气作为环境可接受的能源载体,具有巨大的潜力,并且可以通过生物过程获取。暗发酵法生物制氢技术依赖于与产甲烷的厌氧消化过程相似的微生物群落,其中消耗氢气的微生物被排除在外。尽管人们在优化生物制氢技术中已经付出了巨大的努力,然而其实际收益仍然很低。这样看来,在废水处理过程中生物制氢过程将仍然是厌氧消化生产甲烷之前的一个预处理步骤,当然,生物过程产生的甲烷也可以在催化作用下转化成氢气。

生物电化学废水处理技术也逐渐成为一项引人关注的污水处理技术,这项技术可以从废水处理中产生以电力或氢气为载体的能源。利用电化学活性微生物,生物电化学废水处理把电子转移到阳极的同时,可以去除废水中的有机物。在微生物燃料电池中,电子流从阳极到阴极,再到与氧结合形成水,从而产生电能。当把氧气省去而添加一个小的电压时,就有可能在阴极产生氢气。这种改进的微生物燃料电池称为BEAMR过程(生物电化学辅助微生物反应器)。这些反应过程从实验室转移到实际应用领域后,它们将为废水处理的自我维持概念打开新的视角(Lovley 2006)。但是,在生物电化学废水处理技术全面实施之前,我们还需要解决几个十分严峻的问题。罗岑达尔等(2008)就生物电化学废水处理技术进行了初步成本评估实验,结果表明,与传统有氧处理相比,只有当生物电化学系统固有的高成本消耗可以由其产品收益来补偿时,生物电化学废水处理技术才会比较有竞争力。与厌氧消化技术相比,只有满足了特定的边界条件,生物电化学废水处理技术才有可能具备竞争性的优势。

布恩(私人通信)设想了两个先进的与污水处理过程相结合的能量回收概念。高强度的废水流可以直接接受厌氧消化过程,接着进入生物电化学处理系统。这两个过程都可产生生物燃料。最后进行的活性污泥处理可以确保水质符合排放或回用标准。对于低强度的废水,传统的活性污泥系统就能够确保污水处理达到标准。污水处理后剩余的污泥可以用于厌氧消化与沼气生产,然后利用生物电化学处理方法对厌氧分解产生的沼渣沼液进行能量回收。

从废水和有机废物的结合处理中开发能源。厌氧消化过程以及相关的

254 所有还原性废水发酵过程均不能用于低强度的废水处理。许多工业过程中产生的浓缩有机废物作为副产品或废料,只是被简单地作丢弃处理。城市污水(如食品产业的浓缩液,城市固体垃圾的有机废物,甚至是生物燃料产生的副产品)的不断富集可能导致其有机质含量持续增加,最终达到可以利用厌氧处理技术的程度。这样的话,许多污水处理方法就可以投入使用,从而达到能量回用的目的。

 废水初级处理过程中可以采用暗发酵制氢方法或厌氧消化法。这两种污水处理过程的产物中残余的能量,可以在二级处理过程中通过生物电化学处理或厌氧发酵过程得以回收利用。尽管经过与每个生物发酵过程相结合的污水处理过程之后,必须结合一个有氧处理过程,但与目前城市污水基本上采用传统的有氧处理方法,且浓缩污水中能量回用并不稳定的状况相比,我们预测这种组合形式的污水处理方法很可能达到污水处理过程中的整体能量平衡。[①]

水资源与(不可再生)资源

 这里所指的资源是指与水循环相关的矿物质或化学物质。我们从以下几个方面考虑水资源与这些资源之间的关系:资源开采和萃取过程中的水资源利用,水处理过程中化学产品的使用以及水资源中此类资源的去除。通常情况下,(污)水处理需要使用添加剂才能正常运行。但是受人类活动的影响,污水处理终端会产生营养物质、金属和盐等,这些资源应当去除以符合法律规定。

矿产开采和采矿用水

 矿石的开采和处理需要大量水资源。我们已经谈及与美国矿石开采和采矿活动相关的能源生产过程中的水资源消足迹。2000年,美国全国采矿用水量相当于水资源消耗总量的1%(USGS 2004)。2005年加拿大矿业取水量占取水总量的1%(加拿大环境署 2009)。我们都知道,美国和加拿大均不是以采矿业为主要经济活动的国家,因此对于地下能源丰富的其他国家

---

① 目前污水浓缩方法正由佛兰德污水⁺项目研究的合作伙伴们联合研究,由比利时佛兰德环境与能源创新平台提供经费。

而言,其水资源需求量可能会更高。由于我无法访问和评估水资源利用量相关的数据,本文中就没有给出关于采矿业未来发展趋势和水资源使用量的报告。

考虑到石油和天然气价格高昂,非传统来源的石油和天然气产品的使用量将大大提升,如沥青砂、油页岩、煤层甲烷。与常规油井开采的产品不同,获得上述这些产品的同时通常也会产生大量的水资源。在传统的石油或天然气井的生命周期内,水油比率是不断上升的。对于新的油井,水仅占产出流体的很小一部分。随着时间的推移,由于石油产量下降,产出水的比例不断上升。美国油井生产每桶石油所产出的水量与石油产量的水—油比约为7∶1;而当原油油井接近生命周期末端时,油井产水量占油井产出物质总量的98%。从某种意义上说,采矿活动中水资源的管理成本不断上升,最终成本超出油井产品的价值,导致油井不再有利可图。由于采矿点地理位置不同,几千年来一直与地下水密切相关的地质构造各异,以及油气井生产的油气产品多样,采矿活动中产出水的质量也存在较大差异(Veil et al. 2004)。采矿产出水集约化处理技术的不断发展不仅有利于防止对环境产生不良影响,而且在水资源稀缺或干旱地区发挥着至关重要的作用,因为得益于该处理技术的发展,这些产出水可以作为水资源被回收利用(Mondal and Wickramasinghe 2008)。

(污)水处理中化学品的使用

用于饮用水制备的化学物质通常为酸、碱和铁盐。基本的污水处理方案通常涉及酸、碱、铁盐或铝盐以及高分子电解质的添加。生物处理过程可能需要添加氮/磷营养元素。如果采用膜分离技术,则必须使用防垢剂进行水调节,而且之后必须使用化学物质清洁。这些只是关于在水处理中使用化学药品的几个简单例子。每种化学物品的使用剂量取决于水的初始特征、所需处理水的水质及其与所用技术的结合。因此,这些数据会因地点而异。但是,近期荷兰发表了一个全国性的研究,评价了与水链相关的温室气体排放,其中一个部分就是化学物质的使用对气候变化产生的影响(Frijns et al. 2008)。表14.4给出了我们从中选取的一些数据。

可以预见,地下水和地表水水质的恶化、关于污水排放或再利用的水质标准不断提升,将导致化学物质的使用量不断增加。

255

表14.4 荷兰水链中水处理所需化学品的估计量（after Frijns et al. 2008）。

	化学品的使用量（kg/yr）	水量（m³/yr）
饮用水		1 210 000 000
NaOH	8 945 000	
HCl	928 000	
FeCl₃	2 287 000	
FeSO₄	6 448 000	
污　水		1 853 577 000
FeCl₃, FeSO₄, AlClSO₄		
水位线	20 221 000	
FeCl₃, FeSO₄, AlClSO₄		
污泥线	2 188 935	
高分子电解质	3 407 400	

生活/市政污水处理中的养分管理

营养物质的去除

　　生活废水中存在的营养物质是氮和磷，它们主要从尿液和粪便中产生。尽管在传统活性污泥处理中，活性污泥的生长和化学需氧量的氧化吸收了一部分营养物质，但剩余的营养物质依然存在于废水中。为了避免接收废水水体中的富营养化或废水渗透进地下水导致氮的不断累积，常规污水处理厂会在排放前进行三级处理以去除污水中的营养物质。一般通过硝化过程和反硝化过程而实现氮的去除。硝化作用是氨氧化为硝酸盐的生物过程，由于这个过程需要曝气，所以就增加了污水处理厂的能量消耗。在随后的脱氮程序中，当有机化合物作为电子给体存在时，硝酸盐降解为氮气。如果废水中剩余的化学需氧量不足，就需要补充额外的碳源（如甲醇），当然从可持续发展的角度来看这是不可取的。生物除磷可通过一系列的厌氧、有氧处理过程而实现，最终磷元素在活性污泥中不断累积。目前特定的磷积累细菌也已经确定，它们约占多聚磷酸盐总量的38%。除了生物方法，也可以使用物理化学方法，例如通过分离的方法去除铵，或通过氯化铁沉淀去除磷酸盐。

关于氮去除还有一项十分有前景的替代技术，即ANAMMOX，或者说厌氧氨氧化，虽然还不能称其为确定的技术，但它已经获得了全面的成功验证。ANAMMOX的转换过程是大自然氮循环中一个有趣的捷径，一个单位的铵和一个单位的亚硝酸盐在无氧的条件下结合形成氮气。然而，当氮元素只以氨气的形式存在时，为了将氨气中的一部分转化为亚硝酸盐，需要对废水进行预处理，而这一过程需要曝气。相比传统的硝化/反硝化作用，ANAMMOX可以降低60%的能量消耗（Paques 2007）。另外，它也不需要额外的化学物质（如甲醇）作为电子供体。这种工艺特别适用于具有相对较高的铵浓度和相对较低的化学需氧量浓度的废水处理，如在市政污水处理中不能被活性污泥吸收处理的污水，以及化肥和食品工业产生的废液。 257

从养分去除到养分回收

相关法律法规通常要求废水处理过程中要高度去除氮和磷，但是氮和磷都是农业生产所必不可少的营养元素。范里尔（2008）指出，磷矿石将会在未来60到70年内消耗殆尽。另一方面，通过人工生产化肥而进行的固氮属于高能耗活动，而且如果使用富氮废液，那么本地区和区域的养分平衡将会被打破。农民早就认识到厌氧消化肥料和污泥的营养价值。近年来出现了一种将液体流直接用于农业灌溉以达到废液养分回收目的的现象。但是，如果使用污水处理厂的污水进行灌溉，结束局域氮循环过程，不仅能够节约能源消耗用于人工化肥的生产，而且还可以节约废水处理中为了去除氮而进行曝气所需的能源。在生活污水能够厌氧处理的条件下，能量和养分回收可以同时进行。

前文在从能源利用效率角度讨论的污水分散处理理念中，着重考虑了高浓度污水处理过程中的养分回收问题。污水经厌氧处理后，得到了富含多种养分的污水，这种污水是农田系统中理想的灌溉用水（van Lier 2008）。赛曼等（2008）提出另外一种替代方案：在废水的厌氧处理过程中促使磷沉淀生成磷酸盐类，一方面这些磷酸盐类可以作为农业肥料，另一方面还可以与需氧量很低的生物过程结合，达到去除氮的目的。

在载人航天飞行的相关内容中，我们发展了封闭式生态生命维持系统的概念。举例而言，欧洲的梅丽莎项目（微生态生命支持系统替代方案）就是为了在长距离的太空勘探中，实现液体、固体有机废物和气体的完整回收。这个系统利用了生物反应器中微生物培养、植物隔室和机组人员相结合的反应方式。机组人员的粪便和作物的非食用部分，在第一个厌氧反应器中经液化和发酵，在接下来的中间阶段形成挥发性脂肪酸，因为在这个封闭系统中不可能完成厌氧消化而形成甲烷。在第二个厌氧器中，发酵产品经微生物处理，这个过程需要光照促进微生物的生长并生成可食用的物质。矿物质和营养物质流向第三个反应器，在这里被硝化生产出硝酸盐。第四个反应器用于高营养物质和作物的生产，同时通过光合作用产生氧气。这种人工生态系统的灵感来自地球特有的地球微生物系统，采用厌氧转化作为核心技术，将水和废物处理与养分的回收相结合，从而用于食品的生产（Hendrickx et al. 2006）。

258

减少工业废水处理对原材料资源的需求

多种生产流程均会用到原材料和辅助材料。污水中存在与原材料相关的化合物和末端产品或副产品。资源浪费不仅会污染水资源，同时也会降低生产的成本效益。提高资源利用效率可以有效地减少这部分损失，从而降低了对资源的需求，减轻污染，降低对污水处理的需求。通过改进资源管理（如流程控制）、资源回收、采用绿色化学方法（即生物催化流程替代化学流程），或者通过重新评估整个生产流程及采用清洁生产技术，可以实现上述目的。在第二种情况下，人们正努力尝试运用减少资源的使用量和温室气体排放量的方法，甚至要争取达到零排放的目标。因此我们可以看到一种由末端治理向面向过程的污水处理方法的转变。

针对特定领域的方法；最有效的技术

在许多工业化国家，最有效的技术（BAT）通常作为设置环境许可条件的参考点。这些最有效的技术是指对环境产生最低程度的影响，且成本可被接受的技术和组织措施。在对系统进行环境绩效评价时，原材料的回收利用是其中的一项标准。根据其定义，不管在哪方面，最有效的技术对于整个环境而言都应该是最有效的，而不仅是对这个特定的标准而言。在欧盟，最有效的技术的参考文件（BREFs）预见了欧盟成员国与行业之间的信息交换。对于许多部门而言，这些文件是可利用的（Dijkmans and Jacobs 2002）。

资源循环利用和零排放技术的实例

现有的原材料回收技术可以通过物理分离进行分类。通常物理分离主

要用于 (a) 固体与液体的分离，(b) 基于物质组成成分的物理或其他属性方面的差异而进行的成分分离，(c) 需要化学反应的化学转换和 (d) 生物过程。对于 (b)，膜过滤技术已经证明其在水稀释的过程中同步实现生产清洁水和浓缩有价值产品的可行性。这样的话，产品回收和水资源回用可以一并进行。此外，废水 (有机) 的负载量下降，这可能对污水处理厂能源和化学药品的投入产生积极的影响。

259

　　还是以生物厌氧处理技术为例。生物厌氧处理技术已经被证实是在生物能源生产和肥料回收再利用中一项十分有前景的技术，但同样它也可以用于废水中硫和金属的回收。在厌氧条件下，如果存在一个电子供体，硫氧化合物 (如硫酸) 被还原成硫化物，这对重金属的沉淀非常有效。当金属硫化物大量存在时，它们可以作为原矿石回用到金属工业中。采矿和冶金行业中产生的废水中含有金属和硫酸。按照常规处理方法，金属与氢氧化物一起沉淀，硫酸盐以石灰的形式被去除。但是生物厌氧处理可以使废水中硫酸盐和金属离子的浓度更低，这样可以满足未来与污水处理相关的更加严格的立法要求，为日益显著的能源稀缺问题提供参考性解决途径。另外，含有金属硫化物的污泥比金属氢氧化物更容易处理。相较于其他重金属和硫化物的污泥去除方法，这些硫化物 (如 CaS、FeS 或 Na_2S) 并非来源于化学物质，而是产生于废水的生物处理现场。厌氧处理后废水中过量的硫化物可被氧化为其他有价值的终端产品——单质硫，它是硫酸生产的原材料之一。荷兰一个锌提炼厂将这个概念整合到其零排放的方法中 (Weijma et al. 2002；van Lier 2008)。通过类似的方式，纸浆和纸张生产过程中零排放在线处理概念的核心内容是厌氧反应器中碳和硫的去除 (Lens et al. 2002)。

水和温室气体的足迹

　　能源生产导致温室气体的排放，进而影响着我们的气候和水资源，但水资源与温室气体之间的联系并不仅仅是通过能源足迹所反映出来的一种间接联系。水资源的分配和处理系统排放二氧化碳，甚至更多其他更具影响力的温室气体，如甲烷和氧化亚氮，这是微生物活动的结果。弗里恩斯等人 (2008) 估计了 2006 年荷兰水链对全球增温潜势为 167 万公吨二氧化碳当量。饮用水的生产、排水系统和污水处理对全球增温总潜能的贡献分别为

26%、7%和67%。能源消耗占全球增温总潜能的56%，直接排放占36%。在废水链中，直接排放贡献了51%，主要以甲烷和氧化亚氮的形式出现（见表14.5）。下水道和废水处理过程中厌氧消化环节产生甲烷。即便是在污泥的厌氧消化环节，产生的沼气也没有得到完全回收，因此被排放到空气中。氮氧化物产生于硝化和反硝化过程，在沼气燃烧和污泥焚烧过程中，由于其固有的全球增温潜能，使其总贡献率达到了65%。我们应该对直接排放的温室气体更好地量化，调查其原因，并实施积极的补救措施，因为限制温室气体排放显然是朝着气候中性水链迈进的重要一步（Frijns et al. 2008）。由于在尾气中也检测到氮氧化物排放，因此转向创新性的生物氮去除技术（如ANAMMOX），并不能真正地解决氮氧化物排放的问题。

表14.5 瑞士污水链中直接排放的温室气体（after Frijns et al. 2008）。

排放的温室气体	相对贡献率
下水道和污水链中的 CH_4	25%
污泥处理和消化产生的 CH_4	11%
污水处理厂生物反应器产生 N_2O	24%
污水中的 N_2O	8%
沼气中的 N_2O	12%
污泥处理产生的 N_2O	20%

弗里恩斯等人（2008）指出水链的全球增温潜势占荷兰GWP总量的0.8%。在英国，相应的数据为0.55%。尽管水链的贡献率很小，但绝对不可忽略不计。随着全球范围内更多污水处理及营养物去除处理的实施，如果我们不着重考虑如何努力减少能源利用和温室气体的足迹，那么水链中排放的温室气体总量将进一步增加。

水资源和土地利用

土地利用可以扰乱地表水平衡和降水过程——被分为地表水的蒸发、地表径流和地下水流动三个过程。淡水供应受取水量和河流改道的影响。受此影响，许多大型河流的流量锐减或地下水水位大幅下降。由于迄今为止农业用水占水资源消耗量的比例最大,所以这部分内容我们主要关注农业用地和水资源使用之间的关系。

用于粮食生产的农业用水需求

当今粮食生产用水量约为6 800立方千米/年。在即将到来的几十年里,日益庞大的人口对粮食的需求会不断增加,这意味着人类需要另外2亿公顷的土地用于粮食生产(Pearce and Aldhous 2007)。此外,食品消费模式正在朝着高耗水型食品种类发展,如肉类和奶制品。根据现在农业领域的水分生产力,假设水分消耗量为3 000千卡/天,那么到2050年我们每年将额外需要5 600立方千米水资源,这几乎是当前全球灌溉用水总量的2倍。即使是在最乐观的生产力情景下,我们所面临的挑战也是巨大的,因为当前我们已经面临着十分严峻的水资源和土地资源压力。在世界上的一些地区,几乎没有额外的可用土地,同时水资源短缺严重阻碍了农业生产力的发展,所以迫切需要一种可持续性的集约化经营模式,从而提高土地和水资源的使用效率。因此区分出以蓝水(灌溉用水)和绿水(土壤水分)为基础的农产品十分重要。对于今天的粮食生产,农业活动耗水总量6 800立方千米/年中的1 800立方千米/年由蓝水资源供应。然而,到2050年,如果要养活全部人口,我们所需要的额外5 600立方千米/年水量中至多有800立方千米/年由灌溉水供应,因为在世界的许多地方,蓝水资源几乎已经达到不可再利用的极限。农业活动中需要的另一部分水量将必须由绿水资源提供,这个数量相当庞大。实际上,陆地上三分之二的降水量进入了绿水渠道,其中只有三分之一补给了河流和地下含水层,生成蓝水资源,其中约有12 000立方千米可供人类使用。为了满足未来粮食生产中的用水需求,在旱作粮食生产系统和灌溉粮食生产系统中,水资源生产力均需要大大提高(SIWI 2005;FAO 2009d)。

我们不仅应该从生产的角度解决上述问题,还应该从消费者的角度考虑这些问题。上文中我们已经提及饮食结构趋向于动物肉制品这种变化所产生的影响。卡培根和胡克斯特拉(2003)详细阐述了另一个例子,他们指出用茶水替代咖啡将会节约大量水资源。因此人们应该提高对各种食品水足迹差异性的认识。

最后,农业生产不仅会影响水资源的可利用性,还会通过增加土壤侵蚀和沉积物总量、促进营养物质和农业化学物质的淋溶,以及牲畜尿液的渗透等方式,降低地下水和地表水的水质。

农产品中的虚拟水贸易

一个国家的水足迹被定义为这个国家公众消费产品及服务过程所耗费的淡水资源总量。对大多数国家而言,水足迹中最大的一部分是指食品的消费。

通过国际贸易,国家以虚拟的形式进口或出口水资源。在全球尺度上,如果出口国比进口国获取更高的水资源生产力,这会导致水资源的净节约。卡培根等(2006)证明事实的确如此。与农作物和牲畜产品国际贸易相关的虚拟水流量预计可达1 253吉立方米/年。如果所有这些农产品都在进口国国内生产,这将需要额外352吉立方米/年的水资源。这样算下来,全球将节约28%的国际虚拟水流和6%的农业用水总量。全球节约的水资源中很大一部分来自农作物产品的贸易,主要为谷物,因为这些谷物通常是由水资源利用率较高的国家出口到水资源利用效率较低的国家。在国家尺度上,同样会出现类似的情景。

262

我们所计算的水资源节约量并不能从经济节约的角度进行解释,因为这种水资源节约并不仅仅取决于水资源自身,而是受多方面因素的影响。水资源的一些贸易水流可能比其他贸易更能获取经济利益,例如,当比绿水资源更稀少的蓝水资源存在净收益时,或者当绿水资源被用于对经济有积极影响的出口作物的生产时,我们就可以获得更大的经济利益。土地稀缺逐渐成为一个严峻的问题,进口农产品有利于减轻对更多农业用地的需求。然而,通过进口虚拟水节约国内水资源的方法也存在问题,尤其是对于进口国而言,进口虚拟水导致本国农业领域就业机会减少,大量人口向城市迁移,同时也会引起出口国虚拟水出口对环境产生的影响不断上升。

土地利用的其他变化

向生物燃料转变

目前在全球范围内,约1 200万公顷,或占世界总面积1%的土地被投入到生物燃料作物的种植。假设未来作物产量有所提高,那么仅在3 000万公顷的土地上就可以得到当前产量四倍的生物燃料作物。如果依据其他增产的情景,土地需求量将会更高(Pearce and Aldhous 2007)。农业用地转向于种植生物燃料作物,在全球尺度上这一转变对水资源需求量的影响可能十分有限,但是在局部地区将会产生十分严重的影响。

城市化进程加快

城市用地约占全球土地利用总量的4%,平均人口密度约为200人/平方千米,尤其是在发展中国家,这个数字还在不断增大。在1970年,只有37%的世界人口生活在城市中,估测数据显示,到2010年,这个数字将发生巨大变化。尽管与农业或林业土地利用面积相比较,城市用地面积显得不是很大,但由于城市中存在高度集中的人口和工业活动,所以城市对环境也产生了较大的影响。

城市用地对水循环有直接和间接的影响。在城市化过程中,城市不透水道路面积逐渐扩大,最终很可能会超过城市土地覆盖面积的80%。这种城市不透水表面会对环境产生双重影响。一方面,它增加了地表径流速度,降低了渗透系数,从而降低了地下水位和河流的基本径流量。城市地区对自然水流进行渠道化,在降雨后可能会产生问题,很可能引起城市内涝(SEDAC 2002)。另外,城市化进程将会极大地降低水资源质量,尤其是在缺乏废水处理过程的地区。

263

结　论

用以满足人类和生态系统用水需求的淡水资源总量十分有限。为了满足人类对高质量饮用水和工业用水的需求,同时为人类多种需求提供充足的水资源,我们应该最小化人类活动对水资源系统的影响。这一目标的实现需要综合水资源管理和可持续的水资源处理、节约以及回用技术。但现实生活中,水源水质不断恶化,水资源质量标准日益严格,使得这项任务更具挑战性。

农业生产是目前全球范围内的主要耗水活动。一方面,城市和环境需求与之竞争,促使水资源从农业灌溉用水转向于投入到价值更高的城市和工业用水上。另一方面,不断变化的人口结构和消费者饮食偏好意味着食物结构中的水资源消耗量将更大。因此,农业生产实践的唯一选择就是在不危害生态系统功能的基础上,提高单位土地面积、单位肥料施加量和单位水资源消耗量上的粮食生产量。

在欧洲和北美,工业用水量超过农业用水量。目前的趋势是实施节水措施和水资源回用、污水处理结合产品回收和清洁技术的应用,以减少污水中的污染物负荷,尤其是减轻对环境的影响。最终目的是通过最大限度地回用工业用水和有价值的产品以达到接近零排放的目标。

最近水资源和能源之间的联系获得了广泛的关注,因此二者之间的关系得到了很好的量化。在各级水平上,水资源和能源都息息相关。当前已经有许多可选方法,用于减少能源生产过程中的水资源消耗和水资源链中的能源消耗,尤其是厌氧技术,似乎有望发展为一种更具有可持续性的水资源净化方法。如果考虑新的污水处理概念,能源回收利用可以与资源回收和废水的清洁生产相结合。

一方面,能源—水链接应该将自身转化为能源政策和水资源政策协调发展的模式,而传统上并不是这种模式。美国开发了一个能源—水资源路线图,用于阐明本国能源和水资源需求,为我们提供了一个很好的参考。另一方面,我们也必须在公司的层面上建立能源与水资源之间的联系。到目前为止,水资源和能源消耗最小化的问题一直都是分开处理的。因此我们迫切需要一种集成的方法,在不影响产品质量的前提下,以最低的成本消耗,达到水资源和能源系统的同步优化。

最后,水链中的温室气体排放对于一个国家对全球增温潜势的贡献而言不容忽视。除非我们在污水处理的设计和发展方案中着重考虑如何努力减少能源利用和温室气体的足迹,否则水链中的温室气体排放总量将会进264 一步增加。

水资源与能源消耗、原材料资源的使用以及土地利用的变化之间存在错综复杂的关系。因此,以可持续的方式满足未来它们对水资源的共同需求,这个目标只有通过一种综合性的途径来实现。由于许多问题因地而异,很多时候这些问题具有地域性,因此我们应该针对不同问题作出具体的反馈。

致　谢

265 作者希望感谢卢多·迪尔斯对本论文稿件给予的建设性意见。

15 水资源相关的不可持续发展问题

茨城本木

摘　要

　　本章我们将讨论与水资源相关的不可持续发展问题,旨在加深我们对水资源的理解,同时也介绍一些水资源可持续性管理相关的潜在方法。本章引入水循环与水量平衡的概念,用来组织并识别这些与水资源相关的不可持续发展问题的特征。另外地下水系统作为最大的天然淡水资源储备库,其可持续性特征得到了调查。我们需要对地下水和地表水进行联合管理,但可持续性的水资源管理措施对于某些类型的含水层存在不可行的可能性。本章综合考察可能对水资源可持续性产生影响的多种因子,包括水体质量以及对某一流域水体中输入或输出的水流产生影响的人类活动等。这些因素相互之间存在深刻的影响,而且也会对较大范围内的生态系统和人类健康产生影响。对水资源可持续性的综合分析和管理涉及可持续性的物质必需品,包括能源、土地和非能源资源。关于这些必需物质的综合分析和管理策略是影响水资源可持续性的关键因素。

导　论

　　水资源对于地球上的生命而言乃是无价之宝。水资源与其他资源的不同之处在于,在大多数情况下没有合适的替代品。如果未来我们想要将地球上有限的水资源供应合理地优化配置,那么我们必须对水资源的状况有一个基本的了解。

我们所拥有的地球水资源

像任何谈话一样，关于可持续性和水资源的讨论必须结合实际情况进行。所以本章中我们就从水文系统和水资源的必要背景讲起。

水资源是地球上最重要的商品之一。但是与其他商品不同，就淡水资源本身及淡水资源的必要用途而言，并没有合适的替代品。在促进经济发展和维持自然环境健康方面，水资源是一种基础性的支撑。从科学的层面上看，水资源只是在形式上发生变化。水资源不会消失，而是会从一个地方流向另外一个地方。

水循环

水资源从一个地方流向另一个地方，可以从不同尺度上进行描述。水循环是在全球尺度上、周而复始地再循环过程，这个过程连接着大气、海洋以及陆地上的水分（图15.1）。水循环过程包括水资源的储存空间（如海洋）以及这些储水空间之间的水资源流动。水资源以三种形式储存于这

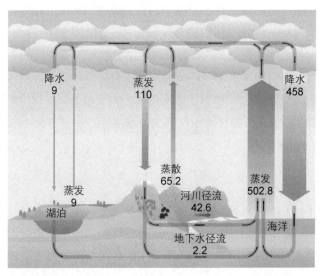

图15.1 简化的水循环示意图。单位为千立方千米（adapted from UNEP 2002b）。

些储水空间中，并在它们之间转化：气态水、液态水和固态水。海洋具有最大的水资源储量，其出水量占全球总水量的97.5%（表15.1）。全球水资源总量中仅有2.5%的水资源可以作为淡水资源使用，这部分水资源主要储存在陆地上。太阳能、重力能以及其他力量驱动这种周而复始的水文循环。

如图15.1所示的，通过蒸发，从海洋迁移到大气中的水量（每年50.28万立方千米）多于通过降水从大气中迁移到海洋的水量（每年45.8万立方千米）。这表明在海洋和大陆之间存在着通过大气进行的一种持续不断的水分流动。

在陆地上，大气降水可能被储存在地下水、溪流、湖泊和冰川中。但是，最终这部分水将会通过径流（地下径流和地表径流）返回到海洋中或者通过蒸发返回到大气中。在水循环过程中暂时储存在陆地上的这部分水资源是人类活动严重依赖的淡水资源。

268

表15.1 全球水资源在水循环中的分配。

	占全球总水量的百分比	占淡水资源总量的百分比
盐水资源总量	97.5	
淡水资源总量	2.5	100
冰川和永久性冰雪覆盖	1.74	69.55
地下水	0.75	30.06
湖泊、河流、沼泽和湿地	0.008	0.30
土壤水分、大气水分、生物水	0.002	0.09

水的有限性

在淡水水体中（淡水资源占全球水资源总量的2.5%），69.55%的淡水资源储存在冰川和极地与山脉地区的永久积雪覆盖中（主要分布在南极和格陵兰岛）；因此，这部分水资源很难得到使用。人类可用的淡水资源大部分只存在于陆地储水空间中，以地下水、湖泊水、溪流、沼泽和湿地的形式存在，这部分淡水资源总量仅占全球水资源总量的0.76%（表15.1）。

我们可以通过将海洋里的盐水通过海水淡化的方式转移到陆地上，从而增加数量有限的淡水资源总量,这一过程与发生在水循环过程中海陆间水分的迁移完全相同。然而,通过海水淡化的方式大规模地增加陆地上淡水资源的总量,不仅受到能源资源的限制,同样也受到水资源从沿海地区输送到内陆地区所需的运河和水渠的运输能力和输送效率的限制。尽管地球有时被描述为"水球",但地球上水资源总量中仅有0.76%的水资源可利用于人类活动和自然环境的维持。为了定量地描述这些有限的水资源,我们有必要引入水量平衡的概念。

水量平衡(水收支)

计算水量平衡是评估水资源可利用性和可持续性的一种非常有用的工具。理解水量平衡的概念可以为高效的水资源管理和环境规划提供理论基础。通过观测到的水量平衡随时间的变化,我们能够定量地评估人类活动和气候变化对水资源产生的影响。同样,我们也可以通过比较不同地区之间水量平衡的差异,来评估水循环过程中的控制性因素(如地质情况、地形特征和土地利用状况等)对水循环过程的影响。

作为水循环中的一部分,淡水资源的水量平衡可以通过使用质量守恒原理进行定量描述。这里质量守恒法则可以描述为:水资源输入速率和输出速率之间的差值等于一定体积的水资源总量中水流量随时间变化的速率。通过假设水的密度大约是恒定的,我们可以表达质量守恒定律为:

$$\frac{dV}{dt} = I - O \qquad (公式15.1)$$

在这条公式中,V是特定体积的水资源总量中水流量(L^3),I和O分别代表水资源输入和输出速率(L^3T^{-1})。

全球水量平衡也可以用质量守恒定律来描述(公式15.1),其中我们把陆地上的水资源设定为特定体积的水资源总量。这个特定水资源总量(V)中的水量代表着陆地上或陆地内部储水层中的水量(如冰川、溪流、湖泊以及地下水中的水资源量)。水资源输入(I)代表降水,水资源输出(O)表示蒸发的水量以及地表径流量和地下径流量。据此全球水平衡公式可以被重新写作:

$$\frac{dV}{dt} = p - r_s - r_g - et \qquad \text{(公式 15.2)}$$

上述公式中 p 代表降水速率 (L^3T^{-1})，r_s 和 r_g 分别表示地表径流率和地下径流率速率 (L^3T^{-1})，表达式 et 表示蒸散速率 (L^3T^{-1})。

在年平均条件下，我们可以假设陆地上或陆地内部储存的水资源总量不会发生显著的变化；相应地，在公式 15.2 中表达式 (dV/dt) 相对而言可以忽略不计。因此，公式 15.2 变成：

$$\bar{p} = \bar{r}_s + \bar{r}_g + \bar{e}t \qquad \text{(公式 15.3)}$$

公式中 $\bar{p}$ 代表年平均降水速率 (L^3T^{-1})，$\bar{r}_s$ 和 $\bar{r}_g$ 分别指年平均地表径流速率和地下径流速率 (L^3T^{-1})，表达式 $\bar{e}t$ 代表年平均蒸散率 (L^3T^{-1})。

公式 15.3 表示作为水循环过程中的一部分，降水通过大气输送到陆地的可用淡水资源可以分成三部分：地表径流量、地下径流量和蒸发蒸腾量。人类可以利用的淡水资源是其中的地表径流量和地下径流量，即公式 15.3 中的 $\bar{r}_s$ 和 $\bar{r}_g$。这个公式表明人类可利用性水资源总量（即地表径流量和地下径流量）不仅在很大程度上依赖于降水量，而且还取决于蒸发量。例如，一个地区可能降水量十分充沛，但是如果蒸发量也很大，那么该地区可能会存在缺乏足够可用水资源的问题。

水资源的时空变化

由于降水量和蒸发量在时间和空间上存在较大的变化，所以可利用淡水（水资源）的分配在时间和空间也存在相当大的变化。　270

在不同的时间尺度上，水循环的这些过程会发生一系列短暂性的变化，小到以小时计量的暴风雨事件，大到年际间降水量的变化。大多数国家依赖于季节性降水来保证淡水供应，但是在许多国家季节性降水的分配极不均衡。举例来说，在印度，90%的年降水出现在夏季季风期（6月到9月），在其他八个月份期间降水量几乎为零（Clarke 1991）。在摩洛哥穆卢耶河流域年降水量十分匮乏，而且只是集中在很少的几天。

世界各大洲的可利用淡水资源分布也存在着显著的空间差异。表 15.2 给出了世界不同地区的降水量、蒸发量和径流量。通过此表，我们可以发现不同地区的径流量和蒸发量变动较大。比如,非洲地区的径流量占该地区可利用淡水资源总量的20%,而亚洲和北美洲的径流量则占该地区可利用淡水资源总量的45%。与此相对应,非洲与亚洲及北美洲的蒸发量占地区可利用性淡水资源总量的比例在55%到80%之间变化。正如公式15.3所描述的,以上数据说明在非洲人们可以利用20%的降水作为淡水资源,而在亚洲和北美洲的许多国家利用降水作为淡水资源的比例却高达45%。

人均可利用淡水资源量不仅取决于该地区淡水资源的可利用性,同时还取决于该地区的人口数量。在大洲和国家间人均可利用性淡水资源量存在较大的变化。根据联合国环境署给出的2000年世界各国河流的年平均径流量和地下水补给量,来计算该地区人均可利用性淡水资源量,单位为立方米/人/年。我们可以看出,埃及和阿联酋的人均可利用性淡水资源量最低:每个人的年平均可利用性淡水资源量分别为26立方米和61立方米;相比之下,苏里南共和国和冰岛的人均可利用性淡水资源量最高,每人的年平均可利用性淡水资源量分别为47.9万立方米和60.5万立方米,也就是说,冰岛的人均每年可利用性淡水资源量是埃及的2 300倍。

流域水量平衡

正如前面部分所讨论的,各大洲之间的水量平衡存在较大的变化(表 15.2)。在此基础上,我们可以预测同一个大洲内部不同地点间局域水量平衡的变化。为了定量地分析局部地区的水量平衡,我们就需要设定一个恒定的局域水资源总量值,正如在公式15.1中表达的那样,此处设定的局域水资源总量值应该小于本节前面部分设定的大洲的水资源总量值。

271

表15.2　世界地表水资源量:按地区给出的降水量、蒸发量和
径流量(改编自联合国环境规划署 2002a)。

	降水量(km^3)	蒸发量所占比率(%)	径流量所占比率(%)
亚　洲	32 200	55	45
澳大利亚和大洋洲	7 080	65	35
非　洲	22 300	80	20
欧　洲	8 290	65	35

（续表）

	降水量（km³）	蒸发量所占比率（%）	径流量所占比率（%）
北美洲	18 300	55	45
南美洲	28 400	57	43

在任意一个特定的区域（该地区面积大小不定）中，不管储存的水资源总量有多少，这个数量值均可以作为公式15.1中特定的水资源总量值。然而，在大多数情况中，我们采用一个流域作为基本单元来分析局部区域的水量平衡。这里流域的定义是：降水（或积雪消融）汇入溪流或形成径流，最终到达一个具体的交汇点所流经的区域。大的流域一般由几个较小的流域组成，这些小的流域最初在不同的方向上形成径流，但最终会汇聚到一个共同的交汇点。沿着溪流的走向，在这条溪流上不同分水岭处的许多特定的小溪流也可以被定义为流域。

输入水量和输出水量构成了一个流域的水量平衡

如公式15.2所示，一个流域的水量平衡由天然的输入水量和输出水量构成，同样也包括人类活动导致的水资源输入和输出成分（图15.2）。

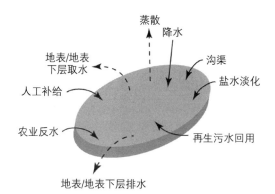

图15.2　图示一个流域水量平衡中输入水量和输出水量的组成部分。人类活动导致的水流输入对流域水量平衡而言至关重要。

一个流域的输出水量由天然的输出部分和人类活动导致的输出部分构成，其中天然的输出水量包括蒸发量和地表/地下径流量；人类活动引起的流域内的水量输出主要包括从地表径流或地下径流中截获一定的水资源用于城市用水、工业和农业生产。这部分水资源被人类利用后，又返回到河流或地下水（即流域中储存的水体）中，再次成为流域的输入水流。这种类型的输入水流包括 (a) 循环利用的污水，许多城市生活用水和工业用水经过废水处理设备的处理，再返回到河流中；(b) 农业领域中灌溉利用的水资源返回到河流中的部分。

在一些流域中，以降水的形式输入到流域中的水量，通过沟渠从其他流域输送到本流域的水量，以及海水淡化生产的水资源总量，无法满足该流域的需求。因此，许多城市通过人工补给，向地表或地下储水层中注入了一定量的水流，以期增加干旱季节城市水资源的可利用性。人工补给的这部分水量进而成为流域中人为输入水量的一部分。

案例研究：内华达州和加利福尼亚州交界处的卡森谷流域

举一个局部水量平衡分析的例子，我们可以通过观察水量平衡随时间变化的特征，从而定量评估人类活动（如土地利用变化和水资源输送）对水量平衡产生的影响。

美国城市人口的迅速增长和城市的快速发展已经引起了人们的关注，而且在未来维持人口增长和城市发展所需要的可利用水资源上已经出现了问题。为了解决这些问题，莫雷尔和伯格（2006）调查了位于内华达州中西部的卡森谷流域。在该地区，随着人口增加，水资源需求量不断上升。通常情况下是由地下水资源来满足本地的用水需求。另外，目前作为农业用地的土地资源预计将转变为城市用地。人们关于上述变化对地下水补给与排泄影响的了解并不清晰，而且这些变化很可能会影响卡森河的水流输出，进而会对依赖河流持续供水的卡森河下游的居民用水产生影响（图15.3）。

莫雷尔和伯格（2006）计算了两个时期的水量平衡：1941—1970年和1990—2005年。1941—1970年时间段代表了人口快速增加和地下水抽取之前该地区的水资源状况，该时间段内本地区未从邻近流域引入水流。相比之下，1990—2005年时间段代表了该地区人口快速增加的阶段，人口增加导致土地利用和水资源利用状况发生了变化，地下水开采量上升，并且开始使

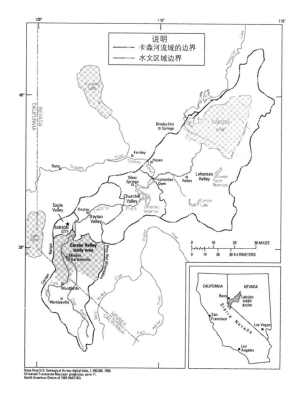

图15.3　内华达州和加利福尼亚州交界处卡森河盆地的地理位置和卡森河流域的水网面积(after Maurer and Berger 2006)。

用从外部引入水流灌溉。这些从外部引入的水流来自塔霍河流域。

基于该地区水流量的组成部分以及所观察到的地下水外流对水流量的贡献,公式15.3可以修改为:

$$\bar{p} + \bar{i}_s + \bar{i}_g + \bar{i}_e = \bar{r}_s + \bar{r}_g + \bar{e}t \qquad (公式15.4)$$

公式中$\bar{p}$表示年平均降水速率(L^3T^{-1}),$\bar{i}_s$和$\bar{i}_g$分别指河流的渗透和地下水输入(L^3T^{-1}),$\bar{i}_e$代表从塔霍河流域引进的水流量,$\bar{r}_s$和$\bar{r}_g$分别表示年平均地表水和地下水净抽取速率(L^3T^{-1}),$\bar{e}t$表示年平均蒸散速率(L^3T^{-1})。表15.3给 274
出了该地区1941—1970年和1990—2005年的水量平衡数据。

虽然从1941—1970年到1990—2005年间该地区的水流量有减少的趋势,但从外部引入的水流量不断增加,其中大部分引入的水流(约0.117亿立方米/年)被用于灌溉,抵消掉本地区的水流减少量,因此两个时间段的总水量相差不大(表15.3)。从表15.3可以看出,该地区的蒸发量和水流量均减少了,但是地下水净抽取量却大幅度地增加。

这两个时间段内水量平衡方面的明显差异表现在:

- 地下水净抽取量增加;
- 水流输入量减少;
- 从外部引入水流灌溉的水量明显增加;
- 农业用地和原生植被被住宅用地和商业用地替代,导致土地利用变化,从而引起蒸发量减少。

由于地下水净抽取量明显增加,而输入到流域内的水流量减少,所以当我们考虑水量平衡的公式时,可以预估本地区水流输出量会大幅减少,其减少速率约为0.313亿—0.345亿立方米/年。然而,实际上该流域水流输出量以0.185亿立方米/年的速率逐渐下降。

两方面的原因共同导致了该流域内水流输出量的剧烈变化:一方面从流域外部引入水流灌溉的水量增加,另一方面土地利用变化引起蒸发量减少。每年从流域外部引入约0.117亿立方米的水流量用于灌溉,导致流域内蒸发量变化的同时,也导致本地区水流总量以0.18亿立方米/年的速度增加。这个数值约等于该地区的地下水净抽取量(约为0.185亿—0.222亿立方米/年)。

表15.3　1941—1970年和1990—2005年内华达州和加利福尼亚州交界处卡森河流域的水量平衡(Maurer and Berger 2006)。

水量平衡的组成部分	估算的水量 ($\times 10^6 \, m^3/yr$)	
	1941—1970	1990—2005
输入水流的来源		
降水进入盆地集水区	46.9	46.9

水量平衡的组成部分	估算的水量（$\times 10^6$ m^3/yr）	
	1941—1970	1990—2005
卡森河及其支流的径流	458.9	444.1
地下水输入	27.1—49.3	27.1—49.3
从流域外引入的水流	0.0	12.1
总　计	532.9—555.1	530.4—552.6
输出水流的来源		
蒸　发	186.3	180.1
卡森河的径流	361.4	342.9
地下水净抽取量	2.5	18.5—22.2
总　计	550.1	541.5—545.2

水资源的可持续性

人类可利用水资源真的在逐渐减少吗？

从全球尺度上看，地球上的水资源总量预计约为14亿立方千米（Shiklomanov 1998）。如前文中所述，由于在水文循环过程中，水资源由一个地方流向另外一个地方，现在人类所使用的水资源将会得到回收，最终成为可回用的水资源。与其他物质不同（如石油和煤炭），水资源是可再生资源，而且还可以通过循环的水文过程持续再生（图15.1）。

如果把全球水资源作为一个整体来看，那么上述观点值得认可。然而，这个观点也很可能会对人们产生误导。可利用淡水资源总量是有限的（可利用淡水资源总量仅占全球水资源总量的0.76%；详见表15.1），大气降水是这些淡水水体的唯一水流输入方式。此外，人类活动正导致淡水资源储量逐渐减少，归根结底淡水资源储量减少是由水资源输入（降水）和输出（蒸发，流入海洋的地表径流和地下径流）之间的不平衡导致的（公式15.2和15.4）。

可持续的观念起源于可持续发展，在1992年里约热内卢的第一次世界各国首脑会议上达成一致，成为公用用语。人们最常使用的可持续发展的定义源于世界环境与发展委员会发表的布伦特兰报告(1987):"可持续发展就是既满足当代人的需要,又不对后代人满足其需要的能力构成危害的发展。"

如果我们将这一概念应用到水循环过程,定量化地分析淡水资源总量,那么淡水资源的输入部分应该等同于输出部分,这样的话才可以为子孙后代保存现有的水资源。为了达到这一目的,我们要么需要调整淡水资源的输入(供应),要么调整淡水资源的输出(需求)(图15.3)。

可持续性还可以通过与多种水资源输入和输出部分密切相关的能源、土地和非能源资源来评估。例如,水渠、海水淡化过程、污水循环利用、地表或地下水抽取和一些人工的水资源补给系统均严重依赖能源消耗。由于水资源的可利用性取决于其所处的地理位置和土地利用状况,所以土地本身在淡水资源中扮演了重要的角色。另外,像原材料这样的非能源资源对于所有人类活动驱动的水流输入和输出而言都是必不可少的。为了使局部地区水资源达到实质上的水量平衡,如果我们想采用需要消耗大量能源资源的水渠或海水淡化设备输入水资源,那么除非我们确实拥有足够丰富的能源资源,否则整个水资源系统将不能保证其可持续性的延续。同时,我们还必须考虑水流输入和输出活动对整个生态系统以及包括人类健康在内的生命质量所产生的影响。

除了水资源的数量外,因为水资源的质量(即水的化学成分)严重制约着水资源的用途,而且限制了某些具体用水需求的水资源可利用性(也就是说水资源质量会影响实际中的水量平衡),所以水资源质量也是水资源管理中的一个重要方面。多种水流输入方式(人工补给水流、农业用水返流和污水回用)都存在减少水资源实际量的可能性。水资源的质量问题可以通过污水处理或者把劣质水专供特定的用途这些方法来解决。但是,现实中的这些方法需要更多的能源支撑,这就使得水资源再次处于不可持续发展的情景中。

地下水资源储存的特征及其与地表水之间的相互作用

地下水资源占淡水资源总量的30.06%(见表15.1),这意味着超过98%的可利用淡水资源均以地下水的形式存在,这些地下水资源储存于地下含水层中(图15.4)。含水层是指可透水的地下构造层,或者是在裂隙中储存有水的破碎基岩或疏松的沉积物,挖井时可以产生可用数量的水资源。

潜水含水层

第一种类型的含水层称作潜水含水层(非承压含水层):它的上边界是地下水位,下边界是低渗透层。在大多数情况下,浅层含水层是潜水含水层。一个潜水含水层是开放的,它可以直接从地表水获得水流,而地表水资源主要来源于降水和与之连接的地表水体(如溪流和湖泊,见图15.4)。地下水位可以在垂直方向上自由地上下波动,这种波动取决于地下水补给速率和排出速率。

溪流要么通过地下水的水流输入获得水资源,要么通过水流输出到地下水中损失水资源。大部分溪流同时存在两种水资源流动方式:在溪流的某一段,可能通过水流输出到地下水而损失部分水资源,而在其他阶段可能会通过水流输入获得水资源。从含水层向溪流排放的地下水形成了溪流的基流,这部分水量输入并非来自降水带来的直接径流。

另外,由于溪流中水流的水位与地下水水位均具有波动性,二者之间存在海拔高度上的差异,所以地下水和溪流之间的水流方向存在季节性或者是短时期周期内的变化。当某地区一直呈持续性降水天气,该地区潜水含水层就会从地表获得水资源补给,因此地下水水位逐渐高于溪流中水流的水位。这种情况促使水流从地下水流向溪流。与此相反,当该地区发生短暂性的暴雨事件时,溪流中水量大增,水流将会从溪流流入地下水,地下水获得了来自溪流的水量补给。

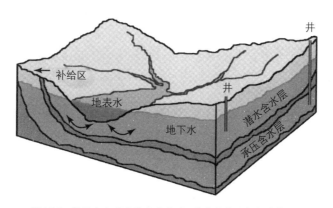

图15.4 承压含水层和潜水含水层;潜水含水层与河流相通。

承压含水层

第二种类型的含水层被称作承压含水层。这种含水层被夹在两个狭窄的地下构造层之间,含水层上面由相对隔水的材料所构成,使得水流无法自由地流入和流出含水层(图15.4)。在承压含水层中的水流受到来自狭窄的地下构造层之间压力的压迫。在许多情况下,我们可以发现深层海水曾是承压含水层。

如图15.4所示,承压含水层上下两个狭窄地层并不是完全水平的,在某些区域这些地层暴露在地表。这一区域就是承压含水层的水流补给区。在水流补给区,这个所谓的"封闭的"含水层实际上并非完全封闭。与潜水含水层不同,只有很少一部分水可以通过承压含水层上部的地质构造结构进入承压含水层中,这一部分水流是承压含水层的水流输入来源。在某些情况下,当准备在某地点开挖一口水井时,这口井的补给区域很可能远离水井所在的位置。由于承压含水层的补给区域在空间上十分受限,而潜水含水层可以从地表降水和地表水体中获取水量补给,所以进入承压含水层的水流补给量远低于潜水含水层中的水流输入量。

储水空间中水流输出的相关问题

现在,我们将要解决的是与天然水资源储存空间水流输出相关的问题,也就是说地表水或地下水的汲取,我们尤其重点关注从地下水中汲取水资源及其与地表水之间的相互作用。从天然储水空间中提取的水资源用于多种人类活动中,包括农业生产、城市生活用水以及工业发展。

278

地下水汲取及其与地表水的相互作用

潜水含水层

当我们考虑对一个潜水含水层进行水资源开采和管理时,必须把地下水和地表水作为一个统一的系统来考虑。这是因为一个潜水含水层系统通常会与一条溪流系统相通,而且含水层中任何部位的水量补给很可能会对溪流系统的其他部分产生影响。

一般情况下,含水层经历过较长历史时期的发展,会处于一种自然的水平衡状态。这说明储存于含水层中的水量是恒定的,如图15.2所示,流入含水层的水流输入量应该等同于从含水层外流的水流输出量。

如果我们想通过一个开挖好的水井从含水层中抽取地下水,那么这种抽取就会打破含水层中原有的水量平衡,也就是说抽取含水层中的地下水使得含水层中自然状态下储存的水量发生了亏损。除了从含水层的储存水中直接抽取地下水产生的影响外,人为开挖的水井将"拦截"一些原本流向溪流的地下水流。通过水井抽取更深层的地下水时,将导致溪流水流向地下水,补给地下水资源。这种过程又被称为含水层诱导补给。结果,由于对地下水的截获和含水层诱导补给的共同作用,溪流的水流量降低。

在通过水井对地下水开采的早期阶段,首先从含水层天然储存的水资源中获取水,然后通过天然补给区域或人为诱导补给水资源。受抽水不同阶段复杂水文环境条件的影响,抽水过程中水资源来源的变化较大,从直接由含水层储存的水资源中获取水量逐渐发展到通过诱导补给水资源获取水量。在实际的水资源管理中,了解并定量评估什么时候抽取水资源会耗尽储存空间中的地下水资源,然后转向抽取诱导补给的水资源这个问题至关重要。

从含水层人为开采地下水极大地扰乱了自然状态下含水层的水量平衡。如果某地区的降水量是恒定的,那么我们便可以假定该地区的蒸发量也是恒定的。这样的话,从含水层中获取的水资源会通过人为诱导补给地下水和地下水径流的方式影响地表水(公式15.3),这种人为的驱动最终将导致含水层中地下水处于一种新的平衡状态。换句话说,天然的地表水和地下水排放的一定量的水资源成为人类开采的水资源,然而从含水层向外输送的水量依然不变。所以,只有当包括自然的和人为的水流输出量在内的总水流输出量与水流输入量(如降水)相等时,含水层中的水流才能达到一种新的平衡。很显然,如果我们大量开采地下水,那么地下水输出量将极大地增加,这就使得地下含水层处于一种水流输出量远大于水流输入量的不平衡状态。在这种输出量过大的情况下,地下含水层中的水量无法达到新的水量平衡,于是含水层中储存的水量大大减少。

即使包括地下水抽取在内地下含水层向外输出的水流总量与水流输入量是等同的,从潜水含水层中高强度地抽取地下水也可能会阻碍水流从含水层流向溪流。水从含水层流向溪流会形成底层基础径流,或称为"干旱季

279

节"溪流的底流,这种底层基础径流中的水资源对溪流周围的生态系统而言至关重要。高强度地从含水层中抽取地下水资源,导致由含水层流向溪流的底层基础径流量明显下降,这种情况很可能会危害周围的生态系统,因为这些生态系统在很大程度上依赖于地表水资源的可利用性和水资源质量。另一方面,对于许多潜水含水层而言,河流的水流很可能是其主要的水资源补给来源。通过大坝对农业用水、工业用水、家庭用水、水源引流或水资源输送的水资源实施流量管理,可能会导致地下含水层的水资源补给量和水资源可利用性下降。

为了提高对潜水含水层中水资源管理的可靠性和价值,有必要将地表水资源和地下水资源作为一个整体来考虑。

承压含水层

一个承压含水层是指被挤压在两个狭窄的地质构造层之间的含水层,由相对不透水的材料组成,比如黏土(图15.4)。这些狭窄的地质构造层通常是广泛分布的,而且这种地质构造环境创建了一种水资源补给区域和排泄区域(抽水)在地理位置上相分离的水文环境。有时候,地下承压含水层的补给区域与抽水区域之间可能存在几百公里的距离。

由于承压含水层与地表水体并不相通,水流不得不从补给区域流向抽水区域。当补给区域和抽水区域相距很远时,补给区域就不能像潜水含水层那样快速地向抽水区域供水了。而且,由于承压含水层与潜水含水层的水文特征及水文环境存在较大的差异,所以承压含水层的输水能力远低于潜水含水层。总的来说,以上事实解释了潜水含水层水量来源受限的原因,说明潜水含水层系统更易受到影响。在水资源开发方面,比起潜水含水层,承压含水层的水资源开发面临着更复杂的挑战。因此,在充分了解承压含水层系统水文特征的基础上,我们应该限制从含水层中开采的水资源总量,或者高度调控水资源开采量,否则可持续性的水资源管理对于这些含水层来说几乎只是纸上谈兵,根本不具备可行性。

地下水系统的时间跨度

如前文所述,通过水井开采地下水时,首先是地下含水层中储存的水资源为地下水开采提供了水源,接着人为诱导补给或补给区域的水资源为地下水开采提供了水源。水流通过地下水系统的速率很大程度上受 (a) 水的流速（水流速度受含水层水文性状影响）和 (b) 补给区域或地表水体与输出水流或抽水区域之间距离的影响。地下水系统的时间跨度在少于一天到大于一百万年之间剧烈地变化 (Bentley et al. 1986)。因此，含水层中储存的水资源年龄的变化也很明显，这些水资源可能来自近期的降水或者来源于一百万年以前的降雨。

280

由于承压含水层中的水流向下漫延到地下深部，而且承压含水层中的水资源只有在补给区域与近期降水之间存在密切关联（图15.4），所以承压含水层中水资源的年龄比潜水含水层的水资源年龄更老。这意味着开采承压含水层中的地下水，就像开发那些依存于历史久远的地质构造物中的石油产品一样。

在长长的地下水流路径构成的大型地下水系统中，水流迁移的时间跨度很长，所以这个系统很大程度上代表着历史时期气候变化对水文环境产生的影响。未来的气候变化很可能会通过一系列重要的方式来影响这些地下水系统。例如，诺尔斯等人 (2006) 报道了近十年在美国西部高山的降水形式中降雨出现的频率高于降雪。因此，积雪层厚度变得薄了 (Mote et al. 2005)。积雪层是山区地表水和地下水最基本的来源，如果降水形式发生了较大变化，那么系统内水资源的质量和分布也会相应地发生显著的变化。另外，从山上向山麓地带的水资源补给形式也会发生变化。地表水系统对这些变化的响应十分迅速，但是对于地下水系统而言，就需要更长的时间来适应。

人类活动所需的地下水开采

从地下水资源储存空间中开采出来的水资源被用于各种各样的人类活动。在这部分内容中，我们将重点关注用于城市生活、农业生产和能源发电的水资源开发。

供应城市用水的水资源开发与水资源的化学性质

在许多国家，地下水通常被当作饮用水的来源，多数人都认为地下水比地表水干净卫生，因为人们觉得地表水更容易被污染，而且这种污染是可见的。然而，地下水同样可能被污染；地下水很可能与地下岩层中天然形成的化学物质相互作用从而发生化学变化,这可能导致与人类健康相关的问题。

　　水资源的化学性质在对含水层水资源开发和管理中发挥着至关重要的作用。在地下含水层中,地下水流的流速在若干毫米/年到50厘米/天之间波动,与地表水流相比,其流速十分缓慢。也就是因为地下含水层中水流的缓慢运动,地下水与构成地下含水层的矿物之间达到了一种化学平衡,形成了化学分层。通过水井抽取地下水的水流速度明显快于天然的地下水水流,这种水流使得地下水的化学性质发生了巨大变化。抽取地下水导致地下水化学分层混乱。

　　新安装的水井和污染物会引起含水层中的地下水流发生化学变化。污染的地表水(包含未经完全处理就排放出来的污水和农药化学物质残留)可能会通过水流补给进入潜水含水层,造成地下水水质恶化。在潜水含水层和承压含水层中,如果含水层与一个含有劣质水资源的含水层相通,那么这两种含水层中的水资源均有可能会被污染。这种含有不同质地水资源的含水层有可能在自然条件下连接,但也很有可能是人类活动的结果。

　　曼威尔和瑞安(2006)在对加拿大西部亚伯达的艾欧博河流域地表水和地下水之间相互作用的调查中发现,小村庄里腐烂的污染物沿着向下的斜坡很快进入该地区的地下水系统,接着被排放到河流中。此外,他们发现沿河的土地使用方式(如地质来源,在冲积含水层上放牧留下的牲畜粪便、道路用盐残留和高尔夫球场草坪种植施用的化肥)对污染物来源的贡献极大。

　　许多位于沿海地区的城市,包括世界上一些人口非常密集的区域,从沿海含水层中抽取地下水作为他们生活用水的一部分。在地下含水层中,淡水资源从靠近陆地的一边流向靠近海洋的一边,这样可以防止海洋中的盐水倒灌进入地下含水层。从含水层中抽取淡水资源造成流向海洋的淡水水流量减少,导致来自海洋的盐水流入原本淡水资源所占的区域。这种盐水输入导致含水层中淡水资源的可利用性降低,而过度抽取地下水很可能使得盐水倒灌进入水井,水井受到盐水的污染,所以不得不废弃。

　　孟加拉国出现了最值得关注的水资源开采失败的案例,这个项目由联合国儿童基金会领导的国际机构推动,其致力于提高水资源总量,却忽略了对水资源质量的关注,而这里的水资源中含量高浓度的天然重金属毒物——砷。孟加拉国对水资源质量的忽视造成了人类历史上最大规模的中毒事件。与这种由天然形成的化学污染物(如氟化物和砷)导致的饮用水污染问题类似的水污染问题在其他国家也已有报道 (Srikanth et al. 2002)。

农业用水

农业用水占人类淡水资源使用总量的比例最大。由于农业用水占全球水资源使用总量的比例超过了70%,节约农业用水和完善农业用水管理是一项符合情理的目标 (UNEP 2007)。农业依赖于灌溉有两方面的原因:(a) 通过灌溉增加农业生产力;(b) 在干旱和半干旱气候区,降水无法满足雨养农业的用水需求,故通过灌溉来满足农作物的用水需求。在这些地区,从地表水体和地下水体中过度抽取水资源促使水资源枯竭(也就是说储水空间外流的水流输出总量远大于水流输入总量,这会导致天然储水空间中水资源储量下降)。下面我们举一个关于美国中部大平原下部高地平原地下含水层的例子 (Dennehy et al. 2002)。

282

美国高地平原含水层是世界上最大的淡水资源含水层之一,目前该含水层面临地下水位持续下降的状况。美国约27%的灌溉农田分布于这个含水层周围。由于在许多地区从地下含水层中抽取的水资源总量已大大超过了其补给量,这个承压含水层已受到人类活动的极大影响。从20世纪30年代大规模灌溉农业的发展开始,该地区地下水水位明显地下降。

高效农业灌溉或雨水灌溉的作物生产对于增加有限水资源供应情况下的农业生产力而言至关重要。滴灌技术作为一种高效的农业灌溉方法被广泛推崇。但是,由于滴灌技术的初始成本、维修费用较高,而且在农作物收获之前和收获之后整理滴灌带需要额外消耗大量的劳动,所以滴灌技术在实际生产中并非适用于所有情景(如大规模种植农业)。

随着全球人口数量不断增加,对食物的需求也相应地增加,水资源需求量也会显著升高,尤其是干旱半干旱地区农业灌溉对水资源的需求量将会明显增加。采用高效的农业灌溉措施,把农作物替换为耗水量小的品种,以及在管理水资源质量时回收利用水资源,这些都是农业用水中亟待解决的问题。

能源生产用水

可持续发展的物质必需品之一(能源)严重依赖于水资源。能源生产系统(如生物燃料、生物质能源与煤集成气化联合循环、水力发电厂和焦油砂的生产）在能源产品的生成过程中需要水资源或者是把水资源作为一种原材料使用。用于能源产品生产过程中的部分水资源是可以循环利用的，但其他一部分水资源可能就会被当作原材料被蒸发消耗掉，或者是在使用过程中受到严重的污染。例如，经常被称作生产可再生能源的水力发电厂，其储水空间中的水资源在蒸发的作用下损耗，部分水分进入大气中。

能源生产需要数量可靠的、充沛的水资源——但是全世界范围内的水资源均已供应短缺。举个例子，我们考虑一下美国的电力生产工业，它是美国最大的淡水资源消费者之一。美国电力生产工业每天通过热电能源、化石燃料和核能源生产所消耗的水资源总量约为5.2亿立方米；这个数值占美国淡水资源日均利用总量的40%，并且仅次于农业用水量。就地表水资源消耗而言，电力生产工业消耗了地表水资源总量的52%，使其成为最大的地表水资源消费者（Hutson et al. 2004）。随着世界人口的增加，能源需求也相应地上升，能源生产用水和其他用水部分（农业用水和工业用水等）之间可能会出现冲突。此外，当工业生产技术发生转向时，能源生产的水资源需求很可能会上升，比如生物质能源，人们普遍认为生物质能源是环境友好型的能源，但实际上生物质能源的水资源需求很高。

283

所有类型的能源生产均会对环境产生一定程度的影响，而且人们已经普遍认识到二氧化碳排放及其产生与气候变化密切相关。为响应八国集团的号召，国际能源署（IEA）就如何缩小当前已经出现的问题与未来我们为创建一个清洁、灵敏、具有竞争力的能源未来所需要付出的努力之间的差距，为各国决策者们提供指导意见（IEA 2008c）。国际能源署的这项报告将关注点主要锁定于能源技术的发展，而且其与二氧化碳排放之间存在较强的联系，但其中只考虑了若干限制性因素（如生物质燃料的土地利用）。考虑到水资源的可利用性，未来我们迫切需要更具有综合性的能源分析和技术发展蓝图。

向水库中输水

气候变化

气候模型预测表明21世纪期间全球平均地表气温可能会进一步升高1.1—6.4℃（IPCC 2007b）。这种全球范围内的温度升高将会对水循环产生影响。由于世界不同地区的水文循环过程间存在着十分复杂的相互作用，因此我们无法断定这种温度升高一定会导致全球降水量的增加，而实际上降水量的增加正是水量平衡的重要输入部分。尽管如此，世界上有些地区的降水量可能增加，而另外一些地区的降水量以及季节性径流量也很可能发生变化。

未来气候变化对水资源的影响将取决于气候因素的变化趋势以及人类活动同时产生的影响。由于水资源的可利用性极易受降水量、气温和融雪变化的影响，因此评估气候变化对水资源产生的影响十分困难，尤其是在预测气候变化影响下局部地区河流水与地下水之间补给形式的变化时（这种补给形式的变化将影响水资源状况），我们会遇到较大的挑战，原因在于气候变化情景下局部地区降水量的变化本身就存在较大的不确定性（IPCC 2007b）。对水资源产生影响的人为因素主要包括：因新型农业和经济的发展、流域特征的改变（如土地使用的变化），以及水资源管理决策的变化而引起的水资源需求量增加。

如上所述，水资源的可利用性受到气温、降水和融雪变化的显著影响。我们预测温度升高会导致水资源蒸发量增加，从而导致水资源损耗量增加。由于水资源蒸发量的增加，在降水量相当或更少的地区，可能会呈现可利用水资源净亏损的状况。当可利用水资源减少时，我们预测农业、工业和城市生活用水对水资源的需求将大幅升高。

284

温度升高还会影响山上的积雪覆盖量和覆盖时间，而积雪正是山间溪流的主要水资源来源。在温度升高的影响下，预计冰川和积雪将会持续消融，这将导致河流水文模式和水流量的变化。河流水文状况的变化将会进一步对水资源管理和水资源利用产生影响。例如，如果河流水资源供应量减少，河道外用水（如农业灌溉）和河道内用水（如水力发电、渔业、娱乐和导航）可能会直接受到影响（IPCC 2007b）。

地球上最大淡水水库（地下水）的可持续性，可能在以下几个方面受到气候变化的影响：降水量可能会改变，温度升高和地表植被的变化可能导致蒸发量发生变化，由于降水量减少导致淡水资源供应量减少，从而对地下水的需求很可能进一步升高。因为地下潜水含水层与地表水体相连，且为地表水体提供水源，所以上述因子很可能会对潜水地下含水层产生严重的影响。

气候变化可能会对水资源的可持续性产生严重影响，但如果我们为之做好充分、合理的准备，这种影响的严重程度将会大大降低。这将需要：(a) 对与水资源利用和水资源管理相关的最新趋势和规划重新评估；(b) 对过去几十年的气候变化分析；(c) 提出一种应对水资源供应能力和洪涝灾害可能增加的策略；以及 (d) 聚焦于水资源可持续性的公共信息和教育方案。

农业返还水

从农业灌溉用水中返还到河流和地下水系统的径流和补给水流是天然水体的主要输入部分之一。这种返还水流可以被"循环"利用于非农业生产活动。对于保护这部分从农业灌溉中返还的水资源而言，减少其向大气中的蒸发损失量，提高灌溉过程中的水资源利用效率，以及增加从灌溉中返还的水资源总量，这些措施都十分重要。

然而，从农业灌溉用水中返还的水资源中经常含有化学物质（如营养元素和杀虫剂），在许多国家，这些化学物质是水污染的主要来源（US/EPA 2006a）。这些污染物将引发诸多污染问题，显著地影响生态系统和城市供水系统。比如，墨西哥湾缺氧的主要元凶就是农业污染物（Alexander et al. 2007）。缺氧导致鱼类离开这个海域，而且缺氧还对底栖生物的生存产生压力，甚至导致其死亡。从根本上看，农业生产中过量使用的化肥导致大量营养物质通过密西西比河流入墨西哥湾海域，再加上海湾水域的季节性分层规律，共同导致了墨西哥湾缺氧问题。

从农业灌溉用水中返还到水体中的含有污染物的水资源，不仅有可能引发污染问题，而且还有可能影响整个水循环固有的规律。因此，去除农业灌溉返还水中的化学物质是十分必要的。许多国家已经采用一系列天然的和人工的方法修复这部分污染的水资源，其中包括在湿地进行的污水适应性生物降解过程（Mitsch et al. 2006）。

城市生活和工业污水回用

人类活动可能导致地下水和地表水系统的污染。影响陆地生态系统和沿海生态系统的污染物来源不同，其中包括来源于城市生活和工业废水中的污染物。

来源于城市生活用水的废水中含烃类产品、营养物质、微生物污染物以

285

及因为不恰当的污水处理方法或因清除这些污染物失败而产生的化学药品。工业污水中含有多种污染物,包括重金属、微生物、抗生素以及有机溶剂。在这些污染物流回到环境中之前,水资源处理装置可以从废水中去除它们,并生产出"更清洁"的污水和污泥。与前面我们描述的农业灌溉用水返还部分内容相似,这种输入以一种与农业返还相似的方式维持固有的水量平衡。然而,这里我们还必须考虑其他可能导致水资源不可持续性的因素。

　　在污水处理过程中,去除废水中的污染物需要大量电能。例如,据电动力研究协会(2002)报告,2000年美国公用污水处理中所消耗的电能预计约为21太瓦时,在2020年用电量有望增加到大约26太瓦时,2050年可能增加到30太瓦时。另据报告称,关于污染物排放到环境中的更高标准将要求更积极有效的污水处理方式,这可能会增加额外的电能消耗。尽管在美国电力消耗总量中,污水处理消耗的电能所占的比例很小,但能源对于维持水资源的可持续性而言绝对是十分重要的。

　　废水中某些种类的化学物质(如化学药品)在污水处理过程中也很难去除,这些化学物质保留在经污水处理后的水体中,最终返回到环境中。北美、欧洲和亚洲的河流和水体中已经检测到这些化学物质残留(e.g., Halling-Sorensen et al. 1998)。虽然这些化学物质的浓度比较低,但是为了维持水资源可持续性而进行的水资源回用过程可能会增加这些化学物质的浓度,进而造成水资源可持续性降低。

地表水变化

　　为了尽可能地减轻水资源空间和时间变化对水资源可利用性的不利影响,全世界范围内的河流系统几乎都在人类干预下发生了改变。全世界227条最大的河流中,60%的河流被大坝、线路改道或运河不同程度地分隔开,呈现出破碎化的状况,尤其在发展中国家,大量堤坝工程建设严重威胁着一些仅存的自由流动河流的完整性(Nilsson et al. 2005)。这些改变在具体的时间和空间上极大地增强了水资源的可利用性;然而,也将引发大量后果。 286

　　过度的水资源利用和上游水污染很可能会对生态系统和水资源需求产生不利的影响。比如,就美国西南部的科罗拉多河来说,这条河流被称作最受人为控制的河流,因为河流系统中一系列的大坝将所有的排出水分配到农业、工业以及家庭生活使用。科罗拉多河满足了依赖于它的2 800万人的需求，却没有向其下游加利福尼亚湾供应任何水资源。此外，来自灌溉农业径流的返还水还造成了严重的盐侵。

水体通过一系列管道向城市和农田输送水资源。在输水管道系统中，水资源通常被提升到一定高度之后通过重力来输送；就这种水资源输送方式而言，电能是必需的。例如，在中央亚利桑那工程中，从科罗拉多河输送水到亚利桑那的中部和南部，每抽取一立方米的水需要2.95千瓦时的电，或者需要4.8太瓦时的电来分配18.5亿立方米的水 (Scott et al. 2007)。在中国，南水北调工程中三峡大坝扮演着关键的角色，从中国南方调取448亿立方米的水资源输送到北方。这种水资源的转移需要大量的能源供应，以确保水资源输送到相当干燥的北方城市。

对于河流系统而言，这些改变也可能导致一系列的问题。河流中的大坝降低了季节性洪水和水流量；然而，在热带和亚热带地区，停滞的水流环境受到与水有关疾病的病原传播者的青睐。这些病原传播者包括在传播如疟疾、黄热病以及血吸虫病等疾病中扮演重要角色的蚊子和钉螺。

血吸虫病是一种可通过水体传播的寄生虫病，到目前为止还没有可用的预防疫苗。血吸虫病重大疫情的爆发与埃及阿斯旺水坝、埃塞俄比亚的蒂盖大坝和在科特迪瓦境内的科苏和塔博大坝的修建存在密切关系 (WHO 1993)。在中国一些热带和亚热带地区，血吸虫病是一种常见的地方性疾病。历史上最宏大的人造工程项目——三峡大坝就坐落在中国这块血吸虫病频发的区域，目前三峡大坝已经进入最后的蓄水阶段。

如果单从水循环固有的水平衡规律而言，人们可以通过调节地表水变化达到水资源可持续发展的目的。然而，生活质量也是我们必须要关注的一部分，因为大规模的健康危机肯定会对人们的生活质量带来极大的消极影响，包括传染性疾病的大爆发。

人工回灌和含水层储水及其功能恢复

为了满足人们日益增长的从含水层中抽取地下水的需求，同时保持对水资源的可持续性管理，人工回灌和含水层储水及其功能恢复在全世界范围内逐渐被认可。人工回灌是一种通过人为措施，增加进入地下蓄水层中的水资源总量的一种实践 (Todd 1959)。人工回灌的方法包括通过运河、灌溉渠或洒水系统来改变水流在地表的流动方向(如地表漫流),还包括通过水井向地下含水层注入水资源。

含水层储存和功能恢复包括:在有可利用水资源时,通过水井向储水层中注入水资源并储存起来,之后在干旱季节,通过同样的水井从储水层中再抽取水资源。含水层的储存和恢复可以被看作一种特殊的人工回灌措施。在这些过程中,进入地下含水层中的水流中可能包含某些有机和无机污染物,这些污染物可能会以类似于污染雨水渗透进土壤并通过各种各样的地质材料得以过滤的方式被清除。另外,这些过程可能会减少注入河流的地表径流量,从而降低洪水发生的风险,并缓解泥沙淤积问题。

然而这些技术同样也存在弊端,并不是人工回灌水流中所有的污染物都能够被土壤和地质材料修复,进入含水层中的污染物可能会在含水层中迁移扩散。用于回灌的农业返还水和城市生活废水中可能包含杀虫剂、石油和其他化学物质,因此这些污染物质导致"人工"地下水污染的风险极大。新注入的水流与本地的地下水和含水层材料之间的地球化学反应也存在产生污染的可能性,同时在水流回灌的操作上也可能出现问题。在佛罗里达含水层系统中已经调查了这些化学反应过程(Arthur et al. 2001)。

此外,注水井井壁堵塞和地表下浅层土壤中微生物的生长扩散均可能会降低水流回灌速率和效率。尽管这些人工回灌技术在可持续性的地下水资源管理方面展现出巨大的潜力,但除非有大量的水资源能够被注入含水层中,否则人工回灌技术在经济层面上根本不可行。

与决策和政策制定相关的问题

前面我们已经阐述了与水循环各组成部分相关的问题,现在将我们的目光转移到与水资源可持续性相关的政策上来。当政策制定者们需要就水资源相关的问题做出决定或起草与地表水和地下水相关的法律法规时,考虑与水循环系统相关的不确定性问题是在所难免的。

不确定性评估

我们对于自然系统(包括对组成水循环的各个过程和水体)的认识,还未达到一个完美的程度,一部分原因在于综合性的多尺度测量技术仍不够　288

完善(仍处于发展阶段)。因此,我们基于水循环相关信息、测量数据以及对水循环系统的估测,所做出的关于水资源的决策和计划,很可能存在较大的不确定性,而这些不确定性就需要从不确定性评估的角度进行量化。

基于这种不确定性评估,我们需要在决策和计划的过程中明确地鉴定并标明这些不确定性的主要来源。从理论上来说,不确定性是数据或知识不完善的结果,我们可以通过获取更多更好的数据或认识来降低这种不确定性。这种对不确定性的评估以一种定性的或半定量的方式呈现,这种呈现方式包括对可能出现的后果以及与不完善数据相联系的不准确性的量级大小(如储存在含水层中的水资源体积)进行讨论。

一份完善的不确定性分析对于并不了解具体情况的政策制定者们而言至关重要。不确定性分析可以帮助决策者们制定一系列可以最小化不良后果发生概率的政策,比如在利用地下水资源过程中,很可能存在一种以比我们想象的还要快的速度消耗掉含水层中水资源的不确定性。这种不确定性评估可以基于可利用信息,引导我们做出更好的决策。

结 论

在参考水文循环和水量平衡相关概念的基础上,这部分内容探讨了与水资源相关的不可持续性问题。通过水量平衡的计算公式,我们可以定量地分析构成水循环过程的各个环节以及自然因素和人为因素对水量平衡的影响。

这部分内容中我们还讨论了最大的天然水体(地下水系统)的可持续性特征。对于潜水含水层而言,将地表水资源和地下水资源作为整体水资源来考虑十分必要。对于承压含水层来说,由于涉及不同的水文循环特征,可持续的水资源管理可能并不可行。

我们还探讨了流域水量平衡以及人类活动影响下的水流输入和输出部分。人为的水流输出部分包括用于城市生活用水、工业生产和农业灌溉的地表水/地下水汲取。水流输入部分包括循环利用的废水、农业的返还水、通过引水渠引进的水、淡化的海水以及人工回灌水。人为的输入和输出部分与可持续性的必需物质(包括能源、土地以及非能源资源)紧密相连。除需要关注水资源的数量外,我们还必须密切关注水资源的质量,因为水资源的质量在某些程度上可能会减少水资源的可利用量。水资源质量退化也会破坏固有的水平衡规律。

为了满足水资源的可持续性，就需要保持水资源平衡的固有规律。然而，如果一个系统严重依赖其他可持续性组分，而这些可持续性组分本身的可依赖性和数量充足性还悬而未知，那么这个系统的可持续很可能无法维持。此外，为了保持水资源平衡，如果调整并改变人类活动影响下的水流输入部分，那么在很大程度上会对生态系统造成破坏和/或对包括人类健康在内的生活质量产生不利影响，因而这个系统的可持续性将会降低。如果我们欲实现水资源的可持续性，那么围绕能源、土地、非能源资源、生态系统以及人类健康的综合分析和管理将是我们需要考虑的关键因素。

致　谢

十分感谢俄亥俄州立大学弗兰克·施瓦茨和朱莉·舒莱斯基为本文提供的建设性意见。作者诚挚地感谢朱莉·舒莱斯基给予作者首次机会进行水资源方面的研究并进行相关问题的探讨。

16　全球水资源可持续性的评估与建模

金井新二郎

摘　要

　　传统意义上对水资源压力的评估不足以衡量全球范围内水资源的可持续性。取而代之,我们需要综合的水资源模型来进行预测。这类模型必须可以展现当下自然和人为条件下不同类型的水循环过程,同时应具备"绿水"的代表性。对水资源可持续性的评估,并不一定取决于水资源的压力(如水资源开采量与水资源可利用量之间的比率),确切地说,应该从水资源的服务功能及其影响上着手。尽管这种综合性的水资源可持续性评估模型仍需要进一步的开发提升,但从本质上而言它是有原型可循的。为确保模型的顺利运行,水资源可利用量和开采量相关的数据不可或缺。然而,这些数据,尤其是与人类活动(如水资源开采、地下水枯竭和基础设施建设)相关的数据依然非常匮乏,尤其是对特定区域进行水资源可持续性评估时,这种问题尤其突出;更糟糕的情况是,水资源可利用量观测网络系统正在逐步萎缩。因此,我们迫切需要在全球范围内努力协调数据采集和管理工作。最后,即使有一个很成功的预测模型,评估水资源可持续性的标准仍然是一个悬而未决的问题,部分原因在于我们需要考虑道德伦理相关的问题,例如人类最基本的需求都由什么构成。

导　论

　　水资源不同于其他的自然资源的原因在于,它是可以循环利用的。因此,相对于储存的水资源,流动的水资源对于评估水资源的可用性以及可持续性具有更重要的意义。只有在地质年代时间尺度或更长的时间尺度上，地球上的水资源总量才会有所改变。对于大多数其他种类的自然资源而言，如矿物质和化石能源，尽管流动性在评估其可持续性中的作用日益突出，但储量仍是一个至关重要的参数。

291

另外，作为一种资源，水必须是廉价的。诸如商用瓶装矿泉水之类的高价水仅用于非常有限的用途。如果水在需要的地方可用，在需要的时候可用，且获取的水比所期待的质量更高、数量更充足、花费更低廉，那么水就成了一种资源。水资源并不是一种用于消费的物质或原料的来源，更确切地说它是一种媒介。因此，在这方面，水与大多数其他资源不同。

全球范围内已经报道了许多水资源危机的案例（e.g., Pearce 2006），但是人类使用的淡水资源总量还不到地球上可再生淡水资源总量最大值的10%（图16.1；Oki and Kanae 2006）。对全球陆地总径流量进行粗略的估算可知，全球可再生淡水资源可利用量的最大值约为45 000立方千米/年，

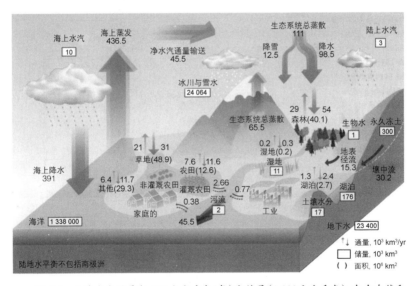

图16.1　全球水文通量（1 000立方千米/年）和储量（1 000立方千米），包含自然和人为活动影响下的水循环。多种数据源整合的结果（after Oki and Kanae 2006）。垂直的大箭头表示陆地和海洋之间的年降水量和蒸散总量（1 000立方千米/年），其中包括小的垂直箭头指示年降水量和主要景观的蒸散量（1 000立方千米/年）；括号里的数值表示面积（百万平方千米）。地下水直接排放量约占全球河流总排放量的10%，已计入河流排放量。

2000年人类利用淡水资源总量约为3 800立方千米/年。这样看来,为什么全球范围内还会出现这么多的水资源危机呢? 简而言之,陆地水资源时空分布的变异性是水资源危机的主要原因。在湿润地区可利用水资源十分充沛,如亚洲东南部、欧亚大陆东北部、亚马逊和刚果热带雨林地区以及加拿大西海岸;然而在另外一些地区,如亚洲中部、中东地区、非洲北部和澳大利亚大部分地区,可利用水资源总量相对较少。

292

可利用水资源的地理分布与人类对水源的需求并不完全一致。通常所用的全球水资源状况评价图(图16.2)清楚地表达了二者分布的差别。这幅图阐释的缺水指数R=W/Q,其中W表示水资源开采量,Q表示可再生的淡水资源总量。当R值高于0.4时,可以认为该区域是一个水资源压力较高的区域(在图中由深红色显示)。中国北方地区、亚洲中部地区、印度北部和巴基斯坦、部分中东地区以及美国的中部到西部地区,均属于水资源压力较高的范畴。预计在高度水资源压力地区生活着20多亿人口,可见这些地区的水资源可持续性较低。

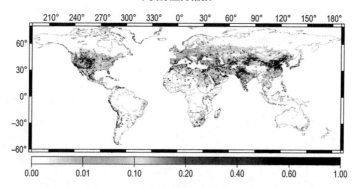

图16.2　全球水资源压力指数分布,深色表示严重缺水区域(Oki and Kanae 2006)。

可利用水资源总量与水资源需求量在空间分布上不匹配,那么从这个问题出发,我们将致力于解决水资源定量评估和全球水资源可持续性测定中潜在的问题。本章我们将讨论一些关键性的问题,但水资源质量相关的问题在本章中将不会加以阐述。水资源质量相关的问题参见克内珀和特恩(this volume)的论述。

水资源压力及其与水资源可持续性（或不可持续性）的关系

如果可利用水资源与水资源需求量在空间分布上具备一致性，那么高度水资源压力区域或许不会出现。但是，为什么在可利用水资源相对贫乏的区域，人类对水资源的需求量更大呢？

首先，农业用水（尤其是灌溉用水）大约占水资源使用总量的70%左右，但大部分的农业用水会从地表水循环中流失，蒸发到大气层中。而水资源使用总量中的其他30%主要消耗在工业生产和人们日常生活中，在实际生产中这部分水资源的某些具体用途被消耗掉之后，例如水的低温功能（如发电厂冷却系统用水）和水资源的重力作用（如水力发电），或者是水资源的质量被提高之后（污水处理厂处理后），它们很可能会返回到自然的陆地水文循环系统中。因此，从全球水资源消耗总量来看，预计农业领域的水资源消耗量（不是水资源的抽取量）约占水资源利用总量的90%（Shiklomanov 2000）。尽管我们还无法确定农业用水量在水资源利用总量中所占的确切比例，并且这还需要进一步的调查，但依然可以看出农业用水量在水资源利用总量中所占的比重最大。

在什么样的环境条件下人们会在农业生产中投入更多的水资源呢？此处，关键的因素是充足的光照和高温。在温暖、阳光充足的环境条件下，更多的农业用水一般会促进农产品产量的提高；同样，充足的阳光和高温环境更适合人类生活和工业生产活动。因此，在这种环境条件下，水资源通常被最大化地开采。现代科技手段加速了人们对水资源的开发，人们利用水资源的速度也已经超越了其在陆地上可更新循环的最快速度。

图16.2显示了上述条件下的水资源压力较大的区域。具体来说，每一个面临高度水资源压力的区域都正在面临以下几种类型之一的水资源危机：

1. 可利用水资源较为稀缺，因此这个地区的人们为了生存发展和生活质量的提高而需要更多的水资源；
2. 由于大量水资源都被人为调控或转移出了河流、池塘和湖泊，水圈中的水生生态系统严重受损；

3. 虽然人类社会和自然生态环境中的用水量明显得到了满足,但是大部分用水资源是从地下蓄水层中抽取出来的,尤其是深层地下含水层。

第一类水资源危机具有代表性,通常出现在经济和科技较为落后的区域,这些区域的主要任务是发展经济和维持人类社会的稳定性。第二类水危机的类型出现在基础设施比较健全的区域,在这些地区生态问题才是真正的威胁,但话说回来,人类历史上生态问题通常都处于次要位置。第三类水资源危机通常出现在科技实力雄厚(高性能的水资源抽取设备和电力设备)的区域,这一区域的社会环境在目前看来似乎是可持续发展的,但仅仅是表面现象而已。该区域的地下水水位下降,尤其是深层地下水(矿质水)被大量开采,面临枯竭的危险,这是该地区可持续发展的关键问题所在,其中矿质水的定义是在地质年代时间尺度上停留时间较长且补给十分缓慢的深层地下水。第三类水资源危机和其他资源(如矿质资源)发展危机存在相似的问题,储量就是其可持续发展管理的重要目标。

实际上,有时候真正的水资源危机是这三种类型水资源危机同时存在
的结果。一个著名的例子就是咸海的消失,这就是第一、二类水资源危机共同作用的结果。另一个案例是在20世纪末,黄河下游断流,可能是这三类危机叠加气候变化所导致的结果(Tang et al. 2008)。与此同时,对于面临水资源严峻压力的科罗拉多河而言,高度发达的北美经济和技术的存在,同时也意味着其处于第二种水资源危机中,即生态环境问题占主导地位。第三种类型水资源危机的典型例子就是位于美国中西部高平原的地下水位不断下降。

到目前为止,对水资源的描述仅限于所谓的"蓝水"问题,这里的蓝水通常是指那些比较容易被人类活动所利用的水资源,包括河流、池塘、湖泊和地表含水层中的水资源。一般情况下,蓝水是水资源工程师和水资源规划者们在水资源管理中关注的唯一目标。而现在,"绿水"和"虚拟水"这两种新类型的水资源概念开始频频出现在水资源管理中。首先,关于绿水的概念有多种不同定义,一般来说,它指从土壤或陆地表面蒸发的水量(蒸腾蒸散量),特别需要指出的是,绿水主要是指储存于不饱和带中的土壤水,它源于降水并最终通过蒸发蒸散作用回归到大气中。(但是这里需要注意的是,源于灌溉用水的土壤水被划归为蓝水。)人类无法直接利用绿水。绿水根据其自然特性被包含在土壤中,所以绿水对占耕地总面积约80%的旱田

(页边标注:294)

而言是至关重要的。据估计,来源于陆地的水资源蒸发蒸散总量的30%已被用于人类活动(Oki and Kanae 2006)。因此,绿水的概念与土地和水资源管理密切相关。这里我们需要注意的是,蓝水和绿水的补给都很困难。在水量平衡方程中,这两种类型的水资源并不是独立的变量,不仅如此,它们还代表着水资源循环系统中的两种不同观点。

　　虚拟水(Allan 1998)是一个新兴的概念,主要指一个国家进口的商品在其生产制造过程中所耗费的水资源量。最近也出现一个类似的概念——"水足迹"(Hoekstra and Chapagain 2008)。如今,一国进口国外生产的各种产品和食品已成为一种普遍做法,这就相当于虚拟进口了国外的水资源。对于水资源匮乏的地区而言,所需要食品和商品本身的重要性远远低于生产这些食品和商品所消耗的水资源量,因此,从他国进口才是趋利避害的。因此,"虚拟水"贸易要比交易真正的水资源更为简单高效。但是如果我们将虚拟水纳入考虑对象的范围,水资源可持续性的评估就变得尤为复杂,因为所有与虚拟水相关的国际贸易都要考虑在内,即便是对特定区域的可持续性评估也不例外。当前,国际上的虚拟水的贸易总量约为1 000立方千米/年(Oki and Kanae 2004),但这部分虚拟水中只有一部分贸易弥补了水资源短缺的问题。

295

　　水足迹类似于虚拟水,是相对于出口国而言的,意指其在制造商品和食品过程中所消耗的水资源量。虚拟水和水足迹中水资源量的差值可以为我们计算进出口贸易中所节约的真实水量提供参考。然而,如上文所述,虚拟水中只有一部分能够弥补水资源短缺的问题,而且虚拟水与水足迹之间的水量差值相对很小。此外,国家间虽然可以进行真正的水资源进出口贸易,但水资源危机与进口国和出口国双方都是密切相连的。通常,任何一方都可能出现社会问题和生态环境问题。目前,由于我们可以从全球的视角来分析许多危机问题,所以我们很多时候会采用"全球水资源危机"这个术语来描述水资源问题。

评估水资源压力

水资源可利用性

在全球范围内尽可能精确地评价水资源压力(图16.2)是评估和调节

全球水资源可持续性的首要步骤。首先，需要准确地评估全球陆地水文循环过程中所有水流通量和水资源储量（如河道流量、降水量、蒸发量和土壤水分量）。然而，即使是在卫星通讯和高性能计算机运用十分发达的当今时代，全球陆地水文循环系统也不可避免地存在一些不确定性。花崎（2008a）指出，对全球河道流量的若干主要估测值之间存在着显著的差异性及不确定性。一般来讲，河流流量相当于河流中可利用水资源量，它也是水资源评价所依据的最基本的信息之一。在全球尺度或大陆尺度上，关于河流流量的多个预测值之间的差异约为10%。这一数值很可能是一个由实际观测值构成的数据库与标准值进行比对之后产生的结果。例如，波斯特尔（1996）指出河流水流量估测数值之间的差异约为40%。近期，两个关于全球陆地水文系统中水流通量与水资源储量的最新数据库（Oki and Kanae 2006；Trenberth et al. 2008）给出的降水量、蒸发量、土壤水分含量及其他相关的数值也存在一定的差异。降水量是陆地水循环中最基本的变量，尽管如此，即便是在具有密集雨量测量设备系统、雷达和全球卫星通讯信息的日本，其测量出的降水量还存在至少10%的不确定性（Utsumi et al. 2008）。放眼到全球尺度，即使在最新的预测中，预测值的不确定性更大，其中一部分不确定性是风引起的（Hirabayashi et al. 2008b，2008c）。因此，在过去的几十年中，关于水文循环中水流通量和储水量的预测也存在显著差异。获取过去十年间、年际间或更短时间尺度内精确的水流通量和储水量变化信息是非常困难的。此外，获得极端条件下的水流通量和储水量信息也是很大的挑战。

人类活动引发的气候变化或"全球变暖"会影响未来的水资源可利用性。最新的气候变化评估报告AR4（IPCC第四次评估报告）（2007d）在排放情景特别报告（SRES）中，通过了未来温室气体排放的几个标准方案。在这些预测情景下，因为地表温度的预测值之间存在较大差异（从增温1.5 K到增温4.5 K不等），所以这些情景下预期的水文循环变化的不确定性也很大（e.g., Arnell 2004）。因此，尽管在未来气候变化情景下，水资源开采量的变化（而非水资源可利用性的变化）是主要的控制因子（下面会继续讨论），预计在高度水资源压力区域人口数量的变化将依然取决于未来的气候变化情景（Arnell 2004；Oki and Kanae 2006）（图16.3）。此外，即便所采用的未来气候变化情景是一样的，但通过气候模式对未来气候变化情景下水文循环系统进行的预测仍存在相当大的不确定性（Milly et al. 2005；Waliser et al. 2007）。

　　尽管极端水文事件发生的概率较低（如洪水、严重干旱），但也必须将其考虑在未来水资源可持续性评估之中。然而，之前在全球尺度或大陆尺度上进行的相关研究很少对此有所关注（e.g., Milly et al. 2002; Lehner et al. 2006; Hirabayashi et al. 2008a）。如何将这些极端事件考虑到水资源压力（换句话而言，水资源的可持续性）评估中去，这仍然是未来需要研究的一个重要课题。此外，因为这些水文极端事件很少发生，所以通过实际观察来验证模拟的水文极端事件十分困难。近期一项研究指出（Hirabayashi and Kanae 2009），在 21 世纪末，每年受到洪水影响的人口（即使一年里很少发生洪水）很可能会增加到 3 亿人。这一数据相当于现在每年发生一次灾难性大洪水所影响到的人口数。

297

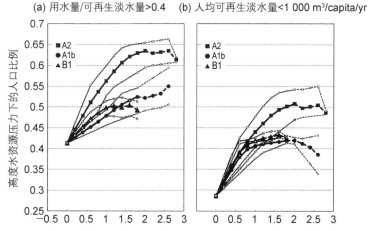

图 16.3　高度水资源压力下的人口比例。描述了在高度水资源压力下，关于未来人口比例的预测：(a) 水资源短缺指数，用水量（W）/可再生淡水量（Q）超过 0.4；(b) 水资源拥挤指数，假定在水资源短缺的地方每人年均可用水量（Q）低于 1 000 立方米，称之为水资源短缺。横轴表示全球地表空气平均温度在未来逐渐增加的情况。

　　全球变暖影响下水文循环最明显、最重要的变化体现在：冰盖与冰川融化所导致的水资源供应量的变化。因为水文或气候模型通常都会包含一个与积雪相关的子模型，因此积雪覆盖和积雪融水的变化一般都被考虑在未来可利用水资源总量的估测之中。巴内特等人（2005）的研究指出，地球上总人口六分之一以上依赖季节性积雪消融所提供的水源，因此未来气候变暖的情景下这部分人口很可能会遭受最严重的水资源短缺问题。但是,在众多与积雪相关的子模型中,对于积雪累积和融化过程的数值模拟依然存在较大的错误(e.g., N. Rutter, pers. comm.),而且在以积雪为主要降水方式的寒冷山区,降水量几乎不存在极限值。因此,不论是对未来陆地积雪总量的预测,还是对当前积雪总量的估计都依然存在不确定性。另外,关于冰川变化对水资源压力的影响至今尚未进行评估。一座冰川融化,它所供应的稳定的水资源也会消失,因此,与冰川相关的研究对于水资源可持续性评估而言亦是非常重要的。

取水量

图16.2中所示的有关水资源压力的评估,包括对取水量和可利用水资源总量的评估。相对于可利用水资源总量而言,人类从环境中的取水量更难以进行精确的估计。例如,可以从世界能源研究所或联合国粮农组织的水文自动调节设备信息系统获得每个国家取水量的估测值。这些机构记录了每个国家农业、工业和生活用水的取水量。为了从空间上更精细地测评,取水量可以在分辨率为0.5(约50千米)的网格中(图16.2)呈现出来,该网格使用在相同空间分辨率上的人口分布和灌溉面积作为变量。

在数据统计和空间分布过程中,不确定性和错误的原因主要来自两个方面。首先,每个国家每年取水量的数据难以获取,尤其是在发展中国家这些数据的获取更困难。各个国家最新的取水量数据之间的差异很大,而且各国对于取水量的定义也有不同认知。例如,在日本,农业取水量数据是基于传统的水资源使用权计算得来的,但其实际取水量却不得而知。其次,即便在某些时候其依据实际观测的或估计的值来确定取水量,但由于实际测量方法不同,真实的取水量一般还是无法确定;另外,每种测量方法的精确度如何也无法知晓,而把最初采集的信息传送到数据库的过程中也有可能会产生一些误差。由于取水量的空间分布过程依赖于变量(如人口数量和灌溉面积),没有充足校验,所以最终还是无法确定这种依赖于变量的分配方法是否会被接受。

未来全球范围内的取水量以及水资源需求量一般有几种预测方法(e.g., Vorosmarty et al. 2000; Alcamo et al. 2007; Shen et al. 2008)。预计未来取水量的变化(一般是增加的)明显大于可利用水资源的变化。可利用水资源的变化幅度约在10%之内,但是在21世纪中叶或末期,某些地区总取水量的变化幅度可能达到50%—150%左右,在发展速度较快的地区,取水量的变化幅度可能更大。取水量变化首要取决于人口和社会经济因素,如经济水平的提高和科学技术的发展。气候变化的SRES情景预测从2000年到21世纪中叶,世界人口总量可能会增加20%以上。另外,随着社会的发展,人均水资源需求量也会不断增加。一个很重要的驱动因素就是人们食物消费模式的变化,如生产一单位的牛肉所需的水量,大约是生产同等单位玉米或小麦所需水量的十倍(Oki and Kanae 2004),前人的研究(Vorosmarty et al. 2000;Alcamo et al. 2003;Oki and Kanae 2006)也已经表明,取水量的变化是控制高度水资源压力地区未来的主导因素,而并非是可利用水资源量的变化。因此,联合国政府间气候变化专门委员会关于气候变化和水资源的科技报告指出(Bates et al. 2008):"除了重大的极端事件,气候变化并不会成为阻碍水资源可持续性的主要因素。"然而,我们必须意识到,人们的想象力具有局限性,因此我们必须继续研究水资源和气候变化之间的关系。

如果在全球变暖影响下水资源可利用性变化产生的影响小于取水量变化产生的影响,那么我们自然要对未来取水量的预测投入更多关注。前人的研究(Vorosmarty et al. 2000;Alcamo et al. 2003;Shen et al. 2008)已经运用了不同方程来预测取水量,公式中运用了很多变量和参数,如国内生产总值和耗电量。一篇关于取水量不同预测方法的综述(N. Hanasaki, pers. comm.)指出,未来的预测值可能存在相当大的差异。对于这些方法的验证(以及由此计算出的结果)是远远不充分的。然而,对于一般公众而言,未来取水量预测的不确定性并不会对未来水资源压力的定性产生重大影响:高度水资源压力影响下的人口数量仍会持续增加,直到21世纪中叶。未来气候变化情景是影响存在高度水资源压力地区人口数量的一个主要因素(Oki and Kanae 2006)。简单来说,就是我们未来的行为决定了我们未来的环境。然而,如果我们要评估水资源的可持续性而非水资源压力,或者要关注更多有关区域定量方面的信息,未来取水量预测的不确定性还是会产生重大的影响。 299

水资源可持续性评估

一个综合性的水资源模型

如上文所述,高度水资源压力产生的原因可以归结为三种类型:

(a) 水资源缺乏,同时人们需要更多的水资源;(b) 生态环境遭到严重的破坏;(c) 地下水资源危机。因此,为了评估水资源的可持续性,我们需要评估:(a) 人类活动所需要的水资源量;(b) 水生生态环境的稳定性;(c) 地下水位下降的情况。但是,如果单从水资源的角度进行第一类评估,几乎是不可能的,因为人类活动是无数复杂的社会(和自然)条件的产物。农产品的产量可以作为变量,因为它高度依赖于可利用水资源量。第二类,水生生态环境,在特定区域可以被评估。然而,对其进行较长时间尺度上的评估或者在全球范围内进行评估就会很困难。第三类,从字面意思来看,其所指的是储水量的可持续性,这在特定区域或全球尺度上是可以评估的,但是目前我们所拥有的区域性信息还比较少。这些问题导致从全球的视角评估现在和过去水资源的可持续性十分困难。

然而,我们的目标是衡量未来水资源的可持续性,因为未来发展才是可持续发展的核心内容,这就要求我们在评估水资源可持续性的时候,必须关注多种资源之间的相互依存、平衡及其相互作用,比如将水和陆地之间的各种关系纳入考虑范围。此外,我们必须克服图16.2评估中存在的明显瑕疵,也就是说,我们没有考虑到旱田作物中绿水的作用,也没有考虑到水资源可利用性和水资源需求量的时间变化问题。

评估从过去到未来水资源可持续性的一个可选工具是综合性的水资源数值模型,这个模型整合或展示了可利用水资源总量、取水量、农业生产和产出情况,水资源对生态环境及地下水位的影响。在这样的综合性模型中,未来气候变化情景与人口变化、社会经济发展和气候变化的适用性,应该是这个综合性模型一项必要的评估功能。

虽然该模型还有待于继续升级,但最近花崎等人(2008a, b)已经着手进行这种综合模型第一阶段的开发。需要特别指出的是,这一模型包含有6个模块:地表水文循环、河流流量演算、作物生长(灌溉的和非灌溉的)、水库调度、环境流量需求估算(主要是水生生态系统)以及人类取水量。该模型可以以天为步长运行,空间分辨率为1°×1°(经度与纬度)。模型也可以达到更高的空间分辨率,但结果输出不能以天为单位,只能以每周或每月为单位才会有实际意义。环境流量需求模块是基于全球案例进行整合的结果,它为评估水生生态系统的可持续性(上文中的第二类)提供了可能的框架。环境流量需求可以用斯玛克汀等人(2004)的方法进行计算,而不是用花崎等人(2008a, b)的方法。而且,也已经有研究给出了农作物产量相对应的灌溉用水需求量在空间上的分布。在此之前,国民生活和工业用水需求可用沈等人(2008)的方法进行计算,也可由其他方法代替进行计算。对这三方面用水需求(农业、工业和国民生活用水)的计算,为第一类水资源需求量(人类活动用水需求)的评定提供了可能框架。由于国民生活和工业用水需求比农业灌溉有更高的优先权,农业灌溉用水需求被满足的程度(能够影响农作物产量)可能决定着第一类水资源需求量的评估。该模型运用来源于重要的人造水库和大坝以及不可持续地下水的水资源作为变量,可以为研究不可持续地下水水位的下降(第三类)提供可能的框架。另外,还有一个相似的模型(Alcamo et al. 2003),通过比较两者的功能,可以知道哪些部分还需要进一步的改进。此外,另一个功能类似的模型(Rost et al. 2008)可以用来计算绿水以及不可持续的地下水可能产生的影响。

这里需要强调的是,多种类型的观测数据和统计数据(如取水量、作物产量、灌溉面积、河道流量以及地下水深度),对于校验和修正一个综合性的水资源模型而言十分必要。一个模型的成功研发需要加入这些顶级研究员所拥有的有限数据,需要注意的是,这些重要数据的获得、管理以及分配迫切需要全球性的合作与努力,因此决不能低估这些数据的价值。

综合性水资源模型对定量评估的潜在作用

这一部分,我将举例说明这个综合性水资源模型的实际应用以及潜在的效果。这里使用的模型不是花崎等人(2008a, 2008b)给出的版本,也不是类似模型给出的当前版本。这里使用的版本可能代表着前期版本的扩展,还需要进一步的修正和发展。为了完成对未来的预测,这个模型要与数据库中的数据进行配对,这些数据能够表示未来的天气、人口、土地利用状况和社会经济发展状况。另外,它必须能够表述人类对未来环境变化的适应特征。

这种综合性的水资源模型为我们评估水资源的可持续性、定量化评价水资源问题的解决途径提供了可能。比如,当水资源可以同时满足环境用水需求和国民生活、工业及农业用水需求时,就有可能计算出我们需要从不可持续的地下水中抽取多少水。如果不可持续地下水的储量是已知的,我 301们就能够预测地下水枯竭的时间。另一个例子是在社会水资源需求量保持不变的情况下,如何确定不可持续地下水的开采阈值(禁止开采量)。在这种情况下,当环境用水需求得到满足后,就可以对水生生态可持续性这个变量进行评估。进而,我们考虑另一个例子,在环境用水需求得到满足,同时不可持续地下水开采被明令禁止的情况下,如何计算在没有足够灌溉用水条件下农作物产量的下降。在真实情况下,我们往往会面临农作物产量下降、环境中水资源不足,同时要利用不可持续地下水这三种情况的交织。尽管这三者之间的平衡需要在模型中体现出来,但这三种情况的交织有时的确会使我们很难进行完整的水资源可持续性评估。数值试验在某一方面可能为我们评估水资源的可持续性程度提供了机会,当然,对这种交织状况及其之间的平衡关系进行全面的评估十分必要。另外一些可能的解决办法一定要应用到试验中去,例如土地利用或通过更好的农业生产活动和需求控制进行绿水管理,这样才使得对未来水资源的可持续评估成为可能。

该模型必须能够评估基础设施建设对水资源可持续性产生的影响。当前,花崎等人(2008a, b)给出的版本仅囊括了世界上的主要水坝。因此,美国西部和中国的一些重要输水渠道和运河以及一些较小的水坝都应该成为这个模型的一部分。关于全球基础设施的地理信息系统数据采集和管理也是一个仍未解决的问题。基础设施的发展也许可以为缓解水资源压力提供解决办法,然而,这也可能会导致另一种资源丧失可持续性。在全球范围内,大型水坝已经对大型河流系统造成了严重的影响(Nilsson et al. 2005; Hanasaki et al. 2006)。

最后,如果多种类型的数值试验最终都取得了成功,那么建立一个评估水资源可持续性程度的标准体系就十分必要。一个综合性的水资源可持续性评估模型使得评估水资源的服务功能及其所产生的影响成为可能,而不是简单地计算水资源可利用量与取水量之间的比率。不过,从水资源的服务功能及其影响方面来评估其可持续性还是比较困难的,一部分原因在于这类评估具有一定的主观性。

结论与展望

评价全球水资源可持续性的关键问题

在全球范围内,对当前可利用水资源量以及取水量的评估存在一定的不确定性,而对未来可利用水资源量及取水量预测的不确定性更高。当前,关于未来可利用水资源量的预测主要依赖于数值气候模型的模拟,其存在的错误以及不确定性尚在讨论中。一般而言,取水量预测值的不确定性要大于可利用水资源预测值的不确定性,并且从数据上看,用于取水量相关模型校准与验证的数据也十分稀少。对未来取水量的预测取决于研究地区未来的人口数量、生活方式、工业化程度、科技发展状况和土地利用状况。考虑到灌溉用水占取水量的比重较大,土地利用变化相关的数据至关重要,尤其是那些涉及灌溉区域的数据。图16.2中展示的水资源压力评估结果可能是由西伯特(2005)基于全球灌溉区域的数据绘制出来的,未来有关灌溉区的分布可能也会由这些基础数据衍生而来。为了预测未来灌溉面积,需要若干种社会经济方面的预测数据。然而,未来灌溉区域方面的信息本身对于社会经济状况的预测也是十分必要的。因此,就需要研发一个包括社会经济条件和灌溉两方面信息的交互式的预测系统。目前尚未研发出这样的系统。为了得到这样一个系统,我们需要把社会经济模型与综合性的水资源模型结合起来。罗斯格兰特等人(2002)提出的模型及其扩展模型考虑了许多必要的因素,可以作为一种候选模型,但是这个模型还缺少有关自然和人工水循环的成分,而这些问题在花崎等人(2008a, 2008b)、罗斯特等人(2008)和阿尔卡莫等人(2003)的研究中均有所提及,因此我们期待该综合性模型的进一步扩展。此外,类似于预测气候变化问题的全球气候模型,我们应该同时发展几个不同的模型以求获得更多的信息,进一步明确水资源可持续性评估不确定性的范围。

这里我们需要强调的是,实际监测数据和统计数据(尤其是取水量及其相关的数据)对于模型的发展十分重要。当前,人类活动主导的水文循环和自然水文循环(如河道水流量、降水量、积雪量、冰和冻原面积)的相关数据十分匮乏。因此,连续监测是不可缺少的,但是近年来水资源可利用性监测网络正在逐渐退化。为了使这些数据可以为世界各地的研究人员和决策者们所用,十分有必要进行全球范围内的合作与努力。

尽管我们已经强调了水资源可持续性评估中存在不确定性这一事实,但在过去的数十年里,与全球水资源循环相关的数据、知识以及水循环模型开发相关的方法论都有了很大的改进。因此,如图16.2所示,从分析中得出的全局性观点和结论足以用来预测我们未来的情况,以及从全球角度来考虑必要的行动（Oki and Kanae 2006）。类似于联合国政府间气候变化专门委员会对当前气候变化的预测,降低预测的不确定性有利于地区水资源可持续性评估,同时也利于在局部地区或更小的空间范围内考虑并采取必要的应对措施。

尽管空间分布信息是必要的,但水资源可持续性评估不能仅在局域尺度上进行评估。由于目前全球虚拟水交易的确是普遍存在的现象,所以利用全球性的视角来进行水资源可持续性评估通常是很重要的。即便如此,环境用水需求以及其他用水需求应该分区域满足,从而提高地区经济水平和社会福利水平,确保生态环境的可持续性发展。但我们不能忘记,虚拟水交易并不是万能的,贫穷国家并不能进口其所需要的水资源。把虚拟水融合到水资源评估中来还存在很大的挑战。

客观全面地看待较长时间内的发展蓝图也是非常重要的。例如,预计21世纪上半叶全球人口数量达到最高值,到那个时候再去开发矿质水很可能会被接受。然而,接受矿质水开发的最低条件是在社会上开始使用可持续的水资源,并且会在地下水资源枯竭之前就停止开采地下水。

水资源的使用并不一定意味着大量的水资源作为一种物质被消耗掉,对于工业生产而言,水资源的重力和温度也是重要的资源。对于人们生活用水而言,水资源的质量则更加重要。这样的话,废水净化后还可以重新回到陆地水文循环系统中。因此,水资源的质量、温度以及重力应该考虑到水资源综合模型中,并利用其来评定水资源的压力和可持续性。这些目标都还有待完成。在水资源质量问题上,地下水污染很有可能成为一个严重的全球性问题。因此,有必要进行进一步的模拟和预测研究。

伦理和主观看法

到目前为止,我们对于水资源的预测还缺少一个不应忽略的方面——"伦理"问题。关于未来取水量的预测被认为是当前现状的延伸,类似于所谓的"一切如旧"情景。通常,发达国家不会大幅度地减少取水量,发展中国家也不期待成为高耗水国家。尽管这些预测均基于实际生活的目标,但我们还是应该考虑生活方式奢侈到什么样的程度还能被接收,以及从全球范围内人们拥有平等的社会福利和生活质量这个角度来看,世界应该怎样发展。由于大部分水资源都被用于食物生产,依据全球食品消费模式——

尤其是物流分配系统、食物的浪费率以及日常膳食安排（肉类与蔬菜类），那么全世界究竟需要多少水资源呢？人类生活方式的变化，可以很快改变实际的总用水量，这要比改变天然的水资源可利用量要快得多。从水足迹的角度来看，中国对水资源需求量的规划（Liu and Savenije 2008）就是一个很好的例子。然而，没有人知道，对未来的规划是否可以与水资源的可持续性相适应。对充足的环境用水需求量的定义需要考虑伦理方面的问题，因为人类的一小部分活动很可能就会对自然的环境条件产生严重的破坏。

我们关于"伦理"方面的思考应该包括以下问题：什么样的解决办法是可以被接受的？接受到何种程度？例如，自然的土地和水文循环系统的变化（一般这些变化都伴随着水利设施建设）达到何种程度还能够被伦理所接受呢？水利设施的建设会受到地域的影响，包括虚拟水进口所产生的交易关系，这对偏远地区会产生重要的影响。这种虚拟水进口交易也是伦理考虑的对象。虚拟水交易还影响上下游地区水资源的空间分布。如果在一个流域中，水资源可利用量有限，那么河流上游和下游之间的水资源平衡就成为伦理方面应该考虑的问题。在现实世界里，这种情形通常会成为政治问题。

我们还需要注意，个别观点认为，"越少的耗水量越好"和"提高水资源产量"，这种观点会对人们产生误导。例如，在东亚和东南亚，稻田是土地利用的主要形式，这显然会消耗大量的水资源。但是这些都是正常的自然环境决定的，而且是不可避免的。东亚和东南亚广阔的冲积平原，就像沼泽一样拥有潮湿的自然环境。因此，在现代化的排水系统出现之前，上层存水的水田对水稻种植而言是最优越的土地利用形式。全球有许多类似的例子。

与其他资源相互作用的关键问题

土地资源规划与管理会不可避免地与水资源的可持续性之间存在紧密的联系，其中重要的原因在于，水资源的价格应该低，并且应该有大量的水资源可供利用。此外，绿水的管理也变成了一个重要的问题。一项分析（Rockstrom et al. 2007）指出，如果我们要实现联合国千禧年计划中应对饥饿问题的目标，那么近年来就有必要继续扩大非灌溉农业种植区的面积。就如本章已经讨论过的，人类从生态系统中取水已经使得水生生态系统遭到了破坏。绿水的概念提醒我们，由于人类活动利用水资源的过程中，水资源质量退化或水资源总量变化，陆地生态系统可能会像水生生态系统一样

304

遭受到破坏。水资源的治理和回用也许是更好的选择,但是不要忘记,这是需要能源的。因此,从根本上来说,水资源是一种依赖于产地的能源,因为它与土地之间的关系密切。本章中描述的水资源可持续性综合评价模型,应该成为一种进行水资源和土地利用同时规划所使用的重要工具。在水资源可持续性的预测中,除了要考虑人类活动对土地利用变化的影响外,还应该考虑未来预期的气候变暖也可能会改变全球自然的地表形态和每种作物合理的地理分布区域。有些情况下,虚拟水的概念与土地资源之间存在密切的关联。例如,日本就是一个很重要的虚拟水进口国,不是因为它缺水,而是因为在日本没有足够的农耕用地。因此,这个国家虚拟水的进口量就很大。

305 　　能源与水资源的关系越来越密切。通常我们认为,只有水力发电与水资源密切相关,当前,水力发电量占全世界总发电量的比例很小,而且预计未来水力发电量所占的比重也不会太大。尽管如此,最近出现的两个新增项目值得我们考虑:生物燃料和水资源冷却发电站。生物燃料在当前是一个具有争议性的话题,并且几乎每天都有新的观点出现。因此,在这里我会避免对其进行详细的讨论。尽管,第一代生物燃料由于其碳排放问题以及其与食品安全之间过分密切的关系,导致它没有被大众积极地接受,但是还是存在一种可能性:另外一些经过改进、质量提升的生物燃料很可能会被大众接受并流行起来。在这种情景下,很可能还需要一些额外的水资源和土地资源投入。当然,不论是土地资源还是水资源的需求量均取决于生物燃料的类型。水资源可持续性综合评价模型可以对生物燃料的需水量和水资源的可持续性作出评估。

　　当气候系统发生变化时,即使是在发达国家,用于冷却系统和水力发电的水资源也很可能成为一个值得关注的问题。海托华和皮尔斯(2008)曾报道,2003年法国发生一场严重的干旱,造成法国约15%核能发电站无法发电,这种状况的持续时间长达5周,同时也导致约20%的水利发电量丧失。2007年澳大利亚东部的干旱也引起了同样的关注。不论在发展中国家,还是在发达国家,未来对能源的需求都会增加,水资源的冷却功能也会凸显得越来越重要。即便人类不再需要更多的能源,全球变暖导致干旱加剧的状况也会降低能源生产能力。这些问题,在全球水资源评价与预估中尚未被考虑进来。

总　结

　　传统的水资源压力评估无法满足对全球水资源可持续性评估的目的，在这种情况下，有必要研发一种综合性的水资源可持续性评价模型。其中，我们仍需加强并巩固对数据的获取和管理。此外，如何利用该模型以及如何评价模型预测的结果，对于评估水资源可持续性而言至关重要。尽管我们坚持不懈地为模型提高和数据获取做出的努力令人欣慰，但是我们不能期望获得完美无缺的模型或一系列精确无误的数据。最后，还需要我们通过主观上解译模型的评价结果，并付诸实际行动，但是解译并不仅仅是一个科学问题。

　　由于水资源广泛地分布于全球，且其价格低廉、易获取，水资源与其他资源之间产生了密切的相互作用。因此，应该把水资源作为一种与其他资源紧密联系的资源类型，从而投入更多的精力去评价其可持续性。

306

17　水资源的储量、流量及其前景

克劳斯·林德纳，托马斯·P.克奈珀，穆罕默德·陶菲克·艾哈迈德，约翰内斯·A. C.巴尔特，保罗·J.克鲁岑，法比安·德瑞特，海伦·德·韦弗，茨城本木，金井新二郎，马尔科·施密特，托马斯·A.泰恩斯

摘　要

　　人口的快速增长和社会财富的增加对水资源的需求也在不断上升。与此同时，气候变化也对传统的水资源供应体系产生威胁。另外，受一系列能源限制、土地利用决策以及工厂生产和矿物质加工过程中用水需求的影响，水资源可持续利用和水资源质量也面临较大压力。这一章内容中，我们提出了水资源管理和能源管理的度量标准，并把它作为水资源供应体系的一个重要组成部分。可持续的水资源管理意味着越来越多的系统分析过程，它将成为21世纪的一个重大挑战。

导　论

　　全球范围内，淡水资源总量仅占全球水资源总量的2.5%，其中，95%的淡水资源分布于冰川、冰盖和深层地下水（距离地表>1千米），因此这部分淡水水资源不容易被人类利用。在可利用淡水资源总量中，每年大约有9万到11.9万立方千米的雨水降落在陆地表层（Zehnder et al. 1997; Barth, this volume）。这部分降水中，7%的水分会被直接蒸发掉，58%的水分会随植物的蒸腾作用散失，大约有24%的雨水进入河流，这部分水资源就是人类可以利用的地表水资源。另外，一部分降水会降落在偏远地区，因此很难被人类利用。综上所述，人类可以利用的淡水资源总量大约只有9 000到12 000立方千米。这一数值仅占降水总量的10%。

在水资源需求方面,全球67亿的人口每年需要消耗4 500立方千米的水资源,其中人类生活用水需求约占10%,食物生产用水需求约占70%,工业生产用水需求占剩下的20%。尽管人类每年消耗的水资源总量远远低于年均降水产生的可利用淡水资源总量的5%,但这种水资源需求量在地球上的分布并不均衡。而且,水资源的质量也不尽相同,在有些情况下,部分水资源并不能用于满足饮用需求。 309

水资源的压力主要来源于三个方面的因素:气候变化、日益增长的世界人口数量和与之相伴的城市化扩张,以及人类生活方式与文化环境的变化(Kanae, this volume)。这三个方面的因素对地区可利用淡水资源产生严重的负面影响。比如,气候变化会减少冰川水储量,引起土地盐碱化,从而威胁到地下水资源,还会导致森林遭到破坏(Vorosmarty et al. 2000; Schiermeier 2008)。由于人类生活中对水资源的高消费模式,日益增长的世界人口和城市化的持续扩张使得人类社会对淡水资源的需求量不断增加。

现代生活方式以及一些传统文化,塑造了高耗水的人类活动方式,最终导致大量水资源被消耗掉。其中,大量肉制品消费和水稻的生产就是明显的例子。这种消费行为的后果不再单单是本文中所讨论的问题了,因为它可能会进一步引发社会、文化和经济等多方面的问题。然而,任何关于这些问题的解决方法,均应该考虑水资源的可持续性与有效利用这两方面之间的差异。比如,尽管在东亚地区,水稻生产上水资源的利用效率不高,但受当地文化观念的影响,想要直接终止水稻生产是很困难的。在水稻生产方面,要提高水资源的利用率也是很难落实的,这就需要改革创新传统文化观念。

如上所述,所有这些压力源的结合导致了淡水资源缺乏及水质污染问题越来越严重,而且这些问题也对当地政府、整个国家和国际社会提出了新的挑战。最近的一些报道表明,许多国家的可利用淡水资源总量明显低于水资源压力指数——每人每年1 700立方米(Angelakis et al. 1999; Postel 2000; World Resources Institute 2001)。因此,当前我们人类面临的共同挑战,就是在保护生态环境和公众健康的同时,满足人口不断增加所带来的日益增长的用水需求。

目前,已经有许多关于农业、工业以及人类生活中水资源需求量的讨论,但是大家很容易忽略一点:水资源在没有达到适当质量标准时是不可利用的。根据不同的使用途径,水资源质量标准存在较大的差异,同时水资源的质量标准一般与水中的盐度、细菌含量、重金属含量、药物残留以及其他的许多不同物质密切相关(Schwartzenbach et al. 2006;Knepper and Ternes, this volume)。归根结底,这表明在可持续水资源管理方面,水资源处理技术至少与水资源获取技术是同样重要的。

可持续水资源管理要求我们必须深入了解一些交叉领域,包括水文循环、水资源需求量、水资源质量、水资源循环再利用以及生态系统用水等方面。比如在水文循环方面,我们要了解水文系统的输入与输出过程,如集雨和河流盆地水文循环的相关信息。这些信息也有助于开发能源节约型、成本效益较高且具有可持续性的科学技术,从而为我们提供数量充足、质量可靠的水资源。在水资源需求量方面,我们要详细地分析人们的消费模式以及水资源和能源的价格政策。在水资源质量方面,我们需要充分收集水资源中各种类型污染物相关的数据,开发出可以生产优质水资源的技术。水资源再利用既和技术工艺有关,同时又受文化观念的制约,通常情况下,不论采取了多少道处理程序,人们还是会对回用水的质量保持怀疑。通常人们会忽略生态系统的水资源需求量,但是就可持续水资源管理而言,生态系统水资源需求也是其至关重要的组成部分。

本章我们的关注点是水资源的可持续性以及水资源与能源和土地利用之间的关系。下面,我们来定义本章节中所用到的专业术语(after Ternes and Joss 2006):

- 中水回用:在符合水资源质量法规要求的前提下,经过合理处理的废水用于满足某种使用要求,进行有益的或在一定范围内的使用;
- 直接饮用再生水:通过对市政污水进行一定程度的处理,使其达到饮用水质量标准的要求,从而将这部分水资源作为饮用水,或直接注入饮用水分配系统中;
- 间接饮用再生水:将天然水资源作为生产直接饮用水的水源,另外增加一部分市政污水处理后的水资源。将处理后的污水储存于天然水体中(如地下水或湖泊),这样可以在其最终使用前,通

过天然的物理过程、生物过程或化学过程使得污水的水质得到
净化;

- 非饮用再生水:无法达到饮用水标准,但可以以非饮用水为目的
  (农田灌溉、工业供水、城市用水、灰色水源)使用的水资源,包括
  回用的中水;
- 规划中的间接饮用再生水:有意地向水资源供应系统(河水、湖
  水、地下水)中增加市政污水处理后循环利用的水资源;
- 无规划的间接饮用再生水:无意地将一些污水添加进水资源供
  应系统中,这些水资源随后也被用于生产饮用水(下游城市使用
  的河水);
- 循环水:水资源在回到自然水文系统之前被多次利用。

我们应如何评估水资源利用的可持续性?

水资源可持续性评估的一个可能方法是,在特定的水域里,评估输入与
输出水量之间的平衡关系(Ibaraki, this volume)。对淡水资源进行简单的度
量,应该有利于确保人类后代的水资源可利用性。然而,在水资源可持续性
中还存在另外一个影响因素:在关注水资源总量的同时应该保证水资源的
质量。因为水资源是一种可以通过自然再生产而补充的资源(至少在一定
程度上可以再生产补充),通常人们总是更多地关注水资源的供应量,而不
是水资源的质量。很长一段时间里,人们总是这样假设:人类活动释放到水
环境中的污染物会逐渐降解,然后自然界会重新生产出干净的水资源。这
对于水资源中的含细菌污染物来说也许是可行的,但是在水资源环境中,人
们已经检测到大量无法降解的有机污染物,而随着污染的加剧,这些污染物
的浓度在未来可能会进一步地升高。从水资源质量方面来看,这一趋势是
不可持续的。

在某一区域或流域,"水资源压力"通常被认为是描述水资源可利用程
度的一个度量标准(Kanae, this volume)。它包含有两个指标:(a)某一区域
或流域中的人均水资源可利用量和(b)在某一流域,取水量与水资源可利用
量之间的比率。

因为水资源压力指数仅与水资源量相关,所以水资源压力与水资源的

311

可持续性不同。然而,后者也间接地包含了水资源回收以及再利用的程度——这是对水资源利用效率的一个重要评估。评估的水资源的可持续利用性需要一些基本的信息,包括:

- 可利用的地表水资源;
- 存在跨流域输水设施,如一条沟渠;
- 地下水资源的可利用性及其潜在枯竭的可能性;
- 水资源循环利用系数;
- 气候变化的预期影响,包括气温升高和降水在空间分布上的变化;
- 不同部门的需水量(农业、工业、商业和生活方面);
- 水资源质量(很多方法可以用来评估这一参数);
- 不同国家或流域间包括虚拟水交易在内的各种水资源交易(比如,在农作物交易方面,种植农作物的国家会消耗水资源,而进口农作物的国家则不需要消耗这部分水资源)。

水资源管理分为两个层次:① 水库和天然水资源(例如流域);② 使用和加工水的人工系统。在可持续性水资源管理中,根据水资源系统功能的不同,可以将其区分为两种类型:类型 1 表示利用干净的水资源,但会排放脏水的系统(居民日常生活用水、工业设施用水和城市用水);类型 2 表示输入低质量的水资源并进一步进行水质净化的系统(各种污水处理厂)。如果我们定义 V_i 表示干净水流的输入量,V_r 表示循环水水量,V_g 表示灰水输入量,V_o 表示脏水输出量,那么对于某一个具有多种输入水流、输出水流和循环水流的系统,可以表示为:

$$R_1 = \frac{\left(\sum_i V_i + \sum_r V_r \right)}{\sum_o V_o} \qquad \text{(公式 17.1)}$$

对于类型 1 系统,直接供应 i 和循环供应 j 存在几个不同的输入水流:

$$R_2 = \frac{\left(\sum_o V_o + \sum_g V_g \right)}{\sum_i V_i} \qquad \text{(公式 17.2)}$$

对于类型2系统，饮用水（水流输出 o）和灰水（水流输出 g）输出共同构成污水处理后的输出水流。

根据这些度量标准，理想的水资源管理系统的效能取决于：(a) $R_1>$ 的程度（例如，高频率的水资源重复利用提高了水资源利用效率）和 (b) $R_2 \approx 1$ 的程度（例如，最小化水资源流失量，使得污水处理效率提高）。此外，为了连续监测水资源管理系统效能随时间的变化，这些度量标准可以用于计算（提高）水资源循环利用的影响，或者对比不同的水资源管理系统。

同时也应该在水资源管理系统中考虑未来的水资源需求。据保守估计，2050年全球取水量将由现在的4 500立方千米/年增加到5 000—8 000立方千米/年，这主要是由全球人口增长引起的农业用水量增加而导致的结果。另外，有研究假设世界上农业灌溉用水总量不会增加，但是，雨水浇灌农田面积将会增加。通过沟渠或船只从一个流域向另一个流域转移的水资源，在以下情况才可以被视为可持续的：① 转移这部分水资源所耗费的能量要低于在当地进行海水脱盐所消耗的能量；② 或者，对于输出水资源的集水盆地而言，其水量平衡中的径流量为正值。历史证据表明，通常研究者们会高估未来人类对水资源的需求量（Gleick 2003），或者随着个人收入的增加，水资源利用强度可能呈先增加后下降的趋势（Rock 2000），这些问题导致人们对水资源需求方面的分析复杂化。

在水资源供需关系分析中，一个更为复杂的因素就是虚拟水贸易，在一个地方（区域或国家）使用水资源生产商品，尔后将商品输出到另一地方使用。在世界农产品贸易中，虚拟水尤其重要（Hoekstra and Hung 2005；Hoekstra and Chapagain 2007），也许虚拟水就是导致我们通常能够预测到的"水资源战争"未出现的重要原因（Barnaby 2009）。当然，也存在一些例外，例如佐治亚州、阿拉巴马州、佛罗里达州曾对查塔胡奇河的水资源利用的问题争论不休（New York Times 2009），并怀疑水资源消耗和污染与加拿大阿萨巴斯卡沥青砂的开采有关（Woynillowicz 2007；Timoney 2009）。不论如何，虚拟水贸易导致可持续性的水资源管理复杂化，因为它引入的影响因子大大超越了水资源规划者和政府部门的控制，而水资源规划者们和政府部门一直都致力于通过一种形式或其他形式提供充足的水源，以此来满足某个水域或未知区域对水资源的需求。 313

水资源的能源需求：人工系统的性能评估

在能源的作用下，水资源几乎到处都可以获得。能源一般被用于钻井、从水井或地表水体中抽取水资源、通过水泵把水资源输送到水资源处理设备中、过滤并纯化水资源，然后再把水资源输送给消费者。如果需要长距离输送水资源，则需要大量的能源供应。有时，水资源从源地传送至消费者可能要跨越好几百公里的距离。

反过来说，水资源也是能源供应中十分重要的一部分（De Wever, this volume）。在热电动力中，一项特殊的需求是冷却水（Vassolo and Doll 2005；Feeley et al. 2008），而且冷却水需求的设置是为了提高热电动力的可持续性（Hightower and Pierce 2008）。因此，不管人们是否已经意识到，水资源规划和能源规划总归是紧密联系在一起的。

如果想要获得期待量的水流输出，那么应该输入多少水呢？这一问题与水足迹的概念有关。在水资源的输送、处理和应用过程中，所消耗的直接和间接的能源总和代表了水资源的能源足迹（DHI 2008）。理论上，这里所计算的能源应该包括水资源收集、输送、处理过程中消耗的能源，以及建设相关设施所消耗的能源。

同样地，能源的水足迹就是虚拟水水量，或者能源开发或发电所需要的水资源量，这部分水量的估算是在水资源实际生产地进行的。在能源生产中，对水资源相关数据的收集和对比，需要区别取水量、水资源消耗量和水资源总量三者之间的差异。采用水足迹和能源足迹的概念，有利于增强人们对能源和水之间关系的理解。

从水资源和能源需求的角度，对比不同水资源和能源替代方案时，（水/能源）足迹可能是一种合适的途径，而且它有可能为决策者们确定选择何种技术或发展策略提供参考。在过去几十年里，能源生产中的水资源需求量已经得到了广泛关注。根据不同的能源前景来计算能源生产中的水资源需求量，比如洛舍尔等人（this volume）所选用的方法，以及评估能源生产中水资源需求量与水资源可利用性之间的关系，这都是十分可取的做法。尽管由于人口持续增长，饮食和生活方式的变化，能源消耗总量也会相应增加，但这些问题也不一定就会促使取水量或水资源消耗速率升高。事实上，如

果能源设施能够实现向低耗水类型（更多地利用风能和太阳能）的重大转
变，那么就可以节约大量水资源。除水资源需求量这方面外，水资源质量演   314
化方面还存在许多未知性。当前我们的预测是这样的：如果保持着当前的
商业模式，那么随着更多生物能源的生产，水资源质量会逐步恶化。另外，
随着非常规能源资源的开采，以及能源开采设施从海上向陆地上的转变，预
计也会对水资源质量产生类似的不良影响。

    水足迹中的能源消耗取决于水资源的来源。近期一篇关注海水脱盐过
程中能源消耗问题的综述（Semiat 2008）指出，在海水脱盐生产淡水资源的
过程中需要消耗多少能源这个问题上依然存在较大的误解。文章分析所得
的结论是：生产 1—2 吨的脱盐水需要消耗 1 千克的能源（天然气、柴油、重
油或者煤）；反渗透脱盐技术的能源消耗量最低，但只有当反渗透脱盐过程
至少配备有能源回收装置时，这种最低的能源消耗才有可能实现，其中能源
回收装置包括压力交换器或涡轮系统。一般来讲，如果水资源质量恶化，污
水排放及污水回用对水资源质量的要求更加严苛，这种情况下，生产水资源
所消耗的能源总量会增加。

    对于可持续的水资源管理本身而言，我们可以根据类型 1 和类型 2 两种
系统为其相关的能源利用量建立度量标准：

$$Q_1 = \sum_i V_i E_i + \sum_r V_r E_r + \sum_o V_o E_o \qquad \text{（公式 17.3）}$$

$$Q_2 = \sum_o V_o E_o + \sum_g V_g E_g + \sum_i V_i E_i \qquad \text{（公式 17.4）}$$

其中，E=X 千焦/立方米，表示输送和加工 1 单位的水资源所需的能量。对于
这些度量标准，系统性能优良由以下两方面决定：

- Q_1 数值最小化（如供水所需的能量达到最低限度）。
- Q_2 数值最小化（如处理污水所需的能量达到最低限度）。

    这些度量标准，可以用于分析能源在净化输入水流或输出污水中的作
用，从而将水资源和能源资源联系起来，或（与其他指标相结合）更好地评估
水资源的可持续性。

人类土地利用与水资源和生态系统间如何相互影响？

原则上来说，以下几种类型的土地利用方式会影响水循环：食品生产、对自然保护区内森林和其他资源的开发、采矿以及城市发展中的土地利用。

食品生产受制于农业生产，而农业生产用地占人类活动影响下陆地面积的比重最大。同时，食品生产还会对水循环中的部分环节产生次要的影响，如渔业养殖，捕猎和水产养殖。将来随着饲料和药物投入的增加，水产养殖可能还会对水资源质量产生较大的影响。自然保护区内森林和其他资源的开发包括，为获取木材的产量而种植树木，或者为供给能源而种植生物能源作物。农业和林业对水资源循环的影响都是通过植物的蒸腾作用以及植物拦截水来实现的，相比较而言，陆地上裸露的水体表面所蒸发的那部分水资源量就很微不足道了。植物蒸腾作用消耗的水资源量及其拦截的水资源量的大小取决于森林或农田中的植物类型，但目前很明确的一点是，陆地表面的水分蒸发是地球变暖的主要变量。陆地表面蒸发每立方米水约消耗680千瓦时的热量，这很可能解释气候与水之间的因果关系，但仍需继续探索（Kravík et al. 2007）。

在全球范围内，39%的辐射能量和77%的净辐射都是由陆地表面水分蒸发转化而来的（Kiehl and Trenberth 1997），然后这些辐射能量在大气中通过冷凝的方式再次释放。对于全球能量平衡而言，这种在大气中的能量释放相当于一种关键性长波能量的损失。如果土地利用方式的变化使得地表蒸发量下降，局部地区缺少水的冷却效应，热量和长波辐射增加，那么该地区的气温将升高。因此，大范围内温度升高很可能就是全球蒸发量下降导致的结果，例如森林采伐、土地退化以及城市化导致的蒸发量下降。此外，植被为水提供冷凝表面，因此可以调节陆地的温度（Kravík et al. 2007）。

城市化快速发展，对水资源规划者而言是一把双刃剑（Varis and Somlyody 1997）。总体上而言，人口集中于城市区域，这样人们可以更方便地获取水资源管理系统所提供的服务。但是在飞速发展的城市，城市发展对资金和技术资源的需求不断增加，这往往会导致资金和技术资源匮乏，无法满足这种不断增长的需求。在农业生产中，化肥和农药的使用会对水资源质量产生重大的影响。例如，种植生物燃料作物的土地面积不断增加，预计这将导致更多农药和氮肥投入使用。如果大量肥料、粪便、经过处理或未经处理的污水、重金属以及与之相伴的微量污染物被生物燃料作物吸收，那么反过来生物燃料作物也会影响土壤和地下水的质量。由于这些污染物具有数十年甚至上百年的"记忆效应"，尤其是地下水水质一旦被污染，考虑到地下水系统自我修复能力很弱，速度十分缓慢，这些污染物之间的相互作用会严重影响饮用水资源储量和地表水系统的安全。

许多特大城市已经证实，他们无法彻底地处理生活污水，甚至有些时候他们还会用含酸渣的废水进行灌溉。这样做严重的后果就是，病原菌的扩散以及微量污染物浓度增加并扩散到食物链中 (Mazari-Hiriart et al. 2001; Solis et al. 2006)。另一方面，城市水资源循环系统仅可以支撑小范围内的水循环或蒸发与降水，也只能重复利用溶解在水中的营养元素。在封闭的温室中将作物生产与蒸发水冷凝相结合的"Watergy"策略代表了一种可持续的方法 (Buchholz et al. 2008)。这种策略降低了病原菌和污染物进入食物链的风险，同时保证营养元素的循环利用，并且通过蒸发冷凝过程可以生产没有污水的高质量水资源。

考虑到水资源交易情况和工业冷却水用水或居民生活用水的实际供应状况，预计城市中心区通常会向沿海水资源系统和内陆水资源系统周围集中。这样一来，许多城市密集分布在沿河道和海岸线附近，从而促使溶解污染物和悬浮污染物向表层水体迁移，进而导致藻类泛滥，形成水华，物种多样性下降，水体的娱乐性功能丧失。

总体而言，由于人类活动导致土地利用的变化，从而引起水资源数量和质量的变化，这会对重要的生态系统服务功能造成影响，影响的范围包括：河流内物质迁移和循环（比如碳循环），稀有植物和动物栖息地的变化，河漫滩对洪水水流的缓冲作用，地表和地下水系统的储水功能。这种影响会导致生物多样性降低，地表水体富营养化，洪水和干旱灾害产生的影响会扩大等后果。例如，洪水冲刷导致土壤流失，进而会降低土地的储水能力。如果土壤沉积物中含有重金属或持久性有机污染物，那么这些土地后期的恢复和利用都会受到影响。预计随着人口密度的增加，土地集约化利用的趋势日益明显，进而会影响局域水资源质量和可利用量。特别需要注意的是，如果水资源质量不断恶化，在缺乏淡水资源供应系统和污水处理设备的特大城市周围，水资源供应将会受到限制。

　　这些问题表明,可持续的水资源管理还应该考虑天然水循环,而且应该特别关注土壤和地下水。满足不同需求(饮用水和生活用水)的双水同时供应系统,很可能成为未来水资源规划中一种十分先进的可持续性水资源管理方法,尤其对于城市中心区域而言更是如此。从操作和维修故障的角度来看,水资源集中供应和处理将会降低这方面的风险,从而为公共管理提供支持。实际的水资源可持续性管理还应该包括:在工业生产过程中,通过闭路循环对较小规模内水资源循环的管理。此外,雨水收集、废水分离收集以及废水回收再利用,都是未来水资源规划中十分有前景的可持续的水资源管理途径。

我们如何预测并降低能源对水的需求,
以及水足迹对能源的需求?

　　足迹的概念一般与这个问题密切相关:为了生产某种东西,我们到底应该投入多少资源呢?比如,能源足迹就是指生产某一商品或提供某一服务过程中,直接和间接需要的能源量总和。因此,水资源的能源足迹就是指转移输送水资源、处理以及应用水资源所需要消耗的能源(DHI 2008)。在理想的情况下,能源足迹应当包括水资源收集、输送以及处理需要消耗的能源,同时还包括建设相关基础设施所消耗的能源。另一方面,能源资源的水足迹是指,在能源的实际生产地估算的虚拟水量,或者是开发能源或者发电所需要的水资源总量。在收集和对比能源资源水足迹相关的数据时,应该区分取水量和需水量之间的差异,而且还应该考虑水资源质量方面的问题。运用水资源的能源足迹和能源资源的水足迹这些概念,有助于我们更好地理解水和能源之间的相互关系。但是,也只有能源足迹和水足迹的概念与其对地区水资源和能源资源的影响联系在一起时,才有可能产生这种附加价值。

　　从水资源和能源资源需求的角度,足迹法可以作为对比不同备选方案的合适方法,而且可以帮助决策者确定应该支持哪种技术或策略。在过去几十年里,能源生产的水足迹得到了极大的关注。在不同的能源情景下,计算出不同类型能源的水足迹,这种做法是可取的(如洛舍尔等人在本书所选用的方法),并且可以通过与水资源可利用性的对比来对这些计算结果进行评估。尽管人口不断增长、人类饮食和生活方式的变化将导致能源消耗总

317

量相应增加，但能源消耗总量的增加不一定导致取水量和水资源消耗速率的升高（即使我们也可能预测到取水量和水资源消耗速率增加的趋势，但这种状况也不一定就必然发生）。的确，如果能源设施能够实现向低耗水类型（更多地利用风能和太阳能）的重大转变，那么大量水资源就可以被节约下来。除水资源需求量这方面外，水资源质量变化方面还存在许多未知性。现在我们预测的情景是：如果保持着当前的商业模式，那么随着更多生物能源的生产，水资源质量会逐步恶化。另外，随着非常规能源资源的开采，以及能源开采设施从海上向陆地上的转移，预计也会对水资源质量产生类似的影响。

正如之前所说，与能源资源的水足迹相比较，与水资源的能源足迹相关的数据更加匮乏，因此我们需要更多的研究，构建可靠的数据库，以获取不同水资源产量情景下能源足迹相关的数据。尤其是在发展中国家，我们需要更多有关水资源能源足迹的数据。更多翔实的数据可以帮助我们更好地进行水资源的能源足迹与能源资源的水足迹之间的对比。通过这些对比，可以得到更多有关能源产量水足迹或水资源产量能源足迹的技术方案或管理方法。因此，从本质上来讲，可持续发展假设水资源的能源足迹和能源资源的水足迹均下降。只有同时考虑水资源和能源资源相关的问题时，才有可能提高其可持续性。换句话而言，我们不能只是单纯地考虑能源的问题，却潜在地制造出了一个新的水资源问题，反之亦然。

尽管水资源和能源资源之间的关系可以通过水资源的能源足迹和能源资源的水足迹来进行定量化（图1.1, this volume），但是很明显，水资源的可持续性评估同时还需要考虑水资源的质量问题。首先，我们试图估算足迹的做法是可行的，但很显然这种做法需要更多数据支持。例如，我们建议，分别计算不同区域不同能源情景下能源资源的水足迹，然后再与本地区的水资源可利用性进行对比。为提高水资源和能源资源的可持续性，我们当然期待水资源的能源足迹和能源资源的水足迹均下降，但前提是应该把两者作为一个整体来考虑，谋求整体上达到可持续性，同时还要考虑与土地利用和其他自然资源之间的关系。

318

水资源和矿产资源

采矿和加工制造业活动一直是地区水资源退化的重要影响因素。水资源退化问题不仅包括采矿导致的水流断流问题，也包括用于从废石中分离出矿石的水资源的供应能力下降问题。这些问题涉及的水资源总量十分庞大，诺盖特和洛芙（2006）、诺盖特（this volume）和麦克莱恩（this volume）已经分别对此进行了详细讨论。即使是在矿山关闭之后，它还会以酸性矿山排水的形式继续对水资源产生严重影响。

尽管面临着这些问题，但毋庸置疑的是，水资源的供给和处理还是要取决于矿产资源的可利用性。基于矿产资源的加工和使用，抽水泵、输水管道、水质过滤器和许多与水资源相关的硬件设备才能够正常运转。因此，如果水资源管理者们不为采矿活动提供水资源，也就相当于自掘坟墓了。当然，我们应该尽可能地提高水资源的利用效率，并且在任何可行的程度上回收利用水资源，同时应该确保所有生产设备的用水得到供应。

结　论

可持续的水资源管理包括水资源需求和供应之间的平衡，这种平衡包括时间尺度上的平衡（下一年和未来几十年水资源供求间的平衡）和水资源质量与数量之间的平衡。对于可持续的水资源管理而言，这些都是重大的挑战，但对于水资源管理专家来说，这些都是常见的问题。现在我们发现，水量平衡问题仅仅是可持续的水资源管理面临的一部分问题，因为当水资源供应和其他资源供应（能源资源、土地资源以及矿产资源）相互作用时，可能会出现其他瓶颈问题。资源之间的交织作用为可持续的水资源管理带来了新的问题，这需要不同学科和政府部门之间的协调运作。处理这些问题将存在较大的困难，但随着21世纪社会的快速发展，忽视这些问题可能就意味着水资源管理的失败。

319

能　源

18 能源资源、储量及消耗

唐纳德·L.戈蒂埃,彼得·J.麦凯布,琼·奥格登,特雷弗·N.德马约

摘 要

21世纪的决定性问题在于:如何为不断增长的人口提供充足的能源,以期达到更高的生活水平,同时减轻大气中二氧化碳增加所带来的影响。目前,全世界92%以上的能源来自地球化石燃料(石油、天然气、煤炭和铀),这些燃料的使用导致大气中二氧化碳的浓度升高到历史空前的水平。在可预见的未来,如果没有重大的技术或科学的突破,二氧化碳浓度升高的趋势还将持续下去。据估计,传统石油资源的储量及其潜在增加量相当于当前年消耗量的60倍。开发非传统的碳氢液体燃料具备较好的发展前景。超过175万亿立方米(TCM)的已探明天然气储量正在以每年约3TCM的速度消耗。与此同时,新油田的发现、现有油田储量的增加以及开发非传统能源资源方面也都存在许多可能性。煤炭储量足够人们以现在的速度使用数百年,核燃料也很丰富。可再生能源在供应人类所需的大部分能源中潜力巨大,但前提是我们需要克服大量技术和逻辑上的障碍。但是,就像过去一样,我们现在还未曾预见到的科学技术进步很可能会为世界能源需求提供根本性的解决方法。

导 论

大多数海洋和陆地生物从植物和海洋浮游生物捕获的太阳能中获取能量。至少25万年前,现代人类以及他们的原始祖先通过控制火、利用动物和发明机械来捕获风能和水能,扩大对能源的利用(Smil 1994)。自18世纪中 323

期以来，由于人类开始利用储存于化石燃料中的太阳能，社会逐渐转变。19世纪末期，煤炭取代了木柴，成为人类生活的主要燃料，并且推动了工业革命（Nakićenović et al. 1998）。在古代，人们就用自然渗透出的石油补漏、照明、取暖和润滑，但随着1885年戈特利布·戴姆勒和威廉·迈巴赫轻型内燃机的发明，石油才成为世界政治和经济的主导力量（Eckermann 2001；Yergin 1991）。20世纪早期，大规模的水力发电开始盛行，第二次世界大战之后，核反应堆发电也很快出现。

当燃料越来越成功地被应用于特定的装置中，且其使用效率越来越高时（Marchetti and Nakićenović 1979），其使用量也在飞速增加。1945年，整个人类使用了50艾焦的能源。到2007年，能源的年均消耗量则达到了460艾焦（图18.1）。

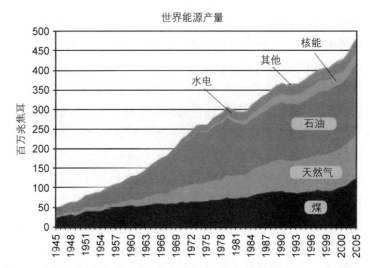

图18.1　自1945年以来按商品类别分类的全球能源消耗量，依据美国能源信息署提供的数据（数据来源：EIA 2007）。

虽然化石燃料累积需要的地质时间跨度很大，但是人类近几个世纪才开始利用这些燃料。结果，CO_2浓度已从工业革命前的280 ppmv（百万分之一，体积量）增加到了如今的380 ppmv以上。这个值可能超过了过去65万年自然条件下CO_2浓度变异的上限值。此外，大气CO_2浓度正以1.9 ppmv/年的速度升高，预计未来的几十年还会保持持续上升的趋势。许多大气科学家和气候学家确信，源于人类活动的CO_2正以超出历史记录的速率改变着大气的热力属性（IPCC 2007d）。

324

近年来，高昂的能源价格和对全球气候变化的担忧，使得发展可再生能源供应的呼声越来越高，但是推动可再生燃料的发展并不是一个新观点；在过去的半个世纪，可再生燃料提供的能源供给量也在大幅增加（图18.1）。然而，可再生燃料能源供给量的增加并不能满足全球对化石燃料的需求。自二战以来，全球商业能源供应中91%—93%来源于化石燃料：煤炭、石油、天然气和铀（IEA 2008e）。如果没有重要的科学和技术突破，或者多国协调一致的努力，在21世纪这些化石燃料很可能依然在世界能源结构中占主导地位。

传统的燃料在其采集地附近就被用于烹饪和取暖，如薪柴和牛粪，这部分传统燃料仍占世界能源消耗的10%左右（IEA 2008a）。这些传统燃料主要消耗于发展中国家。甚至在尼日利亚这样一个主要的石油出口国，约80%的能源消耗来源于可燃性可再生能源和废弃物。本章将重点关注能够满足大众市场需要的商业能源资源。据美国能源信息署估计，2006年约36%的商业能源资源来源于石油和其他液化石油。约28%来自煤炭，23%来自天然气。核反应堆产生的能源资源约占6%，水力发电产生的能源量所占的比例稍高于6%。地热能、太阳能和风能所产生的能源总量约占全球能源消耗量的1%。由于从燃料的物理单位到能量单位转换过程中考虑的因子不同，各个报告机构对每种燃料类型所产生能源总量计算有所不同，如EIA（美国能源信息署）、IEA（国际能源署）和BP（英国石油公司）给出的计算结果都不尽相同。

全球能源消耗量，尤其是人均能源消耗量，分布不均（图18.2）。2007年，亚太地区能源消耗量占全球消耗总量的34.3%，其中中国和日本分别占16.8%和4.7%，处于领先位置。北美的能源消耗量占25.6%以上，其中仅美国的能源消耗量就占全球能源消耗总量的21%以上。欧洲、土耳其及一些属于前苏联的国家所消耗的能源总量占全球能源消耗量的26.9%，其中最大的能源消费者是俄罗斯，占能源消耗总量6.2%；其次为德国，占2.8%；法国占2.3%。中美和南美消耗量占能源消耗总量的5%，而中东国家的能源消耗量仅占能源消耗总量的5.2%。整个非洲大陆的能源消耗量仅占能源消耗总量的3.1%。

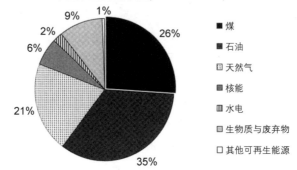

(a) 2006年世界主要能源供应(IEA WEO 2008)

- 煤 26%
- 石油 35%
- 天然气 21%
- 核能 6%
- 水电 2%
- 生物质与废弃物 9%
- 其他可再生能源 1%

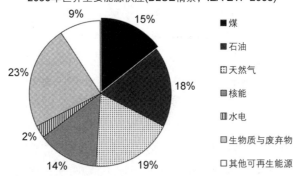

(b) 2050年世界主要能源供应(BLUE情景，IEA ETP 2008)

- 煤 15%
- 石油 18%
- 天然气 19%
- 核能 14%
- 水电 2%
- 生物质与废弃物 23%
- 其他可再生能源 9%

图18.2　主要能源需求总量：(a) 2006；(b) 2050（IEA 2008c，e）。2006年，主要能源消耗总量为1 173亿吨油当量。预计2050年主要能源消耗总量会增加到1 589.4亿吨（国际能源署蓝图情景）到2 326.8亿吨油当量（国际能源署基准情景）。国际能源署的蓝图情景反映了一项积极的能源脱碳方案，其中全球温室气体排放量将减少至2008年排放量50%的水平。2006年，可再生能源占能源总量的14%，2050年该值将上升至35%。这些可再生能源包括常规的非商业性生物质能源，这些非商业性生物质能源构成当前生物质能源消耗量的60%，但预期未来该值会逐渐降低。

化石燃料资源

　　所有类型的化石燃料在燃烧时均会产生能量，但化石燃料在不同门类之间的利用却不能随时互换（IEA 2008c）。原油主宰了运输领域，因为在提炼过程中原油具有相对于其他液化和汽化燃料更高的体积密度，它是内燃机和喷气发动机的理想之选。作为一种液体,石油及其提炼的产品可以在常压、常温的条件下,通过管道、油轮和汽车油箱运输。随着汽车的普及,20世纪的大部分时期,石油使用量增长的速度比其他燃料快。 325

与煤炭相比,在释放相同单位CO_2的情况下,天然气产生的能量是煤炭的二倍左右,而且天然气燃烧产生的颗粒状污染物和其他污染物明显少于煤炭燃烧,因此,天然气是发电的理想燃料。正如可以通过开关控制电力供应一样,输送到锅炉的天然气也可以通过开关进行快速地调节,这使得其成为家庭取暖和烹饪的理想燃料。目前,一般还是通过管道输送天然气,于是大部分天然气被就近消耗于其产地。尽管如此,得益于海上运输液化天然气的油轮及其设备价格的下降,天然气也逐渐发展成为一种真正的全球化商品(EIA 2003,2009)。 326

20世纪早期,煤炭在主要能源市场中占据主导地位,包括运输业(火车、蒸汽轮船)和家用供暖。直到20世纪中叶,煤炭在能源结构中所占的比重才逐渐下降,煤炭似乎是20世纪中叶以前除重工业外所有其他行业的通用燃料。但是对于世界许多地区的发电厂而言,煤炭都是迄今为止最便宜的燃料,因此在飞速发展的电力行业,煤炭找到了自己的一席之地。因此,近年来煤炭消耗量的增长速度比其他任何燃料都要快,这主要是因为中国工业快速发展的过程中煤炭消耗量的增长(IEA 2007)(图18.1)。目前全球煤炭生产量已经达到了历史最高值。

化石燃料除了能够为家庭、办公、工业及汽车提供能量,还具有一系列广泛的用途。大部分塑料制品、化肥和化学制品都来源于化石燃料。钢铁冶炼依赖于化石燃料,天然气是大部分制氢行业的基础原料。

石油资源

经历了一个半世纪的石油勘探和数以万计油田的开采,人们已经充分了解石油生成和储藏的地质条件。原油是多种天然形成的复杂长链有机分子的混合液体,这些长链有机分子是储存于具有细密纹理的某类沉积岩中的有机物质在受热过程中形成的。通常,海洋藻类及植物残体中的有机物会连同泥浆中的无机物一起沉积到海底。

石油的生成对环境温度的要求很苛刻;一般来说,最初的有机化合物被加热到至少100℃时才有可能生成石油。环境温度达到200℃以上时,石油会分解甚至爆裂,在石油生成地仅留下甲烷或CO_2气体。对于石油产生来说,关键是温度会随着地壳深度的增加而升高,通常在15—30℃/千米。在有利的条件下,富含有机物的深海淤泥被掩埋在上层更新的沉积物之下3—6千米,这个深度的温度很适合石油的生成。新生成的石油从原油岩中渗出,流入附近沉积物的空隙(最初由水填充)中,再从沉积物的空隙中流出到沉积物表面,然后就流失了,或者被捕获。大多数石油"收集装置"其实是地表以下地质构造中的阻渗层(例如,背斜层或断层),此处多孔储层岩石(如砂岩或石灰岩)与低渗透性的密封岩(如页岩或盐)并存。所谓的石油勘探就是寻找这些含油气圈闭(含油的地质构造)。通过石油钻孔证实某地区存在油床后,必须首先进行采油井、炼油厂、输油管道和市场配送系统等一系列复杂基础设施的配套建设,然后才能进行石油生产。

自19世纪60年代起全球石油生产量就稳步增长,尽管期间由于战争、经济萧条和政治剧变,石油生产也曾受到影响。2007年,全球100多个国家的数千块油田共生产出了将近50亿立方米的石油,其中俄罗斯、沙特阿拉伯和美国的石油产量最高。

327

尽管石油产量信息可以被比较准确地追踪到,但世界石油已探明储量并没有得到常规报道。在很多国家,包括一些最大的石油生产国,石油储备量被看作是国家机密。由于缺乏透明性的报道,人们对国家石油储备量的官方数据表示怀疑,同时人们也无法确信石油产量骤减相关的预测(Simmons 2005)。然而,对世界石油已探明储量的预测,是在多家机构搜集到的可靠信息和大量情报的基础上进行的独立编纂和验证,这些机构包括HIS能源咨询公司、英国石油公司和国际能源署。这些预测在细节上有所不同,但对石油总量的预估相似。例如,英国石油公司年度评论2008年1月刊中报道,世界石油已探明储量约为1 970亿立方米;国际能源署给出的预测值为2 120亿立方米。二者均未包含加拿大重油砂的数据。

全球石油已探明储量严格限制于,在当前经济发展和石油开采条件下,其生产加工可以盈利的那部分石油储藏量。有90%开采可能性的石油储量被称为1P储量;预测开采的可能性在50%以上的石油储量则归为2P储量;而3P储量是指,商业上可开采的烃类物质,具有10%的商业可采性。非商业性资源,例如石油储量太小不具备盈利性开发的价值的,都是隐藏资源。

在某些经济环境条件下,隐藏资源也存在被开发利用的可能性。

我们在考虑全球可利用的石油资源量时,明确国际石油公司(IOCs)和国家石油公司(NOCs)之间的差异是极为重要的。全球90%以上的石油和天然气资源由国家石油公司(NOCs)控制,其职责和目的远远超出了商品的获利交付。大多数国际石油公司从商业核算角度报道的石油储量属于1P储量。1P储量要求有足够的基础设施来确保国家石油储量的实际生产。已探明石油储量应该是1P储量的代名词,但实际上其常包含一部分2P储量。许多国家石油公司报道的石油储量通常属于2P储量,这部分石油储量经常会出现在商业数据库中,例如IHS能源协会和英国石油公司年评报道的石油储量。

石油储量与石油产量同步增加。例如,1996年1月,全球石油储量接近1 420亿立方米,而该年度全球石油总产值才刚过41亿立方米。1996年1月到2008年1月期间,石油产量约为480亿立方米,而石油储量增长了近560亿立方米。这说明在这12年间石油储量的增加量超过了1 000亿立方米。石油储量同石油产量同时增长,这个看似矛盾的关系存在的原因可能是:(a) 发现新油田和 (b) 现存油田储量上升使得石油储量增加。 328

未发现的石油资源

2000年,美国地质调查局发表了关于全球未发现的石油和天然气资源的最新估测(USGS 2000)。世界石油评估(WPA-2000)是一项以地质信息为基础的研究,该评估利用1996年初以来的石油资源数据。这项评估报告了关于全球新发现的128个石油地区内的常规石油、天然气、液化天然气的数据,包括概率估计值和详细的辅助数据。这128个地区占世界已知石油和天然气生产的95%以上。美国地质调查局的研究预测,到1996年,发现530亿立方米潜在石油储量的可能性为95%,而发现1 760亿立方米石油储量的可能性为5%,但这项预测中没有包含对这128个地区之外潜在石油储量的预测,而且预测范围仅包括常规的石油资源。中值预测结果显示:这128个石油地区发现970亿立方米石油资源的可能性为50%。

1996年之后的11年里,这128个地区发现了160亿立方米额外的石油储量(IHS Energy 2007),另外在美国地质调查局评估的128个地区之外,发现了近30亿立方米的石油资源。如果从世界石油评估-2000(WPA-2000)中减去最近发现的石油储量,保守估计在这128个全球最大的石油地区,至少还存在360亿立方米的石油储量未被发现。这表明对未发现石油资源储量的预测是合理的,而且预计还会有更多的发现。新的石油资源储量很可能在偏远地区会有新的发现,包括北极圈内的近海地区、大陆架边缘的深海区,还有一些类似于伊拉克西部等因各种原因无法勘探的地区。

现有油田储量增长情况

储量增长是指在已发现的油田(通常是已在生产的油田)中对可采石油、天然气或天然气液体的连续估算的增加。储量增长的原因可能有以下几个方面:

1. 更好的地质信息可能表明现有油田内以前未被识别的储油层,储油池或产油层。

2. 通过改善工程措施,例如实施蒸汽驱油、水力压裂或加密钻井技术,提高了资源开采的效率。

3. 由于经济环境或监管条件的变化,前期关于资源可开采储量的估测值有所提升。

近年来,现有油田储量的增长比发现新油田更重要。1996年1月到2004年1月间,通过发现新油田每产出1桶石油时,现有油田储量增长可能329 会产出3桶石油。

历史上,石油圈闭中的原始石油实际上只生产了一小部分。最近为美国能源署进行的一项研究中,国家先进能源(Advanced Resources International 2006)估计,虽然美国石油累积生产量和油田剩余的已探明储量达到330亿立方米,生产储层中的剩余油可能超过1 790亿立方米。如果这个估计值准确的话,这项分析预示着经过数十年的石油开采后,世界油田开采最密集的地区,石油资源的开采率在19%以下,剩余81%的石油储量将成为进一步开发的目标。

美国地质调查局(USGS)在世界石油评估-2000(WAP-2000)中,利用在美国油田开采中发展的演算方法,预测美国之外的油田石油储量进一步增长的潜力为300—1 640亿立方米,预测中值为970亿立方米。自从世界石油评估-2000研究以来的几年中(1996—2008),油田扩张带来石油储量的实际增长量已经超过了美国地质调查局预测范围的最低值。

最近，基思·金(埃克森美孚公司)对石油储量增加的潜力做了一个独立的评估，并在美国石油地质学家赫德博格研究会议(科罗拉多斯普林斯市2006)和国际地质国会(挪威奥斯陆2008)中对其结果进行了报告。金用了不同于美国地质调查局(USGS)的计算方法和独立数据，预测在世界最大的油田中，使用现有技术可能会使现在已探明的石油储量增加300亿—1600亿立方米。

由于现有资源储量与可开采量差距较大，储量增长的重要性不容低估。尚未开采的碳氢化合物数量十分巨大，而且鉴于石油开采技术会对石油开采效率产生历史性的影响，技术进步可能会带来超过目前石油储量增长的效果。例如，目前关于纳米技术(Murphy 2009；Tippee 2009)和微生物学的热门研究项目，增强了石油开采技术(CSIRO 2009)，进而能够大大提高石油开采效率。

非常规石油资源

除了上面讨论的常规石油资源，所谓的非常规石油资源在增加全球石油储量方面也存在巨大的潜力。重油资源现在已经被大量生产，尤其是在加拿大西部的亚伯达盆地和委内瑞拉的奥里诺科盆地。仅在加拿大，2004年已探明重油资源储量的增长量就在280亿立方米左右。委内瑞拉一直以来都在与其他石油输出国家组织(OPEC)成员博弈，关注的焦点是其庞大的重油资源中哪些部分可以算作他的生产配额。世界上其他盆地中也有可能存在类似的重油资源，但这些重油资源对世界石油储量潜在的贡献还未得到系统的估算。

在所谓的油页岩中还存在一些其他的石油资源，例如美国科罗拉多州、怀俄明州和犹他州的绿河组油页岩。这部分石油资源极其丰富，但对它们实际潜力的确定性评估仅来自少量的小型示范项目。尽管如此，目前已经有一些从这些油页岩中提取石油的技术，所以如果未来能够开发出更具有经济效益的石油提取技术，或者石油价格如果持续升高的话，这部分石油资源无疑将成为未来石油资源的主要来源。

在开发重油和超重原油资源过程中，一个严峻的问题是重油和超重原油提取和加工技术都是能源密集型的，与常规石油能源生产相比，重油和超重原油生产生产过程中排放的温室气体的生命周期更长。通过一些技术减

330

少温室气体排放,比如,碳捕获和封存,或者利用低碳取暖和作为发电资源等,这类技术很可能是未来几年研究和发展的重点。

天然气资源

甲烷大量存在于太阳系中,是构成气态行星的主要成分之一,并且在类地行星上也大量存在。在地球上,目前已知甲烷有三种来源:

1. 产热甲烷,沉积的有机质在热降解过程中形成的甲烷,是大多数的商业天然气。

2. 生物甲烷,由厌氧微生物(古细菌)产生,多见于低压、分散的环境,如垃圾填埋地、沼泽地(亦源于融化北极苔原)以及哺乳动物的胃肠道。近年,人们对甲烷有了更多的认识,许多浅层天然气田和煤床(尤其劣质煤)的甲烷为生物甲烷。

3. 原生甲烷(非生物甲烷),可能是通过地壳和上地幔排放出来,在火山喷发时可以观察到原生甲烷的排放,但是石油地质学家几乎一致认为原生甲烷对可生产的天然气资源几乎毫无贡献。

虽然一般情况下大量天然气都是与石油一同产生的,但在更宽泛的环境温度和地质构造深度中,一些不利于石油生成的沉积有机物有可能会产生天然气。如上述所讨论的,如果石油被充分加热,则会降解成简单的化合物,尤其会降解为天然气。因此,天然气的生成量将高于石油,而且它还可以在更广泛的环境中生成。

最终用户消耗的天然气成分几乎都是甲烷。但是,在天然气开采井中获得的天然气中,常混合有其他轻质烷分子,如乙烷、丙烷和丁烷。另外,在进一步加工之前,天然气中一般还含有其他成分,如二氧化碳、水蒸气和氮气。

天然气产自油井、气井和凝析油气井。产自油井的天然气是伴生/溶解天然气。产自气井的天然气是非伴生天然气。产自凝析气井的天然气同时包含天然气和液态凝析油,二者在气井附近分离。

2007年,全球天然气产量大于29 400亿立方米,这个产量与1973年的12 270亿立方米相比明显增加。2007年,10个国家的天然气产量总和达到全

331

球总产量的64%以上,分别是俄罗斯(21.5%)、美国(18%)、加拿大(6%)、伊朗(3.5%)、挪威(3%)、阿尔及利亚(3%)、荷兰(2.5%)、印度尼西亚(2.3%)和中国(2.2%)。每年全球天然气进出口量约为9 000亿立方米。美国是最大的天然气进口国,2007年美国的天然气进口总量约为1 300亿立方米,其次是日本(大约960亿立方米)、德国(880亿立方米)和意大利(740亿立方米)。

在约10年前,北美和欧洲之外的许多已探明的天然气储量是石油勘探和石油开发的副产品。近年来,人类开始有目的地进行天然气勘探,使得全球已探明天然气的储量显著增长。1987年年末,全球天然气已探明储量约为107万亿立方米。1997年全球天然气已探明储量增加到约146万亿立方米,据估计2007年年末增加到约177万亿立方米。

俄罗斯的天然气储量大约占世界天然气总储量的四分之一(44.6万亿—47.8万亿立方米之间)。伊朗的天然气储量排名世界第二(26.8万亿—28万亿立方米),卡塔尔位列第三(25.6万亿立方米),而且,卡塔尔与伊朗一样拥有世界最大的天然气田。在这三个国家,天然气大多储存于天然的气田中,而不是以伴生天然气的形式储存于油田。美国已探明天然气储量约为6万亿立方米。许多其他国家也拥有十分丰富的天然气资源,如委内瑞拉(约4.8万亿立方米)、挪威(2.9万亿立方米)、伊拉克(3.2万亿立方米)、沙特阿拉伯(7.3万亿立方米)、阿拉伯联合酋长国(约6.4万亿立方米)、阿尔及利亚(约4.5万亿立方米)、尼日利亚(约5.3万亿立方米)和印度尼西亚(约2.8万亿立方米)。

未来传统天然气储量的增加

天然气勘探的投资水平和强度都没有达到接近石油的水平,因此被认为处于较低的开采水平。在世界石油评估-2000(WAP-2000)的研究中,美国地质调查局估计,到1996年,人类发现额外的14.8万亿立方米伴生气/溶解天然气和50.6万亿立方米非溶解天然气的概率为95%,发现57.7万亿立方米伴生气/溶解天然气和175万亿立方米非溶解天然气的概率为5%。在全球128个最大的石油地区,预计发现额外天然气总量(伴生气/溶解天然气和非溶解天然气之和)的中值为122.6万亿立方米的可能性为50%。另外,美国地质调查局预测,可能会有150亿—600亿立方米的液态天然气,与伴生气/溶解天然气和非溶解天然气一道被发现。

根据IHS的数据,在1996年以来的11年里,全球128个石油地区发现的常规

332

天然气总量达到18.9万亿立方米。如果从美国地质调查局预测的数据中减去该值,保守估计在128个石油地区中,仍将有约46.4万亿立方米的天然气待发现。

　　预计现存天然气田的储量很可能会增长,但具体的增长量很难预估,因为天然气田的开发程度与石油田不同,而且天然气田具有更高的开采效率。2000年,美国地质调查局使用自1996年以来的数据,预估了目前已经得到开发的天然气田储量增长的潜力,其中值大约为93.5万亿立方米,具体数据在29.7万亿立方米(95%的概率)和156.9万亿立方米(5%的概率)之间波动。

非常规天然气资源

　　除常规的天然气资源外,目前已知在所谓的非常规油气储层中还存在大量天然气资源,这些非常规油气储层包括煤层、具有低渗透性的砂岩和页岩。仅在美国,除煤层中的甲烷外,非常规油气储层中达到技术上可开采程度的天然气资源可能超过了7.7万亿立方米(USGS 2008b)。然而截至本文撰写之日(2009年6月),此类资源仅在北美的天然气开采市场最受欢迎,但在全球范围内几乎没有受到关注。因此,目前北美之外的地区对非常规天然气资源还没有进行综合性的定量评估。尽管如此,加拿大和美国非传统天然气资源的发展,很可能为全球范围内增加天然气储量的初步设想提供了参考。可以肯定的是,全球非常规天然气资源总量十分庞大,但尚未被人们估算出来。

　　除常规的天然气资源和所谓的非常规天然气资源之外,还存在一些天然气水化合物。在天然气水化合物中,甲烷以其绝对的分子含量优势超过了其他碳水化合物的浓度,但有多少天然气化合物资源可以达到技术上可开采的程度是不确定的。最近加拿大北极地区和阿拉斯加、美国墨西哥湾及印度等地的研究表明,常规技术不作任何修改或稍加修改,就可以从天然气水合物中分离出天然气。加拿大的生产试验证明了这种技术应用的可行性(Dallimore and Collett 2005)。

煤炭资源及其产量

　　全球煤炭资源广泛分布,但75%以上的煤炭资源分布在5个国家,分别是美国(28%)、俄罗斯(19%)、中国(14%)、澳大利亚(9%)和印度(7%)。世界许多国家至少可以生产一部分煤炭,但无疑中国成了世界上最大的煤

333

炭生产国，同时也是最大的煤炭消费国。2006年，中国从煤炭中产生近55.9艾焦的能量。与之相比，在整个北美地区从煤炭中获得的能量仅为27.4艾焦，这包括美国的煤炭产能25艾焦。同一时期，中美和南美大约产生了2.1艾焦的能量。欧洲煤炭生产持续走低，从1996年的11.6艾焦下降到2006年的9.07艾焦。包括俄罗斯在内的亚洲2005年的煤炭产量首次超过了欧洲，2006年亚洲煤炭产量超过了9.5艾焦，其中煤炭产量的增长主要受俄罗斯煤炭产量的驱动。2006年，非洲的煤炭产量达到6.3艾焦，其中几乎所有的煤炭产量都来自南非（约6.2艾焦）。

与产量相比，全球煤炭已探明储量十分庞大。自2002年以来，全球煤炭已探明储量超过了9 000亿吨（WEC 2007a），按目前的年开采速率计算，已探明煤炭储量可供开采约200年。尽管煤炭储量的相关信息不如石油和天然气那么完备，但是无论采用何种计算方法，煤炭资源储量都足够开采数百年，而且这里用于计算的煤炭资源储量，甚至不包括从更广大的地质储藏点开采出来的大量新煤炭资源。

美国EIA估计到2030年全球煤炭消耗总量会增加65%。大多数预测显示，全球煤炭需求将随着中国和印度经济的持续扩张而大幅增加。石油和天然气价格持续居高不下，可能会不断地刺激煤炭发电技术的革新，同时也可能促进煤制油技术的发展。

困扰煤炭资源发展的主要问题是污染物排放问题。煤炭燃烧释放的固体颗粒物、硫化物以及含氮化合物威胁着世界各地人类的身体健康，同时也会导致环境质量退化。但通过煤炭燃烧前的处理，或者在燃煤发电站安装空气污染控制系统来捕获并清除烟囱中的污染物，可以减缓煤炭污染问题。在世界经济合作与发展组织国家的大多数煤炭发电厂已经安装了这些装置。但是还有一个更基本的问题——高强度的二氧化碳排放。截至目前，人类还没有开发出经济有效的方法来减少煤炭燃烧时排放的温室气体。尽管如此，人们一直致力于发展"清洁煤炭"技术，力图提高发电厂的效率，捕获并封存煤炭燃烧后的含碳化合物。

核能源

除了产热的能源主要来自不稳定的放射性铀外，核电设施和化石燃料发电厂基本上是相似的。铀是一种常见的金属，虽然不可再生，但它广泛存在于全球的岩石中。核能反应堆依赖于一种特定的同位素燃料U-235。常

334　见铀 (U-238) 的含量是银的100倍，U-235则相对较少。因此，在铀矿被发现并开采后，一定要对U-235进行提取、加工和浓缩。U-235衰变的产物中，中子轰击其他U-235原子并导致其裂变。如果这种过程达到一定的浓度，该过程会以不稳定链反应的方式自然地重复，而这种链式反应在核电站是可以被控制的。可控的链式反应供热使水变成水蒸气，从而驱动涡轮发电。

与燃烧化石燃料相比，核能是清洁的能源。尽管在加工处理铀的过程中可能会产生少量排放物，但核能既不会造成空气污染，也不会释放CO_2。关于核能，最重要的问题是其副产物污染。许多国家对核能加工过程中使用的工具、衣服、清洁材料和其他一次性物品均进行了严密的监测，以保证它们所携带的低水平放射性污染不会进入环境。但是核燃料装置具有很高的放射性，它们的危险性会持续数百年甚至数千年，因此对其处理也面临较大的困难。

2006年，核能约占全球能源供给总量的6.2%，其中经济合作与发展组织国家的核能产量占核能总产量的84%以上。核能产量较高的国家分别是：美国 (29.2%)、法国 (16.1%)、日本 (10.8%)、德国 (6.0%)、俄罗斯 (5.6%)、韩国 (5.3%)、加拿大 (3.5%)、乌克兰 (3.2%)、英国 (2.7%) 及瑞典 (2.4%)。世界其他国家的核能产量总和约占剩下的15.2%。经历了过去几十年的持续增长后，核能发电绝对值在2007年减少了约2%。

从能源利用结构中核能所占的比例来看，目前法国是最大的核能消费者。法国79%以上的电力来自核电站。在瑞士和乌克兰，核能发电量占总发电量的46.7%。另外一些国家，如韩国、日本、德国、英国、美国、加拿大和俄罗斯，核能发电量占全国总发电量的比例分别为37%、27.8%、26.6%、19.1%、19.1%、16%和15.7%。除此之外的世界其他国家的总发电量中约有7.2%来源于核能发电。全球18个国家已经开始了铀矿提炼，尽管传统的铀矿提炼技术在实际生产中的应用仍占60%以上，但现在越来越多的铀矿提炼开始采用原位过滤技术而非传统的提炼技术。全球半数以上的铀矿产自加拿大 (占全球铀矿总供应量的23%)、澳大利亚 (21%) 以及哈萨克斯坦 (16%)。考虑到大量铀矿储藏于矿石原料中，自从20世纪90年代早期以来，

采矿业又再次复苏。经历了20世纪80至90年代的几次企业整合后,目前全球7家公司占据全球铀矿总产量的85%。

　　同煤炭一样,人们认为地质构造中的铀矿资源不会面临枯竭的危险。相反,对铀矿资源的需求以及与之相关的铀矿价格是控制铀产量的主导力量。近来,新型核能发电设施的快速发展,促使对铀矿的需求量不断增加,并导致铀矿价格不断升高。于是,许多矿井又重新开始了铀矿开采。 335

地质化石燃料的枯竭

　　毫无疑问,化石能源资源被人类消耗的速度,比它们在地质过程中的更替速度更快,但是这些化石能源资源真在变得越来越匮乏吗?化石能源的价格随时间不断升高,这是能源稀缺的信号,但化石能源价格的长期变化趋势也可能预示着,化石能源资源在变得不是那么稀缺(Simon et al. 1994)。化石能源的短期价格趋势受许多因素的影响,如战争、政治决策和垄断行为。而对化石能源价格的长期趋势却很难判断,因为这需要引入与通货膨胀相关的指数,而通货膨胀本身又受到能源价格的影响。尽管化石能源资源的消耗量不断增加,但在过去50年中,经济合作与发展组织国家居民实际收入中用于能源部分的比例却降低了,而且全球可以用得起化石燃料的人数也增加了。技术进步解释了这个看起来自相矛盾的事实:化石燃料的消耗量不断增加,但化石燃料匮乏问题的严重性却有所缓解。

　　从地质学角度来看,地下储存的煤炭、石油和天然气资源总量远远超出了能源评估给出的预测值,其中能源评估(至少评估的一部分)是由经济参数定义的。尽管如此,化石燃料的总量仍然有限。从长远看来,全世界必然会从可再生资源中获取越来越多的能量。

可再生能源资源

　　可再生能源产生于直接的太阳能(太阳)或间接的太阳能资源(风、生物质能、波浪、水),或产生于地幔内部的核衰变反应(地热),也可能产生于月球引力(潮汐)。近期,这些资源被定义为"永久性资源"(WEC 2007a),虽然在几十年的时间尺度上,在任何地点,不同的潮汐范围、气候和地温梯度均可能改变这些资源的经济可行性。

通常是根据燃料的已知储量，或储存于地壳内部燃料资源的预估值来定义地质来源的能源资源，预期在不远的将来这些资源的开采均会具备经济上的可行性。相反，可再生能源资源是根据能源流来定义的，如每年的能源生产潜力。三种可再生能源潜力通常被描述为：

1. 理论潜力，指理论上最大的能量流率。
2. 技术潜力，是指通过一系列假设的技术可以获取到的能源潜力。
3. 经济潜力，是指成本在经济上可行的条件下，可再生能源可能被转化的水平。

理论上而言，可再生能源足以供给全社会当前及预期的未来基本能源
336 需求量。例如，每年投射到地球表面的太阳能总量约为全球主要能源年使用量的1万倍。实际上，可再生能源的利用受间歇性、地理、经济、环境及社会因素的限制。目前，可再生能源使用量占全球主要能源使用量的7%左右，占全球用电总量的18%（IEA 2008e）。水力发电量占全球电力总产量的16%，而风力发电、太阳能发电和地热能发电共计占全球总发电量的1%。生物质能源和废物能源约占主要能源使用量的10%左右（IEA 2008e）。国际能源署给出的能源预测情景显示，未来几十年中，可再生能源会越来越凸显出其重要性，到2050年，全球35%—46%的电力和7%—25%的运输燃料将由可再生能源供给。

太阳能是地球上最丰富的可利用能源（WEC 2007a；IEA 2008c，e）。可以捕获直接的太阳能用于热能、电能以及燃料生产。太阳能的商业用途包括被动式使用（空间加热、反射制冷和日光照明），热水加热和冷却，生产工业用蒸汽，或者通过太阳能光电板或太阳能热电系统发电。其他方式太阳能直接应用仍处在发展的早期，包括利用太阳能光电解水制氢，以及二氧化碳的光还原。目前，太阳能在全球商业能源总消耗量中所占的比例远低于1%，但太阳能使用量在快速增加。大规模利用太阳能所面临的挑战主要包括土地使用问题和太阳能供给的间歇性问题；由于不同地区的纬度、云量、倾斜角和/或跟踪及采集效率不同，全球太阳能的年均利用率为15%—35%。目前大部分太阳能装置容量来自欧洲（德国、西班牙）、日本和美国。根据未

来能源情景预测，到2050年，太阳能预期将占全球电力总产量的1%—11%
（不包括直接取暖）（IEA 2008c）。

近年来，风能资源出现在多次评估报告中（Archer and Jacobson 2005；
De Vries et al. 2007；Grubb and Meyer 1993；UNDP 2000；WEC 2007a）。据
估计，0.25%的太阳能辐射能量到达低层大气时会转化为风能（Grubb and
Meyer 1993），全球风能资源总量是当前人类能源消耗量的许多倍。当然，
由于技术、环境和社会条件的限制，只有小部分的风能资源得到了利用。在
技术方面，风能资源利用主要受制于风力涡轮机的工作效率、高度以及邻近
涡轮机气流干扰造成的风能资源流失。资源、环境和社会因素可能会限制
大型涡轮机放置的位置，如大型涡轮机的放置是否会给人们带来视觉冲击，
是否会产生较大的噪声污染，是否会导致土地利用冲突，是否会对野生动物
产生影响以及是否方便等问题。风能资源供应的间歇性可能也会进一步限
制风力发电与电网的整合程度。最好的风能资源通常远离人类聚集中心，
因此电力传输也是一个限制因素。考虑了这些限制性因素的能源情景预
测，到2050年，全球2%—12%的电力将由风力发电产生，并能够输送到电网
中（IEA 2008c）。

目前，生物质能源和废料能源用于取暖、发电和液态燃料的生产（如，乙
醇和生物柴油）。2006年，全球生物质能源的使用量约为50艾焦/年（IEA
2008e）。在发展中国家，约60%的生物质能是用于家庭取暖和烹饪的传统
非商业燃料（燃料木材、作物秸秆和粪便）。用于工业生产中加热、发电和燃
料供给的现代生物质能源转化量约为19.4艾焦/年（IEA 2008e）。未来全球
生物量产量的估计值受生物量产量、转化为电力或燃料的效率，以及土地使
用的限制（Hoogwijk et al. 2004）。若干问题导致了生物质能源对能源体系
长期贡献的不确定性。这些因子包括对水资源的竞争，能源作物种植使用
肥料和杀虫剂可能导致的环境影响，能源作物对生物多样性的影响，生物能
源作物与饲料和粮食作物用地之间的竞争。近期，在一篇综述中，国际能源
署估计了可持续性的主要生物质能源对全球能源供给的潜力约为200—400
艾焦/年。

地热能项目利用水吸收岩石内的热，将包含在热岩中的能量输送到地
球表面，进而转化为电能、工业用热及空间取暖/制冷。目前，传统的闪蒸
技术发电、直接的蒸汽发电及双循环地热发电站为全球24个国家提供了基

本负荷电力。全球地热发电容量的75%产自20个具有100 MW$_e$以上发电能力的地热装置。非常规地热资源(如隐藏系统、深层系统、嵌入式系统或工程系统)的开发仍处于早期发展阶段。预计全球可用于发电、产热并达到经济上开发可行性的地热能约为2—20艾焦/年(556—5 556太瓦时/年)(Jacobson 2008;Jaccard 2005)。2006年,全球地热发电量约为60太瓦时/年,约占全球电力总量的0.3%(IEA 2008e)。由于在许多地区,越来越多的常规地热资源和非常规地热资源都在被开发利用,到2030年,地热资源发电量有望增长3倍(IEA 2008e)。

338

对于发电来说,目前水力发电是最大的可再生能源,全球水力发电量约为3 035太瓦时/年,占全球发电总量的16%(IEA 2008e)。大坝、小型水力发电厂或抽水蓄能电站都可以进行水力发电。最近有多项报告已经对全球水力发电资源进行了评估(Archer and Jacobson 2005;De Vries et al. 2007;IEA 2008e;UNDP 2000;WEC 2007a)。水力发电资源在全球的分布并不均衡。人类尚未发现的潜在水力发电资源位于拉丁美洲、亚洲及非洲的发展中国家。纵观历史,水力发电资源总量的60%—70%产自欧洲和美国工业发达地区。由于水生生物流经水利涡轮机和洪水会对社会和生物多样性产生一定程度的影响,因而我们面临着一系列的挑战。以此为指导,预计全球水力发电的经济潜能为6 000—9 000太瓦时/年(UNDP 2000;IEA 2008c,e)。依据最近国际能源署的能源情景预测,到2050年,水力发电将会增长1.7倍,其中大部分水力发电产自发展中国家。

尽管全球范围内的水力发电资源已经得到了广泛的开发,但海洋和河流能源(即海浪、潮汐流和河流产生的动能)及储存于海洋不同温度梯度中的热能仍未得到大规模开发。开发利用这部分能源的技术仍处在不同的发展阶段,其中少数装置正在进行海上试验,即将全面部署。但是,受广阔海洋恶劣环境,以及能量供应的间歇性以及与岸上电网设备连接的可靠性等因素的影响,以上能源开发技术都面临着诸多挑战。预计达到海岸线的海浪中储藏的总动能约为23 600—80 000太瓦时/年(IEA 2006b;Jaccard 2005;WEC 2007a),其中仅有约28太瓦时/年的能量具有开发利用的经济价值。在全球潮汐能功率密度较高的地方,预计潮汐发电潜力约为800—7 000太瓦时/年(IEA 2006b;Jacobson 2008),其中最多有180太瓦时/年的能量具有转化为电能的经济价值。海洋热能转换(OTEC)是目前最大的海洋能源资源。但是,由于OTEC资源所在地与资源载荷之间不匹配,而且OTEC资源转换效率较低,另外还需要在深水中布设一些硬件设备,所以OTEC资源开发面临较大的挑战。盐浓度梯度技术利用海水和淡水之间的渗透压差,也就相当于一个240 m的液压压头产生的压力。预计全球主要盐浓度梯度的发电潜力约为2 000太瓦时/年(IEA 2006b)。但是,盐浓度梯度发电技术仍处于研究和发展的早期阶段,而且在可预见的未来,盐浓度梯度发电的潜力很有限。

能源利用方式向可再生能源转变,可以减少对化石能源燃料的需求,但同时也增加了对其他基于化石能源商品的需求,从而极大地改变当前的物质流动方式。例如,根据的施莱纳(2000)的计算,以丹麦一个海岸上的风力发电站为例,每台500 kW的涡轮机需要消耗64.7吨铁和钢,1.4吨铝,0.35吨铜,2吨塑料及282.5吨混凝土。如果未来几十年,风力发电将成为全球能源的主要供应方式,那么我们对上述物质的需求将大幅度增加。同样地,增加太阳能发电将需要大量硅片和稀有金属的大规模生产,如镉、碲、铟、镓等。生物源燃料大幅度增加将需要更多的农用设备和肥料,反过来说,这就意味着需要投入更多的天然气资源来生产这些商品。

339

结　论

20世纪初人类未曾预见到的技术进步,增加了人类留给子孙后代的能源资源储量。为了保证这种趋势的可持续性,在接下来的数十年,我们必须在许多领域取得更大的技术进步。

在过去的50年,全球可再生能源产量增加了将近15倍,但可再生能源消耗量在全球能源利用结构中仅占7%—8%,原因在于人类对其他类型能源资源的消耗量也在显著增加。可再生能源的利用有望减少全球温室气体排放量,但要想使可再生能源具有成本竞争力,还需要相关技术的重大突破。所有类型能源生产和运输中亟须解决的问题包括:土地和水资源利用冲突,原料周转相关的问题以及运输和基础设施建设成本问题。

21世纪化石燃料仍将在全球能源结构中占很大比例,而且化石燃料也为当前能源结构向未来可持续性能源结构过渡提供了桥梁。继续使用化石燃料就需要提高能源利用效率,以及通过碳捕获和封存技术的重大突破,以此来减少温室气体的排放和气候变化的相关影响。核能发电为人类提供了一种可靠的、没有碳排放的能源渠道,但是也存在与核能相关的环境和安全问题,必须继续加以解决,才能有可观的发展。

最后,正如20世纪初的情景一样,人类未曾预见的技术进步很有可能为全球能源需求提供根本性的解决办法。例如,核聚变和超导方面的研究已经持续了很多年,但还没有实现廉价能源供应的承诺,但技术领域的一项重大突破就意味着,未来几个世纪内人类将拥有可持续性的能源资源。

340

19 对能源可持续性相关问题的思考

托马斯·J.威尔班克斯

摘 要

能源可持续性是一个相对概念,它与不同时间段内能源资源的平稳变化密切相关。有关能源可持续性大小的观点各不相同,但基本上都包含能源资源供应、社会舆论、能源有效生产、能源运输设施、高效的科学技术设施等内容。能源可持续性的评估问题具有深远的意义,虽然人类目前的知识基础有限,但还是提出了一些能源可持续性的评估步骤作为能源可持续性评估研究的起点,这不仅是为了发展能源可持续有效性的评估方法,更是为了提高人们对能源可持续性意义以及如何达到可持续发展这一目标的认识。

导 论

能源与其他材料(常与能源相关,如衣食住行)一样一直是人类生活和进步的关键。作为一种关键的材料,不论是生火用的木材、动物的食材,还是交通工具及工业用的燃料,能源的可持续性一直是我们需要关注的问题。在历史发展的某些阶段,能源的可持续性是一种强有力的地缘政治推动力,例如欧洲为了推进工业发展曾大力开发煤炭资源。

但是在20世纪的大部分时间里,能源在美国都没有被看作是一种可能不具有可持续性的商品,而是被看作是一种隐形的权利。在其他相对发达的国家,这种情况可能不是那么明显。整个社会都认为,能源体系通过实际不可见的过程源源不断地为人们提供能源服务是理所当然的事情（NRC 1984）：譬如在墙上插入一个装置就可以通电，驶入加油站就有可用的汽油，这反映了美国拓荒经验中产生的一种对能源充足性十分有信心的心理（Wilbanks 1983）。事实上，如果通过一些重大事件来考虑到这些能源服务的可持续性，如20世纪70年代出现的石油危机，其实是能源体系（能源公司和政府）出现了问题。换句话来说，能源可持续性是一种制度性的强制力，而不是一种宽泛的社会责任问题或物质资源问题。

341

很明显，最近几年广泛流传着这样一些观点，认为能源可持续性是一个比我们想象的还要复杂的问题。一年到头，我们经常会从媒体报道和社会网络中获得一些关于能源可持续性风险的信息，例如进口依赖，碳排放和气候变化，能源价格飙升，对核扩散、石油供给减少、生物质能源发展可能产生的间接影响的担忧等。同时我们也能听到那些吹嘘已经找到这些问题解决办法的报道。

本章旨在讨论能源可持续性的意义及其度量，这既是一种衡量能源进步的方法，同时也是一种为能源可持续性中可能出现的风险提供早期预警的途径。当然，任何关于"可持续性"的讨论都存在潜在的问题，就像"突发情况"或"弹性"一样，能源资源的可持续性是一个相对的概念（e.g., Kates et al. 2001）。在一个二维图表中，把可持续性放在一个坐标轴上，就会发现很难在不同条件下重复分析可持续性。"当我们看见它时我们就懂了"，但是我们的认知倾向于基于直觉，而不是分析。

能源可持续性的维度

作为一个宽泛的抽象概念，能源可持续性就像是一把雨伞，这把雨伞下不同的议题并存，其中还包括它自身的隐晦性（Wilbanks 1994）。有些人认为，能源可持续性相当于一种可以维持经济可持续增长的强劲的持续性能源供给。另外一些人则认为，能源可持续性意味着一种既能满足能源需求又可以避免环境破坏的方法。有些情况下，尤其对于个人而言，能源可持续性意味着可持续性能源体系的前景。太过具体化的定义描述就会丧失这个概念原有的意义。另一方面，能源可持续性的部分维度可以从社会或概念的角度被描述出来（至少可以笼统地描述）。

可持续性的本质

可持续性是一条道路,而不是一种状态(Wilbanks 1994)。可持续性是这个不断变化的世界的一种属性,在这个世界里环境可能会改变,意外可能会出现,调整将不可避免。例如出现新发明、战争冲突、流行病、风暴、领袖更替、事故、体制结构和社会价值的变化。一些变化巩固了可持续性,但也有一些变化会破坏可持续性。不管怎样,这些变化都在客观发生着。

这意味着能源可持续性隐藏于平稳的变化中,而不仅仅是在特定时期才有意义的一系列资源和制度。不仅设备和车辆在循环更新中会被取代(通常这种循环周期小于十年),石油和天然气井,发电厂,输电系统,甚至能源零售基础设施也在不断地更新换代,主要能源技术通常在半个世纪左右也会发生变化。

因此,从主要技术的革新到设备的循环更新,变化的时间尺度不同。例如,经济史学中的"康德拉季耶夫周期波"概念被引用到能源体系中,体现出了不同时间主要能源资源的波动变化(如木材、干草、煤炭、石油),并预测了未来能源资源的波动趋势(Marchetti and Nakienovi 1979;Marchetti 1980;Gruebler 1990)。

由于在一个恒定的系统中,这些变化不断地向前发展,能源系统和消费者通过两种方式追求可持续性:尽量保证对短期震荡的弹性和对环境条件长期变化的适应性。由于短期震荡会破坏人们对能源体系风险管理的信心,因此对能源可持续性产生威胁;而且短期震荡也可能引发一些解决这些短期震荡的行动,但同时它们本身仍是不可持续的。尽管如此,短期震荡也可能提供机会,为一些无法落实的政策或技术变革打开大门,而这些政策和技术变革在正常条件下一般很难被民主社会接受。由于长期变化的时间周期较长,因此会对能源可持续性构成威胁,而且这些威胁何时出现、威胁的程度如何也存在不确定性,导致人们在最后时刻做出放弃行动的决定。但这些威胁同时又为能源可持续性提供了机会,因为长期变化为可利用性替代方案提供了充足的发展时间,同时也有充足的时间用来考虑其他行动方案带来的大量启示。

从社会观点来看能源可持续性的不同维度

社会倾向于将能源可持续性视为相当简单的东西:可持续性意味着人

342

们可以依赖的,并能保证优质生活的能源服务。不管是现在还是在可预见的未来,毫无疑问能源可持续性的确如此。

从这种观点来看能源可持续性的维度包括:

- 充足性。如果具备了能源可持续性,各经济部门和社会组织在现在和未来均能够提供充足的能源服务(能源服务效率提高后能够供应充足的能源及相关产品)。不管能源最终用途的性质,以及与之关联的能源运输方式是怎样的,能源短缺都不会引发重大的经济和社会损失。
- 可靠性。如果具备了能源可持续性,能源服务将不再变化不定。当人们需要能源时,就能够获取能源服务。能源服务是十分可靠的。可靠性的两个次维度是在能源服务传递的过程中不存在变异性(如很少出现电力供应中断的情况;电力的质量较高)和能源安全(杜绝其他因素对能源服务的干预)。
- 可购性。如果能源服务的价格太高,也就是说消费者没有足够能力的为能源服务买单,经济部门也用不起能源服务,那么能源的充足性和可靠性也无法保证。如果能源具有了可持续性,能源服务将会以合理的价格为人们所用,而且这个价格不会对其他经济可持续性和社会可持续性造成损害。

从概念角度来看能源可持续性的维度

为了研究什么条件下可以确保充足性、可靠性和可负担性,我们从社会观点中挖掘了一个层次,从概念上讲,能源可持续性至少具有四个方面:

- 资源供给。能源可持续性意味着主要的能源足以满足能源服务的需求,同时考虑到可能发生的需求增长并为意外情况提供能源储备。但是,一个可持续的能源资源供给不单单是能源本身大小的一个功能,它还取决于能源资源转化为能源服务的效率,包括在能源供应系统和能源利用系统中的转化效率。当然,通常情况下,不同类型的能源资源会表现出一定差异:最近几十年之后,一些不可再生能源资源可能会被耗尽(如石油和天然气);一些

343

不可再生能源资源至少还能满足未来几代人的需求(如煤炭、油砂和油页岩);一些可再生能源却存在明显的局限性(如生物质能、风力发电和水力发电);另外还有一些可再生资源具有无限大的开发潜力(如太阳能和原子能)。能源可持续性与各种能源的潜力及其局限性有关,也和这些能源随时间可能发生的变化有关。事实上,能源多样性有利于能源可持续性发展,因为当环境或外界条件发生变化时,多样化的能源类型可以提供更多的能源选择。可持续性还与能源安全性有关,这里的能源安全性是相对于能源出口国而言的,换句话说也就是,在能源所有权和控制权属于少数人的能源输出地能源的安全性。除了这些方面,能源资源供给也不仅仅只限于主要能源来源。相对于依赖于材料的能源技术而言,能源供给与材料资源密切相关(如稀有金属是燃料电池的催化剂);相对于那些需要高技术水平的能源供给而言,劳动力资源是至关重要的(如核力发电)。

- 社会共识。能源可持续性意味着社会大部分人认为能源生产、运输和使用过程中存在的风险和间接影响是可以接受的。其中,可能产生的风险和影响包括环境副产物和辐射,对人类健康、财富和管理分配产生威胁的风险,经济增长的潜在风险。社会关于能源可持续性的共识不仅取决于能源资源和能源转换系统的特征,而且还取决于社会对责任体制的信任程度。这个维度使公众对能源替代物(公众认为是一种风险)提出了质疑,尤其是从人类健康和能源安全的角度。从公众接受具有潜在风险技术的大量经验中获取的证据显示,从根本上讲,对新技术的认同是一个社会过程,在这个过程中社会关注的焦点是大规模灾难性非预期后果发生的概率为零,同时,在这个过程中,越早进行风险沟通,通过鼓励公众参与,建立政府与公众之间的信任,则发生社会问题的概率就越小(Stern et al. 2009)。

344

- 高效的生产和运输设施。能源可持续性取决于能源体制以及从生产者向消费者输送能源服务的基础能源设施可靠且经济适用,这主要包括输电线路和管道,设备维护、修理和循环更新相关的基础设施以及使用能源供应系统来满足当地需求的基层能力。

比如,20世纪80年代,为了在一些发展中国家推广太阳能利用技术,如墨西哥和非洲的莱索托,通过财政补贴的方式鼓励偏远地区和小城市安装太阳能利用设备,这种投入远远高于向大城市的投入,但尽管如此,由于当地人不熟悉这些太阳能设备,而且几乎没有人懂得如何修理和维护太阳能设备,最终这种能源服务戏剧性地失败了(Wilbanks et al. 1986)。事实上,一种可持续的能源基础设施对于社会来说是隐形的,同时它可以轻松地向消费者输送能源服务,根本不存在压力和不确定性(NRC 1984)。在很多情况下,这些能源基础设施面临的最大挑战是,在一种能源资源和技术体系转变到另一种能源资源和技术体系的过程中,如何确保这种转变做到天衣无缝。因此,当社会观点并不以一种必然前进或平稳过渡的方式发生变化时,这一维度在能源转换过程中就显得尤为突出(Gruebler 1990)。

- 高效的科学技术和基础建设。最后,能源可持续性意味着一种解决问题和应对意外情况的能力,同时它也意味着一种永恒不变的责任,在外界环境条件不断变化的情况下,确保新想法、新技术以及为这些变化提供恢复力的实践活动的发展。但是并没有一种简单的模型可以满足这一需求,因为在这种模型中要将一个国家或者地区能为它自己做什么和它能从别处获得什么这两方面的信息结合起来。从某种程度上来说,地方能力是影响能源可持续性这一维度的一个重要因素,因为至少能源可持续性在适中规模和较小规模中是有意义的(Wilbanks 2007b,2008a)。

能源可持续性评估中的问题

衡量能源可持续性可能被证明是一个遥不可及的目标,在该目标中,制定措施的过程(即阐明可持续性的意义,完善关键指标的理论基础,提高对这些指标监测的能力)至少与评估结果一样有价值。在能源可持续评估中关于评估指标选择的大量文献给出了一些警示。例如,有些文献指出这样的问题:能源可持续性是一种动态的属性,而对可持续性的评估是趋向于静态的;而解决另外一个问题也存在较大的困难——在发生变化时提前决定如何度量提供有效的突现属性的能力 (e.g., Cutter 2008；Moser 2008)。另外，还要注意最近一些文章中关于能源可持续性度量指标及其合理使用问题的讨论 (NRC 2005b)。

度量的问题

能源可持续性的概念引发了大量能源可持续度量的问题。第一，对于整个社会，能源本身不是社会目标。人们追求的并不是电和油，他们渴望的是舒适、方便、出行，以及劳动生产率，也就是说人们期待享受能源带来的所有益处 (Wilbanks 1992, 1994)。因此，从根本上来看，能源可持续性并不意味着能源商品的可持续供应，而更多的是表示能源可以持续地提供社会利益，就像上面所说的能源带给人们方便的生活和出行。但问题就在于，很多情况下，当我们应该进行能源可持续性评估时，我们无法度量能源服务带来社会利益的水平。

第二，作为一条发展道路而不是一种状态，能源可持续性是一个变化着的目标，一段时间内发展的能源可持续性评估方法和这段时间内建成的能源基础设施可能无法解决能源转变的相关问题。比如说，对以非可再生能源资源为基础的系统的评估方法可能不适用于对以可再生资源为基础的系统的评估，因为以非可再生资源为基础的系统的评估方法主要关注能源资源的规模和储量，以及如何对比能源开采利用速率和能源储量；而以可再生资源为基础的系统评估至少可以同样参考基于过程的度量方法，这些途径旨在提高能源供应社会利益相关技术的效率。这表明能源可持续性的度量指标必要适应于其评估对象，也就是说能源可持续性评估指标应该与所要评估的能源系统类型相适应。

第三，我们已经了解到，在对美国政府规划的效力（根据美国1993年政府绩效法）进行度量时，改进度量指标需要付出大量努力，所以我们知道找到合适的过程变量度量指标比找到结果变量度量指标更难。通常，结果变量（如，数量是多少）与观测数据和定量数据库之间建立联系相对比较简单。过程变量（如，如何变好）趋向于决断性，尤其当发展过程的属性成为一个问题时，就会经常出现这样的情况。

346

第四，从根本上而言，能源可持续性是一个相对的概念。将能源可持续性转变为一种定量评估的唯一方法，就是在双方观点明显不同时，促使双方在同一个观点和设想上达成一致。比如说,地域尺度不同往往会导致观念的差异(Wilbanks 2003a)。联合国千禧年生态系统评估发现,如果区域生态环境存在压力或不稳定,那么能源可持续性的范围更小。反之,如果能源具有明显的可持续性,那么存在生态环境压力和不稳定性的区域范围也会更小。但不同地区和国家的观点也可能存在差异。法国认为使用核能是可接受的,然而其他国家却很少肯定这种观点;中国和印度认为大规模的煤炭使用是可持续的(Wilbanks 2008b),然而全球其他国家却不这么认为。

一些研究开始关注发展能源可持续性的度量方法、指标和标准等,但其中同样也遇到了一些挑战,例如,如何度量能源适应全球环境变化的能力(e.g.,Yohe and Tol 2002)。

度量能源可持续性的理论基础面临的挑战

为应对能源可持续性评估问题,必须提高可持续性评估的理论知识基础,而这些理论知识应该作为能源可持续性度量指标发展的基础。一部分理论知识缺乏表现在以下几个方面(based in part on Stern and Wilbanks 200; see also Clark and Dickson 2003):

- 对消费的理解。如果人们和社会机构对能源消费结构不了解的话,那么几乎很难想象如何度量能源可持续性。多年来,致力于能源可持续性研究的科学机构指出了能源可持续性及其度量的理论基础中存在的一个严重问题:缺乏对人们能源资源消费模式的了解(e.g.,NRC 1997a, 1999a, 2005a; Kates 2000)。其中一部分研究考虑了对个人及家庭能源消费行为的认识(如,什么因素促进了消费;经济消费、能源消费以及人类福祉之间的联系,包括在明显减少能源消费的条件下,满足基本需求和其他需求的潜力;人们对这些通过信息引导、劝导说服、激励、调控等努力改变能源消费行为的途径的响应)。还有一些研究内容考虑了那些影响环境资源消费的商业组织的决定,这些决定是否通过商业组织自身,还是通过市场转向最终的消费者,或者通过能源生产结构和能源服务链,从而影响到环境资源消费。
- 对体制性行为的认识。许多情况下,决定能源可持续性的行为主

体不是个体,而在于政府组织的制度决定和行动。提高对社会制
度如何影响能源资源使用的认识已经被确认为八个环境科学领 347
域的重大挑战之一(NRC 2001),而且也已经反复多次被确认为
人文研究的最优先领域(e.g., NRC 1999a, 2005a)。我们所面临
的挑战是:理解"市场、政府、国际条约、一系列管理能源开采、水
资源处理以及其他有关环境方面重要行为的正式制度和非正式
制度"如何塑造了人类利用自然资源的方式(NRC 2001: 4)。制
度体系一方面塑造了驱动气候变化的人类活动,另一方面也发
展了减缓气候变化和适应气候变化的现实可能性。相关研究包
括:以正式文件的形式记录塑造人类活动的制度(从地方尺度到
全球尺度),理解在何种条件下这些制度可以有效地实现减缓气
候变化或适应气候变化的目标,提高对制度革新和制度变化条
件的认识。正如最近美国科学院院刊(PNAS)特殊版块中所报
道的那样(Ostrom et al. 2007),尽管大量的证据表明全球可持续
问题不可能通过单一的政治体制系统来解决,如私有化、政府控
制,或者社会团体控制等,但是相反,许多政策分析者们仍然相信
可持续问题可以这样解决。关于能源制度的基础研究有望能够
识别更多现实行为模型,从而设计出响应能源可持续性挑战的
决策。

- 能源与其他过程之间的关系。正如上文所述,能源可持续性是由
能源条件本身之外的其他环境条件塑造的。因此,能源可持续性
评估需要理解影响能源系统及其可持续性的其他驱动因子的变
化(Wilbanks et al. 2007; Wilbanks 2003b)。相关的例子包括人
口变动,经济变化以及制度的变化。比如,考虑技术变革——可
能减少或者不减少非可再生基础能源需求量,利用那些能源资源
可能产生的影响,以及为适应气候变化的驱动因素而采用的能源
替代品。在人文研究重点项目中,这一课题一直存在(e.g., NRC
1992, 1999a)。这一课题研究的关键性实践应用包括:预测碳捕
获和封存技术实施的可能性,人类可支付得起的海水淡化工程,
更有效的建筑物降温技术,以及寻找适当的方法促进所需技术的
实施。基础研究旨在提高人们关于哪些因素决定着科学技术创

新以及如何被人们采纳这个问题的认识。研究内容包括：对诱导因素作用（诱发性技术革新）的研究；对那些可能开发和实施新技术的组织机构的研究；制度力量推动或阻碍变化的研究；关于转换性或渐进式变化潜力的研究（如："改革创新浪潮"这类历史经验）。

- 理解如何在保持能源可持续性的同时实现能源系统的转变。在未来的一个世纪,世界将面临能源系统的转变——从一个主要依赖化石能源且会产生碳排放的能源系统,转变为一个能源来源和温室气体排放均发生彻底变化的能源系统。但是同时,对这个能源供应远远小于能源需求的世界而言,这种能源系统所供应的能源服务总量会增加到现在水平的若干倍（NRC 1999b）。目前,在确保这种转变有序、高效地进行,且与保证它们自身可持续的性质和结构密切联系方面,我们还缺乏必要的理论基础（Greene 2004）。我们所面临的挑战包括：制度体系的作用、专业技术、生产和分配基础设施、国家政策以及博弈双方都有必要做出改变。这些变化的机制将要结合技术突破,基础设施中的大量资金投入以及人类资本的重大转移。如何确保公有部门和私有部门之间高效的合作是摆在我们面前亟须解决的问题,但这个问题已经超出了当前我们分析、规划以及执行能源转变的能力。

度量方法的改进

考虑到在能源可持续性度量中,发展有效、切实可行的度量方法会遇到许多困难,那么怎样才能促进度量方法的改进呢？首先应该度量哪些内容？提高能源可持续性度量能力的当务之急应该做些什么？面对这些问题,一种解决方法就是考虑度量方法中可以相对快速地得到提高的变量和问题。而另一种方法就是面对观察和度量中的基本问题,寻找解决的途径。

最初的目标是什么？

度量的第一步应该包括：主要关注一定数量的变量；当定量化地运行这些变量的能力得到提升时,找出分析这些变量的合适方法；最后把这些方法运用到大量突出的现实问题中,对度量方法进行测试。

应该包含的能源可持续性变量

鉴于以上内容中对能源可持续性维度的讨论,我们发现对能源可持续性的度量应该至少包括对三个显著因素的处理:(a) 相对于较长时间尺度上人们不断增加的能源服务需求而言,可利用性能源资源以人们可接受的价格流动;(b) 在民主共识的基础上,社会对于那些能源资源流动以及它们对环境和社会影响的接受程度;(c) 为传递能源服务、解决能源服务相关问题而提供的高效的基础设施。

很明显,第一个维度是一个起始点,它最有可能与一系列能源替代方案相联系,这些能源替代方案关注的是不同类型能源资源的混合,而其中每一种类型的能源资源都可以由另外两个维度来解释。由于这类假设中经常会出现变量迭代相关的问题,因此我们要注意这三个变量是需要迭代计算的变量。例如,能源资源可持续性度量变量应该考虑不同能源资源类型或技术类型相关的价格,以及这些无法被社会接受或者超过能源基础设施保障能力的能源资源类型或技术类型是否应该被囊括进可利用性能源资源度量变量的清单中。

同时,在极有可能的情况下,对于三个维度中的任何一个而言,度量指标均不能完全令人满意时,要么可以采用原来的定量化变量继续进行能源可持续性度量,要么也可以通过定性分析慎重地决定能源可持续性的属性(NRC 1996)。在某些情况下,图像法可能会有所帮助,至少在检验不同观点时可能产生一些启发。举个例子来说,想象一下,把前面内容中讨论的能源可持续性的三个维度,用三角形的三个边来表示(图19.1a)。假设对于每一个维度而言,三角形的每一条边都可以有一个估计值,这个值足以保证能源的可持续性,而且这个值要么落在三角形边的顶点上,要么落在三角形顶点的延长线上(图19.1b)。三角形每一条边的值均可以在一定范围内进行定量化的估算,这个范围与能源的充足性水平密切相关(图19.1c);另外,还可以把一系列特殊的假设或地理区域在能源可持续性三角形中描绘呈不同的等级(图19.1d),同时考虑它们在不同时间段内的可能变化,以及与之密切相关的技术和其他条件的变化。

另一种方法是,从一个国家或地区有限的定量化目标出发,暂时操控能

349

源的可持续性。比如说,到2050年温室气体排放量要减少一个特定的百分比,或者到2030年对进口石油的依赖要减少一个具体的数量值。然后,就可以根据能源技术对实现能源可持续性目标潜在贡献的大小,对能源技术的组合进行定量化评估(Greene et al. 2008)。

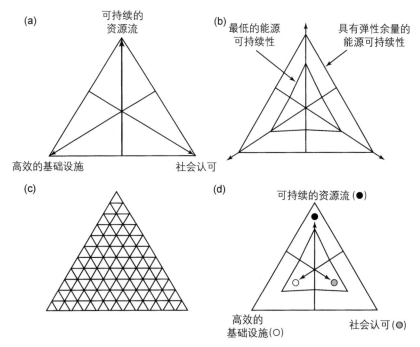

图 19.1　能源可持续发展的三重维度。

那些需要特别注意的可持续性度量问题

检验能源可持续性的度量方法,其实就是考察这些方法预测某些问题可能产生的结果的能力,一般这些问题都是能源可持续性中十分不确定的问题。例如,考虑以下三个十分突出的问题:

1. 全球能源需求增长。21世纪能源可持续性面临的最大挑战之一是世界人口对能源服务的需要增加了若干个数量级,然而与此同时,人类还必须减少能源生产与使用对环境产生的影响。亚洲经济快速发展大国,如中国和印度,对化石能源的利用和含碳气体排放的当前趋势逐渐成为影响全球温室气体排放量增加的主导因素，与此密切相关的是，其国内煤炭资源可以至少在未来数十年维持其经济发展。从全球气候引发全球政策变化这个角度来看，出于环境方面的考虑，这些做法不具备可持续性；从亚洲国家的立场出发，这些做法是可持续的，除非他们一味追求经济发展速度，最终对自己国家造成了无法接受的环境问题（Wilbanks 2008b）。亚洲国家（以及其他发展中国家）表明他们愿意考虑能源可持续性的其他概念，但前提是必须有可利用的能源替代或技术替代选择，而且这些能源服务的价格要在他们可承受的范围内，当然在大部分地区这些要求还无法满足（Wilbanks 2007a）。许多观察者都会发现这种状况下进退两难的窘境，除非在不久的将来碳捕捉和碳封存在技术上和经济上具备可行性。

2. 社会共识。目前看来世界还没有找到理想的能源资源或是技术发展路线。简单地说：化石能源太脏了，核能太危险了，大规模发展可再生资源（而不是水力发电——大规模修建大坝进行水力发电似乎已经过时了）太贵了。其中，核能是我们最熟悉的例子，尤其是全世界大部分地区对处置放射性废弃物的合理方法缺乏社会共识。最近，人们对生物质能源，尤其是用于交通运输部门的生物质燃料，越来越感兴趣，这是另外一个很好的例子。一种新兴的用于生产液体燃料的可再生能源替代物听起来几乎就是人类的理想选择，但如果静下来考虑相关的问题就会发现其并非如此完美无瑕——粮食生产向能源市场转变将影响食品价格；全球变化影响下部分地区的水资源越来越稀缺，这些地区的水资源需求量将不断增加；通过生物工程加工的有机体不断发展、产量增多，可能会引发社会问题（see UN-Energy 2007）。除非人类能够研发出新的能源技术，或者社会观念发生变化，不然能源可持续性不会有一个很好的发展前景。

3. 能源基础设施转变。许多情况下，为了在接下来的半个世纪增加能源可持续性的发展前景，有必要进行能源转变，这种能源转变有可能也需要基础设施的转变。这类案例包括从化石液体燃料（等价的生物燃料）向不同的能源输送形式转变，如电力资源或者浓缩天然气（CNG）资源。近期，新德里、印度公共交通工具系统中引入浓缩天然气的经验显示，这种能源转变具有可能性，但它既不快捷，也不便宜。还有一些例子可能包括：通过利用大量小型、分散的风力资源，提高风力资源供给能力，就如丹麦社区合作的例子一样，或者从长远上来看，可以采用水能或电能代替天然气资源。

观察和度量过程中应该解决的基础性问题

衡量能源的可持续性面临着许多观察和测量方面的基本问题，这些问题在可持续性科学文献中被广泛提及。我们的目的不是通过一种综合性的方法来总结这些正在进行的讨论，但值得注意的是，如果把其中一部分问题当作案例进行有针对性的研究，则可以提高衡量能源可持续性的能力。

度量的问题

两个突出的度量问题是：衡量能源可持续性相关行动的成本和收益，以及能源可持续性大小间的关系和相互作用：

1. 估值。为了平衡且全面地评估能源的可持续性，关于备选方案和行动与能源可持续性之间关联性的判断必须面对多重维度（如价格、种类、生命周期）、多重空间尺度（全球尺度、局部尺度、地方性尺度）、多重时间尺度以及多个受影响者。目前，衡量能源可持续性可用的理论建构、工具和数据库完全不能应对以上问题。包括努力提高形式化技术（如利益—成本分析法和条件评估法）有效性的方案已经被提上日程（NRC 1992, 2005a），这些技术被用于决定哪些相关信息是不确定的、哪些存在争议性，或者哪些是未知的，以及选择哪种方法会使得受影响者获益和付出的成本不同。这里举一个形式化分析技术减缓气候变化和适应气候变化之间动态联系和反馈作用的例子：为适应气候变化所投入的成本和获得的收益，取决于减缓气候变化努力的结果，而且随着分析对象时间尺度的扩大，二者之间的相关性升高。另外，为了评价不同方案（如市民陪审、谈判协商、公众参与机制等），也为了寻找把这些形式化的科学技术与这个"分析—审议过程"相结合的方法，需要在设计和检验这些社会过程中付出努力，这也已经被提上日程（NRC 1996）。

2. 尺度相关性和尺度间的相互作用。气候能源可持续性评估中充满了空间尺度和时间尺度相关的问题。比如,国家政策对可持续性的影响取决于这些宏观的政策以何种方式对必须执行这项政策的次一级行政单位产生的影响,以及这些政策与其他国家政策之间存在的联系。正如一种解释所言,在气候变化相关的科学和政策中,领导人处处都被提醒,原因和结果问题与地区和位置密不可分。气候模型建构者们往往被要求"缩小尺度",但是关注地方性问题的研究者们却追求"扩大尺度"。实际上,基于位置的综合理解方法是可持续发展科学的基础(Kates et al. 2001;Turner et al. 2003)。然而,在了解人类可持续发展方面人类系统各方面如何变化以及它们如何反映尺度之间的相互作用方面,科学基础相对薄弱(see Capistrano et al. 2003;Reid et al. 2006;NRC 2006)。我们已确定但尚未满足的研究需求包括:在衡量可持续性时,开发出一种自下而上的模式与现在普遍采用的自上而下的模式并行;为地区性案例研究拟订统一的研究方案,以提高不同案例研究之间的可比性;提高对地区尺度和小区域尺度上可持续性相关的人文系统数据的监测水平(Wilbanks and Kates 1999;Wilbanks 2003b;Reid et al. 2006)。

数据需求

与可持续性评估和监测相关的一个重要问题是:我们缺乏关于人类活动与自然——社会系统中自然/生物组成部分之间关系的数据,尤其缺乏观测其在不同时间段内变化的时间序列数据。美国和其他国家开发了大量关于环境系统的地球卫星和地面观测系统,而且在经济市场中收集了许多能源流相关的数据;但是,一方面能源供应和利用之间存在许多微妙的关系;另一方面,在现有数据库的基础上,很难对环境可持续性进行测评(see NRC 1992;1999a;2005a,b;2007)。比如,美国能源部给出的能源消费者在日常生活和商业活动中的能源消耗数据并不具备系统性,因此不能为建模和解释温室气体排放趋势提供有用的数据。如果考虑到收集人类活动相关数据的其他利益方,那么这个例子就会更加复杂,其中收集的人类活动数据包括驱动能源可持续性的人类行为数据(如上文所述的能源消费形式,或者可持续目标可以高效地传递给社会的程度以及能够通过环境伦理所反映出来的程度)和影响人类对那些驱动因素脆弱性的行为数据(如环境、经济和社

353

会变化对人类福祉的影响)。另外,社会数据的收集方法(如通过政治单元进行细分或不基于地理信息进行社会分类)一般很难在社会数据和环境数据之间建立联系。例如,地理信息系统方法。近期,可持续性相关的调查研究需求表明,我们需要在定量化分析人类—气候相关作用的领域中谋求突破性的研究进展(NRC 2005a)。由于当前的可持续性观测系统被嵌套进社会和经济过程中,所以它极大地限制了我们度量和监测可持续性的能力,包括不同区域、部门或人口对环境中与可持续性相关的不同类型变化的适应能力。

结　论

衡量能源的可持续性面临着大量十分严峻的挑战,原因在于这一概念的相对性及其基础理论的局限性所带来的一系列问题。然而,这并不意味着我们无法在能源可持续性评估中取得进步,或者在能源可持续评估过程中这些基于相对粗略指标或定性判断的不完美变量无法得到利用。毕竟,我们的最终目的是为了理解能源可持续性和如何实现能源的可持续性,而不仅仅是简单地评估它。努力发展有效实用的能源可持续性度量方法,可以加快从整体上对能源可持续性的认识,而且在努力发展能源可持续性度量方法的过程中,还可以为政策制定提供能源发展趋势和能源替代的相关信息。

354

20　能源可持续性评估

大卫·L.格林

摘　要

　　为了对能源可持续性进行评估,我们将能源可持续性定义为:确保子孙后代们拥有充足的能源资源,使得他们能够获得至少与当代人生活水平相当的幸福生活。人们发现,对于"可持续性"还有很多更全面、恰当的理解,这里对能源可持续性的定义只有放在更广泛的上下文结构中才具有意义。尽管如此,一方面由于许多化石燃料资源的消耗速度与我们估测的资源总储量在本质上存在密切联系,另一方面化石能源利用与环境可持续性之间的矛盾日益突出,所以能源可持续性评估对于社会而言至关重要。从定义来看,能源可持续性的计算公式是根据可再生能源资源的流通量和不可再生资源的储量推导得出的。这个计算公式涵盖了将能源转化为能源服务的过程、技术的变革,而且至少在理论上考虑了能源服务和社会福利之间关系的变化。对能源可持续性的评估必须兼顾回顾性和前瞻性两个维度,而且必须要讨论所采取的每一种方法。能源可持续性与其他资源可持续性之间的关系也同样重要。我们所提出的能源可持续性评估框架仅仅是一个开始,要使之切实可行,还有许多问题需要解决。

导　论

　　　能源是唯一的国际通用货币:为了使恒星发光、行星转动、植物生长以及文明进化,必须将其在多种形态之间不停转换。(Smil 1998:10)

索洛（1992）曾指出，"可持续性赋予人们的责任和义务是我们要给子孙后代们留下一些并不是多么特别的资源"，但是必须保证子孙们拥有"至少355 可以达到我们这代人生活水平"的发展机会[1]。索洛对可持续性的解释与布伦特兰委员会（WCED 1987）的最初定义有一个很重要的区别：布伦特兰委员会的定义要求当代人不要降低后代人满足其需要的能力，而不是要求当代人要保证子孙后代们获取至少与他们生活水平相当的发展机会。如果对"需求"的定义仅仅是维持最基本的生存需求的话，那么这两种定义就迥然不同了。然而，如果根据韦氏词典中的解释，将需求定义为"缺乏一种必需的、渴望得到的或有用的物品"，那么可以认为这两个定义表达的是同一个意思。本章认为可持续性应该定义为"确保子孙后代们拥有达到至少不低于现代人生活水平的机会"[2]。总体而言，本次论坛中我们关于能源的目标包括：

> 评估能源储量、能源利用速率、不同能源间的相互关系以及地球上关键能源变化的可能性，最后总结得出评估能源可持续性的科学方法。

这与其他章节中已经进行了深入讨论的能源可持续发展有很大不同（e.g., Goldemberg and Johansson 2004）。可持续发展关注的是经济发展、社会发展和环境保护的协调同步。2000年联合国大会举办的千年首脑会议（Millenium Summit）提出的千年发展目标（Millenium Development Goals）中已经明确了可持续发展的目标。相比之下，我们的目标范围更窄，但是也极具挑战性。

我们关注能源的可持续性，但并不意味着我们没有机会用其他要素替代能源以维持或增加人类的福祉。但是，由于能源对于社会而言如此重要，所以找到能源替代要素的机会明显受到限制。大多数这样的机会来自这样一个事实，即社会对使用能源本身并不感兴趣，而是对能源可以提供的服务感兴趣。

---

[1] 这一观点借鉴于森（2000）。

[2] 韦伯斯特第11版大学生词典将"福祉"定义为：快乐、健康或繁荣兴旺的状态。本次论坛中，我们讨论组一致认为应该从适当宽泛、灵活的角度对"福祉"进行定义，而不仅仅将其定义为"生活水平"或"生活需求"。

　　能源系统的目标是为消费者提供能源利用带来的好处。人们采用"能源服务"这个术语来描述能源利用带来的这些好处,包括:室内照明、烹饪、舒适的室温、制冷、通讯、教育和交通运输(Goldemberg and Johansson 2004: 25)。

　　能源可持续性更多地关注能源变化的速率,而不是能源储量本身。为了对能源可持续性进行评估,我们必须首先评估以下几个方面:能源含量、能源使用速率、能源服务生产能力创新与提高的速率,以及最终能源服务为人类提供福祉的能力。因此,我们还必须评估能源利用对环境质量、环境安全、水资源可利用性、矿产资源可利用性以及食物供给等方面产生影响的程度。资源存在被消耗尽的风险,但在从来没有资源的地方也可能开发出新的资源。此外,资源开发不仅是与科学技术进步密切相关的问题,个人的、经济上的以及体制上的改进在资源开发中均可以发挥出很大的作用。

　　能源可持续性不仅与能源本身有关,而且还涉及能源与其他影响人类福祉的要素之间的关系。人类对能源的使用对环境、水资源供应、农业和食物生产,甚至社会的各个方面,均产生了明显影响。评估能源可持续性也需要对这些要素间重要的相互关系进行评估。在一份关于可持续能源发展前景的报告中,国际能源署(2003)明确指出导致能源不可持续性的两个主要因素:温室气体排放量不断增加和能源供给的安全性问题不断升级。能源可持续性不仅与能源利用有关,而且还与水资源、农业用地、自然栖息地、催化作用和其他关键过程必需的矿物质等存在重要的联系。

356

　　此外,对能源可持续性的评估既要进行回顾性评估,还要进行前瞻性评估。从根本上而言,能源可持续性是关于未来的问题,是当代人对子孙后代的责任问题。但是,未来还是一个未知数,洛舍尔等人(this volume)建议用能源情景分析法来探索我们所选择的未来发展道路的可持续性。在我们所选择的未来能源发展情景下,明确能源可持续性的测量和评估对于制定旨在实现可持续性目标的能源规划和能源策略而言,至关重要。然而,在未来能源发展情景下评估能源的可持续性,这本身就是一种推测性的做法,因为从本质上而言,能源发展情景本身就是基于假设的推断,即便其看似合理。运用等价测度法的回顾性分析提供了一个必要的验证。也许我们可以设想未来能源的可持续性,但今天我们是否步入能源可持续发展的轨道了呢?

我们是否已经开始以当前能源消耗的速率为子孙后代创造能源资源了呢？这样看来，十分有必要对以下两个问题进行评估：在最近几十年中我们是否已经开始了可持续性的发展？我们是否已经勾画出了一条可以引领可持续未来的发展路径？

　　35年前，《增长的极限》这本书对人们关于国际社会与环境之间关系的认识产生了重大影响（Meadows et al. 1972）。这本书描绘了一系列世界末日的情景——世界经济发展要么耗尽了基础性的资源，要么产生了严重的环境污染，以至于不能在大规模范围内维持人类生存。这本书中描述的世界末日的情景从来都没有发生过，这个事实也经常被人们引用，以证明这些极端悲观的预测是错误的。我们可以十分确定的是，这本书所基于的计算机模型低估了市场和技术创新所发挥的作用。但是，这本书中还包含了一个非常特别却又容易被大多数人忽视的情景——在这个情景中，科学技术发生日新月异的变化，同时出现了一系列被人们认为是十分严苛的环境法规，全球经济和人口持续增长的趋势得到公众的认可。当然，确切地说，这正是我们今天生活的情景。例如，得益于科技创新和有效的管理，如今汽车排放的污染物仅为40年前的1%。全球范围内的空气与水资源污染已经得到了极大的控制，而且还有一系列的国际公约对全球某些关键性的资源起到了很好的保护作用，如平流层当中的臭氧层。

　　尽管现在我们已经取得了一些显著的进步，但世界仍面临着严峻的环境与资源挑战。其中，一种挑战是：为世界经济发展提供充足的能源，同时又不会对全球气候系统造成严重损害，而且不会引发关于能源系统的国际冲突。能源对于人类社会而言，就好比食物对活的有机体一样是不可或缺的。然而，与作为（一直是）可再生资源的食物不同，化石能源已经成为工业革命以来人类经济发展的主要支柱。在过去两个世纪的大部分时间里，相对于人类能源消耗的速率而言，储存于地壳中的化石能源数量依然十分庞大。但如今，化石能源的消耗速率深受人们关注。1995年，传统石油资源的累积产量达到7 100亿桶[①]，这个数量仅占全球石油最大可开采量预估值（3万亿桶）的一小部分。到2005年，全球石油累积消耗量超过了1万亿桶（图20.1）。过去十年中的石油消耗量占人类历史上石油消耗总量的四分之一左右。尽管美

357

①　通常按照工业惯例用桶数对石油资源进行定量化，其中1桶=158.53升原油，10亿=10^9。

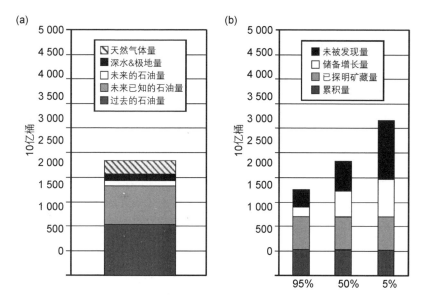

图20.1　世界常规石油总储量的备选评估。(a)到2100年止,全球石油产量的预估值
(Colin Campbell 26.09.2005);(b)到2030年止,全球常规石油和液态天然气储量的预估值
(USGS 2000)。

国地质调查局和科林·坎贝尔(2005)在最终可开采石油资源总量的计算方
法上持有不同意见,但无论采用哪种方法,当前的能源消耗率相对于剩余量
而言都是很大的。更重要的是,目前能源利用速率仍在不断升高。据美国国
家石油委员会(NPC)估测,按照目前能源消费的趋势,从2005年到2030年的
25年间,人类还将消耗1万亿桶石油(NPC 2007)。无论采用何种标准评判,
相对于我们已经探明的传统石油资源储量而言,这种能源消耗的速度都是巨
大的。因此,我们应该认真反思:这种速度的能源消耗是否具有可持续性?

　　然而,能源可持续性不仅仅是与能源消耗相关的问题。如霍尔德伦
(2000)所指出的那样,全世界当务之急并不完全是能源消耗的问题,而是能
源利用与我们关注的其他问题产生了冲突,如:环境保护、经济增长以及公
平性问题,尤其是能源获取路径的公平性将会对发展机会的公平性产生直
接影响。这又将我们带回到索洛的定义。能源可持续性就是要确保留给子
孙后代平等的机会去利用能源为他们的幸福生活提供能源服务。这似乎需
要非常庞大的能源资源支撑。那么,哪些能源资源可以通过维持或提高地
球上其他关键资源可持续性的途径,为人类提供所需要的能源服务呢?

358 为了在能源可持续性评估方面取得进步，我们必须尽量避免不必要的语义混乱问题。这个说法决不能演化成关于以下这两个问题的辩论：我们是否正在耗尽地球上的能源资源？人类是否具备无限的创新能力或者人类往往可以找到能源的替代物？我们不可避免会耗尽地球上明显有限的能源资源，这种观点与人类历史相悖，因为纵观人类历史，我们不难发现许多证明人类不断增长的知识和创新性技能最终战胜能源制约因素的例子。不过，由于过去人类总能找到解决问题的办法，人们很自然地认为将来也同样能找到解决问题的办法，这种自以为是的推断往往会导致人们满足于现状。但我们也许再也不能预料、计划、管理并研究这些问题了，也就是说，我们可能再也无法利用过去那些令人满意的解决问题的方案了。

能源可持续性评估就是对以下问题的评估：我们是否正在以足够快的速度来扩展或开发新的能源资源，以确保我们并没有减少子孙后代去实现不低于当今社会生活水平的机会？因此，能源可持续性评估就需要对能源储量、能源消耗速率、现存能源资源的增加速度，新能源开发的速率以及人类把能源转化为能源服务的能力进行评估，但其中最困难的可能就是评估能源服务对人类福祉的贡献水平。本章将考虑，为了对人类社会的能源可持续性进行综合性评估，我们首先应该采取何种措施以取得一些能源可持

359 续性评估方面的进展。

从基础做起：评估什么？

全球能源资源由能源储量和能量流构成。能源储量以潜在化学能和原子能的形式存在于化石能源中。能量流的存在形式包括太阳能、风能、潮汐能、水力和地热能[①]。我们面临着的第一个重要挑战就是：寻找一种可以同时评估能源储量和能量流的方法。

但不管怎么说，能源储量评估和能量流评估并不足以说明能源的可持续性。能源资源的定义是将能源转换成能源服务的能力。能源服务是由能源利用产生的、对人类幸福生活的贡献，而不是简单的能源利用本身。某些特定的能源资源（如一吨煤炭资源）对于子孙后代的价值与其转化为能源服

① 此处，我个人认为应该包括化石能源中的铀矿，尽管来自化石燃料碳氢化合物的铀矿与其他能源资源的来源有所不同。

务(如照明)的效率成正比。所以说,仅仅评估能源资源不足以达到能源可持续性评估的目的。我们必须对能源转化为能源服务的速率进行评估,也就是说,我们必须测量能源效率。

本书中沃雷尔指出,能源效率的提高使较少的能源可以转换成更多的能源服务,因此,能源效率提高有效地提高了现有能源资源对社会的实用性。此外,如威尔班克斯(this volume)所描述的那样:人类对某种能源的利用与人类福祉必需的其他关键资源之间存在密切的相互作用。例如,化石燃料燃烧会产生温室气体和其他环境污染物。对于全球能源供给而言,用生物质能源替代化石燃料在一定程度上十分有意义,但生物质燃料的生产却又与全球食品供应存在竞争。

正如沃雷尔所说,可以采用分解分析法(如权重分析法)对能源利用及其相关人类活动的发展趋势进行评估。总体而言,随着能源利用效率的不断提高以及经济由能源密集型向更少的能源密集型活动转变,单位国内生产总值所消耗的能源总量下降了(图20.2)。这些关于能源强度的评估阐明了人类在不同时期如何对能源资源的物理度量进行不断调整,以更好地反映其满足子孙后代能源服务需求的能力。

从很多方面来看,就人类福祉的评估而言,国内生产总值并不是一个很恰当的指标,因为它忽略了许多基础性的重要因素,例如环境服务。幸运的

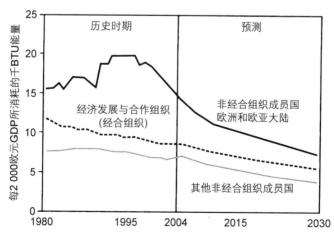

图20.2　不同地区单位国内生产总值能源强度的趋势(根据EIA 2007中的图24改编)(注:1 BTU=1 055.055 852 62焦)。

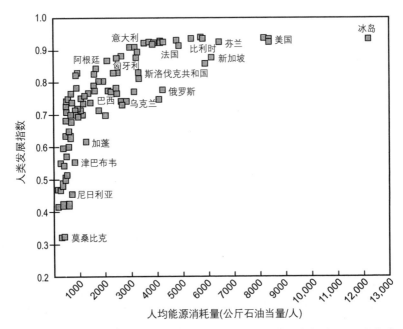

图 20.3 1999/2000年人类发展指数与城市人均能源消耗量之间的关系
（Goldemberg and Johansson 2004）。

是,人类发展了许多综合性的GDP测量方法用于评估能源资源的可持续性。
例如:戈登堡和约翰逊（2004）利用非线性分析法,展示了人类发展指数与
城市人均能源消耗量之间的关系,发现富人单位收入所消耗的能源量更大
（图20.3）。尽管从总体上来看能源利用量会随着收入的增加而增加,但是人
类发展指数表明即使在不同的能源利用水平下也有可能获得同等水平的人
360 类福祉,尤其是在全球比较发达的经济体中更是如此。社会如何进行自我
调整,选择消耗何种资源和实现什么价值,至少也会像能源利用一样影响人
类福祉。但是很遗憾,并不是所有非预期的能源利用间的相互依存关系都
361 可以通过这样一种直接的方法来分析。

储量: 资源禀赋评估

戈蒂埃等（this volume）综述了人类已知的能源资源储量,包括所有具

备开发潜力的化石能源,如煤炭资源、常规石油资源、天然气资源、非常规石油资源(如含油砂、油页岩和特超稠油)和非常规天然气资源(如页岩、致密砂岩、地下承压含水层和煤层中储存的天然气资源)(Nakienovi et al. 1998)。能源储量也包括用于核能生产的铀矿。可再生能源是基础能源中的一部分,但如果用能量流来表达可再生能源资源的话可能更恰当。能源储量并不是一个恒定的常数值,相反它一直处于变化之中。

因此,要定期重新评估石油资源,这不仅是因为定期性评估可以促进数据更新,发展更好的地质模型,还因为许多非地质因素(如技术进步、市场的流通性以及地理或社会的限制因素)决定着未来哪部分地壳中储存的石油资源其丰度能够被人类接受且具备经济价值(Ahlbrandt et al. 2005:5)。

能源资源的储量并不是一个固定值,而是随着技术和经济状况对资源的重新定义而不断变化的。地质学家们提出了资源金字塔的概念,来说明资源储量与其物理性质、开采成本和程度之间的相关性(图20.4)。质量最好、最容易获取的能源,因其开采成本最低而最先被开采出来;但是,质量较差、开采成本较高的资源往往最丰富。随着科技的进步和能源价格的上涨,开采成本越高的资源越具有经济价值。地质学家和能源资源专家根据能源开采的经济成本以及已知能源可开采范围的确定性,也提出了标准的方法来测定和报告能源储量(e.g., Rogner 1997)。当然,这些能源储量评估方法

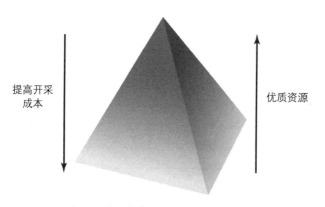

图20.4 资源金字塔(after McCabe 2007)。

在一致性以及准确性方面还存在一些相关的重要问题。前文中引用的索洛
对可持续性的定义,暗示我们在能源储量评估中不仅要关注能源的数量,还
362 要评估能源的成本。但是当前能源可持续性评估的方法中,只是以一种十
分粗略的估计方式来考虑能源成本。因此,在能源可持续性评估中,最终我
们可能需要对能源成本进行更严格的计算和评估。

　　评估当前能源资源的储存范围受到许多因素的制约:对物质世界的了
解不足,对能源资源的一致定义缺乏共识或不能完全遵守能源资源的一致
定义,难以预测未来经济状况,以及对能源资源扩张(美国地质调查局定义
了"能源储量扩张",美国能源信息署、加拿大油砂协会重新定义)和资源开
发的评估还比较稀缺。尽管如此,地质学家与其他科学家和工程师在完善
能源储量相关的定义和评估方法上依然取得了明显的进步,使得现有数据
足以评估能源的可持续性(WEC 2007)。得益于更广阔范围内的能源勘探
和应用先进技术对地壳的探测(如三维地震成像技术),与50到100年前相
比,现在我们对地壳的结构和组成有了更充分的了解。

　　图20.5显示了阿尔布兰特(2005)等人收集的过去半个世纪里关于全球
常规石油资源和天然气资源可开采储量极限值的100多个评估结果。需要

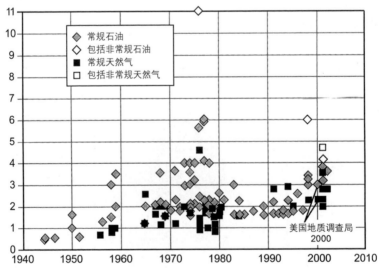

图20.5　关于全球常规石油资源可开采储量极限值的多种评估(after Ahlbrandt
et al. 2005)。

注意的是,最近的三次评估包括了对非常规资源的评估,如油页岩或致密地层中的天然气资源。在最初30年,对能源资源储量极限值的评估有一个明显的上升趋势,20世纪80年代则明显向下回落,接下来又出现相对缓慢的上升趋势。

363

没有任何一项关于能源资源的评估堪称完美。例如,关于常规石油资源的储量就存在很大的争议,最终WPA-2000在对全球常规石油资源储量平均值的评估中也指出,在90%的置信区间内存在50%的不确定性(USGS 2000;Ahlbrandt et al. 2005)。即便如此,关于全球能源资源的评估都足以支持对能源可持续性进行基本的回顾性评估。

能源资源扩张和再生评估

能源资源不仅是可替代的,而且是可扩张的,甚至是可再生的。就像世界石油评估(WPA-2000)对全球石油资源储量的评估一样,近期对化石能源储量的评估试图定量化人类尚未探明的那部分化石能源储量——如WPA-2000对人类尚未探明的石油资源储量进行了预测,同时也尝试对人类已经开发的化石能源储量的扩张进行定量化。WPA-2000评估了全球可开采资源总量、剩余的已探明储量、能源储量和未发现的潜在能源储量的增长情况,这几个方面均可以通过数值大小来比较,见表20.1。

> 美国地质调查局(USGS 2000)的首要任务就是,根据地质信息、开采和勘探历史来评估未探明的常规石油资源储量(Ahlbrandt et al. 2005:5)。

储量的增长是通过统计方法进行估算的,而且这些统计方法受到野外实践经验的校验。校验采用了某个地区记录良好的野外实践经验,然后外推到世界其他无记载的地区(Klett 2005)。许多人对这种方法提出了质疑,因为不同国家(尤其是石油输出国组织成员国,即OPEC)对已探明能源储量的定义存在差异(Bentley 2002)。他们认为如果采用地质学家提出的那种最基本的评估方法(即能源已探明储量加上潜在的能源储量),那么很显然能源资源储量的增长量几乎可以忽略不计。但是,这种方法的支持者们则反击说,如果非要找出这个方法的不足之处,那么可以说,采用这种方法以来的评估经验显示了其评估的保守性。很显然,能源资源扩张评估这个领域还需要更多的研究和更好的数据,尤其是对于OPEC国家而言,更是如此。

在WPA-2000的评估中,除了对能源储量的平均值进行了评估外,还在95%、50%和5%的置信区间内明确评估了能源储量的不确定性(表20.1)。其中一些不确定性源于我们对地表以下情况缺乏了解,而另一部分不确定性则源于我们无法确定未来的科技发展和经济条件。关于其他化石资源储量扩张的情况,我们还缺乏全面的研究,但如戈蒂埃等人(this volume)的论证,目前我们已经拥有足够有用的信息来评估能源资源的可持续性。

表20.1 WPA-2000关于到2025年全球可开采石油资源总量的评估。

石油(10亿桶)			
	95th	50th	5th	平均值
未探明储量	400	700	1 211	732
储量增长	192	612	1 031	688
剩余储量				891
累计产量				710
总　计				3 021

此外,当科技进步不断降低可再生能源利用的成本时,就相当于创造了新的能源资源(能源资源再生)。在过去二三十年中,技术进步以及人们在实践中边做边学,显著降低了太阳能光伏发电、生物燃料(尤其是用甘蔗生产生物燃料)和风能利用的成本(e.g., Goldemberg and Johansson 2004:51)。2007年,地热能、风能以及太阳能发电量之和仅占全球总发电量的1.5%,但是在所有能源类型中,这些能源产量增长的速度最快(BP 2008)。对经济型可再生能源扩张的评估是能源可持续性评估面临的主要挑战。

能量流:评估能源资源的利用情况

在能源可持续性计算公式中,能量流(即能源的利用速率)可能是得到最充分评估的组成部分，但这并不意味着能量流不存在可提升的空间。为了促进石油资源相关信息的共享，协调国际能源政策和全球石油储量利用，1973—1974年第一次石油危机期间，世界经合组织成员国共同成立了国际能源署，这个组织对全球经济发展中的（IEA 2008a，b）能量流评估做出了重要的贡献。联合国（2008）也开始对未来几十年间全球能源利用进行了评估，同时也选取了一部分能源利用可能产生的影响并进行了评估。

　　尽管人们已经充分了解了太阳辐射中有多少能量能够到达地表这类问题，但是人们很难获知到达地表的太阳能中有多少可以被开发利用并为人类提供能源服务。地球截获的太阳能总量大约是人类利用太阳能总量的一万倍（Nakienovi et al. 1988：55）。虽然相对于太阳能资源来说，风能资源总量较小，但是相对于全球能源利用量而言，风能资源还是非常巨大的。我们面临的问题是：储量巨大的可再生能源中，有多少能源具备经济、技术和社会上的可利用价值？这些问题不仅与经济和技术性能有关，同时也涉及位置选择以及与能源系统其他部分的融合。太阳能在本质上受昼夜循环的影响表现为间歇性的能量供给。风能资源也因受所处地理位置因素的制约出现忽大忽小的能量供给间歇性。生物质能源的产量受到天气和气候条件变化的影响，而且还必须以一种可持续发展的方式融入全球农业系统中。为了解决这些棘手的问题，IPCC（2008b）已经批准了一项关于全球可再生能源的研究计划，这项研究将为全球能源系统可持续性评估提供一系列有价值的新数据资源。

365

评估能源间的联系

　　人类对能源资源利用的范围如此之广，以至于几乎对环境的各个方面和人类活动的每一个领域均产生了深远的影响。化石燃料燃烧排放了一系列引起臭氧层污染、颗粒物污染、酸雨以及有毒化学物质污染的废弃物。化石燃料勘探、开发、转化、运输以及存储均会对环境产生一定程度的负面影响。在现有科技基础上，核能产生的放射性污染物必须被安全地存储数万年。即使是可再生能源资源也不能消除其意想不到的环境后果，它们对耕地资源和水资源的需求会明显升高（Fargione et al. 2008）。新型能源转换技术（如燃料电池）需要大量矿产资源。幸运的是，过去40年中，人类已经给予这些问题极大的关注,并开始了对这些后果的研究和分析。能源利用产生的污染物排放清单还不够完善,但是几乎在各个领域,我们都已经获得了一系列具有实际意义的可利用数据,足以对能源利用产生的环境影响进行评估和监测。

IPCC (2006) 已经给出了一种综合性的方法供世界各国用于测量本国能源利用产生的温室气体排放。为评估整个能源利用过程中的温室气体排放量,研究人员开发了一种动态机理模型 (Delucchi 2003;Burnham et al. 2006),但是在其方法论上还存在大量问题。例如,目前关于生物燃料对温室气体的影响还存在较大争议 (Fargione et al. 2008)。

关键能源之间的联系可能十分复杂。如果能源(和其他资源类型)可以用一个矩阵来表示,其中能源类型为行、能源过程为列,那么矩阵的每个象元和其他象元之间都可能存在联系(见下文图25.2)。关键是识别出重要的联系——引起整个系统可持续性问题的关键性联系。关于能源可持续性的前瞻性分析可能难度最大。洛舍尔等人 (this volume) 已经探索了几种评估能源间联系的方法,他指出,可以在不同能源类型间构建这种联系,尽管并不完善。

评估能源安全性

第一眼看上去,能源的安全性并不属于可持续性的问题。但是,能源供给的安全性的确会对子孙后代的福祉产生重要影响,这不仅表现在能源成本方面,而且还表现在能源获取路径的潜在冲突方面。

> 能源安全的长期风险开始滋长……各种能源发展情景均显示,OPEC 的全球市场占有份额不断增加……对 OPEC 国家石油资源和天然气资源的需求越强烈,这些国家就越可能设法从出口中获取更高的税金;长期来看,这些国家会通过延缓石油投资、限制石油生产来提高石油价格。尤其对于发展中国家而言,政府还在试图通过提供补助来保护本国消费者,所以高昂的石油价格实在是一个恼人的问题(IEA 2007: 49)。

能源安全性评估绝不是一项简单的任务。不同国家对能源安全性的定

366

义不同。格林（2009）建议依据对石油依赖的经济成本来评估美国的能源安全性。他认为，实际的经济成本和潜在的经济成本是能源安全的核心问题，而且过去国家安全问题导致的冲突也是经济大萧条带来的严重后果。这种观点也许适用于现在的美国，但并不具备通用性。另外一些国家也许更关注天然气资源供给的安全性，其他国家则担心电力资源供给的安全性。也许在全球能源可持续性的严格评估中对能源安全性的关注太狭隘了。然而，留给子孙后代们一个因争夺能源而产生更激烈冲突的世界，似乎不符合可持续发展的要求。

能源公平性评估

可持续性在本质上是关于公平性的问题，其实质是对隔代之间公平性的要求。事实就是如此，但关于能源公平性的科学评估却面临越来越多的困难。如果能源可持续性声明对代际公平性的要求，那么就可以忽略同一代内的公平性吗？根据联合国的评估，目前全球有20多亿人无法获得充足的能源服务（Goldemberg and Johansson 2004：11）。如果这些声明只关注对目前还没出世的子孙后代的道德责任，而忽视当代人的利益，那么这种声明是否符合道德要求？这个问题并不夸张。如果可持续性的概念像生物学中物种保护的概念一样严格，那么这个概念就不会影响同一代人的利益。但是，我们如果在一个一致性的道德框架内解读这一概念，就要考虑对代内人的影响。

如果人们认为同样的道德责任必须适用于当代人，那么可持续性就至少要保证当代社会并没有削弱任何社会成员满足其需求的能力，而且必须要尽力提高处于社会较低生活水平的人们的生活质量（即确保他们可以获得福祉的机会）。虽然本章中我们没有阐述确保能源公平性的意义，但有些研究者已经在可持续发展的背景下对此进行了详细阐述，我们必须要重视这个问题的紧迫性和重要性（Goldemberg and Johansson 2004）。

367

能源可替代性与综合评估

能源或多或少都具有可替代性，这意味着对能源可持续性的评估必须要对多种类型的能源资源进行综合评估。例如，当太阳能资源利用消耗的成本下降且实用性提高时，如果用尽当前煤炭资源的速度比发现新的煤炭资源或扩大已有可开采资源储量的速度更快，此时的能源资源其实也有可能是可持续的。因此，尽管了解石油产量是否已经接近峰值十分关键，但只有通过综合评估确定其净效应是减少还是增加了未来子孙后代可利用的能源服务时，我们才能真正得到能源可持续性相关的结论。

然而，并不是所有类型的能源都具有完全的可替代性。为了满足一定的能源需求结构而必须储存大量能源时，或者由于能源性质不同，就会产生一些问题（Nakienovi et al. 1998）。尤其是对于一些可再生能源而言（如太阳能或风能），更容易出现问题。到目前为止，人们已经证实，在交通运输部门，用其他类型的能源资源代替石油资源十分困难，成功率几乎为零。例如，电力资源、煤炭资源和天然气资源目前还不能用于为商业性的航空运输提供动力，所以航空运输必须要继续依赖那些具有高能量密度且易于储存的蒸馏燃料。但是，利用煤炭、油页岩、天然气甚至生物质加工蒸馏燃料的化学工艺已经为人们所知。当以上能源转化过程能够满足经济可行性的要求时，这些资源就可以作为石油的替代物了。

随着时间的流逝，人类社会对能够产生更多能量的能源，如含有更多氢的化石燃料和电力资源的需求量不断增加。格勒布勒（2007）指出，通常这些能源转换受到技术的驱动，而这些技术改变了人类对能源服务需求的本质。内燃机在很大程度上开拓了石油资源的市场，而诸如灯泡、电动机、无线电和计算机等这一系列发明开拓了电力市场。可持续性评估并不要求对这些技术的革新进行准确的预测，但却要求我们设想并分析未来的可持续发展道路，同时也要观察并评估过去发生的变化。

回顾性和前瞻性的可持续性

能源可持续性评估似乎既要进行回顾性分析评估，又要进行前瞻性分析评估。在本章开始的内容中，可持续性就被定义为一种稳定的状态：按照能源消耗的速度去开发能源。关于这种定义的评估就必须基于回顾性分析。在后面的内容中，将根据能源资源提供能源服务的能力去定义这种资源，于是可持续性就被包含在能源效率的概念中。可持续性计算公式中加入了决定人类福祉的其他因素与可持续性之间的相互作用,所以能源资源的可持续性包括了更广泛意义上的维持人类福祉或提高人类生活水平的内涵。把可持续性定义成稳定状态与布伦特兰委员会的定义十分吻合,但是谨慎的行动也需要有预期和计划,所以实际上能源可持续性评估需要对未来能源的发展前景进行评估。在前瞻性分析中,预测模型起到了很大的作用,但预测模型往往是基于对过去发展趋势的推断而建立起来的(即一切照旧式的发展模式)。如果一切照旧式的能源发展前景不具备可持续性,那么我们必须通过情景分析法,设计并分析替代性的未来能源情景。因此,对能源可持续性的评估要兼顾回顾性分析和前瞻性分析。

我们如何才能取得进展?

对现代人类社会而言,能源是如此重要而且普遍,以至于能源可持续性产生了极其复杂的分支/衍生。以一种完全令人满意的方法去测量能源可持续性似乎是一个太过艰巨的任务。作为对本书的贡献,雷纳以一条告诫作为结束语:"值得我们去做的事情,我们就应该努力去做好!"本着这种精神,让我们从一种简单的途径开始,然后努力改善它。让我们仔细考虑严格测量一下关键因素:

1. 按类型评估能源资源的储量。
2. 按类型和最终用途评估能源资源的使用速率。
3. 按类型和最终用途评估能源资源转化为能源服务的效率。
4. 能源资源扩张和开发的速率。
5. 能源效率的变化速率。
6. 能源服务的市场成本和社会总成本。
7. 能源系统和其他关键的全球资源之间的重要联系。

基于目前的知识水平,我们应该可以初步评估世界能源体系的可持续性。过去40年中,我们在所有这些因素的测量方面已经取得了实质性的进展。

充足的国际数据可供我们对能源储量提供能源服务的能力进行回顾性

评估。下面，公式20.1给出了一般的表达方式，Q表示能源资源的储量（焦耳，或者其他具有可比性的单位），i表示能源资源的存储形式，j表示能源的最终利用，t表示时间长度，e表示能源强度（单位能源服务消耗的能源量，可以用货币单位来衡量），σ代表能源存在形式从i转变为j的比例。在时间t和前一段扩张消费之间，如果技术进步而发现新能源储量或者扩展了能源储量超过了能源消耗量，公式20.1的不平等性就会体现出来。如果降低能源强度或者转移部分能源到提供能源强度较低的能源服务上时，公式20.1的不平等性也会体现出来。考虑到可能会发生一系列有意义的变化，而且数据可能会被更新，所以公式中的时间长度定义为5年或10年。

$$\sum_{i=1}^{N} Q_{it-1} \sum_{j=1}^{M} \frac{\sigma_{ijt-1}}{e_{ijt-1}} \leqslant \sum_{i=1}^{N} Q_{it} \sum_{j=1}^{M} \frac{\sigma_{ijt}}{e_{ijt}} \qquad \text{（公式20.1）}$$

在公式20.1中，可能会根据能源资源经济上的可开采标准，对能源资源的储量进行评估。公式20.1只考虑了能源资源的储量，而没有考虑非可再生能源资源的能量流。因此，下面给出了一个更完整的公式。

从上面的讨论可以明显看出，可持续能源的概念不能被简化为一个单一的方程式。但是，对于表达可测量的变量之间的关系而言，方程是重要的常用工具。本着这种精神，我们尝试以数学形式定义各代之间的能源可持续性关系。为此，有必要从较高的概括性和抽象性上来解决这些问题，同时也要记住，当该方程式能够应用于特定的实际能源估算时，才能发挥作用。

能源资源以储量可能在一定时间后被消耗殆尽的资源形式存在，如石油资源、煤炭资源、铀或天然气资源，或者以可再生资源流的形式存在，如光能、风能、生物质能和地热能。我们用Q_t表示时间为t时能源资源的储量，单位为焦耳。事实上，如公式20.1所表示的，存在很多能源形式，所以我们要分别处理。但是，为了表达简明，我们假设所有形式的能源资源都可以用能量单位（焦耳）来衡量。我们用e_t来表示时间为t时，能源资源转化为能源服务的强度，单位为焦耳/能源服务单位。再次为了更简单地表达，我们假设只存在单一的能源强度。那么，以能源储量形式存在的可利用性能源服务的总量为Q_t/e_t。我们用q_t来表示每年从所有可再生能源资源中产生的能量流，又一次为了更简明地表达，我们假设可再生能源与能源储量具有相同的转换效率e_t。Q_t和q_t都不能表示潜在的可利用能源，但确切地说，鉴于目前的技术、经济和社会条件,这部分潜在的可利用能源开采也具备技术上和经济上的可行性。

每年留给子孙后代的可再生资源总流量是q_t/e_t,但是每年我们可以利用的不可再生资源有多少?看来,能源储量和流量不能直接相加以获得能源资源总量,因为能源储量的单位是焦耳,能源流量的单位是焦耳/年。这个困境的解决办法可以从可持续的定义中推导出来。我们用g_t表示每年使用的化石能源总量,则$N_t=Q_t/g_t$可以用来评估相对于当前能源消耗速率而言的可利用能源资源储量。可持续性意味着当代人传递给下一代人的能源资源总量不能少于当代人所拥有的能源资源总量。最后,预计随着人口 (P_t) 的不断增长,后代人的能源需求可能也会增加,那么能源资源禀赋应该以人均占有量来表示。目前 (t=0) 人均能源资源禀赋用能源服务的年流量来表示,如下:

$$\frac{\left[\left(\dfrac{Q_0}{e_0}\right)\left(\dfrac{1}{N_0}\right)+\left(\dfrac{q_0}{e_0}\right)\right]}{P_0}$$

(公式20.2)

公式20.3给出了时间为t时,我们必须预留给子孙后代能源资源的最小值。公式中使用的是N_0而不是N_t,所以这里采用当代人的而不是下一代人的能源相对使用速率,把能源储量转化成能量流。这就确保了子孙后代能够拥有不低于当代人能源利用速率的能源利用权利。

$$\frac{\left[\left(\dfrac{Q_t}{e_t}\right)\left(\dfrac{1}{N_0}\right)+\left(\dfrac{q_t}{e_t}\right)\right]}{P_t}$$

(公式20.3)

到目前为止,我们已经解决了能源服务的问题。然而,子孙后代可能并不会按照当代人的方式来利用能源服务创造福祉的方式[1]。例如,想象一下,人类已经创建了更高效的城市设计,这种城市使得人们不用太多移动便可以获得同等的或更多的机会。未来人们对能源的消费可能会偏向于低能耗商品和服务。因此,我们需要另一个术语,即人类福祉和能源服务之间的比

---

[1] 感谢马克·德鲁奇关于增添这部分内容的建议。

率。用 k_t 表示在时间 t 内，人类福祉和能源服务之间的比率。因此能源可持续性基本方程可以表示为：

$$\frac{k_t\left[\left(\dfrac{1}{N_0}\right)\left(\dfrac{Q_t}{e_t}\right)+\left(\dfrac{q_t}{e_t}\right)\right]}{P_t} \geqslant \frac{k_o\left[\left(\dfrac{1}{N_0}\right)\left(\dfrac{Q_0}{e_0}\right)+\left(\dfrac{q_0}{e_0}\right)\right]}{P_o} \qquad (\text{公式}20.4)$$

从公式 20.4 可以看出，当代人必须留给子孙后代一份从不可再生能源中产生的能源服务，这部分能源服务的大小取决于不可再生能源资源的相对储量（相对于当代人对不可再生能源的相对消耗速率而言），加上可再生能源产生的能源服务量（至少不低于当代人所消耗的能源服务量）。另外，

371 二者的总和必须转化为提供不低于当代水平的人类福祉的能力。这可以通过扩大不可再生资源的储量或可再生能源的资源流来实现。因此，通过这个定义，"消耗"不可再生资源是完全可以接受的，只要同时充分增加技术上可行、经济上可行和社会上可接受的可再生资源的潜在流量。公式 20.4 可扩展到识别不同形式的能源，如公式 20.5 中指标 i 表示不可再生能源资源，j 表示可再生能源资源。

$$\frac{k_t\left(\displaystyle\sum_{i=1}^{n}\frac{1}{N_{i0}}\frac{Q_{it}}{e_{it}}+\sum_{j=1}^{m}\frac{q_{jt}}{e_{jt}}\right)}{P_t} \geqslant \frac{k_o\left(\displaystyle\sum_{i=1}^{n}\frac{1}{N_{i0}}\frac{Q_{i0}}{e_{i0}}+\sum\frac{q_{j0}}{e_{j0}}\right)}{P_0} \quad (\text{公式}20.5)$$

但是，不同的能源服务可以由多种能源资源提供。这说明我们应该采用生产函数来表示创造的能源服务，而不是简单的能效系数。事实上，如果采用类似于马卡尔的能源模型（IEA 2008d），可能会取得最好的评估效果。我们应该评估从不同储量的能源资源中获取的能源服务，而不是评估从每一种能源资源中获取的能源服务。

从经济学角度来看，价格增长意味着能源短缺。因此，如果当代人留给后代人的能源价格更高，那么很可能意味着能源发展的不可持续性。我们可以通过构建能源价格指数来表示能源（公式 20.6a）和能源服务（公式 20.6b）。我们用 p_{it} 表示时间 t 时的能源类型（如果是可再生能源则表示为 j），g_{it} 表示不可再生能源的利用量，因此最简单的能源价格指数可以表示为下式：

$$P_t = \frac{\sum_{i=1}^{n} g_{it}p_{it} + \sum_{j=1}^{m} q_{jt}p_{jt}}{\sum_{i=1}^{n} g_{it} + \sum_{j=1}^{m} q_{it}} \qquad \text{(公式20.6a)}$$

$$P_t = \frac{\sum_{i=1}^{n} \frac{1}{e_{it}} g_{it}p_{it} + \sum_{j=1}^{m} \frac{1}{e_{jt}} q_{jt}p_{jt}}{\sum_{i=1}^{n} \frac{1}{e_{it}} g_{it} + \sum_{j=1}^{m} \frac{1}{e_{jt}} q_{jt}} \qquad \text{(公式20.6b)}$$

理想情况下,人们会以当代人利用能源所支付的成本为前提,去评估子孙后代可以利用的能源服务。这说明,我们在定义能源资源时应该坚持一个恒定的经济标准(即每焦耳能源的价格是保持稳定的)。但是那些肩负能源资源定量化任务的机构不一定会严格执行这种方法,而且,它们很有可能会继续采用模糊的经济标准来定义能源资源。因此,我们应该分别监测能源资源利用所消耗的成本,包括个人和社会利用能源所支出的成本。在这方面,如果一开始就把能源利用的全部成本划分为直接的经济成本和外部成本,并对二者分别估测,那么这种方法可能有利于结果分析。一些关于能源利用所支付的全部社会成本的研究已经在欧洲(EC 1995)和北美(ORNL 1992—1998)开展起来,另外美国国家科学院主持的一项新研究也刚刚启动。然而,到目前为止,能源利用成本评估仍然存在高度的不确定性和复杂性。

能源之间的联系也必须进行定量化。最初,我们可以估测因能源利用而产生的温室气体排放,生产生物能源对土地资源的需求,能源系统对水资源的需求,以及主要矿产资源的消耗(如铂金)。这样做可以提高成功地定量化能源间关系的可能性,尽管也会存在一系列的限制因素。鉴于人们已经普遍认识到气候变化是全球能源系统所面临的最根本的严峻挑战,而且用于描述能源和温室气体排放量之间关系的数据很难获取,就衡量全球能源系统的可持续性而言,这很有可能是一种可取的策略。

评估能源可持续性是一件令人望而生畏的工作。但是,本着当代人的行为要对后代人负责的原则,我们必须进行能源可持续性评估。幸好,人类已经开展了许多有价值的工作,如收集了必要的数据、构建了有用的分析框架。尽管在能源可持续评估初始,对可持续性的估量结果并不尽人意,但至少我们已经很清楚,我们能够进行可持续性评估,而且我们必须这么做。

21　能源无约束条件?

恩斯特·沃雷尔

摘　要

　　如果社会要向更可持续的生产和消费方式转变,了解能源使用就至关重要,因为能源使用方式是影响气候变化,造成(空气)污染和不可再生资源枯竭的关键因素。衡量能源利用的可持续性包括多个密切相关的方面(例如能源生产、能源转换、能源供给、能源价格、能源效率),而且它们之间的关系会随着时间不断发生变化,从而移动和消除能源系统及其可持续性的界限。本章着重讲述能源系统和能源系统可持续性的界限,以及这两个界限对衡量能源可持续性的影响:包括能源供应方和能源需求方,其中能源供应方受能源来源和能源储备变化的影响;能源需求方受能源利用方式变化的影响,其对供给方的影响也会发生变化。所谓的经济是一揽子活动,或者是更好的能源服务。能源服务是用能源设备提供的服务。最终,经济对使用能源并不感兴趣,更确切地说,经济更倾向于以最低的成本为社会提供能源服务。人们对能源服务需求的变化导致社会能源供应方式的变化,未来也会如此,这使得能源服务的可持续供应成为未来可持续的能源系统中十分关键的组成部分。能源需求是决定能源系统可持续性的一个关键问题,但目前仍缺乏可靠的数据对能源需求的可持续性进行评估。人们对(未来)能源需求、能源终端利用技术的认知仍然非常有限。

导　论

　　了解能源的利用、转换和供给是社会向更加可持续的生产和消费方式转型的一个关键问题。能源不仅与环境污染物的排放密切相关(如气候变化、空气污染、固体废物污染、冷却水的热污染),还与自然资源的消耗(如化石燃料、铀和淡水资源)和公共健康(如大气与室内环境污染)密切相关。利用生命周期评价法(LCAs)对大量产品的分析表明,(化石)能源消耗几乎是对所有领域均会产生影响的最主要的决定性因素(除毒性外)(Huijbregts et al. 2006)。世界上某些地区的石油和天然气资源已经枯竭,未来几十年中,与印度尼西亚和美国经济发展相似的国家就只能依赖纯进口的石油和天然气资源。北海石油和天然气资源的供应量也正在迅速减少。但与此同时,空气污染(如臭氧、颗粒物)正在对世界各地数百万人们的健康和生活质量产生严重的影响。在发展中国家,室内空气污染(由于使用传统燃料和加热设备)会对数百万(大部分)女性的健康带来严重影响。全球能源系统面临双重的严峻挑战:(1)化石燃料的使用正在耗尽全球二氧化碳的汇(即大气)(也就是全球变化);(2)世界即将消耗完低成本的能源资源。

375

气候变化和减缓气候变化影响的政策将在很大程度上对能源系统产生影响,并引导能源系统在未来十几年向更加可持续的方向转变。随着对气候变化科学认识的不断增强,联合国政府间气候变化委员会第四次评估报告回顾了历史上全球气候变化的趋势,并指出为避免气候变化带来的严重影响,能源领域必须做出的一些改变。

目前,全世界都面临着能源价格剧烈变化的现状。尽管应对气候变化的相关政策已经制定,但过去一段时间内,人类对化石燃料的需求仍然在迅速增长。受许多不确定性因素、评估和假设的影响,对能源(可开采)储量的估算也存在诸多困难。尽管化石燃料的储量有限,但人类可利用的化石燃料量依然很大,尤其是如果将非传统资源也包含进来,那么可利用的能源储备总量将会更大。但是,对这些储备能源的开采受限于能源所在地的可达性(如北极、深海)和必要的恢复技术(如沥青砂)。所以,我们可以很确定地说,这些限制因素预示着低成本化石燃料时代即将终结。

衡量能源利用的可持续性与许多方面密切相关,诸如:能源生产、能源转换、能源供应、能源价格以及能源效率。这些方面之间的关系会随时间不断发生变化,从而移动和消除能源系统及其可持续性的界限。本章中我将着重讲述能源系统和能源系统可持续性的界限,以及这两个界限对能源可持续性测量的意义。

- 能源供应：改变能源储备和来源。
- 能源需求：改变能源利用和对能源供应的影响。

本章中，我们首先将讨论能源计量的方法以及能源利用的变化。随后，我们将讨论这两种移动性的边界如何影响着我们对能源供应和能源需求的观点以及评估能源持续性的方法。

能源计量

能源分析开始于19世纪70年代，那时已经产生了各种度量能源利用的工具。这样，能源分析就为生命周期评价法奠定了基础。利用不同的系统
376 边界，能源可以通过多种途径进行度量。根据热力学定律，能量可以通过热力学第一定律（焓）和第二定律（熵，有效能）来表达。熵表示能量的质量（一定单位能量的做功量），而有效能是用于评估社会利用能源的整体效率。以有效能作为衡量标准，艾尔丝（1989）发现，美国经济发展中能源利用的整体效率仅为2.5%。焓是能量分析的常用术语，表达一定数量的燃料所能释放出的热量。内能可以用低热值（LHV，国际统计学中常用）表达，或者用高热值（HHV，北美应用较多）表达。不同之处在于，高热值计算了燃料燃烧过程中形成的冷凝水所产生那部分能量。

在能源最终被用于提供能源服务之前，能源供应链上的不同环节内都不停地进行着能源转换，即从能源提取、能源转化以及能源运输，直到能源终端利用的转变。在每一个时间点，能源转换都会产生能源损耗。在分析和统计中，我们通常采用两种方法进行能源计量：最终能源利用量表示给定步骤或终端利用的能源量，而初始能源是指早期能源转换过程中的能源消耗（如产生单位电力所需的燃料）。对于初始能源的计算，许多随意性的规则会被用于统计分析中，用于确定核能发电的初始能源（33%）和部分选定形式的可再生能源发电的初始能源（100%），我们需要注意的是：由于能源系统的边界不同，所以并不是所有的能源转换都可以包含在初始能源的计算中。总能源需求量是指对于特定的能源服务或产品而言，整个能源供应链上利用到的所有能源的总和（即包括能源提取、能源转换和能源运输），表示为总燃料需求（如各种工业原料的总能源需求，见Worrell et al. 1994）。

能源供应系统边界的移动

20世纪以来，全球能源消耗量大幅增加。从全球来看，化石燃料的使用量从1900年的人均14吉焦增加到2000年的人均约60吉焦，与此同时，全球人口也翻了两番。到2000年止，估计全球化石燃料的使用量达到320艾焦（10^8焦耳）/年，生物质能源的使用量达到35艾焦/年[1]。而在1900年，化石燃料和生物能源的使用量约为22艾焦（Smil 2003：6）。

这表明不仅能源利用量变化迅速，燃料结构也发生了巨大变化。由于19世纪化石燃料利用量开始增加，1900年化石燃料的利用量就已超过了生物能源的利用量。化石燃料的利用从煤炭开始，然后是石油，最后是天然气。主要的非化石一次能源包括水力发电资源和核能资源（1960年以来）。在图18.1中，戈蒂埃（this volume）列举了历史上由全球对商业化一次能源的不同需求所构成的能源结构。

377

由于人们对电力服务的需求和削减能源生产成本的需求随时间不断升高，所以电力资源的需求量不断增加，与此同时，能源最终需求结构（如在最终能源消费中）也不断地变化。目前，全球电力资源产量已增长到20 000太瓦时（1965年12 000太瓦时），而且电力资源产量增加的速度明显高于燃料利用量上升的速度。（二次）能源载体电力生产能力的大幅提升，使得能源供应来源更加多样化。尽管在能源供应结构中化石燃料仍然占有统治地位，但我们从未在人类社会发展的任何时期发现过如此多样化的能源供应来源/供给燃料。

化石燃料储量是有限的。随着化石燃料消耗量的增加，燃料储备量慢慢地被消耗殆尽。然而，由于受大量不确定性因素、多种估算和假设的影响，化石能源储量估算还算不上是一门精确的科学（see also Gautier, this volume）。尽管石油消耗量不断增加，但在过去30年中，已探明石油储量却显示出增加的趋势（见图21.1）。

对不可再生能源消耗量的可持续性进行定量化研究的一种方法是：

---

[1] 对这种所谓的非商业化的生物质能源利用（出于获取能量的目的，主要是发展中国家的利用）进行计量存在很大的困难。目前对生物质能源的利用量只能大致地估测，实际数值应该大于本文采用的数值。

估测我们从资源库中提取燃料的速度，通常用储量/产量比率（R/P）来表达（即以当前的能源消耗水平为基准，能源储量可以维持能源消耗的年限）。在全球范围内，煤炭拥有最高的储量/产量比，2007年煤炭的储量/产量比为130，传统石油类的储量/产量比大概在50左右（BP 2008）。储量/产量比主要取决于目前的能源消费水平和估算出的能源储量。然而，大部分化石燃料的消耗量都将呈现增加的趋势，其他的一些化石燃料需求量如果不增加的话也不会减少，而且对能源储量的基础估算尚且存在巨大的不确定性。

378

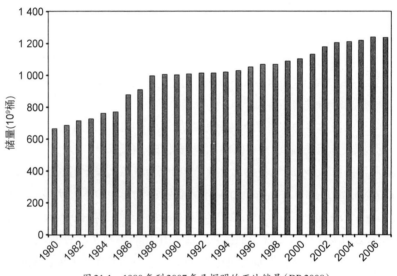

图 21.1　1980 年到 2007 年已探明的石油储量（BP 2008）。

　　燃料价格不断升高的同时，人类可利用的燃料储量也在不断增加。但是这些燃料可能分布在更加偏远的地区，其开采需要新技术支撑，而且可能还会对环境产生更大的影响。例如，从加拿大的油砂和美国的页岩中开采原油时，不仅采矿活动给大面积土地资源带来了诸多不利影响，而且原油开采过程中还需要投入大量能源（热量）和水资源，这就导致了温室气体排放量的大幅增加，还可能引起空气污染。同样地，即便是在北极等偏远地区，石油开采也会增加环境风险。随着可开采能源储量边界的变化，能源供应对环境的影响也会发生相应的变化。

虽然当前已经有大量文献关注了对燃料储量的估量,但这不在本章讨论的范围。这里,最重要的是要明确能源供应系统可持续性的测量主要取决于下面这些(变化的)因素:

- 能源储量与消耗量;
- 燃料供给组成(结构);
- 最终能源载体的组成(结构);
- 能源开采和能源转化对环境的影响。

未来对能源供应组成部分的选择将受到社会能源利用方式的严重影响。从根本上说,过去能源供应的主要变化是能源需求技术发展的结果。比如,电气化社会开始于白炽灯泡相关科技发明的广泛传播。接下来的几十年里,不断增长的市场需求将成为电力工业发展背后的强大动力,目前这些市场需求仍呈现出强劲的增长趋势。

有一点非常重要,我们要注意,虽然表面上看可再生资源(水力发电和生物能除外)的"储量"可能不存在直接的限制,但事实上一些间接因素(如可用土地、水的可用性)却对可再生能源开采产生了限制作用。例如,一些金属资源的储量可能会限制光伏系统的种类和数量,这些光伏系统被用于将太阳能转化为电能(Andrsson 2001)。对太阳能资源库的估算发现,太阳能资源总量远远超过当前全球能源消耗总量。但是,对可利用太阳能资源潜力的估算极大地取决于对有效表面积(如特定地区合适的屋顶面积)、太阳能转换系统的效率、材料可利用性、能源运输、能源分配和存储潜力,以及经济利益的评估。同样,这些限制因素也适用于其他可再生资源的供应,如风能和生物能。此外,所选择的生物质转换技术将会影响能源提取对环境的影响(如大气污染、富营养化、生物多样性)。

能源需求系统边界的移动

遍及社会各个角落的多种能源服务都是由燃料转化而来的。通常在燃料转化期间,大量燃料被消耗,所以能源系统会对环境产生很大的影响。魏推森和沃雷尔(1999)指出,能源系统对环境的主要影响可以从气体、水和固 379

体废物三部分来看。下面,我们将使用主要的温室气体(二氧化碳)的排放作为环境污染的代表。但是在评估能源系统的可持续性时,还应该度量所产生的其他环境影响。随着温室气体减排技术的发展,与二氧化碳相比,每种污染物都可能具有不同的特征。

此外,能源终端利用转换技术也是引起能源系统重大变化的主要原因之一。格勒布勒(1998)认为,蒸汽机(以及内燃机)的发明促成了能源系统向化石燃料的"大转型",而越来越多地利用电力资源提供能源服务(如照明、动力)也促进了能源系统向多元化能源终端利用技术和能源供给源的第二次"大转型"。国内能源服务需求量不断增加,导致电力资源需求量快速增长。这表明,能源需系统边界的不断移动或变化(如能源服务的类型)是理解能源供应系统变化的关键因素。

由于各种能源用途随时间不断发生变化,所以从能源消耗量和能源活动类型的角度来了解能源需求相对复杂。一般来说,能源需求被认为是体积(能源活动或提供的能源服务的体积)、结构(能源活动或能源服务的结构)和效率(能源提供服务的效率)的函数。通过最简单的形式,结构可以理解为不同经济部门的混合,体积表示每个部门的能源活动水平。在能源分析方面,比较关键的终端利用部门是农业、工业(包括采矿)、建筑(民居和商业建筑)和运输。动力部门不是能源终端利用部门,而是将初级燃料转化为二次能源载体。动力部门生产的动力被终端利用部门消耗掉。表21.1按部门给出了对终端能源利用和一次能源利用的估算。

表21.1 各部门在全球能源消耗量中所占的份额
(De la Rue de Can and Price 2008)。

部 门	基于终端能源	基于一次能源
能量转换	30%	
工 业	26%	36%
建 筑	23%	38%
运 输	19%	23%
农 业	2%	3%

在经济活动中,影响能源利用和碳排放增加的主要因素包括:人口增长

率、经济规模和经济结构(取决于消费模式和经济发展阶段)、单位活动的能 380
量消耗,以及使用多种燃料产生的具体碳排放量。可以通过卡亚恒等式来
表述(Kaya 1990):

$$CO_2\ 排放量 = \left(\frac{GDP}{每人}\right)\left(\frac{能量}{GDP}\right)\left(\frac{CO_2}{能量}\right) \qquad (公式21.1)$$

在更常规的条件下,卡亚恒等式可以表达为:

CO$_2$ 排放量 = 活动驱动力 × 经济驱动力 × 能源强度 × 碳强度

$$(公式21.2)$$

不同术语在每个终端使用部门的定义各不相同。例如,虽然在各部门
中人类活动通常都与人口数量密切相关,但它还涉及工业部门中的商品生
产水平、房地产部门中每个家庭的人口数、商业部门中建筑物空间的平方米
数,以及交通运输部门中的车辆数。

卡亚恒等式只是对这些变化的简单表示;经济中的结构差异并未被分
解,相反,它隐藏在经济驱动力当中。换句话说,能源强度低未必意味着可
持续地或有效地利用能源;这可能只是在经济活动中占份额较高的高附加
值经济活动的结果,而高耗能活动和产品都是进口的。因此经济(表示为
GDP)可以被认为是能源活动、终端使用行业或能源服务聚集的代表。也就
是说,在卡亚恒等式中,GDP被视为一种单一的能源服务。

实际上,社会关注的是能源资源为维持特定的人类生活方式所提供的
多种能源服务(如一个舒适的家、照明、交通)。能源服务就是能源利用设施
(如一盏灯)提供的基本服务(如产生的光)。从根本上说,经济并不关注能
源利用,关注的是如何以最低的成本向社会提供能源服务。因此,可持续的
能源利用意味着以最低水平的能源消耗或最高水平的能源利用效率为人类
提供能源服务。

国内生产总值之中包含的能源服务可能会随着时间(结构变化)和国家的
不同而有所区别,而能源活动的价值在不同经济体之间也存在差异。为了比
较特定经济条件下的能源活动水平,经济学家们引入了购买力平价(PPP)的
概念来修正GDP。PPP方法基本上通过修正各种市场服务的价格差异,对不
同经济体随时间变化的价值进行比较。实际上,这意味着在发展中国家,相对

于市场汇率基础上的GDP而言,PPP修正后的国内生产总值GDP将会升高。

为了评估所提供能源服务的可持续性,类似于PPP修正法,我们可以考虑一揽子能源服务,而这些能源服务对舒适生活和社会而言是必需的。理解这些能源服务的水平和提供能源服务的效率,将有助于我们理解社会利用能源的可持续性特征,以及这些特征是如何随时间或在不同经济体之间变化的。但是,设计出可以代表世界上各种生活方式的一揽子能源活动,同时还要确保公平公正,的确是一个十分巨大的挑战。

381

基于目前可用的数据,能源使用和经济发展的因素分解可用于开发出一个代理对象来表达提供能源服务的强度和效率。卡亚恒等式是被用于分解观察到的能源消费趋势的最简单的形式之一。通过能源利用的分解,可以了解能源利用的驱动力及其变化,并估算不同因素(或驱动力)对能源利用的贡献。分解分析法在许多国家和部门已经得到了广泛应用,加深了对过去能源利用发展趋势的认知。现在已经有许多关于这种方法的论述和著作。数据可用性将能源服务的表示形式限制在部分经济活动的水平。我们如果可以获得更详细的数据,就很有可能进一步将能源发展趋势分解为能源服务增长的变化、能源服务水平的变化,以及能源效率的提高。

一个典型(相对具体)的例子就是法拉和布洛克(2000)对荷兰1980—1995年间经济发展的分析。在此期间,荷兰的能源消耗总量不断增长,而能源强度却下降了。这项研究证明了各经济领域能源活动水平的大幅提高(非物质化作用和能源效率提升抵消了一部分能源活动水平提高的趋势)。但是,这项研究并没有提供与能源服务水平和能源服务质量相关的数据。由于统计中这部分数据的缺失,所以这项研究也没有给出较好的、可接受的对策。类似这项研究,国际能源机构最近发表的一份报告,探讨了自20世纪70年代初以来其成员国能源需求的发展变化及其影响因素(IEA 2004)。

在当前典型的分析中,能源活动的影响实际上呈现升高的趋势,提供的能源服务量(或者其代理指标)增加,但其他部门的转变显示出不同行业间能源活动结构的变化(如向服务型经济转变)以及同一行业内部能源活动结构的变化(如由能源密集型工业向轻工业转变)。之后,能效效应描述了一组给定活动(假设在研究期间保持不变)的实际能源强度下降。虽然不同国家的总体趋势可以比较,但不同影响因素的贡献可能会呈现一定差异。例如,通过减少能源密集型材料的产量,或者提高能源密集型材料的生产效率,从而实现减少能源消耗量的目的。如果前者会导致能源密集型材料进口量增加,那么减轻利用能源密集型材料所产生的全球性影响是微不足道的,而且如果生产这些进口材料的能源强度高于在国内生产这些材料的能源强度,那么减少利用能源密集型材料所产生的全球性影响几乎可以忽略不计。在气候问题研讨会上,这种发展被称为"能源泄漏"(see Oikonomou et al. 2006)。虽然目前只有有限的证据证明"能源泄漏"现象的存在,但如 382 果在全球范围内无法实施一致性的气候变化应对策略,未来全球贸易的格局有可能会导致(增加)能源泄漏。在全球化的世界中(能源成本较低,使得全球化成为可能),经济体之间的关系日益紧密,这不仅引起了能源生产系统边界发生位移,而且还影响了特定国家度量能源系统可持续性的举措。一些人认为,对于那些能源利用严重依赖出口能源密集型商品的经济体而言,为了更好地评估其能源利用的发展状况,就需要在能源利用分析中更好地了解进口和出口中的能源流(e.g., Machado et al. 2001)。另外有些人则认为,一个经济体的能源强度不应该基于国内能源产量,而应该基于所提供能源服务的能源强度,这样有利于平均分配应对气候变化政策中的义务和收益。考虑到全球经济日益开放的特点,我们很难解释进口商品和出口商品中的"能源蕴藏量",而且很难设计出应对这一问题的可行性政策。值得注意的是,最近全球几个主要的零售商(如美国的沃尔玛、英国的乐购)已经在这方面有所行动,它们通过从供货商那里索取相关信息并实行问责制,希望能够计算出商品潜在的碳排放量。

因此,为了度量能源利用的可持续性(的变化),仅仅衡量宏观尺度上能源利用和能源强度的整体趋势还不够。所以,十分有必要对这种宏观尺度上变化趋势的驱动因素(包括经济结构、贸易格局、不同能源活动或能源服务的能源效率)进行深入分析。

能源效率的变化源于新(能源)技术的引入或现有技术的改造。这两方面的因素在能源效率变化中发挥着重要作用,而二者贡献的比例取决于它们所需研究的时间周期、技术周转、革新的速度以及其他因素。几乎没有研究可以把二者对能源效率变化的贡献区别开来。一个关于美国钢铁工业领域电弧炉研究的案例表明,在12年间,新的基础设施对能源强度变化的贡献最大(图21.2)(Worrell and Biermans 2005)。

长期来看,投资方式的革新将成为能源系统转变的驱动力。未来几十年，一些重要的投资将会在很长一段时期内对社会经济和环境产生深远的影响。发展中的经济体，如中国，正在以前所未有的速度建设新的燃煤发电站。但是除此之外我们可能还有许多不同的选择。国际能源署（2006b）最近的一项分析指出，我们还可以选择另外一种能源发展情景。在这种能源发展情景下，更多地强调可持续性的能源系统（对能源效率和其他可持续的能源技术给予更多的投资）。实际上，与那些主张扩大能源开采量和能源供应量的"一切照旧式"的发展路径相比较，这一能源情景发展过程中所需的经济成本（甚至不包括外部性）和投资可能更低。这意味着，能源系统边界的移动不仅会对环境可持续性产生影响，而且对经济可持续性产生影响，而边界移动产生的这些影响之间是相互联系的。

383

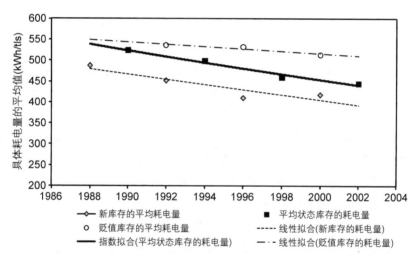

图21.2 平均库存、收回注销的库存以及新库存具体耗电量的平均值（耗电量表示为千瓦时每吨钢水）（Worrell and Biermans 2005）。

可持续性的度量

如果想要了解能源系统的可持续性，就必须要了解能源利用的方式以及能源利用方式和能源服务是如何随时间变化的。这需要我们深入理解能源消耗和能源效率等级的概念。但是目前，我们仍缺乏一致的方法来度量能源消耗和能源效率等级，并收集与之相关的数据。尽管如此，能源代表着一个研究领域，自20世纪70年代第一次石油危机以来，已经收集了相对丰富的数据（当然是与本书讨论的其他主题相比而言）。但是这个研究领域中最详细的数据收集都集中在能源供应上，而关于能源需求的数据相对较少。正如上文所讨论的一样，我们对其他经过大量研究的能源资源的可开采总储量，比如石油资源和天然气资源没有作出很好的估算。

为了对能源系统的可持续性进行连续分析，我们需要进一步丰富与能源载体能量流动、能源服务和能源效率等级相关的数据，并提高可持续性度量方法的有效性。由于能源需求的动态变化是能源供应系统变化的主要驱动力，因此我们还需要了解能源服务需求的发展变化：

- 日常生活中需要哪些能源服务？每种能源服务的活动等级如何？
- 我们能否设计一个度量标准，用来衡量和比较经济体之间的能源服务水平及其随时间的变化？
- 能源服务结构的分布、水平及其整体动态规律随时间会发生怎样的变化？
- 能源提供能源服务的效率指什么？（关键）能源服务剩余的节能潜力指什么？

384

一旦我们对能源（服务）的动态性有了更好的认识，那么或许就可以评估能源（服务）的动态性对能源载体能量流动的影响。评估这些影响也会考虑以下问题：

- 能量载体能量流动过程和能源利用过程中向环境排放了什么？
- 在多种一次能源供给源中（包括可再生能源和满足非可再生材料需求的不可再生能源，如水资源、可利用的土地资源），能源供应是如何分配的？
- 最终能源载体（如电力、燃料）的分配规律是什么？在能源服务变化的情况下，这一分配规律会如何改变？
- 一次能源总剩余储量或可得性（表示为体积量，随时间的流动，或恢复库存所需的时间）指什么？
- 能源载体和所提供能源服务的总生产成本是什么？

最后,环境可持续性、社会可持续性(即能源服务的分配和利用)和经济可持续性(即每提供一个单位的能源服务所消耗的成本)是确定能源系统可持续性的关键因素。关于提供能源服务需要消耗的总成本的评估已经付诸实践,并得到了初步研究。这表明,即使没有全面考虑所有的外部性,一个高效节能的能源服务供应系统不仅在环境上具备可持续性,而且还在经济上和社会上具备可持续性。

结　论

能源是决定社会可持续性的一个关键问题。当前社会仍然缺乏可靠的数据来度量能源供给和能源需求的可持续性。由于能源利用模式是影响气候变化、大气污染和不可再生能源消耗的主要因素,所以了解能源利用、能源转换和能源供给是社会向更加可持续的生产和消费模式转变的一个关键环节。度量能源利用的可持续性牵涉到与其密切相关的许多方面:能源生产、能源转换、能源供应、能源价格和能源效率。它们之间的关系随时间不断变化,而且这些变化促使能源系统及其可持续性的边界不断位移,甚至消失。经济是一系列的能源活动或能源服务(即能源利用设备提供的终端服务)。经济本身并不关注能源利用,确切地说它关注的是如何以最低的成本向社会提供能源服务。因此,能源的可持续利用意味着以最高的能效水平提供能源服务。能源服务需求的变化改变了社会能源供应的方式,将来也会如此。对于未来可持续的能源系统而言,最重要的是提供可持续的能源服务。如上所述,尚缺乏可靠的数据来度量能源需求的可持续性。我们对(未来的)能源需求、能源技术及其潜在影响的认识是有限的。这些问题阻碍了我们准确、一致地定量化社会中能源利用可持续性的能力。此外,由于缺乏对能源剩余储量和经济恢复之间相互作用的了解,使得我们很难估测能源枯竭的可能性。

385

386

22 能源储量、流量及前景

安德烈亚斯·洛舍尔,约翰·约翰斯顿,马克·A.德鲁奇,特雷弗·N.德马约,唐纳德·L.戈蒂埃,大卫·L.格林,琼·奥格登,史蒂夫·雷纳,恩斯特·沃雷尔

摘 要

对未来能源系统的分析通常集中在能源充足性和气候变化这两个问题上。在短期内,虽然能源服务的潜在供应量可能不会对我们产生约束性,但气候变化因素对能源系统的限制性是客观存在的,这些限制性与土地资源、水资源及不可再生矿产资源产生密不可分的联系。这些问题可能会对我们当前未充分了解的能源系统产生约束。有关可持续性界限的知识十分匮乏,这将对可持续性的能源系统产生较大的影响。为保证当代人和后代人的福祉,有必要从整体性的观点出发,对能源可持续性进行全面评估。本章提出了在已选定的能源未来情景下,一些关于可持续性度量的方法,并提出应该发展一种用于定义和度量某种资源相对数量以及与其他资源之间重要关系的方法[①]。

导 论

对未来能源系统的分析通常集中在能源充足性和气候变化这两个问题上。在短期内,虽然能源服务的潜在供应量可能不会对我们构成约束,但气候变化因素施加于能源系统的限制性是客观存在的,这些限制性与土地资源、水资源及不可再生矿物资源产生密不可分的联系。这些问题可能会对我们当前未充分分析的能源系统产生约束性。从我们的角度来看,有关可

---

① 作者表达的观点并不一定代表他们所属的那些公司或组织的观点。

持续性界限的知识十分匮乏，这将对可持续性的能源系统产生影响。为保证当代人和后代人的福祉，有必要从整体性的观点出发，对能源可持续性进行全面评估。

389

简单来说，能源系统的可持续性可以被定义为：在不损害未来环境、经济和社会利益的条件下，为后代提供一系列能源服务来满足其需求的能力。我们评估能源可持续性的方法权衡了回顾性与前瞻性的观点。从我们目前的状况开始向后推测，就如何达到这种状况进行回顾性的分析，具有重要意义。在此基础上，我们可以定位未来能源的发展方向。我们可以通过未来能源情景对未来世界能源发展的状况进行思考。这些未来能源情景展示了一系列能源发展的可能结果，这些可能结果成为我们参考文献中关注的主要内容。因为我们不可能通过定义一个简单、全面且具体的未来能源情景来表现未来能源发展中的所有可能性，所以我们选择了几种未来能源情景，这几种未来能源情景体现了我们关于未来能源发展的一系列假设，用于说明我们的能源发展途径。采用这几种未来能源情景，为评估其影响提供了更高的灵活性。这些未来能源情景涵盖的范围包括：从目前我们已有的相对不受能源限制的世界，到一个环境方面明显受能源制约的世界。

我们坚信在这些得到确认的能源发展情景下，我们很有可能开发出用于衡量能源系统可持续性的方法，并提出一系列关于可持续性度量的方法（Greene 2009）。我们探索出了一种用于定义并度量能源系统相关数量及其与其他系统之间重要联系的方法。在评估能源可持续性时，除了要考虑我们常用的一些能源系统描述方法（例如，能源资源和不同类型能源服务的数量），还需要考虑其他的能源系统可持续性评估方法。能源资源被用于为人类福祉提供广泛的能源服务（Worrell, this volume）。因此，对于可持续的能源系统而言，关键是要在不损害后代人环境、经济和社会福祉的条件下，为人类提供这些能源服务功能。气候变化引起的能源限制也是十分重要的问题。最后，我们坚信，更具体地了解能源系统和其他资源领域之间的联系，对于能源系统可持续性的综合评估至关重要（例如，生物能源作物生长和加工所需的土地资源和水资源）。我们明确了能源相关领域之间的一部分联系，并解决了一些与能源系统相关的复杂且重要的问题：我们应该如何考虑能源服务，如何考虑能源消耗的成本，以及如何表述能源的可持续性（即能源的多样性、可靠性、灵活性和能源供给的地域分布)。

为合理评估能源可持续性,提出能源可持续性评估方法是第一步。很明显,能源可持续性评估方法仍需要进一步改善和细化。我们的目标是积极地讨论如何从广义上衡量能源可持续性,激励大家为解决能源可持续性评估方面的问题而做出努力,尤其是对能源系统与其他重要资源系统之间联系的探索。度量具有很重要的意义:如果不对某个事物进行度量,则很难要求它的改进。度量得到的数据可能最终会成为改进的标志。我们很清楚,从根本来说衡量能源可持续性任务是十分复杂的,而且度量方法本身也存在一定的限制性。然而,就像雷纳(this volume)的恰当总结:"如果某件事值得做,那它就非常值得做!"因此,我们从描述一种简单的方法开始,虽然这种方法仍然需要加工细化和修改完善,但我们相信从根本上说这个方法是合理可靠的。

方 法

我们把能源系统描述成:可以通过多种转化方式来提供能源服务的资源集合体。我们把资源系统归纳为两类:地质能源(即不可再生的化石燃料和放射性矿物质)和可再生能源(太阳能、风能、地热能、水能和生物质能源)。主要转化机制包括:

- 发电:煤炭、石油、天然气和生物质燃烧、核裂变、风涡轮、太阳能光伏、太阳能热、地热、海洋能源和水力发电。
- 取暖:化石燃料、太阳热能、地热和生物质燃烧放热。
- 燃料生产:石油提炼燃料,从煤炭中生产多种液体燃料,天然气燃料,生物质燃料,以及通过烃重整技术或水裂解技术制氢。

能源具有广泛的服务功能,从运输到照明、取暖、通讯、农业生产、水资源纯化和分配,以及基础消费品的生产,如水泥和钢铁。能源服务供应结构是能源系统可持续性度量标准中不可缺少的一部分。如同经济学中所使用的购买力平价法,不同的能源服务功能可以被认为是为人类幸福生活提供能源服务的指标。

390

　　我们想对关于能源系统成分与土地资源系统、水资源系统和不可再生矿物资源系统之间关系的具体度量结果进行定义。这些度量包括传统的指标，如我们对不同类型能源资源和能源服务的需求量，以及能源资源向能源服务转化的效率。能源服务是指为满足能源需求而对能源的利用，如我们熟悉的照明、取暖、制冷、烹饪、运输、电子通讯与计算以及工业加工（例如，钢铁制造）。将能源资源转化为一种载体，如电、燃料或热量，继而这些载体被用于提供人类期望的服务，从而使能源服务成为可能。每生产一个单位的能源服务所消耗的主要能源数量被表达为特定能源消耗。在提供相同的能源服务时，能源效率会随着特定能源消耗的降低而不断增

391 加。为满足人们的生活需要和能源需求而进行的革新（例如，加工制造业，电子工业和家用电器生产中的革新），使越来越多的新型能源服务不断涌现出来。

　　关于能源供应的多样性、可靠性、灵活性和能源供应分配的测量方法与能源成本消耗的度量方法一样，都包含在能源可持续性相关的问题中，与能源可持续性存在直接的联系。能源替代物，像能源可持续性固有的转换障碍一样，给能源替代选择带来了许多挑战，包括：

- 时间尺度问题：新车辆应用到实际交通中的速度、周转周期、新建筑物的建造速度、发电厂及其输电和配电系统。
- 地理位置：可再生资源与电力负荷中心之间地理位置不匹配。
- 地理尺度和相关设施需求：固定设备和运输设备，电力传输和分配能力以及燃料分配和调配能力所需的能源储存。
- 物理状态：电力燃料、气态燃料和液态燃料。
- 质量：基本荷载相对于周期性供电，低级热能相对于高温热能。
- 地缘政治：一些国家获得石油和天然气资源的路径受限，或者面临一系列挑战。
- 人力资源/资金/开发及运作先进能源系统相关知识的充足性：西方国家出现了迫在眉睫的能源部门劳动力短缺问题。
- 制度响应、能力和复杂性：落实对可再生能源利用相关的管理体制和法律体制比较落后，应该对一部分可再生能源利用技术给予财政鼓励。

不同系统之间存在一系列重要的联系（图22.1）。连接能源系统和其他系统之间的基础交易用灰色箭头标出。在能源系统和水资源系统之间的联系中，基础交易为单位能量输出所需的水量（H_2O/Unite）及单位水量输出所需的能量（E/Unit H_2O）。

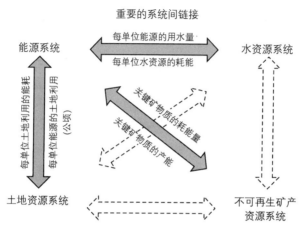

图22.1　能源资源、土地资源、水资源和不可再生矿产资源系统之间重要的链接。

除了以上这些联系，每个系统内还包含了一些固有的约束性，这些约束性与系统本身的可持续性以及其他系统的可持续性有关（图22.2）。这些影响和约束性意味着在新测量方法中应该包括：

- 广义上的环境影响，包括二氧化碳及非温室气体类空气污染物，土地利用引起的区域性特定影响（如土地资源被用于生产生物燃料，以及煤炭或沥青开采），能源系统对水资源的需求，还有能源系统对不可再生矿产资源的需求。
- 能源供应转换和人类利用能源服务功能对安全和健康的影响。　392
- 能源服务的购买力平价。
- 不考虑地理政治和/或社会限制因素，充分开发能源资源的可能性及开发能力。

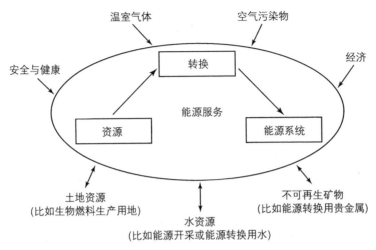

图 22.2 能源系统的影响和限制因素。

我们的分析首先从描述当前人类利用的能源资源的储量及其流量开始,并回顾了这些能源资源在近代发展的历史。

化石燃料（不可再生燃料）

自二战结束以来,每年世界能源供给中91%—93%的能源来自化石燃料:煤炭、石油、天然气和铀。1945年,全球人口消耗了约50艾焦（10^{18}焦耳）或1 300百万吨油当量的能源（MTOE）。到2007年,全球能源消费总量增加至约460艾焦（11 099 MTOE）,其中约34%的能源来自石油或其他石油液体能源;在一次能源供应结构中,煤炭贡献所占的比例约为26%,天然气的贡献几乎达到21%,核反应发电的贡献超过6%,水力发电设施的贡献仅略高于2%。地热能、太阳能和风能贡献量之和所占的比例不足1%,其余的能源消耗来自其他可再生能源和废料回收。在这里,我们简要总结了当前对全球能源资源剩余储量的估算,如戈蒂埃等人（this volume）深入讨论了关键的不可再生能源资源的发展趋势和储量估算。

自19世纪60年代以来全球石油产量稳步上升,期间也有一些战争、经济衰退和政治动荡的干扰。2007年,全球上百个国家的数千个油田产出了大约180艾焦或30亿桶石油（BBO）。截至2008年1月,国际能源署预计

393

的世界石油储量(不包括最重的油砂)约为1 332 BBO(约8 150艾焦)(IEA 2008c)。所有资料都证明,全球已探明的能源储量和能源年产量均具有一致的增加趋势。例如,1996年1月,全球探明的石油储量约为891 BBO(约5 450艾焦),全球石油年产量略超过2.6×10^{10}桶(约160艾焦)。1996年1月和2008年1月间,石油产量约300 BBO(约1 835艾焦),同时探明石油储量增加了近350 BBO(约2 140艾焦);这表明,在12年间,探明的石油储量增加了近650 BBO(约3 980艾焦)。石油储量增加存在两种方式:(a)新油田的发现和(b)已知油田储量的增加。石油储量增加是指在已知油田中,通常是在已经开始生产的油田中,石油、天然气或液化天然气资源的连续评估值不断升高。此外,非常规能源资源对于全球能源储量而言具有重大的潜在补充价值,如重油、油砂和油页岩。全球许多盆地中存在重油资源,但目前重油资源对全球石油储量的潜在价值尚未得到系统的评估。

根据BP(英国石油公司)的统计数据,2007年,全球石油产量约为100艾焦,相当于2.94×10^4亿立方米的天然气。这个数值是由1973年的1.227×10^3亿立方米(约42艾焦)逐渐增长而来的。1987年年底,全球已探明的天然气储量约107万亿立方米(TCM)(约3 700艾焦)。截至1997年,全球天然气已探明储量增加到146万亿立方米(约5 040艾焦),至2007年年底,全球已探明天然气储量增加到177万亿立方米(约6 120艾焦)。人类对天然气资源的勘探尚未达到对石油勘探那样的投资力度和强度,而且天然气勘探也没有石油勘探那么历史悠久,目前仍处于较低的勘探水平。天然气总量(油田伴生气体/溶解气体和非伴生气体的总和)评估的中值约为122.6万亿立方米(约4 240艾焦)(USGS 2000)。此外,据美国地质调查局的 394 估算,人类探测油田伴生气体/溶解气体和非伴生气体的同时,还可以发现约950—3 780亿桶天然气凝析液(约386到1 536艾焦)。除了常规能源资源,我们知道在所谓的非常规能源储层中还存在有大量的天然气资源(像煤床中储存的天然气,渗透性极低的砂岩和页岩中储存的天然气)。除了这些资源,还有一些天然气水合物,而天然气水合物被认为含有地球上大部分的有机碳。近期的一些研究表明,在未来10年或20年中,这些能源资源就可能会被转化为生产力。

2007年,燃煤和泥煤消耗量在全球一次能源供给结构中占26%。近年来,煤炭产量增加的速度比其他任何主要能源都快。从2000年到2005年,世界煤炭产量从95.4艾焦[90.4千万亿BTU（Quads）]增加到超过129艾焦（122.2 Quads），而且其增长速度还在不断加快。与煤炭生产速度相比较，全球已探明的煤炭储量依然十分庞大。根据世界能源委员会的统计，截至2002年，全球各类煤炭资源的已探明储量突破9 000亿吨（约19 000艾焦）（WEC 2007a）。这些储量数据是以各国报告的数字为基础的，没有像石油或天然气的储备数据那样得到详尽的记录或独立的审查。

2006年，核能在全球一次能源供给结构中约占6.2%，其中84％以上的核能产自经合组织中的发达国家。像煤一样，人类认为铀资源不会面临资源枯竭的危险。更确切地说，人类对铀的需求及其相关矿石的价格是控制铀生产速度的主要因素。最近，随着其他核能发电设备的发展，铀的价格不断升高，导致了铀矿价格的上升。

可再生资源

可再生能源是指能够由太阳或可以由地球直接或间接产生的能源：太阳辐射、风力发电、生物质能、地热能、海洋能以及水力发电。理论上讲，地球上有非常丰富的可再生能源可以满足人类的需求。每年太阳辐射到地表的能量大约是全球年能源消耗量的10 000倍。实际上，在一次能源消耗总量中，可再生能源贡献了7%（不包括传统生物质燃烧产生的能量）；在全球电力消耗总量中，可再生能源发电量贡献了约18％。水力发电占发电总量的16％，而风能、太阳能和地热能发电量总和约占发电总量的1％。在一次能源消耗结构中，生物质和废弃物约占10％，但如果除去传统不可持续的生物质燃烧产生的能量，生物质和废弃物的贡献仅占4％（IEA 2008g）。国际能源署给出的未来能源情景表明，在未来的几十年，可再生能源应该会发挥越来越重要的作用（IEA 2008g）。

395

化石能源是从能源储备或能源储量的角度来定义的，随着时间的持续，化石燃料有可能被消耗殆尽（按照既有惯例对化石能源的描述，see Gautier, this volume）。与此相反，再生能源是从能源流通量的角度来定义的（例如，能源年产量）。通常，我们常用的三种可再生能源潜力包括：(a) 理论潜力，即理论上能源流动的最大速率；(b) 技术潜力，是指利用一系列特定的技术，或者在工程可行性假设的前提下，可以获得的能源；(c) 经济潜力，指在环境和社会因素的制约下,在经济上可行成本的前提下,可以回收并转化的可再生能源的数量。此外,环境和社会制约因素可以限制可再生能源的应用潜能。

如果采用物理术语来测量地球上的可再生资源,那么可再生资源总量已经远远超过了人类社会当前和未来预计的一次能源需求量。然而,由于可再生能源受其自身供给的间歇性、能源密度较低以及能源生产地交通不便等因素的共同影响,可再生能源一般很难满足人类的需求。解决以上这些问题则很可能会导致土地利用冲突、其他环境影响,以及前期成本过高等问题(Jaccard 2005)。

最近的几个报告中对全球风力资源进行了评估(Archer and Jacobson 2005;De Vrieset al. 2007;Grubb and Meyer 1993;GWEC 2006;Hoogwijk et al. 2004;UNDP 2000,2004;WEC 2007a)。物理风能可以被定义为:理论上风携带的最大能量。基本上,物理风能可以通过气象数据和地理数据来估算:风速随时间的变化规律(包括季节影响)、地形、离地高度、海拔和地理位置。据估计,当太阳辐射到达大气下层时,0.25%的太阳辐射能会转化成风(Grubb and Meyer 1993),这个数值是当前人类能源消耗总量的若干倍。当然,由于技术因素、环境因素和社会因素的限制,只有很少部分风能可以被人类捕获。其中,技术上的限制因素包括:风力涡轮机的效率和高度,以及由于相邻涡轮机气流干扰而造成的能量损失。在许多因素,诸如视觉冲击,噪声污染,土地利用冲突,对野生动物的影响或交通不便等的影响下,资源、环境和社会的约束可能会限制大型风力发电机组在城市、森林或偏僻山区的使用。

风力资源可产生的电能可以根据风速、涡轮转换效率、涡轮大小和轮毂高度来计算。在山脊和近海这类风力比较强劲的地区,风力发电量可达年均风力发电总量的30%—40%。

总风力发电潜力是指在已建涡轮机不出意外的情况下,风力发电设备能够产生的电能。实际风力发电潜力强加了"第一级"约束条件(城市、森林、交通不便的山区没有涡轮机),而且潜在的"第二级"约束性条件增加了视觉、环境和社会性的限制因素。 396

全球总风力发电潜力(无例外情况下)估计为300 000—600 000太瓦时/年,这是目前全球用电量19 000太瓦时/年(IEA 2008c,g)或2050年电力使用量预估值40 000—50 000太瓦时/年的若干倍。考虑到限制因素,实用风力发电潜力估计为70 000—410 000太瓦时／年,经济潜力约为19 000—25 000太瓦时／年(UNDP 2000;Jaccard 2005)。这些数字表明,风力发电在未来能源系统中将发挥重要的作用。另外,系统集成问题会进一步限制引入电网中的风力发电量。通常情况下,最好的风力资源往往位于远离人口的地方,所以传输容量是一个制约因素。针对这些问题的未来情景研究方案表明,到2050年,2%—12%的电能将由风能产生并被引入电网,这在经济上具备可行性(GWEC 2006;IEA 2008c,g)。

目前,生物质能被用于加热、发电以及生产液体生物燃料(如乙醇和生物柴油)。2006年,全球生物质能利用量约为50艾焦／年(IEA 2008c),其中发展中国家消耗了约60%的生物质能源,这些生物质能源主要是供给家庭取暖和做饭用的传统非商业性燃料(如燃材、作物残茬、粪便)。现代生物质能转化(用于加热、发电和燃料)量达到19艾焦／年。

最近的几项研究评估了全球生物质能生产的发展潜力。研究中给出的评估结果存在一定差异,这很大程度上取决于生物质能的产量、转化为电力或燃料的效率以及土地利用限制。

生物质资源被从不同角度进行了定义(Hoogwijk et al. 2005)。如果所有的土地资源都用于种植能源作物,那么就可以从理论上预估全球生物质产量的上限值,预计这个数值为3 500艾焦／年,远远超过目前或2050年能源利用量的预估值。实际上,由于许多土地利用类型在竞争土地资源,导致生物质的产量将比理论潜力要小很多。地理潜力是指在考虑约束条件的情况下,预估可利用土地上生产的生物质总量。生物质生产的技术潜力可以解释在生物质原料生产电力或燃料的过程中,转换损耗产生的原因。通过分析区域生物质能供应曲线,我们可以发现生物质能供给在经济上可行的潜力。最后,政策因素和制度因素会影响生物质能的利用(Hoogwijk et al. 2005)。人们对生物质能可持续性的担忧进一步限制了生物质能的利用。在最近的一篇综述中,据IEA(2008c)估计,全球主要可持续生物质能源的生产潜力约为200—400艾焦／年。

一直存在着的若干问题导致生物质能对能源系统的长期贡献存在不确定性。这些问题包括生物质能源作物对水资源的竞争,生物质能源作物生产过程中施用化肥和农药对环境造成的影响,生物质能源作物对生物多样性的影响,以及生物能源作物与饲料作物和粮食作物生产之间存在对土地资源的竞争。

397

水力发电是目前全球可再生电力资源最大的来源,水力发电量约为3 035太瓦时/年,在全球电力生产总量中占16%。水力发电可以通过大型水坝、小型水电站以及泵送蓄水系统产生。最近的几个报告(Archer and Jacobson 2005;deVries et al. 2007;IEA 2008c;UNDP 2000,2004;WEC 2007a)对水力发电资源进行了评估。与其他可再生能源相同,水力发电也存在若干个不同的定义。

理论水能资源(Theoretical hydropower resource)被定义为地表水径流的理论最大产能值。全球陆地年降水量约为47 000立方千米,以此可以估测出世界年水量。从平衡理论上讲,水流运动产生的能量可用作水力发电。考虑到海拔、降水量及地形因素,预计全球水能资源理论蕴藏量约为16 000—40 000太瓦时/年(UNDP 2000)。由于许多河川径流地处偏远地区,加上一些地理位置相关的其他问题,人类很难在实际生产中获取大量的水能资源理论蕴藏量。尽管这些地理位置相关的问题导致了水能资源经济潜力的不确定性,但据估计,全球水能资源的技术潜力最高可达14 000太瓦时/年。从历史上看,世界工业化地区开发的水能资源总量约占全球的60%—70%(如欧洲和美国),以此为参考,预计全球水能资源的经济潜力约为6 000—9 000太瓦时/年(UND 2000;IEA 2008c,g)。

全球水能资源分布很不均衡。大部分未开发的潜在水能资源位于拉丁美洲、亚洲和非洲的发展中国家。据最近IEA给出的未来能源发展情景,到2050年,全球水力发电量可增加1.7倍,其中,发展中国家的水力发电量占主导地位。

地球表面的三分之二被水资源覆盖,其中几乎97%的水资源蕴藏在海洋中,而河流中的水资源只占0.000 2%(Gleick 1996)。尽管在全球范围内,传统的水能资源已经被广泛发掘利用,但海洋能(如波浪、潮汐、河流中水流运动产生的动能,以及存储在海洋温度梯度中的热能)还未得到有效的开发利用。这些能源相关的开发利用技术仍处于不同的发展阶段,其中一小部分技术正处于海上试验阶段,并即将得到全面实施。但也都面临着重重挑战,尤其是在恶劣的环境条件下在海上操作这些仪器设备,能量供给存在间接性,以及存在如何将发电设备与陆地电网进行连接的问题。此外,在洋面上安装的波浪发电设备可能会影响船舶航行,而潮汐发电设备可能会对海洋生物产生影响。

据估计，沿着全球海岸线，以波浪形式产生的能量大约为23 600—80 000太瓦时／年（IEA 2006a；Jaccard 2005；WEC 2007a），但其中满足经济上可行性的可开采波浪能潜力只有28太瓦时／年。目前已经有若干不同类型的波能量转换装置正处于测试阶段，这些设备的单位容量小于1兆瓦（MW），包括振荡水柱、漫顶装置、点吸收器、终止器和衰减器。预计全球波398 浪能生产的年平均容量系数约为21％—25％（Jacobson 2008）。

在全球潮汐能功率密度较大的地区，预计潮汐能潜力约为800—7 000太瓦时／年（IEA 2006a；Jacobson 2005），其中，约180太瓦时／年的潮汐能可以转化为电能，并达到经济上的可行性（Jacobson 2005）。与海洋波能有限的可预测性不同，潮汐运动是有规律的，年平均容量系数约为20％—35％。目前，若干个潮汐能转换装置正处于不同的测试阶段，预计单位产能约为1兆瓦或稍低一些。这些潮汐能转换装置包括水下水平式涡轮机和垂直轴涡轮机、文丘里管（venturis）和振荡装置。对潮汐能发电的研究可以借鉴现有风力发电相关的大量研究，通过对比可以发现现有潮汐能发电技术方法的局限性。然而，由于波浪能发电技术中同时存在一系列相关的概念，所以目前还不能确定一个完善的波浪能发电技术的定义是什么。

通过建立跨河口拦河坝将潮汐能转化为电能的技术已经发展得比较成熟，但是这一技术对地区生态环境产生严重的影响。目前的潮汐能设备容量约为270兆瓦，预计这种资源的总发电潜力约为300太瓦时／年（IEA 2006a）。

海洋热能转换（Ocean Thermal Energy Conversion，OTEC）是迄今为止能量最大的海洋能源资源，预计其资源潜力高达10 000太瓦时／年（IEA 2006a），这种能源资源利用热带海洋表面水温与深海水温之间高达20—23℃的恒温差产生能量。但是，这种能源资源产生的地理位置和能源需求之间不匹配，而且热能转换率低，还需要在深水区部署大量转换装置，这些都是海洋热能转换面临的挑战。迄今为止，只有少部分海洋热能转换技术在实际生产中得到了验证，其产能只有50千瓦或更少。如果将海洋热能转换商业化，那么应该考虑发展10—100兆瓦产能的大型热能转换系统。海洋热能转换与其他用途结合可能产生额外的收益，如水产养殖、空气调节和海水淡化等,这些方面正处于研究当中。

盐度梯度技术(Salinity gradient technology)是利用海水和淡水之间存在的渗透压差值,相当于一个240兆液压压头产生的能量。全球主要的发电潜力大致取决于每年淡水资源汇入全球海洋系统的水流量,其产能约为2 000太瓦时/年(IEA 2006a)。然而,盐度梯度发电技术仍处于研究与开发的起步阶段,而且在未来几十年,其发展潜力有限。

所有这些新兴海洋能源技术的全球水电整机容量在现阶段小于5兆瓦(发电量小于1太瓦时/年,大部分电能由潮汐堰坝产生),主要来自工程原型和示范项目系统的预估值。预计到2030年,100兆瓦以上的整机容量不会大量出现。据IEA的预测,到2030年,全球新兴海洋能源的发电总量约为14太瓦时/年(IEA WEO 2008c)。

399

地热能(Geothermal energy)工程是将包含在岩石中的热量转化成电、工业用热,或者通过水循环吸收岩石热量,并将其输送到地球表面,然后进行空间加热和/或空间冷却。传统(水热)系统中,高温储液器(>450°F)中的水资源被部分转变为水蒸气,水蒸气携带的热量通过低压蒸汽涡轮机转换成机械能。全球几个大型高温储液器中蕴含的能量占全球总产能的29%,储液器直接产生干燥蒸汽,不需要分离装置进行分离。在温度较低的储液器中,或者在利用分离海水产生热量的条件下,能量是通过二元体系产生的,同时通过热交换器将热能转变为工作流体以驱动涡轮机。这种发电装置的产能占全世界地热发电总量的10%。地热发电站通常具有负载设备的作用,其容量系数高达90%左右,而且地热发电站排放极少量的温室气体,甚至在某些情况下几乎没有温室气体排出。地热的温度对热能转换为电能的转换效率有很大影响,因此,转换效率可以从212°F条件下的5%以下增加到570°F条件下的25%以上(Armstead 1987)。

目前探索和发展非常规地热系统的新技术正在兴起,包括:隐藏系统(即无表面热能特征,如温泉、火山喷气孔,或热液蚀变),深层系统(深度超过3千米),高温/超临界系统,以及增强型(工程型)地热系统(EGS)。在增强型地热系统中,通过液压刺激确保足够大的渗透率,从而促进给水器和储水器之间水的流动(Williamson, pers.comm.)。一般情况下,必须将水流引入到储液器中,而且应该开钻一些深井(5—10千米)以保证能够获得地下丰富的热能资源。一些研究人员(Pruess and Azaroual 2006)提出,在增强型地热系统[①]中,使用超临界CO_2代替水作为循环流体,用于储层构建和热量提取。

据估计,地球内部储存的热能约为10^{13}艾焦(2.8×10^{15}太瓦时),全球热量损失速率约为1 000艾焦/年(2.8×10^5太瓦时/年),其中,海洋热能损失量约占70%,陆地热能损失量约占30%(Rybach et al. 2000;Pollack et al. 1993)。相比之下,全球一次能源消耗总量大约为491艾焦/年(1.4×10^5太瓦时年)(IEA 2008c)。全球范围内,满足技术上可开采要求的地热能源量约为500—5 000艾焦/年(1.4×10^5—1.4×10^6太瓦时/年)。世界不同地区满足经济可行性的地热资源开采量在2—20艾焦/年间波动(556—5 556太瓦时/年)(Jacobson 2008;Jaccard 2005)。

全球已经有24国家进行了地热发电,其总产能的94%来自以下八个国家:美国(29%)、菲律宾(22%)、墨西哥(11%)、印度尼西亚(9%)、意大利(9%)、日本(6%)、新西兰(5%)和冰岛(2%)(Bertani 2005)。全球地热发
400 电总量的75%产自于世界20个地热发电站,其整机容量超过100兆瓦。

全球地热源生产输出的电力资源总量已经从1960年的0.009 4艾焦/年(2.6太瓦时/年)增加到2006年的0.22艾焦/年(60太瓦时/年),这也意味着约0.3%全球电力资源由地热资源输出(IEA 2008g),而且,地热发电厂的整机容量也从1960年的386兆瓦增加到2006年的10 000兆瓦以上(IEA 2008g)。随着越来越多常规地热资源和非常规地热资源的场地被开发,预计到2030年,地热资源发电站的数量将增加三倍。2006年直接用于空间加热的地热能已经达到0.1艾焦,其中1/3的地热能来自深层孔洞,其余来自本地区的地源热泵。预计2030年直接用于空间加热的地热能将达到0.8艾焦(IEA 2008g)。

虽然地球仅截获了很小一部分的太阳能量(约5×10^{-8}%),但太阳能是人类可以利用的最丰富的能源资源(WEC 2007a)。实际上约60%的太阳入射辐射能够到达地球表面,约3 900 000艾焦(1.1×109太瓦时/年)。虽然,这个辐射强度相当于1 000瓦/平方米,但如果把天气(例如,云量,湿度)、日照时间和季节变化都考虑在内,那么平均太阳辐射强度约为170瓦/平方米(WEC 2007a)。根据2006年的数据(IEA 2008g),一个小时内到达地球表面的太阳能也就相当于人类活动一年所消耗的能量。

---

① EGS-CO_2系统(增强型地热系统)通过CO_2加热/冷却之间的密度差,可以增强液体的流动性,降低吸气压力损失,因此具有从储集岩中开采出更多热量的潜力。另外,进入地质构造中的CO_2损失量均可以认为是一种CO_2的封存。关于液态CO_2溶液,应该控制其腐蚀性。

太阳是生物质衍生能、风能和海洋能的间接来源。对太阳能进行直接的商业化应用包括被动式利用（如空间加热、空间冷却以及照明），热水加热和冷却，蒸汽和电力的生产。满足技术上开采需要的太阳能直接利用潜力的范围是 $0.4×10^6$ 至 $16×10^6$ 太瓦时/年（Jaccard 2005；Jacobson 2008）。这种太阳能直接利用潜力的差异说明世界各地日照强度不同，捕获所有可利用太阳光用于满足人类的需求和避免太阳能组件产生阴影的系统能力是千差万别的，另外的因素可能对太阳能集热的效率产生了影响，如灰尘。其他方面的太阳能直接利用技术仍处于研发的早期阶段，可能包括通过水光电解技术制氢，通过二氧化碳（和水）的光还原作用生产甲醇和其他液体燃料。

自古以来，人类就已经在被动地利用太阳热量。但是，近期世界上许多国家才开始考虑通过协调合作，将被动式的太阳能利用与建筑设计相结合。尽管如此，主动式的太阳能加热技术已经发展得相对成熟，一般情况下，这种技术所需的基础设施包括一系列暴露于太阳下的管道，通过这些管道中的液体传递热能，然后将热能存储于一个水槽中，从而为人类提供所需要的热水。由于白天日照时间有限，通常主动式的太阳能加热技术还需要备用燃气或电加热装置。直接用太阳能加热不仅是最有效的太阳能利用方法，也是最常见的做法，目前全球太阳能装机容量已经超过了 1 280 亿瓦特，其中大部分产自中国（IEA 2008e）。非聚光型太阳能集热器包括无釉面板和有釉面板以及真空管，可以把水、乙二醇、空气或其他液体加热至100℃或稍高温度。如果把这种非聚光型太阳能集热器与吸收式制冷机或喷射器联合使用，这个系统就可以提供太阳能制冷功能。

401

集中式太阳能热（发电）系统利用反光镜收集太阳直接辐射，然后把这种高温的太阳光束集中到一种可以传导热能的液体上，如水、有机液体、矿物油，甚至是高温熔盐。分布式集热系统（例如，线性菲涅反射镜和弧形集热槽）可使温度达到400℃。日光反射装置把光聚焦到中央接收塔，其温度可达700℃或更高。这些被加热的液体可用于提供工业生产或商业化生产过程中所需要的制热或制冷条件，或者可通过驱动蒸汽涡轮机来发电。先进的中央接收系统通过加热空气来点燃涡轮机，从而产生能量，目前这项技术还处于研发与试验的早期阶段。碟式聚光器通过集中太阳光加热氢气或氦气来驱动热力发动机（例如，斯特林发动机）产生电力，这是另一个应用CSP技术的例子。

太阳能光伏发电系统由半导体材料制成的电池组构成,这些电池组可以把入射光和散射光中的光子转换成直流电。半导体材料主要由单晶硅或多晶硅构成。但是目前一些由非晶硅和微晶硅、碲化镉以及铜铟镓硒化合物制成的薄膜器件已进入市场。太阳能光伏发电系统的光电池组件可安装在屋顶,成为建筑物外壳的一部分,或者以电池组的形式安装在地面。聚光光伏发电系统使用镜片或其他光学聚焦技术,将光聚焦到砷化镓电池上来发电。新一代光伏发电设备采用了纳米技术、有机材料和其他先进理念,目前正处于早期研发阶段。

太阳能光伏发电系统或集中式太阳能发电系统(CSP)占用的土地面积约为1—4公顷/兆瓦(热力系统占用的土地面积约为0.2—0.8公顷/兆瓦),这取决于不同的太阳能收集技术,如太阳能收集设备是否追踪太阳的轨迹,是否在太阳能收集点使用热能储藏设备。[①]太阳能年均容量系数在15%—35%间波动,它主要取决于纬度、云量、太阳倾斜度或太阳轨迹,以及太阳能收集器的效率。

在全球商业能源供给结构中,目前太阳能的贡献远不及1%,但根据未来能源情景研究(IEA 2008g),太阳能对全球商业能源的贡献预计到2050年将增长至1%—11%(总发电量,不包括直接的热能利用)。2007年,太阳能光伏发电系统的电力产量约为4太瓦时/年,而集中式太阳能发电系统的电力产量低于1太瓦时/年(IEA 2008f, g)。目前大部分太阳能整机容量分布于欧洲(德国、西班牙)、日本和美国。预计,太阳能光伏发电系统和集中式太阳能发电系统(CSP)能够达到经济上可行的开发潜力最多分别可以达到

402　3×10^6太瓦时/年和1 000—8 000太瓦时/年(Jaccard 2005;Jacobson 2008)。

回顾性分析与前瞻性分析

为了评估能源的可持续性,我们使用回顾性分析和前瞻性分析两种方法。这两个方面的分析都是十分必要的。对未来的预估十分关键,因为可持续发展的本质是关注未来。但是另一方面,前瞻性分析本质上也就是一种推测。因此就需要进行回顾性分析,作为对现状的核查,揭示出当前世界已经

---

① 集中式太阳能发电设备需要追踪太阳轨迹,但是平板光伏发电系统可以选择是否追踪太阳轨迹。单轴或双轴追踪方式将增加光伏发电系统电池组的输出,但同时占用的土地面积也会增加,因为要避免电池组之间相互遮蔽。

选择的发展路径的真实情况。回顾性分析方法着眼于过去的行为,评价过去的行为在一段特定的时期后,对后代幸福生活可能产生的影响,例如,在过去的十年中,我们的行为是否对后代的幸福生活造成了不良影响? 回顾性分析基于以下几个方面的历史变化:(a) 各类化石燃料资源总量的变化;(b) 各类化石燃料资源累积流量的变化;(c) 各类可再生资源总量的变化;(d) 能量转换效率的变化进程;(e) 能源服务(最终用途)的效率变化;(f) 各类可再生能源资源从能源转化成能量的效率的变化。基于这些方面,我们计算了利用当前的资源勘探模式、扩展(技术)、能源利用和能源服务需求的能力的变化。

前瞻性分析方法中我们假设采用预期的2050年能源利用情景,分析了我们应该怎样定义能源替代物,以及能源服务需求、能源技术的效率以及能源资源充满不确定性的发展前景。我们可以根据资源流动和资源扩张的特点,计算出能源资源可利用性的变化,并利用能量转换效率和终端利用效率作为指标,评估我们提供能源服务的能力。关于能源储备、能源资源、能源产量及其随时间变化的关键数据见表22.1。

未来能源发展情景的作用

未来能源发展情景为我们提供了一种思考未来能源发展可能性的方式。我们选择了三种未来能源发展情景,反映出能源管理的不同策略:放任主义的策略,向低碳过度的管理策略,严格的碳(环境)约束管理策略。这三种能源发展情景存在差异的根本原因在于:采用不同的方法管理人类行为,支撑这些组织认同感的观念存在一定的差异。也就是说,竞争性的市场,社会等级体系和平等合作这三个方面分别对应着这三种能源管理策略。每一种能源管理策略都反映出对自然和经济所持的不同态度。基于市场的能源管理策略认为自然十分健康,而且自然界可以宽恕人类活动带来的负面影响,但这种能源管理策略主要是担心经济发展很容易受到干扰。持平等主义能源管理策略的人们倾向于关注大自然的脆弱性,认为经济活动有能力承担环境保护的成本支出,才不会危害环境健康。从社会等级结构角度出发的能源管理策略认为自然和经济在一定范围内是有弹性的,但是千万不能超越范围界限,因此这种能源管理策略往往专注于对经济现状和自然现状进行技术性分析(Thompson and Rayner

403

表22.1 储备和能源资源的生产。除非另有说明，所有数字来自IEA(2008c)。国际能源机构的平均换算系数假设：1 MTOE（百万吨石油当量）= 1.98×10⁶吨，煤=0.0209，10⁶ BOEPD（每天石油当量桶）=1.21 BCM气体（10亿立方米）=1.21×10⁻³TCM气体（万亿立方米）。

化石与核能源	可采储量证明 (2005)	年产量			
		2005	BASE-2050	ACT Map-2050	BLUE Map-2050
煤 (10⁹吨)	847×10⁹[a]	5.7	12.4	4.9	4.5
常规油 (10⁶ BOEPD)	1 332	84	94	84	58
页岩油 (10⁶ BOEPD)		0	10	0	0
油砂 (10⁶ BOEPD)	1	1	16	6	2
北极和超深油 (10⁶ BOEPD)	0	0	15	4	1
石油总产量 (10⁶ BOEPD)	85	85	131.3	91.8	59.4
天然气 (TCM)	177[a]	2.8	5.6	4.8	3.6
铀/核能 (k吨)[b]	3 297	42	NA	NA	NA
核电发电 (TWh/yr)		2 771 (370 GW$_e$)	3 884	7 336	9 857

可再生能源	可回收资源经济 (2005)	年产量			
		2005	BASE-2050	ACT Map-2050	BLUE Map-2050
地热发电 (TWh/yr)	5 560[c]	53	348	934	1 059
地热发电 (GW$_e$)		9	60	180	220
风力发电 (TWh/yr)	19 000—25 020[d]	111	1 208	3 607	5 174
风力发电 (GW$_e$)		57	400	1 350	2 000
水力发电 (TWh/yr)	6 000—9 000[c, d]	2 922	4 590	5 037	5 260
水力发电 (GW$_e$)		867[e]	1 380[f]	1 510[f]	1 580[f]
太阳热能 (TWh$_{th}$/yr)	NA	77[g]	390[f]	900[f]	1 800[f]
太阳热能 (GW$_{th}$)		128 GW$_{th}$[g]	650	1 500	3 000

可再生能源	可回收资源经济 (2005)	年产量			
		2005	BASE-2050	ACT Map-2050	BLUE Map-2050
太阳能 (TWh/yr)	PV: $<3\times10^{6(h)}$ CSP: 1 050—7 800$^{(h)}$, 8 340$^{(j)}$	PV: 3$^{(i)}$ CSP: 1$^{(i)}$	167 (PV+CSP)	2 319 (PV+CSP)	4 754 (PV+CSP)
太阳能 (GW$_e$)		PV: 6$^{(g, i)}$ CSP: 0.4$^{(g)}$	PV $\leq$ 60 CSP $\leq$ 10	PV: 600 CSP: 380	PV: 1 150 CSP: 630
海洋能源 (TWh/yr)	28$^{(c)}$	1	10	111	413
海洋能源 (GW$_c$)		0.3	3$^{(f)}$	37$^{(f)}$	136$^{(f)}$
商业生物质发电 (TWh/yr)	33 360$^{(e)}$	231	1 682	1 980	2 452
生物质原料最大值生产 (10^9 tonnes/yr) $^{(j)}$			6.6	8.8	11.0
生物质原料最大值生产 (EJ/yr) $^{(j)}$		~ 50	90	120	150
生物燃料生产 (10^6 BOEPD)		0.4$^{(k)}$	$\leq$ 1.5	12	15

(a) 戈蒂埃等人 (this volume)。
(b) WEC (2007)。
(c) 贾卡 (2005)。
(d) UNDP (2000)。
(e) IEA (2007)。
(f) 根据2005年能力因素估算的年度能源使用价值。
(g) IEA (2008); 仅显示2006年的数据。
(h) 雅各布森 (2008)。
(i) IEA (2008); 另见附录3 (this volume)。
(j) 包括传统生物量。
(k) IEA (2007); 另见附录3 (this volume)。

1998)。每一种能源管理策略中驱动性的关注点也不相同：从社会等级结构出发的能源管理策略关注的是系统得以维持；基于市场竞争的能源管理策略关注的是保持经济领先发展；基于平等主义的能源管理策略关注的是限制能源需求。在基于社会等级结构的能源管理策略中，能源供应的特点是其具有庞大的基础设施，而对于基于市场竞争的能源管理策略而言，能源供应的特点是机会主义，但是在奉行平等主义的世界里，能源供应的特点取决于能源资源的分配以平等世界中的资源分布。图22.3中展示了基于对不同观点进行综合性社会科学描述的未来能源发展情景的示意图。为了确定我们对这三种世界观的分析能够充分合理，能够满足这三个世界观的要求，我们确定了一组表示能源多样性的未来能源发展情景。

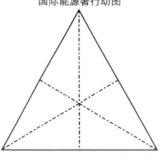

等级价值观(国家)
自然/经济 ⌒⌣
时间：长期
供应：大型基础设施
消费：一次性
关注：系统维护
示范设想：
　"管理转型"
　政府间气候变化专门委员会 B1
国际能源署行动图

示范设想：　　　　　　　　　　　　　　示范设想：
不受限制　　　　　　　　　　　　　　"绑定二氧化碳"
政府间气候变化专门委员会 A1　　　　政府间气候变化专门委员会B2情景
国际能源署基线　　　　　　　　　　国际能源署蓝图
竞争价值(市场)　　　　　　　　　　平等价值观(公民)
性质：∧ 经济：∨　　　　　　　　　性质：∨ 经济：∧
时间：短期　　　　　　　　　　　　时间：压缩
供应：机会主义者　　　　　　　　　供应：分布式
消费：明显的　　　　　　　　　　　消费：集体
关注：保持领先　　　　　　　　　　关注：限制"需求"

图22.3　情境图。

　　作为近期最全面的全球能源发展情景预测，我们选择了国际能源署能源技术展望 (ETP) 2008 年能源情景预测，帮助我们调查聚焦未来能源系统的不同观点之间潜在的联系，以及能源系统可持续性的约束条件 (IEA 2008c)。国际能源署的能源技术展望中给出了关于电力、交通和能源最终用途的技术和能源利用的具体设想，其中也选择了三种能源发展情景：基准情景，ACT 系列情景和 BLUE 系列情景。在 IEA 所有的未来能源发展情景中，年平均经济增长率为 3.3％。因此，从 2005 年至 2050 年国民生产总 406 值将会翻两番。在所有未来能源发展情景中，人类对能源服务的需求是相同的。人类生活方式没有发生变化，但每一种能源发展情景下，能源技术组合存在根本性的差异。关于能源供应（如核能、二氧化碳收集和储存、可再生能源）和终端利用效率，国际能源署能源技术展望提供了不同的政策选择。

　　国际能源署给出的能源发展基准情景对应于放任主义能源管理策略，其特点是 2030 年后社会经济发展速度加快，人口增长速度减缓，2050 年世界人口达到 90 亿。与 2005 年相比，汽车行驶里程和货运将增长三倍以上，尽管未来很可能会颁布许多目前正在审议的气候政策法令，但全球二氧化碳排放量的增加幅度将比 2005 年高出 130％以上。

　　国际能源署未来能源发展的 ACT 情景考虑了一些旨在将 2050 年二氧化碳排放量保持在 2005 年水平的政策。这一情景表明，提高能源终端利用效率并发展几乎无二氧化碳排放的电力部门，需要燃料结构的极大转变。

　　国际能源署未来能源发展的 BLUE 情景中的目标是将全球二氧化碳排放总量减半。除了 IEA ACT 情景中的做法外，BLUE 情景考虑了在能源终端利用行业中实施二氧化碳捕获与封存技术 (CCS)，并减少运输过程中的二氧化碳排放量。在 BLUE 情景中，对石油的需求低于当前水平之下。关于具体的能源技术，IEA BLUE 方案中假设，到 2050 年，核能最大产能量约为 12 500 亿瓦，投入使用的大型风力涡轮机数量可达 18 000 个，太阳能电池板覆盖的面积将达到 2.15 亿平方米，近 10 亿辆电能或氢燃料电池汽车投入使用，可再生能源提供的电能超过 19 000 太瓦时 / 年（图 22.4）。

　　我们采用的方法是在一个综合性的社会科学框架的基础上，开发出一个更传统的"能源储量和流量"框架，从而了解能源储量和流量对能源系统的影响（见图 22.3）。 407

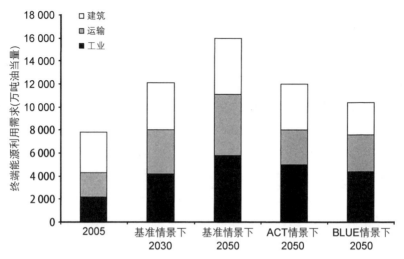

图22.4　基准情景、ACT情景和BLUE情景下，不同部门中的终端能源利用需求（IEA 2008g）。授权转载。

度量框架

在举例说明此方法之前，我们推导出了衡量可持续性的一般方程。可持续性说明了当代人可以利用的"机会"与传递给后代人的影响之间的关系。如果我们将"能源资源"从广义上定义成"能源机会"的同义词，那么为了维持能源系统的可持续性，每代人都必须给下一代传递同等多的或更多的能源资源（或者提供能源服务的能力）。由于能源系统不承认其他因素可以替代能源为人类福祉提供同样的服务，所以上述条件是能源可持续性的硬性要求。下面我们很快就回到这个问题上。

"广义上的定义"并不意味着简单地用能量（焦耳）来衡量能源资源，而是要通过能源资源被转换成能源服务后对人类福祉有所贡献的能力来衡量能源资源。这个层面的可持续能源不能简化成一个单一的等式。尽管如此，等式仍然是可以用于表达不同的可被测量变量之间关系的重要工具。同样的道理，我们设法以数学形式来定义能源可持续性在一代代人之间的关系。为了实现这一目标，从高度概括和抽象化角度出发进行探究将会十分有利，同时我们应该时刻谨记，只有用于具体且真实的能源资源预测中，这种数学等式才能发挥其作用。

参数化的难点在于要定义一系列能源服务去描述人类福祉。不同文化背景和时间尺度下，关于人类福祉的定义各不相同。而经济学中仍尝试定义了一系列人类活动和服务，使得国家间的"人类福祉"具有可比性，即所谓的购买力平价。虽然这个定义不够完整，但采用相似的方法来确定和定义一系列能源服务，可以为我们的能源系统可持续性评估提供一个评价指标，或者是作为一种能源系统可持续性的度量指标。

能源资源来自一段时间后可能会被耗尽的不可再生能源存储（如石油、煤炭、铀或者天然气），也可能来自可再生能源资源流（如光照、风力和大量可用的生物质能）。令某一时刻t的能源资源储存总量表示为Q_t，单位为焦耳。由于能源资源存储形式多样，所以应分别考虑不同的能源资源储量。但是，简便起见，我们将所有形式的能源资源储量都用焦耳表示。将时间t内能源储量转换成能源服务的能源转换强度定为e_t，单位为焦耳/单位能源服务。以能源储量形式存在的可利用性能源服务总量为Q_t/e_t。令所有可再生能源年均能量流量为q_t，单位为焦耳/年，尽管很多情况下可再生能源的转化效率远低于化石燃料（如太阳能到电能的转化效率仅为5%—20%，地热能的转化效率为10%—25%，而天然气或煤炭的转化效率却达到30%—55%），但我们假设可再生能源转化为能源服务的效率与能源存储e_t的转换效率相同。这里我们有必要指出，Q_t和q_t均不表示潜在的可利用性能量总量，而它们表示的是在当前技术、经济、环境和社会条件下，能够满足技术上可行且经济上实用的那部分可利用性的能量。

409

不可再生能源的总储量为Q_t/e_t，那么可再生能源的储量应该如何表达呢？我们知道，上一代人传递给下一代人的可再生能源的年均流量为q_t/e_t，这样的话，不可再生能源的年均可利用量是多少呢？根据这些定义，不能简单地把储量和流量相加得到能源资源总量，因为储量的单位是焦耳，而流量的单位是焦耳/年，这两个变量的单位并不统一。这一难题的一种解决途径来源于可持续性的定义——将化石能源资源转换成能源流。定义化石能源年均利用量为g_t，那么$N_t=Q_t/g_t$表示按照当前化石能源的利用速率，化石能源资源可以供人类使用多少年。可持续发展意味着我们留给下一代能源资源总量不应少于当前我们这一代使用的能源资源量。最后，我们预测随着未来人口的不断增加，后代对能源资源的需求量P_t也会上升，因此，有必要用人均能源资源占有量来表示能源资源量。

利用能源服务流量年均值来表示当前人均能源资源量,可以写为:

$$\frac{\left[\left(\dfrac{Q_0}{e_0}\right)\left(\dfrac{1}{N_0}\right) + \left(\dfrac{q_0}{e_0}\right)\right]}{P_0} \qquad \text{(公式 22.1)}$$

在某时刻t,传递给后代能源资源量的最小值为:

$$\frac{\left[\left(\dfrac{Q_t}{e_t}\right)\left(\dfrac{1}{N_0}\right) + \left(\dfrac{q_t}{e_t}\right)\right]}{P_t} \qquad \text{(公式 22.2)}$$

到目前为止,我们已经讨论了能源服务。但是,后代可能不会以我们现在的方式来利用能源服务创造社会福祉。例如,我们想象一下,未来更有效的城市设计可能会使得人们根本不需要太频繁的移动。未来人们对能源的消费可能会偏向于低能耗商品和服务。因此,我们需要另一个术语,即人类福祉和能源服务之间的比率。再次,由于能源服务类型多样,简便起见,我们仅用一个综合能源服务表示。用 k_t 表示在时间t内,人类福祉和能源服务之间的比率。因此能源可持续性可以表示为:

$$\frac{k_t\left(\dfrac{1}{N_t}\dfrac{Q_t}{e_t} + \dfrac{q_t}{e_t}\right)}{P_t} \geqslant \frac{k_0\left(\dfrac{1}{N_0}\dfrac{Q_0}{e_0} + \dfrac{q_0}{e_0}\right)}{P_0} \qquad \text{(公式 22.3)}$$

其中,Q_t 表示时间t内化石能源的储量(焦耳);

g_t 表示时间t内的化石能源流量(焦耳/年);

q_t 表示时间t内可再生能源的潜在流量(焦耳或太瓦时/年);

e_t 表示时间t内能源转化为能源服务的强度(转化效率的倒数);

P_t 表示时间t的人口数量;

k_t 表示时间t的人类福利与能源服务的比率;

N_t 表示按照当前化石能源的利用速率,化石能源资源可以供人类使用的年限。

然而,按照目前的形势,人类生活的幸福指数与两个潜在的政策机制密切相关,应该把这两种政策机制分开研究:(a)改变人们效用函数的可能

性,这样的话,即便是能源供给水平不同,人们都可以获得同样的能源效用;
(b) 利用非能源服务方法实现给定效用水平的可能性。举例言之,关于第一
种机制,可以指导、教育人们在实际生活中减少能源消费;关于第二种机制,
我们可以利用日光代替电灯,步行代替驾车,被动式太阳能供暖代替天然气
或者电力供暖。在效用函数运转的过程中分离出效用函数本身的变化,因
此可持续性的公式就可以修改如下:第一,增加了一个非能源资源服务的术
语,这个术语表示利用非能源替代物代替能源服务为人类提供实际效用(幸
福、福祉),通常是指实际能源服务流失的量(焦耳),它也是实际能源服务总
量中的一部分。第二,用一个效用需求修正项的术语替代人类生活幸福指
数 K_t,这个术语表示以较少的总能源服务和非能源服务实现人类生活质量
达到给定水平的可能性。这些新参数可能是从当前能源发展情景或未来能
源发展基准情景变化的角度来表达的。方便起见,我们假设能源需求呈指
数增长。能源可持续性方程可以写为:

$$\frac{\exp^{k_d \cdot t}\left(\dfrac{1}{N_0} \cdot \dfrac{Q_t}{e_t} + \dfrac{q_t}{e_t}\right)\left(1 + \hat{E}_0 \cdot \exp^{k\hat{E} \cdot t}\right)}{P_t} \geqslant \frac{\left(\dfrac{1}{N_0} \cdot \dfrac{Q_0}{e_0} + \dfrac{q_0}{e_0}\right)\left(1 + \hat{E}_0\right)}{P_0}$$

(公式 22.4)

其中,$\hat{E}_0$ 表示在 t_0 内,非能源途径提供的服务的焦耳当量,作为初始时间内
能源服务总量一部分(合理值可能是 10%);

k_d 表示从初始时间起,对能源相关服务的效用需求常量(净需求变化)
的变化速率(合理值在 −0.02 至 0.02 间波动);

$k_{\hat{E}}$ 表示相对于能源服务提供的总焦耳当量,非能源途径提供服务的焦
耳当量的变化速率。

411

上述方程式表明,当代人留给子孙后代的能源服务是非可再生能源资
源与可再生能源资源提供的能源服务的总和,其中非可再生能源资源提供
的能源服务受限于非可再生资源的储量大小以及当代人对非可再生资源消
耗的相对速率。非可再生能源和可再生能源提供的能源服务之和,应该被
理解为可再生能源资源和非可再生能源资源为人类生活提供福祉的能力,
当然后代人获得的福祉最起码要与当代人所获得的福利一样多。因此可以

通过以下途径达到这一目标：(a) 扩大非可再生资源量(如通过创新技术，以同样或更低的成本花费、能源水平和环境影响，增加非可再生能源资源的开采量)；(b) 在满足技术、经济、环境和社会方面可行性要求的条件下，增加可再生能源的流量；(c) 通过能源需求转变，降低对能源相关服务的效用需求常量；(d) 利用非能源代替能源提供能源服务，增加能源效用(幸福感，福祉)；(e) 最有可能的是四者结合。因此，通过这个定义，如果满足经济、技术可行性要求和社会环境可接受条件的可再生能源增长的速度足够快，那么"耗光"所有的非可再生能源资源就能够很好地被人们接受了。也有人断言，不管当代人采取何种措施，后代对能源服务的消费和人类福祉之间的关系都可能提高或降低能源可持续性。

从经济学角度来看，价格增长意味着能源短缺。因此，如果当代人留给后代的能源价格更高，那么很可能意味着能源发展的不可持续性。我们可以通过构建能源价格指数来表示能源和能源服务。尽管这种做法比较有用，但自20世纪70年代初期以来，能源价格一直存在比较剧烈的波动，主要是因为受OPEC行为的干预。如果我们采用构建能源价格的途径，就很难区分能源资源枯竭或能源恶化驱动的长期能源发展趋势和能源市场投机与垄断行为驱动的短期波动。因此，非常有必要从可持续性的角度预测能源价格走向，对能源价格的准确解读需要把长期技术和能源趋势与短期市场操纵区分开来。从能源为人类提供福祉的角度来看，未来能源价格不稳定性下降对于人类福祉而言至关重要。为了提高能源对人类福祉的贡献，政府和政策制定者应通过采取措施，有效缓解地缘政治的紧张局势以及随之而来的能源价格不确定性。而另外一种可选途径是制定切实有效的能源政策，实现有意义的能源独立目标。

412 在回顾性分析和前瞻性分析中均对衡量能源成本和能源服务成本的价格指数进行计算。例如公式22.5，p_t是主要能源能量流的加权价格指数。不可再生能源的加权价格指数记为i=1-n，可再生能源的加权价格指数记为j=1-m。

$$p_t = \frac{\sum_{i=1}^{n} g_{it}p_{it} + \sum_{j=1}^{m} q_{jt}p_{jt}}{\sum_{i=1}^{n} g_{it} + \sum_{j=1}^{m} q_{jt}} \qquad \text{(公式22.5)}$$

在公式22.6中，p_t^*指能源服务能量流的加权价格指数。前面我们已经提到的能源价格波动问题可能会导致回顾性分析中的能源发展趋势很难解释。尽管前瞻性分析中的能源发展趋势是预测性的，但它以模型为基础，而模型输出几乎肯定是更容易解释的。

$$P_t^* = \frac{\sum_{i=1}^{n} \frac{1}{e_{it}} g_{it} p_{it} + \sum_{j=1}^{m} \frac{1}{e_{jt}} q_{jt} p_{jt}}{\sum_{i=1}^{n} \frac{1}{e_{it}} g_{it} + \sum_{j=1}^{m} \frac{1}{e_{jt}} q_{jt}} \qquad \text{（公式22.6）}$$

一般来说，大部分能源服务基本上产自多种能源资源，这表明应该选用能源生产函数表示所创造的能源服务，而不是选用简单的能源效率系数。我们应该同时对多种能源资源生产的一系列能源服务进行评估，而不是对某种能源资源生产的能源服务进行单独评价。依照这种方法，人类可利用的能源资源总量就成为能源生产函数的一个约束因子。这里会出现两个问题。第一个问题是，与当代人利用能源资源获得的能源服务相比较，当代人留给后代的能源资源能否足够使得他们生产出更多的能源服务，还是更少的能源服务呢？第二个问题，也是一个更重要的问题，后代利用遗留资源所生产的能源服务能够为人类提供更高品质的生活，还是让生活质量更差呢？尽管能源生产函数方法有其合理性，但这种方法同时还引发了更多其他的问题，目前我们还无法解决这些问题。

例　证

基于该理论框架，我们可以举例验证回顾性分析和前瞻性分析中的每一部分内容。其中，能源贡献包括当前的能源储量和流量、过去一定时间内的储量和流量；指数包括单位国民生产总值的能源产量和消耗量、单位人类发展指数对应的能源消耗量、年度能源成本和能源利用的加权价格指数（过去一段时间内）。

413

由于我们上文中给出的指标可能具有十分有限的实际效用，所以我们也在不断探索能够量化"人类福祉"的单位。具体而言，我们需要的是一种测量社会福祉的方法，这个方法将能源资源和社会福祉联系在一起，并将

CO_2 以外的其他限制因素都考虑在内，即土地资源、水资源、不可再生矿产资源等（有关社会福祉和可持续性之间的联系，see Hamilton and Ruta 2006）。我们开发了一个"影响矩阵"，在三种未来能源发展情景下，具体定性描述 CO_2、空气、土地资源、水资源和不可再生矿产资源对能源供应和能源服务产生的影响（表 22.2）。

表 22.2　能源供应影响矩阵。本例是关于 IEA ETP 情景下各种因素对全球环境和资源产生的定性影响（IEA 2008c）。

能源资源/服务	基准情景		ACT 情景		BLUE 情景	
	条款 A[a]	条款 B[b]	条款 A[c]	条款 B[d]	条款 A[e]	条款 B[f]
资源影响	H[g]	M	M[h]	L	M	
CO_2	H	L	M	L-M	L (～10%)	M[i]
空气	M	L	L	L	L	L
土地资源	M	M[j]	M	H	H[k]	L
水资源	M	L	M	L-M	L	M[i]
非可再生矿产资源	M	L	M-H	L	L	M/H[l]

(a) 70%+ 石油需求量。　　　　　(b) 核电站。
(c) 二氧化碳捕获与封存。　　　　(d) 生物燃料产量增加（见下文）。
(e) 陆上风力资源（基准情景下 +1600 GW/yr）。　(f) 燃料电池汽车投入使用到交通运输。
(g) 如含油砂、页岩。　　　　　(h) 更多煤炭的开采与转化；16%的煤炭用于发电。
(i) 天然气转化为氢气。　　　　(j) 铀矿开采。
(k) 约 11 000 公顷。　　　　　(l) 燃料电池汽车对铂的需求。

我们确定了三个需要详细分析的具体影响：生物燃料生产过程中对土地资源的影响，生物燃料生产加工过程中对水资源的影响，以及燃料电池车辆生产对非可再生矿产资源的影响。这三个具体影响阐明了该矩阵变换为量化形式所使用的方法。

生物燃料生产对土地资源和水资源的影响

以生产单位能量的能源来计算土地资源和水资源成本，生产生物燃料对土地资源和水资源的需求超过了石油运输燃料生产对土地资源和水资源的需求（King and Webber 2008；加利福尼亚空气资源委员会 2009）。于是问题就出现了：全球有足够多的可利用土地和淡水资源来支持大规模的生物燃料生产吗？

　　通过估测生产每单位纤维素生物燃料原料所需要的土地资源和水资源量（Walsh et al. 2003；Lemus et al. 2002；Berndes 2002；Gerbens-Leenes et al. 2009）以及可利用淡水资源和土地资源总量（Gleick 2009；FAO 2003；FAO 2009b），我们可以大概估算出，在 IEA 给出的 2050 年全球能源发展 BLUE Map 情景下，与全球可利用资源相比较，生物燃料生产需要消耗的土地资源 **414** 和水资源总量所处的水平。IEA 在 2050 年 BLUE Map 情景中规划的生物燃料消费量高于其他任何能源发展情景，这种情景下的生物燃料生产需要当前全球6%的永久性牧场，16%的耕地资源，6%的可再生淡水资源，117%目前全球农业用水量，82%目前全球总用水量。

　　以生物燃料满足能源需求的百分比来表达对土地资源和水资源的相对需求量，这种表达是很有帮助的。基于 IEA 预计的未来用纤维素生物燃料满足全球陆地交通运输的能源需求，每满足陆地交通运输中10%的能源需求就需要当前全球2%的永久性牧场，6%的耕地资源，2%的可再生淡水资源，44%的农业用水量和31%的总用水量。

　　我们需要注意的是，这些百分比均是基于目前情况计算得到的，并没有反映出其他领域，尤其是农业领域，对水资源和土地资源需求增长的状况。一些研究表明，到2050年全球水资源利用量的增加幅度将达到20%以上，这将导致一些地区出现严重的水资源压力（e.g., Seckler et al. 1999）。但是，即使我们假设除了生物燃料原料的生产外，其他用途的淡水资源使用量在2050年均增加2倍，预计 IEA 2050 年 BLUE 情景下的水资源额外需求量也不会导致全球水资源利用量超过全球可再生淡水资源总量的20%。阿尔卡莫和亨里希斯（2002）认为当水资源利用量小于全球可利用淡水资源总量的20%时，地区水资源压力就不大。

　　因此，尽管相对于当前的交通运输能源系统和农业生产系统而言，生物燃料生产对土地资源和水资源的需求量很大，但在未来几十年里，从全球尺度上看，生物能源的发展不会面临明显的水资源和（牧场）土地资源制约，除非我们大大低估了其他领域对水资源和土地资源的需求。然而，水资源和耕地资源在全球范围内并不是与人口和能源需求相匹配而均匀分配的；因此，局部地区的水资源和土地资源的可利用性面临着严峻的制约。在中国、南亚、西亚和非洲的部分地区，目前水资源需求量已经威胁到了水资源的供应，在未来几十年，水资源需求量增加的趋势可能会越来越明显（Shah et al. 2000；Seckler et al. 1999；Serageldin 1995）。这些地区生物燃料原料发展对水资源供给产生无法承受的威胁。

假如生物燃料像石油燃料一样可以在全球内进行交易，那么局部地区土地资源和水资源的制约就不会阻碍生物燃料的发展。FAO数据（http：//faostat.fao.org/faostat/）和伯恩德斯的分析（2002）表明，世界上很多地区均拥有充裕的土地资源和水资源来从事生物燃料生产：如北美大部分地区、南美、俄罗斯、印度尼西亚、撒哈拉以南非洲的部分地区。如果生物燃料原料能够在这些资源丰富的地区以合理的成本以及最小的环境影响种植[①]，而且其他领域对水资源和土地资源的需求量不会明显超出预期值，不会出现我们这里未谈及的一些问题，那么生物燃料的生产就不会再受全球可利用水资源和土地资源的限制（类似及更详细的分析和总结见Berndes 2002）。

燃料电池汽车生产对不可再生矿产资源的影响

很明显，数百万辆燃料电池汽车生产所使用的铂催化剂将会增加对铂的需求。事实上，年生产2 000万辆50-千瓦的燃料电池汽车需要消耗250 000千克铂，这个数值超过了2008年铂的总产量200 000千克（Yang 2009；USGS 2009：123）。铂总产量可以维持多久的燃料汽车生产？铂的价格又会如何变化？这两个问题至少取决于以下三个方面的因素：(a) 铂的主要供应国在技术、经济和制度方面应对需求变化的能力；(b) 可开采铂储量与总产量之间的比值；(c) 作为回收量的函数，铂回收的成本。关于第二点，施皮格尔（2004：364）写道，据国际铂协会推断，"可利用性铂储量丰富，未来50年中可以以每年5%—6%的增加幅度提高铂供给"，但没有给出可能对铂价格产生什么影响。戈登等人（2006：1213）预测未来可能有2 900万千克铂族金属可供使用，而且他们还指出，"地质学家认为发现大量新的Pt资源的可能性不大"。这就意味着，这些铂储量可以维持年产量至少2 000万辆的燃料电池汽车生产（每辆燃料汽车需要12.5 g铂催化剂），加上常规催化剂装配车辆的生产以及其他目前的非汽车用途，不足100年，将没有任何回收

---

① 从这个方面来看，我们应注意这里对水资源需求量的预估，大致包括稀释农业污染水到可接受程度所需的额外水资源。进一步的详细讨论请参考达布罗夫斯基等人（2009）。

的铂催化剂。因此，未来铂催化剂车辆的长期使用和价格变化趋势很大程度上取决于对未来铂回收利用的情况。

经济回收预期很难进行量化。1998年，通过回收汽车催化剂，10公吨铂得到了回收利用（USGS 1999）。卡尔森和蒂伊森（2002）报告称汽车催化剂的回收率仅为10%—20%，但同时他们也指出，经济学理论表明回收率会随着需求的增长而升高。施皮格尔（2004：360）认为，"从技术层面来看，我们可以回收催化转换器中90%的铂"，在他关于燃料电池汽车的铂用量对世界铂总产量（不是铂的价格）影响的分析中，认为98%的铂可以回收利用。但是，戈登等人（2006）认为，燃料电池汽车中只有45%的铂可以得到回收利用。尽管如此，有一点我们可以确信，那就是在我们开发出新的、成本更低且更丰富的铂资源和燃料电池技术之前，为了满足规模更大的燃料电池市场的需求，我们必须要回收足够多的铂。事实上，利用价格更低、储量更丰富的材料生产出可以利用的催化剂指日可待。莱费夫雷等人（2009）的研究指出，在阴极上一种微孔碳载铁基催化剂可以产生与铂基催化剂（Pt为0.4毫克/平方厘米）相同的电流密度。不过他们也指出，这种催化剂仍需深入研究，进而提高铁催化剂的稳定性和其他方面的性能。但尽管如此，该研究也表明全球燃料电池汽车市场不会永远依赖贵金属催化剂。

416

结论与建议

或许，可持续性度量最具挑战性的一点就是开发出一个可持续性本身的可操作的定义。对此，我们的经验表明，可持续性的详细定义是从各种情景和每一种情景所代表的独特视角中产生的。然而，在我们整个讨论中再次出现的一个重要特征是，可持续性本身关切的是对后代福祉的保证。我们对自身和自然系统约束性的认识和回应，共同限制了我们可以选择的发展策略——原本通过这些发展策略我们可以达到一定水平的幸福生活。

对能源利用中一些不可避免的能源转换进行有效的管理，取决于我们对与这些约束性相关的关键系统特征进行测评的能力。这种方法可以引导我们找到具体的途径来预测管理能源转换所需要发展的社会、经济和技术机制。我们的目标是避免灾难性的能源转换，因此就需要我们了解能源供应系统的进化历程，了解我们对能源服务、技术方法的要求以及能源资源整个生命周期内对环境的影响,包括对土地资源、水资源、空气和不可再生矿产资源的影响。也许,最重要的是我们必须认识到当前我们应该采取新的发展途径,这种新的发展途径与来源于综合性社会科学的全球观点能够产生共鸣。如果在这些不同观点交织的情况下无法找到观念间的一致之处,则肯定会产生不理想甚至是不利的结果。前提是,如果我们能够前瞻性地看到这种即将到来的能源转变,那么可以采取措施减轻其影响。这些措施包括:选择替代性投资策略(特别是在技术开发和试验阶段);调节经济紊乱状况;避免不理想的短期能源供给决策;发展可以提高能源强度改善速率的机制;并为我们所选择的能源服务提供更多有效的反馈信息。

我们的经验表明,许多度量领域都需要提高水平,包括数据采集、成本分析和影响分析。我们也意识到能源可持续性评估中还需要考虑一些其他的资源系统(如人力资源)和重要的限制因素(如路径限制和地缘政治因素的限制)。例如,地缘政治因素,就会涉及能源安全问题(Greene 2009)。前文论述突出了能源系统可持续性分析存在高度的复杂性和不确定性。不同系统之间相互作用产生的约束性是引发这些问题的重要因素。例如,能源系统中最初规划用于生物燃料生产并降低 CO_2 排放量的土地利用方式,最终可能会导致 CO_2 对土地资源系统的影响不断增强。

以下几个方面的建议旨在协助制定出更加强有力的能源策略,解决这一类问题,努力降低与能源系统具体制约性相关的一些不确定性。这份清单并非详尽无遗,但会随着实施而不断拓展:

- 完成对影响矩阵的详细评估:这将有助于明确三种未来能源发展情景界定下的资源制约性;
- 检验土地资源、水资源和非可再生矿产资源领域中的资源利用和能源资源之间的相互影响:这将有助于明确能源资源和 CO_2(和空气质量)的制约性;
- 提高我们对如何测量多种能源服务和人类福利之间联系的了解;
- 明确并描述与其他资源之间的联系(如人力资源);
- 明确并描述其他的约束系统(如能源资源获取的路径,地缘政治问题)。

420

未来的路

23 气候变化、土地利用、农业和新兴的生物经济

大卫·L.斯科尔,布伦特·M.辛普森

摘　要

　　为了合理评估土地利用和农业发展的可持续性,我们需要全面了解全球各环节之间变化的相互影响。展望未来,这些严重威胁人类社会可持续发展的问题,如气候变化,将会对土地利用和土地覆盖变化产生深远的影响;尤其是为了获得能源和原料供给,全世界范围内对化石燃料不加节制的开采违背了可持续发展的原则。全球经济发展从当前模式过渡到通过生物原材料获得可再生能源和材料模式的前景十分乐观。利用植物天然化学性质提取大量原材料的技术已经取得巨大的进步,在生物精炼过程中通过生物原材料提取的乙醇、甲醇和脂类等材料也越来越成为重要的能源来源。目前全球经济发展模式正处于探索转变阶段,尤其要注意一下几个方面的相互影响:生产天然产品原材料的土地可利用性,土地利用的竞争,用生物能源作物替代粮食作物,以及其他动态变化。本章的重点在于以下两个密切相关的问题:(a) 大量化石燃料燃烧和土地利用变化导致的气候变化问题;(b) 经济发展依赖日益稀缺的非可再生化石燃料获得能源和材料所导致的问题。假如我们努力改变当前从化石燃料来源获得燃料和原材料的模式,转向天然燃料来源,就很可能会创造一种新的生物经济模式。从基于非可再生能源的经济模式转变为基于可再生能源经济模式的革命性变化带来了令人兴奋的新经济体制,它将在一定程度上减缓全球气候变化,促进人类社会和经济的可持续发展。但在经济体制发生重大变革的过程中,食品安全、水资源供应和自然环境等方面也会产生潜在的风险。未来碳减排的世界前景正在给世界经济带来正反两方面的巨大变化。我们对这种变化的调

421 节与控制对未来经济的可持续发展至关重要。

导论：未来是碳减排主导的世界

当前世界发展过程中呈现出一个越来越明显的趋势：气候变化及世界各国为应对气候变化做出的一系列关于经济调控、政策方针和贸易策略等方面的反应推进了世界经济和工业发展体制的重组。这种重组也已经开始重新定义公司及其投资者的竞争优势和财务业绩的基础。

——碳公开项目（2007）

生物经济采用简单、安全的原材料，如植物中的碳水化合物，然后把这些原材料加工成燃料、高分子材料、纤维织物和一些其他的化学制品。当前石油化工能够提供的服务同样也可以由生物化学制品获得，甚至更简便、安全和可持续。

——未来500强

当前全球面临的两大密切相关的严峻问题趋向于：(a) 大量化石燃料燃烧和土地利用变化导致的气候变化问题；(b) 经济发展依赖日益稀缺的非可再生化石燃料获得能源和材料导致的问题。一旦这两大问题对土地利用变化和农业活动产生深远的影响，就会进一步对可持续发展产生显著的影响。

全球面临的这两大问题是密切相连的。气候变化是由人类大量使用化石燃料（为了获得能源和原材料，如塑料）和森林采伐（最初是农业生产扩张引起的）所导致的。全球气候变化可能对农业生产力和森林生产力产生潜在的深远影响。为了减缓气候变化，世界各国对工农业生产活动施加了政治性和政策性的压力，通过开发生物原料中的可再生燃料和来源于农作物与森林地上生物量的生物原材料，来减少化石燃料的使用。农业生产用地受到气候变化的严重影响，未来，提供生物原材料的植物种植与农业生产争夺土地利用面积，这个问题将越来越影响农业用地。的确，传统上提供粮食供给的一些常见农作物正在被那些能够提供生物燃料的作物所替代（如玉米、大豆、油棕、甘蔗)。曾经用于农业生产的土地现在正转变为高效的非农业生产生物燃料和原材料的用地,同时部分森林用地也正在转变为可提供生物燃料的植物种植用地。

假如我们努力改变当前从化石燃料来源中获得燃料和原材料的模式,将其转变为天然燃料来源,那么很可能会创造一种新的生物经济模式。从基于非可再生能源的经济模式转变为基于可再生能源经济模式的重大革新,呈现出令人激动的新经济体制前景,它将能够在一定程度上减缓全球变化的影响,促进人类社会和经济的可持续发展。但在经济体制发生重大变革的过程中,食品安全、水资源供应和自然环境等方面的问题也会随之而来。一个以碳减排为主导的世界已经开始改变世界经济,当然它是从正反两个方面改变当前世界经济发展模式的。我们如何调控好这个过渡对于未来经济可持续发展是至关重要的。

本章首先回顾由于人类非可持续性利用化石燃料以及农业生产活动中为扩大农业土地利用而砍伐森林所导致的气候变化问题,其次调查气候变化与农业生产和土地利用变化之间的相互影响,并回顾当前世界上农业生产中能源的地位以及从当前经济模式过渡到生物经济时代的发展特点。生物质提炼的概念是作为一种了解新型食品、燃料和原材料加工的方法而被提出的。在综述了未来生物经济时代潜在的矛盾冲突或过分节约所产生的问题之后,我们总结并提出未来可持续发展的可选道路。纵观本章内容,鉴于可持续发展之路迫切需求全球经济发展所依赖的非可再生燃料逐渐向可再生能源过渡这一客观事实,本章的重点是阐述农业生产和土地利用管理所面临的挑战与机遇问题。

气候变化

全球气候变化是全球碳循环失衡的结果。人类大量使用化石燃料导致大气中二氧化碳和其他温室气体(GHGs)浓度不断上升。以石油、煤炭和其他能源形式存在的化石碳是全世界工业经济发展中能源和原材料供给的主要来源,但是人类对这些化石碳的利用及其最终产生的氧化物已经大大增强了大气层的辐射强度。

人们越来越深刻地认识到气候变化是当前人类所面临的最具挑战性

的全球性问题。另外，气候变化也标志着一种非可持续发展策略的清晰实例。近期，美国科学家团队给出一项关于气候变化和可持续发展的报告，报告指出，"人类从未遇到过如此大的挑战"（美国科学研究协会与联合国基金会 2007）。该报告也建议在全球气候系统不断发生变化且气候变化存在诸多不确定性的背景下，世界上的大部分人口，尤其是贫困人口，应该考虑如何解决困扰人类社会已久的食品安全问题、贫困问题及人类健康问题，并努力促进以新型能源为基础的经济的可持续发展。同时，撰写报告的科学家们也指出世界贫困人口在气候变化中将承受最沉重的负担。

不管是从个体水平还是从整体水平而言，政府、国际组织和国内组织不仅需要继续应对极度贫困、环境退化和社会动荡等一系列问题，而且还必须着手做好准备，以促进各地区或整个国家适应未来不确定性的气候变化环境。另外，我们必须有所行动，在实际行动中减缓温室气体排放，最终重新建立地球上温室气体排放与个人收入之间的平衡关系。

2001 年政府间气候变化委员会在农业适应气候变化潜力这部分内容中，考虑了气候变化对发展中国家和发达国家农业生产力的影响。利用气候对农业产生的影响模型构建了四种气候变化对农业生产影响的情景。第一种情景只涉及气候变化；第二种情景包括二氧化碳增加对植物光合作用的影响；第三种情景包含了一种温和的适应策略（如，发展新型作物，发展灌溉技术缓解干旱问题）；第四种情景包括了一种代价较高的适应策略（如，需要更多的水资源和肥料）。这些适应策略都需要资金和资源的投入，其中部分适应策略还需要先进科学技术研究和发展的支持。通过这种分析，IPCC 推测未来可能发生的情景如下：(a) 在四种情景下，全球农业总生产力下降，但如果采用了以上的适应性策略，气候变化对农业生产的影响则可能减轻；(b) 在气候变化影响下，发达国家农产品总量下降，但由于他们具备适应气候变化的能力，发达国家的农产品实际上是增多的；(c) 对于发展中国家而言，由于他们不具备适应气候变化的能力，未来四种情景下，发展中国家的粮食产量明显下降。

减缓气候变化是当前人类解决问题的可选方案，人类可以通过三种主要途径来减少大气中的温室气体：(a) 通过合理配置高效燃料，开发电力生产技术，降低森林采伐速度，加强对农业生产的管理（如合理施肥减少氮氧化物排放,合理管控有机肥,减少甲烷排放),争取从源头上减少温室气体排放;(b) 在生产燃油、能源和原材料的过程中,利用可再生燃料代替传统的化石燃料;(c) 通过一系列陆地固碳措施,包括农田土壤管理(如保护性耕作)、农林间作和森林等抵消碳排放量。

气候变化与农业

在许多因素的影响下,未来人类的生存依然取决于我们自己养活自己的能力。在全球尺度上,如果我们对自己这种能力产生了严重质疑,那么将会造成混乱,整个社会的秩序也将会失衡,甚至陷入一片混乱。未来对全球食品安全产生影响的压力主要来自三个方面,并且这三者之间联系密切:(a) 人口增长;(b) 能源需求上升;(c) 全球气候系统遭破坏。简单地说,更多的人使用更多的能源,这些现实问题引起全球气候变化的速度已经超出了我们能够改变农业生产以适应气候变化的速度,同时,这些实际问题也引发我们关于一些难以回答的问题的怀疑:我们的农业生产是否能够继续供养全世界的人口?如果能的话,我们还能坚持多久?

农业并非只是气候变化的"受害者",同时它也是气候变化的主要"贡献者"之一。农业生产扩张是全球森林退化、土地覆盖变化的主要驱动力,其排放的二氧化碳占全球二氧化碳排放总量的17%至24%(IPCC 2007;US/EPA 2006b;见表23.1),加上农产品直接排放和间接排放的温室气体量(如甲烷,氮氧化物),农业领域排放的温室气体量约占人类活动排放总量的1/3,如果把食品工业中的能源消耗和运输过程排放的温室气体也包含在内的话,其所占的比值更大(IPCC 2007;US/EPA 2006b)。

表23.1   2000年农业生产中的温室气体排放(根据IPCC 2007c;
          US/EPA 2006b),以百万吨二氧化碳当量计。

排放源	Mt CO_2e
土地利用变化	5 900
土壤氮氧化物排放	2 128
反刍动物肠道发酵排放的甲烷	1 792

(续表)

排放源	Mt CO$_2$e
生物质能燃烧	672
水稻生产（甲烷）	616
有机肥堆肥	413
化肥生产	410
灌　溉	369
农业机械	158
杀虫剂生产	72

在实际农业生产中，需要灌溉的土地面积不断增加，化肥需求量增加，全球范围内农产品的贸易运输量也不断增加，因此所需要的化石燃料的成本也随之不断上升（尽管当前价格下跌），这也将会给温室气体排放量较大的农业生产活动产生更大的压力。使用化石燃料而产生的成本问题，开始对我们关于生物质燃料生产所需要的土地资源和水资源的配置的决定产生了一定影响，而我们这样做的目的就是要取代化石燃料，减少排放一部分日益增多的温室气体。支持生物燃料生产的农业活动在其扩张过程中，也会导致二氧化碳排放量随土地利用的变化而增加，从而进一步加剧气候变化的影响。

近期一些研究关注了生物质燃料生产过程中的碳足迹（碳排放），同时考虑了该过程中的土地利用变化（Fargione et al. 2008）。这些研究建议：如果把生产出口农产品的土地转向为生产国内生物燃料的原材料，世界上其他地区将会有部分土地的利用方式转变为生产出口农产品，结果这些地区将会产生碳排放。因此，当北美的玉米生产用地转向为生产乙醇，那么就会迫切需要世界其他地区为了出口而转变土地利用方式，改为粮食生产。通常，这种土地利用的转变发生在含碳量很高的热带森林，一旦这里的土地利用方式转变为粮食生产，那么将会有大量的温室气体排放入大气。土地利用变化导致额外的温室气体排放，使得生物燃料替代化石燃料补偿温室气体排放问题需要的时间不断延长（表23.2）。

424

表23.2 生物燃料补偿温室气体排放需要的时间（Fargione et al. 2008）。

原始生态系统	地 点	生物燃料类型	补偿所需时间（年）
泥炭雨林	马来西亚	来源于棕榈树的生物柴油	432
热带雨林	巴 西	来源于大豆的生物柴油	319
中部草原	美 国	来源于玉米的乙醇	93
热带雨林	马来西亚	来源于棕榈树的生物柴油	86
喜拉多林地	巴 西	来源于甘蔗的乙醇	17
撂荒土地	美 国	来源于草原生物质的乙醇	1

　　除土地资源外，另外一种重要的自然资源也承受着日益严重的压力——它就是水资源。目前农业领域用水占全球淡水资源使用总量的比例已经超过70%，其中发展中国家农业用水量占全球农业用水总量的85%（World Bank 2008）。假如未来农业生产力提高了，在这个过程中由于农业用地的扩张将会导致更多贫瘠土地出现，为了促使农业生产适应不断升高的气温和地区降水的变化而进行农业精细化耕作或者采用一些适应性策略，这种生产力的提高也是完全依赖于一定程度上水资源使用量的增加，尤其是农业灌溉用水量的增多。

　　气候变化对农业的影响已经十分明显。过去40年里，全球平均气温已经升高了0.7℃（高纬度地区升高2—4℃），这导致热带地区农作物减产，北半球中高纬度地区农业增产的潜力较大。过去100年中，海平面上升了20厘米，未来海平面可能会以更快的速度上升，严重威胁着沿海地区的安全。425 在过去几十年中，海水表层温度上升很可能是导致热带风暴频率上升、强度增大的重要原因。从全球尺度上看，除大洋洲外，几乎所有大陆上的洪涝灾害发生的频率都增加了若干倍。令人不安的是，人们推测在下一个千年里，全球气候已经发生的这些变化很可能会一直持续。

　　许多文献对气候变化讨论的共同点在于全球平均气温上升。温度上升引起蒸发旺盛，因此导致水资源需求量不断增加。气候变暖导致积雪和冰川融化加速，将严重影响未来亚洲中部和南部人口高度密集区的水资源安全问题。气温升高也会导致农作物快速成熟，农作物生殖期被缩短，最终粮食作物净生产量下降，如果要获得与气温升高前相同的粮食产量，则必须要投入更多的土地和灌溉用水。然而,如果我们单单对全球平均气温升高这一因子过分关注的话,很可能会遗忘一个事实:全球平均气温本身也是本地区或局部区域气候特征的一个指数,全球气温相对较小的变化也指示着本地区或区域气候特征的巨大变化,甚至会严重影响本地区农业活动的年际变化。

总体而言,降水量变化、温度升高以及二氧化碳的肥效作用是大尺度模型重点阐述的三个主要因子。对于北半球国家,温度稍微上升以及生长季略有延长就很可能会增加农业生产。然而,从长期来看,温度上升会对粮食生产产生不利影响。对多种模型的预测情景进行对比(Easterling and Apps 2005),结果显示:在全球气温变动幅度超过1.5℃的情景下,随着气温升高,主要粮食作物,如水稻和玉米的产量呈现明显的下降趋势;如果气温上升幅度超过3℃,水稻产量和玉米产量很可能会下降30%和15%。农业生产的实践经验显示:环境温度变动使得农业生产更加敏感。夜间温度每升高1℃,水稻、玉米和大豆产量下降11%至17%(Peng et al. 2004;Lobell and Asner 2003)。

到2050年,为了养活全球90亿的人口,世界主要粮食作物的产量应该是现在的两倍。为了达到这个目标,主要粮食作物的年增长量应该达到70%左右,而且在未来40年这种增长速度应保持不变(World Bank 2008)。在短时间内,这种增长速率很容易达到,但是从长远上看,保持如此高的粮食增长速率存在较大的挑战,几乎很难实现。在气候变化对农业生产影响模型的预测中,两个关键性的问题尚未被考虑:(a)在全球气温上升的同时,干扰事件(干旱、洪涝、热浪)发生的频率也不断上升;(b)随着全球降水量下降,降雨的变异性增大(降雨开始的时间,雨水的分布,雨水总量)。这两个关键性的问题进一步加重了气候变化对农业生产的负面影响,超出了我们目前所预测的情景,而且人们为了应对这种情况,短时期内很可能会出现一系列的破坏性农业活动(如,为了获得新的土地用于种植粮食作物和生物质燃料的原材料,不断地大面积砍伐森林)。结果,二氧化碳排放量逐步增加,未来几乎有可能出现最糟糕的气候变化情景。显然,我们一定不能让这样的情况发生。

在人口与经济发展的相关内容中,未来土地资源、水资源和能源资源的获得途径均需通过许多政治性的讨论。从整体上看,生物经济的发展很可能会与生物政治学的发展齐头并进。

能源与农业

在农业生产革命之前，世界上许多国家的农业产品和林业产品并没有进行对外贸易。实际上，天然的土壤肥料、水文循环过程和太阳辐射为农业生产提供了至关重要的营养、水分和能源。但是在农业生产革命之后，人们在农田中投入大量化肥，普遍采用灌溉措施，促使农业用地生产力提高，大大超过了自然投入所输出的农产品产量。通过引入杂交作物，科学技术在农作物增产中发挥了巨大的作用，而现在看来部分杂交作物比非杂交作物需要更多的营养和水分投入。防治农业害虫和杂草也需要投入大量杀虫剂和除草剂。农业生产中许多关键性的投入，如氮肥、灌溉设备和杀虫剂等都是由化石燃料加工而来的，或者其生产取决于化石燃料。

近几十年来，农业机械设备投入使用，逐渐取代了人力和畜力劳动，提高了土地生产力，同时也消耗了大量的能源资源。农田灌溉系统的耗水量达到农业用水总量的70%，而把水资源从地下储水层中抽取出来或者从水源地输送到农田，这些过程中的能源消耗量是相当大的。在能源和水资源都比较丰富且廉价时代，能源和水的使用随着农业和林业的发展而增加，但对这两种资源的利用均十分浪费且效率较低。比如，在半干旱地区，完全可以采用高效的滴灌技术服务于农业生产，而许多灌溉系统却采用大水漫灌的手段，导致大量水资源白白流失或被蒸发掉。

一般而言，在农业和林业生产中投入大量能源，仅仅是为了提高农林业总产量的一种管理性策略，其目的并非是最大化的能源利用效率。图23.1中，根据基弗尔等人（1986）报告的相关内容，展示了对美国工业化农业系统投入产出的分析。图中投入和产出的单位分别为能源单位和能量单位（例如，能源投入表现为燃料和化肥，输出表现在热量值上）。图中的曲线是一种边际收益曲线，即每额外增加一份投入，总输出也会上升，但其上升的速度不断降低，换而言之，当投入不断增加时，投入所增加输出的效率在下降。同时，这条曲线也大致显示了美国农业的发展历史，在20世纪40至90年代期间，农业生产的投入不断增加，农产品输出量也在上升。农业系统内总输出量一直在升高，但其输出效率在下降，这种趋势十分明显。

427

428

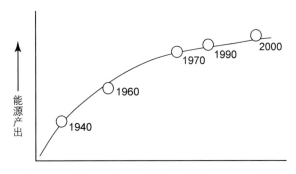

图 23.1 工业化农业生产中的能源效率（Gever et al. 1986）。

美国农业所处的形势几乎与世界上其他工业化农业系统一样，其高度机械化的农业模式需要大量的成本投入，其中也出现了新的矛盾：为了获得更多的农产品输出，就必须有大量的投入，但是大量的输出，或者说农产品收获颇丰，却导致农产品市场价格很低。因此，按照边际收益曲线，在顶点处生产农作物所投入的成本最大，相应的农产品输出也较高，说明这种农业生产系统需要越来越多的成本投入，但是农产品输出带来的收益却越来越少。实际上，有一种关于美国20世纪80年代末期所谓"农场危机"的解释：农民夹在高额的农业生产成本投入（部分原因是能源价格较高且使用量增加）和白菜价的农产品之间，左右为难，最终的结果是农民的经济收益很低，不得不放弃农场经营。

但是，如果我们只关注农业总生产量与生产效率之间的权衡，那么在衡量农业发展的可持续性方面就会得出过于简单的结论。譬如，我们可以仔细考虑一系列不同的农业系统，它们从栽培种植模式转变为工业化农业，其中栽培种植模式具有较高的投入—产出效率，而工业化农业的投入—产出效率很低。尽管如此，传统栽培种植的农产品产量（输出）并不足以养活世界当前和未来的人口。因此，我们需要同时优化，或者平衡农林业的总产量和生产效率。

化石燃料向非化石燃料过渡

国家经济发展政策促使经济发展的能源基础逐渐由非可再生性化石燃料向可再生能源燃料和原材料转变，这对于减缓气候变化及其相关的一系列问题来说意义重大。另外，由于农业生产和森林发展中使用化石燃料产生的资金和环境消耗呈非持续性上升的趋势，因此经济发展的能源基础迫切需要转变为生物质能源和原材料。但是当前世界严格限制碳排放，所以经济发展模式向生物经济转变的同时很可能会引起土地资源利用的相关问题，尤其是在农业生产中表现得最为明显。

生物经济—生物提炼

在过去200多年间，人类利用化石能源制造出日益增多的燃料、化学物品、原材料和其他物品，如石油、煤炭和天然气。在当前世界上的许多地区，这种趋势已经达到顶峰并开始呈现衰退的迹象。未来几十年中，世界经济发展的能源基础将会由几乎完全依赖于化石原料的现状逐渐转变为生物经济的蓬勃发展，基于植物的原材料逐渐会成为燃料、化学物品和许多制造品的重要来源。在生物经济的概念中，生物提炼是非常重要的一部分内容，同时生物提炼也是发挥生物经济功能属性的必要技术手段。所谓的生物提炼就是一种从每一份植物体中获取价值的高度集成的大型加工行为。为了达到可持续发展的目标，生物提炼的产品必须达到以下三方面的要求：首先，在经济方面可行；其次，在环境方面有利于环境保护；最后，能够使社会获益。大体上而言，生物经济包含两个密切相关的组成部分：生物质产量和生物质加工，其目的是在当前土地利用的基础上，创造出受消费者青睐的工业产品。

这种新兴生物经济引起经济发展变化的幅度是惊人的：经济发展方式从一种以原油为基础的非可再生性经济转变为以生物质为基础的可再生性经济。在全世界范围内，生物经济将会产生巨大的财富，为成百万上千万的人提供新的工作岗位，也会促进社会环境的变革，尤其对农村社会环境而言。生物经济带来的诸多变化将会深刻地影响全球经济的边边角角，将会对农业生产和森林发展中以土地为基础的产业产生最为深刻的影响。

国际间和国家层面上许多政策性的问题是经济发展转向为生物经济的驱动力，包括：

- 纵观全球经济发展历史，经济扩张导致全球范围内对化石燃料的需求已经超过了化石燃料可支撑的范畴；

- 人类关于化石能源利用导致温室气体浓度上升的忧虑；
- 人们想要获得更多更好的经济发展机会，尤其是在农村地区；
- 重视生态系统服务功能所产生的驱动力；
- 在缺乏原油的贫困地区，经济发展停滞；
- 公众对减少碳排放产业发展的迫切需求。

在我们可以预见的未来，这些动态过程很可能会继续发展。许多报告已经概述了生物经济的经济潜力，生物质产品完全可以替代所有的以碳为主要原料的燃料、化学制品、原材料、电力以及多种药类化合物，同时还可以继续为动物提供饲料。在美国，这些生物质产品的总货币价值约为3×10^4亿美元/年。

食品、燃料和原材料的土地基础：究竟需要多少土地？

化石燃料转变为生物质燃料将会对土地利用产生怎样的影响呢？如果通过用粮食生产乙醇来满足美国总液态燃料的需求，我们对其粮食生产的土地利用量进行了粗略的估测。当前美国用于谷物、小麦和大豆生产的土地面积约为10×10^8公顷，其中非小麦粮食作物种植用地约占50%，也就是约4×10^8公顷。目前在这部分土地中，约23%用于生产乙醇燃料产品（约9.3×10^7公顷），产量占美国燃料总量的3%。从世界平均水平来看，乙醇燃料在整个燃料结构中的比重接近5%。

从这个世界平均值来看，在全球范围内我们需要把当前乙醇的产量提高20倍，才能使得燃料供给全部来自粮食加工的乙醇。在美国，这就相当于非小麦粮食作物种植面积从9.3×10^7公顷增加到1.62×10^9公顷，这种增加幅度几乎超过了可用于粮食生产农田总面积的2倍，也相当于使得当前谷物生产农地总面积增加了4倍。如果我们假设这种数量关系对世界其他谷物和粮食生产用地而言也是适用的，也就是相当于全球范围内用于粮食生产的农田总面积将会增加4倍。考虑到农作物产量可能会提高，我们可以把农田总面积的数值降低10%，另外考虑到当前存在的可利用性闲置土地，我们还可以把这个数值再减去10%。

从以上这些数字上我们可以清晰地看到：生物经济发展的土地利用将会大面积蔓延，超出当前粮食作物的土地利用面积，并逐渐向其他地区（热带)和生态系统(森林)蔓延。这个发现与近期瑟琴格尔等人(2008)和法古奥尼等人(2008)的研究结果一致。另外,生物质燃料结构的变化使得土地利用发生重大变化,这很可能导致陆地生态系统碳储量下降,进而使得生物质燃料的碳排放量超出碳储量,增加碳负债量。

食品与燃料之争:谷物从食品变为燃料

许多经济作物由食品转变为燃料的替代品,其中玉米是最常见的替代品。美国的粮食作物包括玉米、高粱、大麦和燕麦,它们在美国农业种植结构中所占比例最大,这些粮食作物的产量几乎占全部农作物产量的三分之一,也相当于美国出口创汇总收入的十分之一。玉米代表了绝大多数经济作物的"命运",原本作为食品生产的原材料,现在被用作生产燃料的原材料,也许只有当看到玉米产量和流向结构图,你才能明白经济作物这些用途的转变反映了食品与燃料之间多么激烈的竞争。

尽管玉米提炼的乙醇总量仅占美国燃料使用量的3%,但过去3年中用玉米生产的乙醇总量已经增加了6倍。自1980年至2006年,玉米加工乙醇的总量已经从0.9×10^6公吨增长到5.5×10^7公吨,预计到2015年,用玉米加工乙醇的总量很可能会超过2.75×10^8公吨(美国农业部/经济研究院2009a, b)。这样一来,玉米的价格将会大幅上升,许多地区的土地利用配置将会发生巨大的变化,例如,增加玉米总产量的主要途径可能是从环保休耕计划中抽出部分土地用于玉米生产或者把闲置土地用于玉米生产(Hart 2006);另外也可以通过提高玉米产量和循环使用次数来达到增加玉米总产量的目的,但这部分所占的比例较小。

进一步观察玉米食品市场的具体种类和特征,我们可以发现,习惯上我们定义的食品与现实中存在极大的差异(见表23.3)。2006年,美国玉米总产量为3×10^8公吨(Malcom and Aillery 2009;USDA/ERS 2009a)。

表23.3 美国农业生产中玉米产量的最终分配(Malcom and Aillery 2009;USDA/ERS 2009a)。

分　　配	数量(单位是百万公吨)	备　　注
饲　　料	152	牛奶和牛肉
出　　口	58	饲料和淀粉

（续表）

分　配	数量（单位是百万公吨）	备　注
燃　料	56	乙　醇
食　品	35	淀粉、糖类和饮料

利用玉米加工食品的产量约占玉米最终使用量的14%。如果把牛奶和肉类包含在食品中的话，食品的使用量将会升高到60%。自20世纪80年代以来，只有两种产品的产量不断上升：包含糖类与淀粉的食品和乙醇，预计未来这两种产品的生产量将会继续上升（USDA/ERS 2009b）。

近期关于乙醇原料产地变化的调查显示，用于种植饲料作物的土地利用面积不断下降，原因在于用于饲养牲畜的粮食作物价格不断升高，其中生产乳制品的牧场受此影响最严重。

另外一部分用于生产乙醇的玉米来源于再进口，当然进口的价格也会升高。几乎所有美国生产的玉米都不能直接作为高质量的食品原料来利用。相反，大多数玉米的最基本用途不是用于饲养牲畜，而是工业食品生产，比如高果糖玉米糖浆，或者为低热量需求人群精细加工的含淀粉产品。

空间交互作用和土地利用冲突

当前世界以化石燃料和石油能源为基础的经济发展模式，正逐渐转变为以生物质生产过程和产品为基础获取能源、原材料、化学制品和服务的经济发展模式，这种能源基础转变带来的影响很可能会贯穿整个社会系统和环境系统。土地利用之间的竞争很可能发生在许多并不明显和直观的情况下。一些土地利用方式或者农业生产类型很可能发生地理空间上的位移，同时这种空间上的位移也会导致人口转移，就业模式的转变，政治整合，新交通运输网络的产生，以及资源消耗与生命周期的变化。

我们还是以美国乙醇生物质能源产品为例，乙醇生物质能源产品促进了美国整个中西部地区的投资和生物质能源提炼加工厂的建设（图23.2）。从经济高效的目标出发，乙醇生产必须与现有的粮食作物或植物纤维供给点保持地理空间上的一致性。当前美国和欧洲现有的和计划中的生物质能源加工厂均在空间上聚集于远离能源消费区（如沿海城市）的地区。受

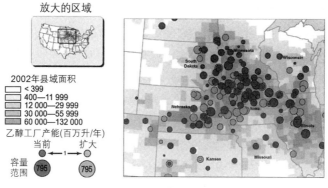

图23.2 不同规模生物质燃料生产点的位置。

土地利用方式和燃料生产的特殊影响，生物质能源加工厂不断聚集，生成一个交互式的原材料来源区：原材料短缺，一些地区粮食作物价格猛涨，更多地采用连续耕种而非轮作的农业栽培方式，使得土壤氮素无法得到修复，随着燃料作物种植面积不断扩展，自然生态系统的空间不断萎缩，用于种植非燃料作物的土地面积减少。在同一个原材料来源地，过多的生物质能源加工厂的出现导致投资风险大大升高，同时，食品生产将会受到无法预知成功与否的新经济投资体的影响，处于岌岌可危的境地（Baker and Zahniser 2006）。

432

随着经济利益转向逐渐拉大了地区间的差异，生物质能源作物在全球范围内的不断发展也极大地影响着发展中国家的土地变化和土地利用。棕榈油生产使得热带雨林逐渐消失，大面积的种植园也让偏远地区贫穷农民流离失所。让人哭笑不得的是许多生物质燃料作物在这些边缘土地上生长得十分旺盛，而对于发展中国家的农民而言，在这些贫瘠的土地上谋生却十分不易。对于这些土地而言，其用于种植生物质燃料作物的价值大大超出了其生产粮食作物的价值，因此偏远地区的农民也在经济价值的推动下不断提高边缘土地的生产力。

这种地理空间上的位移和转变并不仅仅出现在个别的国家，在全球范围内是一种较普遍的现象。资源配置的变化和生物质燃料生产相互联系，将产生我们意料之外的间接影响，经济地理学知识也许可以帮助我们展望资源配置和生物质燃料生产的变化，并使他们可能产生的影响最小化。最近乙醇生产加工的实际情况是一个客观例证。我们对生物质燃料的需求不断升高,促使食品价格上涨,产生了全球效应。举例来说,玉米的盈利率不断上升,导致大豆的种植面积下降,结果使得油料加工的价格攀升。这种情况反过来也刺激了东南亚的农民不断开垦热带雨林,把土地用于棕榈油生产加工。

　　放眼全球,在中国和印度的经济发展模式中,产品生产往往被定位于地理空间上远离产品消费区的地区,大面积的土地利用方式转变为植物油、棕榈油、天然橡胶,以及其他生物产品和生物原料生产。全球化影响着这种对生物质产品不断升高的需求,同时全球化本身也受到这种需求的影响。在泰国和老挝,农民不再种植大米,取而代之的是为中国市场供应天然乳胶;在整个印度,大面积的土地种植麻风树,为英国和德国的公司生产油料产品;巴西农业部门在加纳斥巨资种植甘蔗;非洲一种神奇的植物——苦楝树被广泛种植,用于为北美生产生物杀虫剂。在全球化的原材料和产品市场中,生物经济展现出过去几十年中我们未曾经历的新形势。

433

碳的价值评估:以可持续性度量

　　生物经济的出现开创了人类对可再生资源利用的新局面,人类社会经济发展中所需的能源和原材料对化石燃料的依赖程度逐渐下降,这一现象反映了当前经济发展过程中潜在的重要转变。碳金融市场的产生初次给出了一个实例,表明环境的外在性(在此例中,温室气体排放)已经获取了潜在(或者目的上)的引起社会经济变化的市场价值,而这种价格在全球尺度上是可度量的。

碳金融

　　在未来几十年中,预计碳金融市场的资金可能会达到数万亿美元。在这一目标实现之前,碳金融市场商品的特征、减少温室气体排放量及温室气体捕获等均需要测量技术的发展,在科学技术发展的基础上,衡量和监测碳源和碳汇也需要规范缜密的测量手段。一些国家和国际上的政策框架也遵循了加入碳金融市场机制的大趋势,通过总量管制与排放交易系统,帮助提高实现温室气体减排目标的效率。碳排放总量管制与排放交易系统允许温室气体排放国家或单位通过从其他国家或单位购买温室气体排放额度,从而完成温室气体减排任务,实现减排目标。这样的话,碳(或者温室气体二氧化碳当量——CO_2e)就会成为在全球范围内进行交易的商品,也就是这个新型碳金融市场的流通货币。碳循环方面的科学知识主导着碳源和碳汇目标的制定,因此关于碳循环知识的定量化理解成为碳交易的重要技术支撑。碳度量领域涉及工业、能源和全球碳循环中的土地利用部分。关于碳排放的协议书得到了不断的发展和完善,其覆盖大量的碳源和碳汇机制信息,包括在垃圾填埋区捕获甲烷以及在农业生态系统和土地利用系统中的碳封存技术。在这些协议框架下,北美和欧洲的相关交易平台已经开展了价值数亿美元的温室气体排放和抵偿交易。支持碳金融市场发展的相关政策和温室气体减排度量框架的进一步发展和扩充,将会强烈挑战未来碳减排相关的科学方案。

碳固定

碳排放交易市场中涉及较多的是温室气体减排额度,但人们的兴趣点也越来越多地转向于关注通过植树造林和土地管理达到从大气圈中吸收CO_2。《京都议定书》中的清洁发展机制组织(CDM)和一些自愿性碳市场,比如美国芝加哥气候交易所,允许许多国家和公司通过支援植树造林计划来抵消他们的温室气体排放量。全球大气圈中碳含量下降,多余的碳转移到更高产的农田土壤、草地和木本植物中,并且通过碳交易市场进行碳排放额度交易的能力为人类提供了一系列双赢的机遇。在上述方法中,植树造林和森林保护可能是最具潜力的碳减排方法。除了一些极端条件(如沙漠和北极圈),树木几乎可以在各处生长。树木的生理机能使它们比一年生植物对一年内不同季节气候变化的耐受程度更高,耐受时间更长,因此能够减缓气候变化带来的风险,而一年生农作物在应对气候变化时却十分脆弱,随着气候变化越来越剧烈,这种情况表现得越来越明显。许多种类的树木会生产额外的高价值产品(例如,可食用的水果和叶子,牲畜的饲料,树胶,可供人类食用和工业生产使用的含油坚果,包括生物燃料制造过程中所需的原材料),这使得树木有机会在从大气中清除碳的同时也能创造出新的价值,为全世界的农民提供新的收入来源。事实上,对于全球数千万竭力减缓气候变化的农民而言,碳固定市场价值链的共同开发及其副产品对他们获取管理经验和土地来说是至关重要的。

碳作为商品的多重效益

固定的碳在全球范围内作为一种交易的商品而出现,它可以为土地管理者们提供经济收益,为大幅改进森林管理实践活动提供新的刺激因素,比如森林保护,延长休耕期,以及减少人类活动对林业的影响和干预。与传统上基于延迟和扩散化经济效益的发展模式不同,新型碳交易市场模型为我们提供了一种机会,可以利用明确的即时市场激励措施直接连接土地管理和自然资源保护。这种市场导向的措施将会刺激局部地区社会和技术公共基础设施的建设和发展,这种市场自我维持可以持续相当长的时间,同时会产生额外的高价值经济效益,比如土地使用权延长,环境质量提高等。在农田和森林中增加树木数量也可以产生一系列的生态环境服务功能(如保护生物多样性,减少土壤被侵蚀及其在河流和湖泊中的沉积,增加土壤肥力)。此外,人们通常并未发觉的是:在发展中国家森林总面积在不断下降,随着农民开始种植树木用于生产他们之前从森林中获取的产品,农田中林木覆盖度迅速上升。目前非洲农业用地面积相当于其现存森林土地面积的两倍以上,这正如其标语上所写的一样"未来世界的树木都在农田里"。

435

结 论

在全球金融市场濒临崩溃的最近两年,我们已经可以展望未来世界上,气候变化问题严峻、亚洲经济突飞猛进、发展中国家许多地区(如非洲)的食品生产能力存在较大差距等现象相互交织。未来世界的这种情景清晰地表明能源和原材料产品经济将越来越朝着生物经济的方向发展,逐渐使用可再生燃料替代非可再生的化石燃料。如果未来这种趋势依然以现有节奏继续发展的话,那么生物经济发展对土地资源的巨大需求将超出我们前期观察到的水平。土地将会取代石油成为最重要的资本。由于我们生活在一个除了石油外均受碳支配的世界,土地资源将会越来越紧张。到目前为止,我们几乎还没有(即便是有也是极少的)工具用于度量和监测全球范围内的土地变化。在印度尼西亚和马来西亚,棕榈油生产不断扩张取代了原来热带雨林的土地,这是土地利用变化十分明显的例证。暂时还没有关于种植棕榈树的土地面积数据,即便是在棕榈树种植地点,数据也极少。未来,当有人发现富饶的热带雨林被取而代之、土地利用发生了巨大变化时,可能许多年已经过去了。在化石燃料经济时代向生物经济时代发展的同时,我们迫切需要发展全球测量系统和监测系统,追踪土地覆盖和土地利用变化的全过程。

我们处于一个大变革时代的起点:商品需求不断上升,气候变化产生越来越沉重的压力,对以土地为基础的一系列生态系统服务功能的需求急速上涨,农业生产效率下降,化石燃料消耗量增加,森林消失,农业生产投入的可利用性存在较大的威胁(轮作周期和耕作年限都在下降)。在这个碳支配的世界,就减缓和适应这些压力而言,土地将会是最重要的媒介,土地系统将会在水资源、原材料和能源之间构建我们之前所未曾体验过的连接关系(Marland and Obersteiner 2008)。

但是我们还可以采用一些有效的土地管理策略。利用全球卫星遥感系统加强对土地利用变化的监测,并结合强健的生态系统服务市场,可以为追踪可持续性的土地利用和农业生产提供测量工具。同时碳金融市场的出现也为化石燃料和非化石燃料碳的使用提供了度量和估价工具。另外,这些碳金融市场开始展示以土地为基础的土壤碳库储量和土地利用状况。这种测量体制很可能会出现一种强有力的结果:它可以为碳库总量、碳流量及其间的相互作用提供定量化的差价补偿。比如,这些碳市场可以为定量化生物燃料的可再生性碳的利用量提供测量方法,同时也可以为定量化生物燃料发展导致土地变化而产生的碳流失量提供测量手段。

这样的话,如果进一步发展并采取更精细化的土地管理策略,土地类型转变过程中的土地碳储量很可能会增加:退化的土地转变为农林用地或森林用地。据利克(2008)估算,在50—80年的时间序列中,通过一系列的土地管理策略,我们可以从大气圈中转移掉192 Pg碳。这些土地管理策略包括在退化土地上重建植被,发展农业和林业复合生态系统,以及其他生物固碳措施。实际上,对这些措施固碳量的测量结果很可能会令人沮丧,但是这种方式的固碳策略可以缓解土地转变为生物作物种植所带来的一部分压力。

436

437

24 通过转变城乡交通运输系统提高资源的可持续性

马克·A.德鲁奇

摘 要

在全世界范围内,人类对高速度、高质量车辆的大量需求支配着城市的发展。目前城市发展规划的结果是:交通拥堵、社会分化和环境退化。城市设计的替代方案中包含两种独立的道路系统:一种道路系统服务于轻型、低速车辆,而另一种道路系统服务于重型、高速车辆。这种设计提高了交通运输效率和社区意识,同时也能最小化能源利用量,治理水污染和减少非可再生资源的消耗量。

导 论

联合国人口司记录了多年以来农村人口向城市大量转移的现象,世界各地区的人们为了寻求更好的工作和生活而进入城市打拼。近年来,尤其是在亚洲的许多国家,人口不断拥向城市的后果是现有城市的规模不断膨胀。在许多情况下,快速形成的新城市通常呈现出不规则蔓生、超负荷堵塞、对汽车十分依赖等特点。因此出现一个严重的问题:如果在21世纪中叶,20亿额外的人口也生活在城市中或毗邻城市地区,我们是否可以设计或重新规划城市和城市郊区以获得一个更具有可持续性的交通系统?

迄今为止,我们对完善城市规划的关注度不断提高,但历史并未给予我们有关城市规划方面的激励。几十年以来,城市规划师、交通规划师和政策分析师们都在不断努力,目的是使我们梦想中的"宜居城市"与现实中个人选择的实际生活方式保持一致。但总的来说,他们均失败了,而且全球汽车使用量有增无减。当拥有的财富不断增加时,人们会选择购买汽车,并选择生活在离城

439

市中心较远、空间更大的房屋里。在这个人类个体移动性飞速发展的时代，人们建设城市或者重建城市，以适应如此快速升高的沉重的汽车压力。如果没有明确的禁令或者经济大灾难，即便是高价的汽车燃料和日趋完善的公共交通系统，或者更好的城市区域划分，都不足以改变城市交通的这种发展趋势。

城市交通发展的结果是一系列看起来十分棘手的问题：让人无法接受的交通拥堵，街道和高速公路上频发的事故灾难，环境质量下降，丑陋的城市公共基础设施，社会分化和狭隘主义蔓生，以及人们的思想领域十分贫瘠。人们无法阻止正在进行中的城市基础交通建设和土地利用变化，所以只有努力减缓目前城市交通系统中一些最基本的不良后果，当然也取得了一些引人瞩目的成绩，比如：新型、车况良好的汽车排放到城市空气中的污染物比30年前汽车的污染物排放量明显减少；近年来汽车导致的交通事故致人死亡人数趋于稳定。当然这其中很大一部分是得益于强硬的执法力度、安全带的使用普及和汽车设计更加完善。尽管如此，严峻的环境问题（如全球气候变化）、与石油利用密切相关的经济和环境问题、高速公路上令人毛骨悚然的伤亡人数、日益严重的交通堵塞、让人无法否认的丑陋的公共交通基础设施、社会分裂日益明显（有人将此归咎于汽车驱动的郊区扩张）等问题依然是客观存在的（Burchell et al. 2002）。

我们可以做些什么吗？

我们可以在城市规划和城市交通运输系统规划的过程中做出许多努力，使得城市交通系统可以容纳步行者、自行车、小型汽车和其他一系列可以减缓因汽车使用带来影响的交通方式。但是这里提及的方案是标新立异的，因为它在一个城市尺度上把高速、重型车辆与低速、轻型车辆完全区分开来了。因此，与传统的单一道路系统不同，这种新型设计中创造了具有两种独立道路系统的城镇。传统的单一道路系统要满足25千克重的儿童3千米/小时步行速度的下限[①]，至70 000千克重的卡车100千米/小时前进速度的上限，但新型道路系统会根据汽车的重量和速度进行分流，其中低速、轻型模式

---

① 请注意这里的最大速度界限是一种设计上或技术上的限制，并不是强制执行的标准：低速、轻型交通工具LLM是受到限制的，低速、轻型交通工具的运行速度不能超过规定的最大限制速度。为了确保低速交通工具的安全和速度，这项要求已经于近期在美国交通管理规章中实施。

(LLM)划分的标准是汽车行驶速度在40千米/小时以下,汽车全装备重量为500千克以下;而快速、重型模式(FHV)的界定与此相反。低速、轻型模式包括在此标准限制内的所有交通工具类型(如步行、自行车、三轮车、轻便摩托车、踏板摩托车、摩托车、高尔夫球车、小型汽车)。快速、重型模式涵盖传统的汽车、卡车和日常生活中使用的大货车,以及运送日用消费品的牵引式挂车。低速、轻型模式交通运输网络包含多种道路形式,从操控所有低速、轻型车辆的未分化的一条狭窄车道(车流量很低)变化到为机动车服务的多车道路基,其中路基旁边铺设了自行车专用车道和未被占用的人行道(这里的车流量很高)。快速、重型模式与目前我们常见的道路形式十分相似。

440

这种方法在以下几个方面都表现出其与众不同的特点:它支持许多人关于单独家庭房屋、人口密度相对较低、出行主要依赖汽车(低速、轻型汽车或其他汽车类型)的生活愿望。因此,新型城镇规划中考虑到要保证这几项参数。同时,新型城镇规划在安全性、美感、旅途中的心灵感受、基础设施花费、社会组织、步行者的空间等方面均有所提升。为了达到这些目标,新型道路系统根据运动的能量模式把不同交通工具的行驶进行了划分。最后,这种提案勾画了未来的土地利用情景,以及为了增强交通运输效率和社区性而进行的城市交通基础设施布局,同时也能够最小化能源利用、治理水污染和减少非可再生能资源的消耗。

一种新型的交通/土地利用系统

考虑到人们十分偏爱汽车和单独家庭房屋,我们可以创建一种新型的社区和交通运输系统来满足人们的这种愿望,同时确保这种新型社区和交通运输系统比传统的交通系统规划措施更加安全、卫生、舒适宜居,且更具有社会综合性。在本章中,我提出了一种能够达到这些标准的交通运输系统和城市规划方案。在这个方案中有两个核心点:

1. 实际上,几乎所有当前交通运输系统用地中出现的不良现象均源于快速、重型交通运输随处可见的客观事实。

2. 一个社区内的所有地点(如每一处房屋、商业区和公共场所)必须可以直接到达两种完全独立的交通运输网络:一种服务于快速、重型汽车；另一种适合低速、轻型LLM汽车。

快速、重型交通十分危险，它们消耗大量的能源和原材料，在很大程度上是污染物的主要来源，同时还需要大量价格高昂且外形丑陋的配套基础设施。FHV道路在城市社区之间呈条带状宽幅模式，其中人群、空间和其他类型的交通运输工具都被排除在外。但是，很多人都依赖FHV道路，因为FHV道路可以提供无法替代的服务。因此，当前的基础设施设计必须确保FHV道路可以到达社区的每个角落。但是，如果在交通流量较高的低速、轻型LLM交通运输网中把机动车道和非机动车道分开，那么人们对FHV道路严重依赖所产生的矛盾冲突以及由于人们移动性较高而产生的多种问题均可以迎刃而解。

那么这种双模式的交通运输网络和社区系统究竟是什么样的呢？与我们目前现有的交通运输系统和土地利用规划相比较，它有哪些优势呢？接下来我会分别讨论这项规划及其具有的整体优势，综述有关的思想观点，探讨交通运输系统中存在的问题可能产生的影响，并讨论一下经济状况。

441

规　划

如上文所述，这项提案中展望了未来的城市规划中包含两种具有普遍通达性，但也是完全独立的交通运输网络：一种服务于低速、轻型交通运输工具的LLM，另一种服务于快速、重型交通运输工具的FHV。社区内的任何成员均可进入这两种交通运输网络，同时这两种交通运输网络为社区成员提供了进入社区内任何地方的路径。这两种交通运输网络在本质上是相互分离的，因为他们从来都不交叉。快速、重型交通运输工具FHV专用道路与低速、轻型交通运输工具LLM专用道路之间也不可能存在任何交叉，因为一旦两条道路交叉，将会给低速、轻型交通运输工具LLM专用道路附近居住的人群带来直接、不可接受的巨大风险，同时导致低速、轻型交通运输工具LLM[①]专用道路所有使用者的生活便利性明显下降。同时，由于快速、

---

① 一个功能齐全的LLM主要是指微型汽车，除了体型更小、速度更慢以外，它与传统上的FHV没有太大的区别：它具有一个完全关闭的车舱，完整舒适的座椅，腿部活动空间和储藏空间充足，拥有空气调节和加热系统、休闲娱乐系统，旅程顺畅安静，操控简单方便，有动力转向装置、动力制动装置、电动升降窗和车门锁以及可感应的可靠发动机，有吸引人眼球的设计和牢固的车身结构。在造价估计中，LLM微型汽车这些特征的所有花费都应该估算在内。

重型交通运输工具FHV专用道路对于整个社区而言功能强大,所以我们必须明确这样的客观现实:如果快速、重型交通运输工具FHV专用道路被限制的话,那么很少会有人或商家愿意在这个社区中安家置业。因此,我们的确需要这两种具有普遍通达性但又分离的交通运输网络。

根据多模式交通运输网络解决方案,用户必须在一次旅行中在多种旅行模式之间来回移动自己以及所有行李、货物和个人物品。与多模式交通运输网络解决方案相比较,这种包含双重基础设施的设计创造了两个完整的系统,它们具有可替代的时间、空间、环境和社会的灵敏度。就像是在徒步购物区或市中心,汽车通常是被禁行的,低速、轻型交通运输工具LLM专用道路系统支持的是一种不那么忙碌的生活方式。由于低速、轻型交通运输工具LLM专用道路系统对所有方面都开放,也适用于所有形式的旅行,从行人到功能十分齐全的机动车辆,所以LLM为我们提供了一种纯粹、方便的新型生活方式。在功能上低速、轻型交通运输工具LLM专用道路系统等同于现有的汽车和道路系统,但它绝对不存在现有汽车和道路系统的不良特征。无论以哪种标准评判,低速、轻型交通运输工具LLM专用道路系统都要比传统上单一的街道系统方便许多。

设 计

怎样设计才能保证两种道路系统共同延伸又不会存在交叉呢?根据抽象的几何学知识,解决方法是两条平行射线/环形网络系统:低速、轻型交通运输工具LLM道路系统向城镇中心区的外围延伸,快速、重型交通运输工具FHV专用道路系统从环城高速公路外部圆周向城镇内部辐射,二者交织分布。这种设计可以使这两种交通运输网络系统既具有较高的通达性又完全分离,而且城市也会发展为我们理想中的小型城镇——拥有一个城镇商业中心区,商业中心区之外就是高密度的住宅区,在城市外围区是密度较低的生活区。

整个城镇环绕在为快速、重型交通运输工具FHV提供专用道路的环城高速公路之中。城镇内部的低速、轻型交通运输工具LLM专用道路围绕着商业中心和市政中心。快速、重型交通运输工具FHV和低速、轻型交通运输工具LLM均可以进入城镇中心及与城镇中心区域的毗邻地区。一般居民区建造在城镇外部FHV环城高速公路和内部LLM环状道路之间的地区,这

442

样居民可以很方便地进入快速、重型交通运输工具FHV专用道路和低速、轻型交通运输工具LLM专用道路。LLM街道沿着城镇中心区外围的LLM环形道路向外辐射,FHV道路沿着整个城市外围的FHV环城高速公路向内部辐射。一些地区的LLM街道系统包括分离式的自行车道和人行道。这两种道路系统为城市各处的人们服务,但从不交叉。

城镇中心区位于LLM环形道路的中心地带,其中包含许多商店、学校、办公地点、教堂、市政建筑、城际交通中转站以及其他一系列商业和零售空间。放射状的LLM街道指向城镇中心区的环形道路,为城镇中所有居民区的人们流向城镇的任何地方提供直接的LLM路径。

城镇住宅区一般分布于中心区LLM环状道路的外围,靠近城镇中心区分布着高密度的多家庭住宅区,距城镇中心区较远的地区分布着大量单户家庭住宅。由LLM环状道路向外辐射的每一条LLM"线路"(街道)上都重复着这种房屋密度递减的传统规律。事实再次证明这两种道路系统服务于所有家庭中的居民,但从来不会交叉,因为在一个特定方向上人们可以抵达LLM道路,而在另外一个方向上即可到达FHV道路。任何一条主要的辐射线路都是由一对主要的LLM/FHV线路组成的,这条线路就像一个社区一样,与社区公园、社区学校、公共花园以及一些社区商店一样发挥着作用。 443

城镇内部的所有地点(如住宅、商业区和公共场所)要么面对着LLM社区道路网、背对着FHV社区道路网,要么毗连着两种道路系统的一个(LLM或者FHV)且共用同一条通向另一道路系统的私人车道。FHV道路网络从城镇外围的环城高速公路向城镇内部辐射,与城镇中部向外辐射的LLM街道相互交织,但二者绝对不会碰触。这种设计的理念是把FHV道路保持在住宅单元的"背面",看起来更像是提供服务的小巷子,把LLM街道分布在住宅单元的前面,相当于社区的小路或街道。私人车道连接着私人汽车修理厂或停车场之间的道路网络。

FHV道路系统提供两个最基本的服务功能:(a) 通过外部的环城高速,为社区住户出行提供直接的道路;(b) 通过两条或三条向城镇中心区贯穿的FHV道路,使得城镇外部的人们和货物可以直接进入城镇内部。这些贯穿 444城镇的FHV道路在城镇中心区的LLM环形道路的下面延伸,一般会在商业区、办公区、学校等地方出现道路或停车区。相比较而言,LLM街道的基本功能就是通过城镇中心区的LLM环形道路提供城镇内部的通道,尤其是为在城镇内如何快速进入城镇中心区或远离城市中心区提供通道。

因此,FHV和LLM道路网络在功能上是相互补充的:一般LLM道路网络被设计为满足城镇内部的交通需求,而FHV道路网络被设计为满足其他的交通需求。尽管如此,我们也可以利用FHV道路网络满足城镇内部的出行需求,但从道路设计理念上来看,城市内部的出行最好还是选择LLM道路网络才更加安全、便捷。为了把本城镇的LLM道路网络与相邻城镇的LLM道路网络连接起来,FHV和LLM道路网络设计为以下做法提供了可能性:在速度较高的FHV环城高速公路的地下或上方延伸一部分LLM道路。但是,城镇外围FHV环城高速公路和LLM住宅区街道末端之间的绿化带可能更受人们欢迎,因为绿化带作为一个缓冲带,可以减缓住宅区内的噪声污染以及高速公路给人带来视觉上的不悦,同时也可以作为区域划分的界限。

整体优点

我们提出的这项计划赋予了新型城镇十分具有吸引力的特点。

- 商店、办公区、学校、市政设施、公园、城际间交通中转站等都坐落在城镇中心区或邻近中心区;它们并不是沿着城市郊区呈不连续分布;
- 高密度的多户家庭住宅单元邻近城镇中心区,为那些喜欢在高密度住宅区享受城市生活方式的人们提供十分便捷的人行道、自行车道和LLM道路;
- 那些并不需要经常进入城镇的零售商(如汽车经销商、设备经销商)可以沿着城镇外围的高速公路安置他们的生意,既能够很容易地接近消费者,还可以在不扰乱城镇本身形象、功能和感受的情况下运输货物;
- 住宅区中主要的LLM道路分支与一个社区内的小型社区公园、初等学校和部分商店一起发挥了社区性的功能;
- 城市郊区的单一住户家庭并不会受到政策的限制,相反,城镇交通系统使得这些民居与城镇中的其他社区相连接,使城镇的凝聚性和一致性增强;
- 传统的城市街道系统把社区分离开来,一般情况下它并不推崇

445

和谐的街道生活；与传统的城市街道系统不同，LLM道路网络在
社区间提供更便捷的通道、促进社区间的相互交流、促进城镇一
体化发展、帮助城镇创造那种由一些城市规划师和城镇设计者
（e.g., Southworth and Ben-Joseph 2004b）提出的所谓"一元化街
道空间"。

在这样的计划之下，城镇交通系统和城市形态可以共赢。由于这些相
互贯穿的放射状交通网络系统（内部有服务于LLM的环形道路，外部有服
务于FHV的环城高速公路）的存在，主要的非住宅区目的地与城市中心区
相邻也就成了顺理成章的事。

相比之下，细想当前基于不规则网格的城市规划，在一个网格内，并不
存在一个真正的功能社区中心。因此，从根本上说，这样的城市规划实际上
促进了城市的破碎化，使得城市按非一体化的发展模式发展，并最终导致大
片住房与散置的零售店同处一区。

446

相反，现在我们讨论的这项计划方案提供了城市交通运输系统有组织
的发展前景及其对环境产生较小影响所产生的社会价值，同时它也提出了
一系列可行的出行和生活方式决策，包括不受限制的郊区生活和汽车出行。

城市规模及其发展

我们提出的新型城镇和道路交通系统的规模基本上受制于LLM道路系
统中从LLM放射状街道外部末端到城市中心区这段距离上人们可以接受
的最长耗时。新型城镇的最大规模被限制在直径为6.5千米的圆圈内，这种
规模的城镇可以容纳5万—10万人。

直径为6.5千米这个最大值可以确保人们在LLM道路上的行程时间是
合理的。出于安全性考虑，如果LLM道路系统在建造时考虑到其最大行驶
速度不能超过40千米/小时，那么在LLM道路上向市中心行进1.5—2.5千
米的路程平均则需要花费5分钟；如果是穿越城镇的话，需要花费约10分
钟。相较而言，这种行程时间与目前我们城市郊区道路系统的行程耗时差
不多。当然我们期待大家都会愿意在相对便捷、安全的自行车道上骑自行
车出行，至少对于3千米左右的行程来说，我们偶尔会选择自行车出行。因
此，这种放射状的LLM街道（以及相邻的自行车道和人行道）在长度上一般

不会超过2.5千米。如果一个城镇中心的辐射半径为0.8千米，这个城镇本身的辐射半径则不会超过6.5千米。

上文给出了一个沿着LLM/FHV道路邻近分支路线从外部FHV高速公路到城市中央服务中心的LLM和FHV道路网络完整辐射部分。当直径达到最大值6.5千米时，整个社区（当然并不需要一定呈圆形，为了方便才这样表达）的最大面积能达到33平方千米。在商业和住宅密度相对较高的城市郊区，这个社区能够容纳10万人——这可能是一个单独的城镇/道路交通网络容纳人口的上限。在规模和密度较小的地区，计划可以容纳5万人左右（这个数字可能更合理）。这种规模的城镇将会拥有特定的邮政编码和邮政局，当地独有的高中、市政服务中心、休闲和娱乐新闻节目、图书馆、社区公园以及一个繁荣的商业/零售业中心，可能当地也会出现一些其他重要的设施（如大学校园、主题公园、政府建筑）。

因此，这项规划适用于不同规模的城市，从只具有一条放射状道路和一个基本城市中心的小城镇（比如，只有几千人口的小城镇）到拥有10万人口的小城市，都可以采用这项规划来发展城市道路交通网络和社区。通过增加或扩展邻近地区的道路分支，或沿着现有道路分支，或在城镇中心区增加447 道路密度，一个初具规模的小城镇也可能会发展为一个更大的城市。

对类似规划的综述

可持续发展的交通运输系统，理性发展与新城市主义

面对当前这个以市场为导向、人群流动性较高、时间为主要驱动因子的城市郊区社会体系，显然我不是第一个考虑"在创造一个更适宜于居住、社会一体化的社区中我们该做些什么事"的人。事实上，"可持续发展的交通运输系统"、"理性发展"以及"新城市主义"相关的海量文献让人总结起来也十分困难（see e.g., Steg and Gifford 2005；Turton 2006；MIT and CRA 2001；Dearing 2000；Progress 2000；Geller 2003；EPA 2008b；Calthorpe 2002）。但是，许多关于可持续发展交通的建议书中均提出以减少汽车使用量和单户住宅家庭数量为代价，促进步行、自行车及其他交通运输途径的发展。客观上讲，尽管针对人口和交通稠密的城市中心区而言这些建议中提出的交通运输方式是高效、有益的，但它们并不能引领城市生活方式和交通

运输方式发生深刻的变化。我们提出的这个方案中不再企图采用强制性的做法迫使人们放弃开车、不再居住在他们城市郊区的家中,相反我们支持人们这样的旅行方式和生活方式的决策,从本质上说,它不仅不会产生私人花费,而且还会获得实实在在的社会收益。

以往关于小汽车及其相关基础设施的研究

许多年前,加里森和克拉克(1977)发现:选择向低速、轻量级方向的发展模式,面临最基本的阻碍就是在交通运输基本设施建设及日常生活中人们普遍具有"一种大小适合所有"这样的心态。在此之后,皮特斯迪克和克拉克(1991)分析了为适应轻型汽车(如小型的、燃料高效利用的、只能容纳一名或两名乘客的汽车)而如何进行交通运输系统重建。博塞尔曼等人(1993)更全面地研究了我们应该如何改变社区和道路系统以适应清洁、质优价廉的小型车辆。他们尽管没有给出一个与此相似的交通运输和城镇发展方案,但也强调了许多我在这里提出的问题,也给出了相似的结论。最后,谢勒和乌里(2000)分析了汽车用途与城市规划之间的相互作用,为了"警示汽车用途的限制性、风险性和不良影响",总结并给出了一系列关于怎样重新设计汽车和城市公共空间的建议。他们提出,在一个混合的交通运输系统中宜广泛使用小型汽车,这个混合交通运输系统不仅为自行车、人行道和公共交通运输工具提供更大的空间,而且还会为我们设想到的交通工具提供更多的空间。这将需要对现存的城市分区法则进行重新部署,把"传统的汽车"排除在外,或者为其划出明确的界限。因此,谢勒和乌里(2000)认识到缩小汽车体型,降低车速,同时重新设计城市区域,以更好地适应这些车辆行驶,这样的做法具有诸多优势。

448

规划的社区

尽管"新城镇规划"这一观念已经具有相当长的历史,许多规划出来的社区也已经建成,但是现实中似乎没有一项真正的规划或者交通运输系统可以具备这两条完全独立、同时又具有广泛通达性的私人交通运输系统的主要特征,也就是根据不同动能模式进行划分的主要特征。当前一些现存的社区拥有同等完整的LLM道路网络,但是它们却不具备一个通用的FHV道路网络,这使得这些社区不能够满足大多数家庭的需求。像棕榈沙漠、加利福尼亚这样的社区拥有LLM街道和与FHV道路网络连接的路线；但是LLM道路网络与FHV道路网络并不是完全分离的，因此与FHV道路网络相比较的话，LLM道路网络显得太不安全了，由于超负荷使用也变得十分不方便了。

佐治亚州桃树城是一个位于亚特兰大西南部按总体规划设计的社区，其中专门为行人、自行车和高尔夫球车铺设了113千米长的休闲道路网络。在这个社区的道路系统中，允许机动化的高尔夫球车与行人和骑自行车者共用同一条道路，这与我们建议中所强调的模式比较接近，也就是那种支持只对非机动交通工具进行道路分隔的规划。道路交通系统的设计并不只是为了适应功能齐全的LLM：根据城市交通法规，为高尔夫球车设计的道路的最高速度被控制在32千米/小时以下。另外，这些道路设计的目标并不是用于应对车水马龙的拥挤交通流；这种道路的宽度甚至不足以使两个高尔夫球车并排通过（Stein et al. 1995），而且这种道路不能与FHV道路网络向同一方向延伸。

一些社区和城镇具有完整的传统街道系统和许多条能够抵达社区内大多数或所有家庭住所的自行车专用车道、人行道；而且这些自行车专用车道和人行道在社区和城镇内部不会与传统的街道系统交叉，这些实例出现在许多地区，如加利福尼亚州戴维斯镇的农村家庭住宅区，新泽西州的兰德堡镇，荷兰乌得勒支附近的豪顿镇，英国东南部的米尔顿凯恩斯等。

农村家庭住宅区位于加利福尼亚州戴维斯镇的西部，占地面积约28.3公顷，包括225户家庭和20座公寓。住宅区内的许多房屋都"面对"社区绿化带，其中自行车道和人行道几乎可以服务于每一个住户。沿房屋对面的自行车道和绿化带一侧有一条细长、弯曲的道路供汽车通过，这种道路的末端不再向外延伸。农村家庭住宅区内的无车人行道和环状绿化带提供的公共空间让人十分舒适。我在这个计划中的城市尺度上作相似的构思时，倍受鼓舞。

新泽西州兰德堡镇的道路交通和自行车线路规划比加利福尼亚州农村家庭住宅区的道路设计方案更先进，当然最著名的要数荷兰乌得勒支豪滕镇的道路交通设计方案。1930年建立的兰德堡镇拥有469户独立的家庭住宅，48栋连排房屋，30幢两家合住的住宅，93座公寓大厦，它们均"面对"公共人行道和公园开放空间，在房屋"背后"有汽车可以行驶的道路，这些道路的尽头不再向外延伸(Freeman 2000；Wikipedia 2009)。城镇内的人行道绝对不会跨越主要的交通线路。

449

豪滕镇拥有5万左右的人口，邻近乌得勒支。豪滕镇内拥有专用的自行车道路网络，该网络由许多路径分支构成，这些分支起源于居民区，并连接至通往市中心的"主干网"。汽车专用道路网络由一条外部环形道路组成，从这条环形道路上汽车可以进入部分城市居民区，在一定程度上这条环形道路与自行车专用车道相互交织。汽车进入城市中心区的路径是受限的(Beaujon 2002；Tiemens 2009)。因此，豪滕镇与本章中我们着重阐述的城镇设计方案存在一些共同特征，二者之间的主要不同点在于：我们阐述的道路系统中区分了LLM(主要是功能齐全的汽车)和FHV，但是豪滕镇主要区分了汽车与自行车。另外，在我们阐述的道路网络系统中，这两种道路系统(LLM和FHV)可以达到任意地点，但在平面上从来不会交叉，也不会共用路线空间；但是在豪滕镇，尤其是住宅区，自行车和汽车道路网络在平面上可能会交叉，也可能共用道路空间。

LLM道路网络对交通问题的影响

道路通车容量和拥堵

道路拥堵情况取决于旅行需要与道路基础设施通车容量之间的关系。由于交通主干道服务的行程范围很广，所以通勤高峰时段的交通主干道拥堵问题十分严峻，而且随着交通主干道服务范围的不断扩大，交通拥堵问题愈发严重。因此，在创建新的城市社区时，道路交通规划者往往需要预期城市社区最终可能达到的发展水平，以及人们的出行地点和出行方式。由于这种城市规划规定了LLM主要道路和直接通往城镇中心道路的范围，所以在规划城市街道的交通容量时，它可以帮助我们了解城市街道每日交通流的平均值和最大值。

LLM道路网络直接把居民区与邻近道路节点和城镇中心区相连。在主要道路分支之间或道路分支内部并不存在交叉连接。从规划街道交通容量的目的出发，假设住户会沿着LLM道路分支到达邻近的道路节点或者市中心，然后返回，这种假设很可能是合理的。沿LLM主要道路分支的交通流量取决于向主要道路分支汇合的次一级道路分支的长度，以及次一级道路分支沿线的住户密度。从根本上而言,次一级道路分支的长度受限于人们的这样的一种需求:从外围LLM道路分支的末端到城镇中心区的出行时间不能明显比传统的街道系统所花费的时间长(否则,人们可能更愿意选择传统的街道系统)。于是我们猜测,城镇半径达到3—5千米就会超出理想城镇规模的上限。

因此,在规划一个LLM街道系统的过程中,当要决定街道宽度和车辆行驶速度的极限值时,我们可以比较容易发现成本(资金和土地资源的流失)和收益(更快、更安全的交通)之间的平衡。总之,在居住区的末端道路会变得十分狭窄(大概也就3.7米左右),沿着放射状线路逐渐变宽,在LLM环形道路上达到最宽(约7.6米)。道路最宽处将会为机动车提供两条相对较宽的车道,为非机动车铺设了完全隔离开的道路,以及一条不会被占用的人行道。道路主要交叉点的环岛能够确保城镇中心区的高流量交通顺畅、安全地行驶。

环境影响

能源利用、石油和温室气体排放

从1974年阿拉伯石油禁运之后不久到20世纪80年代中期石油价格下跌期间,美国能源政策开始持续关注节约能源和减少石油使用量。大概从1988年开始,美国和欧洲的能源政策开始越来越多地关注减少所谓的温室气体排放量,而这些温室气体往往被认为是全球气候变化的罪魁祸首(政府间气候变化专门委员会IPCC 2007a, c)。现在城市交通分析师们往往也会按这种常规方法来评估交通规划方案中的能源和石油使用量及其相应的温室气体排放量。

LLM比传统的FHV消耗更少的能源,排放的温室气体量也相对较少。因此,在一个LLM道路网络的基础上,减少整个城镇平均动力能源消耗量的艰巨任务,就可以直接转化为在日常生活中大幅减少汽车及其基础设施加工、制造和维护这一生命周期内所消耗的能源总量。由于CO_2和其他温室气体的排放与能源使用密切相关,大幅度减少汽车生命周期内的能源消耗量,结果会促使温室气体排放总量下降。

为了分析汽车生命周期内的能源消耗和温室气体排放,德鲁奇(2003)

使用了一个扩展的汽车生命周围内温室气体排放模型（LEM）。这个LEM模型估测了城市中化石燃料产品从加工到最终使用整个生命周期内和原材料从原始资源提取到生产装配生命周期内排放的空气污染物和温室气体总量。对于多种类型的交通运输模式、车辆技术和能源资源，包括公交车、火车和电动车辆，LEM模型都是适用的。

为了对比分析，我们把2010年美国传统出行模式和LLM网络模式进行了对比。表24.1给出了LEM模型估算的交通工具生命周期内的CO_2排放当量。CO_2排放当量是一种关于温室气体排放对全球气候变化影响的表达方式，它等同于实际的CO_2排放量加上以CO_2量表达的其他温室气体排放量，这些温室气体主要包括甲烷、一氧化碳、烃类、氮氧化物、硫氧化物、颗粒物质和制冷剂，它们与CO_2一样会对气候产生影响。

451

表24.1   2010年美国交通运输工具生命周期内温室气体排放的CO_2当量。对于传统的快速、重型车辆和轻型、低速模式，均假定每辆车只有一名乘客。

车辆类型	车辆技术	克/运行-千米 （FHV汽油） 燃料生命周期[a]	% 变化/FHV 燃油量 燃料+原材料[a]
FHV	燃烧汽油，8.41/100-km城市中运行	275 g/km	331 g/km
FHV	汽油车版的柴油发动机车辆（低-S）	+13%	+10%
FHV	汽油车版的氢燃料电池（NG）车辆	−61%	−52%
公交运输	柴油发动机（低速）公交车：载客量为10到20人[b]	+2%，−49%	−2%，51%
公交运输	重轨火车：20%，40%容量[b]	−60%，−80%	−60%，−80%
公交运输	轻轨火车：20%，40%容量[b]	−62%，−81%	−65%，−83%
LLM	汽油发动机汽车，41.1/100-km城市中运行	−55%	−56%
LLM	电动汽车，11.3 km/kWh，美国电力	−80%	−76%
LLM	四冲程汽油摩托车	−82%	−82%

车辆类型	车辆技术	克/运行-千米 （FHV汽油） 燃料生命周期	%变化/FHV 燃油量 燃料+原材料
LLM	电动摩托车,美国电力[c]	−87%	−84%
LLM	自行车出行	−99%	−96%
LLM	步行	−100%	−100%

(a) 燃料生命周期包括燃料从原材料生产到最终利用的过程中及车辆维护、修理、检修等相关过程中的温室气体排放。燃料+原材料生命周期包括燃料生命周期加上所有原材料、车辆装配和基础设施建设的生命周期。

(b) 美国人均公共汽车占有量约为10,火车的平均利用率为20%（参见联邦公共交通管理局FTA给出的数据）。每千米每位乘客的温室气体排放量以当前公共汽车人均占有量和目前水平的两倍值来表达。

(c) 2010年美国电力能源结构为：煤炭约占50%,石油燃料约占1%,天然气约占25%,核能约占14%,水力发电约占8%,生物质能约占2%。

　　表24.1中给出的结果显示，即便是与能源利用效率相对较高的超小型汽油FHV（如8.41/100千米城市中运行）相比较，LLM也会促进燃料和原材料生命周期内温室气体的大量减排。人们期待LLM系统由功能齐全的电动LLM构成，与FHV相比较，LLM的温室气体减排效率能够达到80%。与公众交通运输工具相比较（除载客率为两倍于当前水平的城市轨道交通运输工具外），LLM的温室气体排放量更低。当然，与载客量较高的城市公共交通运输工具相比较，体型更小的LLM的温室气体减排量更大，如小轮摩托车和自行车。

　　由于能源利用和温室气体排放之间密切相关，使用能源过程中的节能比例与表24.1中温室气体减排比例相当。关于石油能源利用的节能比例大致与利用石油能源活动中的温室气体减排比例一致，但是高于利用电能的一系列活动中温室气体的减排比例。LLM减少交通运输过程中的能源使用总量，这样也会减少石油消耗量。

水污染

　　从机动车和加油站中泄漏或随意丢弃的石油、燃料、冷却剂和其他化学物质最终会污染河流、湖泊、湿地，甚至海洋环境。这些污染物在水泥道路般的不透水地表汇聚之后，通过降水和冰雪融水流入水体。在这一过程中，地表径流受到污染,进而使得河流、湖泊、溪流和湿地环境质量严重退化,甚至威胁到人类健康。Gaffield等指出(2003)暴雨径流对水环境质量形成主要威胁。

LLM和LLM基础设施将会显著减少径流与水质污染的相关问题。首先,我们可以考虑一下LLM本身:如果LLM是非机动化的或基于电力能源的车辆,与FHV和内燃发动机引擎的LLM相比较,润滑油和发动机冷却液的泄漏和排放问题将大大减少,同时也可以排除车辆和地下储油罐中燃料(及其化学成分,比如氧化的甲基叔丁基醚)泄漏的问题。而且,使用机动车燃料在无形中会影响敏感环境中原油大量泄漏的可能性,使用非机动化或电能引擎的LLM能够极大地降低石油泄漏的可能性和石油消耗量。最后,与FHV相比较,LLM车身更加轻便,速度更低缓,这样也可以减少刹车和轮胎所产生的灰尘量,因此减少径流中这些污染物的浓度。

从LLM基础设施的角度来看,由于为LLM设计的道路不能服务于宽体重型高速车辆,我们可以采用其他类型的道路(如可渗透性街道地表)替代传统上带有马路牙子、排水沟、雨水沟的坚实型人行道。可渗透性人行道使得水流从道路表面不断下渗,这样的话就可以获得类似于自然过滤的效果。这种过滤去除了水流中的污染物,补充了局部地区的地下水,因此提高了土壤质量,促进了植物生长。另外,可渗透性道路所吸收并储存的热量更少,这样则其反射的光线会更少,因此就不大容易产生刺眼的强光。

美 感

当前的机动车基础设施十分丑陋(Button 1993)。机动车行驶的道路、加气站、汽车销售店、汽车维修店、汽车零部件店、停车场以及车库沿公路呈条带状单一分布,混乱不堪,经常受到建造师和城市设计师们的谴责(e.g., Wright and Curtis 2005;Kunstler 1993)。相关调查报告指出,普通公众认为,如果世界上没有道路,则这个世界将会更加富有魅力(Huddart 1978),如果没有大型汽车,则住宅区的街道也将更具有美感(Bayley et al. 2004)。

由于LLM行驶速度缓慢,体形较小,LLM交通网络将不会设置宽阔的道路、交通信号灯、中央分离带、栏杆或紧急停车道等。另外,如果LLM使

用电动装置驱动,那么LLM道路网络中就不需要设置加油站。与当前我们
的街道系统相比,LLM的这些特征使得LLM道路网络在人们的视觉感受上
453　不至于太具侵入性或让人感觉其与周边环境不和谐。由于房屋和商业区是
(或者说应该是)以FHV道路为导向的,这里FHV道路的功能就像是一条条
提供服务的长廊,所以我们这里所阐述的城市规划中的FHV道路系统完全
不至于像传统的城郊FHV道路系统那样不堪入目。

社区破碎化

为联系不同地点的人们而设计建造的道路和高速公路会导致社区分
化、阻碍非机动车流动,并对社会联系造成障碍(Wright and Curtis 2005;
Sheller and Urry 2000;Marshall 2000)。传统的FHV基础设施本身很可能导
致社区自然而然地分化(或社区覆盖),车辆交通会扰乱周边居民区正常的
社会职能运行。

LLM道路网络的功能是明确不同居民区的范围,统一并连接这些居民
区,而不是使之分离或孤立,所以我们不应该设计高速、高车流量的道路横
穿这些居民区。事实上,在协调一致的城镇设计方案和秉承"行人友善"
理念的基础设施建设中,道路网络系统中的所有道路(包括FHV和LLM)
都采用了尽端式道路模式(道路末端是死胡同),这种尽端式道路模式有
利于我们创建一个"理想的城郊住宅环境"(Southworth and Ben-Joseph
2004a)。

道路设计方案的经济效益

与传统上具有类似功能的一体化道路网络相比较,这种LLM和FHV双
车道基础设施的社会成本是怎样的呢? 当不能使用LLM时,住户需要并使
用其他的交通工具,与这种生活消费成本相比较,对于住户而言LLM的生
活成本是怎样的情况呢?

基础设施成本

与同等水平上传统的城郊道路网络相比较,LLM—FHV道路网络的总
成本是高还是低呢? 在这部分内容中,我们将会说明二者的基础设施成本

很可能是大致相同的，尽管在这个道路设计方案中它们是两种不同的道路网络模式。究其原因，主要有以下几个方面。首先，对于LLM道路来说，因为这些道路不需要承载重型货车，所以每公里道路在宽度上每米的成本相对而言比较便宜；除路灯和路标外，LLM道路不需要设置交通信号灯、隔音墙、围桩或栅栏、中央分离带以及其他的道旁设施；这些道路必须足够狭长，这样的话可以通过地表渗透的办法很好地控制雨水径流，而不需要建造集水沟和泄水沟。其次，LLM道路要比传统的城郊道路窄许多：LLM道路平均宽度约为5.8米，相比较之下，新城郊道路宽度约为9.8米（Delucchi 2005）。最后，在双车道LLM—FHV道路网络系统设计方案中，FHV道路每公里所需成本低于传统的FHV网格道路系统，因为在双车道LLM—FHV道路网络系统中，FHV道路中车辆通行量减少，它不需要为路旁泊车、人行道及自行车道留出空间，其中十字路口数量更少，因此与调控十字路口相关的设备和建筑物所需的成本也相应地降低。

454

最后，尽管在双车道LLM—FHV道路网络系统设计方案中，这两种完整的道路系统的直线长度大概是传统FHV网格道路系统直线长度的两倍，但是由于在LLM—FHV道路网络系统设计方案中有相对较少的十字路口数量，事实也并非往往如此之长。如图24.1a中所描绘的，道路中间没有十字路口，道路两侧各有6所房屋。图24.1b中显示道路中间有一个十字路口，9所房屋面对着道路沿线（十字路口的4个方向上，每侧翼都有2所房屋面对着道路，加上中间的1所房屋共9所房屋）。与传统的道路网格系统相比较，这种放射状的道路设计中十字路口的数量更少，因此在LLM或FHV道路系统中，对于一所特定的房屋而言，道路密度相对较低。

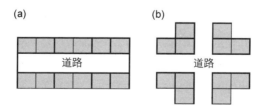

图24.1 位于(a)没有交叉路口和(b)有交叉路口十二栋房子。

在独户住宅区，每一条LLM和FHV道路中间都可能会有两个或三个住户。所有房屋在LLM和FHV道路边不存在连接点,这也就意味着所有房屋均不会出现在其两侧有同一条道路出现的情况,但是每一所房屋都可以与其他相邻的一所或两所房屋共用一条私人车道。另一种可能的选择是,每一所房屋通过其自己的私人车道,在其一侧拥有一条通往LLM道路网络的直达通道,在另一侧有通往FHV的直达通道,但我们怀疑许多人可能不喜欢在房屋两侧各有一条道路。共用私人车道的办法比两侧各有一条道路的办法需要更长的私人车道,但是假设这种私人车道比正常的道路狭窄,那么在LLM和FHV道路中间仅有一个住户的情况下,这种选择的净效应应该也可以使得道路铺砌面积减少。

综合考虑以上因素,我们预计双车道LLM—FHV道路网络系统的总体成本,应该等于或略低于同等水平下传统城郊道路网络系统的总成本。

不同交通运输模式的成本

LLM道路网络系统允许重量小于500千克、最大时速不超过40公里或更低时速的多种交通运输工具通行。除了交通运输工具的最高时速和最大重量受到限制外,LLM道路网络的这种特性可以容纳从行人到FHV道路上无法识别的豪华汽车等一系列交通运输工具:步行、自行车、三轮车、电动助力自行车、轻便摩托车、小型摩托车、全覆盖式摩托车、三轮计程车、高尔夫球车、简易的电动汽车、豪华的微型汽车。本质上步行是最自由的,而且非机动交通运输方式几乎都很自由。类似高尔夫球车设计的轻便摩托车、小型摩托车和简易的电动汽车相对比较便宜,购买和运行成本均较低:通常这些交通工具的价格不超过几千欧元(与大多数新型FHV交通工具至少15 000欧元的价格相比,这些是相当便宜的),而且它们的运行成本很低。因为这些交通工具相对便宜,一般情况下住户很可能会选择使用它们。

455

我们在考虑功能齐全的LLM机动车辆时,关于其成本的问题以及由此产生的在现实生活中人们会选择购买和使用哪些交通工具的问题成为主要关注点。尽管LLM道路网络系统将促使骑行和步行在LLM道路系统中比其在任何传统城郊道路交通系统中都具有吸引力,但我们更期待大多数人都能够充分利用这种具备传统FHV所有特性的LLM道路。

这样功能齐全的LLM的成本是多少呢？为了回答这个问题，德鲁奇及其在加州大学戴维斯分校的同事们提出并使用了"先进车辆成本和能源消耗模型"（AVCEM）（Delucchi 2000a；Delucchi and Lipman 2001）。这种模型设计了一种满足模型制造者明确提出的关于行程范围和性能要求的汽车，然后计算了这种汽车的初始零售成本和全寿命周期成本。

"先进车辆成本和能源消耗模型"提出的目的是模拟在城市低速道路上行驶的轻型、低速、功能齐全的机动车辆。表24.2给出了一种燃烧汽油的LLM、行程范围在32公里之内由电池驱动的电动LLM（BPEV-32）、行程范围在48公里之内由电池驱动的LLM（BPEV-48）和一个传统的汽油驱动FHV（福特护卫者）的假定和模拟特征。

表24.2 整个寿命周期成本分析中全功能汽车的不同特征。汽油FHV=一个传统的福特护卫者车型；汽油LLM=一种低速、轻型汽油驱动汽车；BPEV-32=行程范围在32公里之内由电池供电的电动汽车；BPEV-48=行程范围在48公里之内由电池供电的电动汽车。这些BPEV的电池是铅酸电池，容量约为35瓦时/千克，重约为68千克，成本约为225—270欧元/千瓦时。

项　目	汽油 FHV	汽油 LLM	BPEV-32	BPEV-48
整个车辆的重量（kg）	1 004	435	418	449
车辆最大动力（kW）[a]	67	21	10	11
阻力系数[b]	0.30	0.28	0.22	0.22
0—40 km/h加速，7%逐级加速（每秒）	4.64	6.08	6.08	6.09
燃料效率（1/100 km、km/kWh）[c]	8.43	4.15	11.3	11.0
车辆寿命（km）[b]	241 350	112 630	135 156	135 156

[a] 车辆最大有效动力的假设前提是车辆中不包括空调、加热设备或其他可选附件。BPEV车辆的最大有效动力小于燃烧汽油产生动力的LLM车辆，但二者性能相似，因为电动车辆与内燃发动机驱动的车辆不同，它们可以在转速较低的情况下传递最大扭矩。

[b] 我们假设与同等水平下的燃烧汽油的LLM车辆相比较，电池驱动的LLM车辆具有较低的阻力系数，且车辆寿命更长。

[c] 燃料效率计算中包括了空调和加热设备全年平均利用的次数。

表24.3给出了功能齐全的LLM的初始零售成本和全寿命周期成本分

析。AVCEM估计，在大批量生产中，全功能汽油LLM售价在6 000欧元之下，而对应的电动汽车的售价略高于300—500欧元，这主要取决于电池的体积（反过来，这也取决于预期的汽车可行驶里程）。这里给出的预估零售价格与超级迷你汽油驱动汽车和电动汽车零售价格相关的数据保持一致[①]。

据AVCEM估算，一个功能齐全的LLM售价要远远低于一个微型FHV（表24.3），而且也低于中型FHV一半的价格（Delucchi 2000a）。由电池驱动的电动LLM的初始成本略高于化石燃料驱动的LLM，但在汽油价格约为0.4欧元/升（含税）时，其全寿命周期成本与化石燃料驱动的LLM达到一致。因为电动LLM的成本大体上与化石燃料驱动的LLM保持相当，其他的小额初始成本几乎全部来源于电池的初始成本。

456

不管是燃烧汽油的LLM车辆还是电动的LLM车辆，它们所产生的运行费用均低于FHV车辆。由于LLM车辆各地事故风险率降低，所以车辆运行所需的保险费用会下降；鉴于LLM车辆价格较低或者说重量减轻，它们所需的登记费用也会减少；因为LLM重量大减（减少了能源利用和道路损坏），车辆运行所需要的燃油附加税或道路税费也会下降，同时LLM车辆运行的能源成本会下降，维修保养费用和车辆检查费用会略微减少。整体而言，当汽油价格约为0.4欧元/升时（含税），电池驱动的LLM车辆与化石能源燃烧驱动的LLM车辆将会产生相同的生命周期成本（表24.3）。

表24.3　全特征LLM的零售和生命周期成本。

项　目	汽油 FHV	汽油 LLM	BPEV-20	BPEV-30
车辆的全部零售费用，包括税（€）	11 200	6 500	7 000	7 100
电池对零售成本的贡献（€）	—	—	520	670
平均维修费用（€/年）	360	140	100	100
能源成本（€/1 或 €/wh）[a]	0.30	0.30	0.05	0.05

① 例如，根据汽车生产商提供的手册，在产量受限的情况下，ZENN EV（一种低速、功能齐全的电动汽车）的预期售价约为7 000—10 000欧元。

项　目	汽油 FHV	汽油 LLM	BPEV-20	BPEV-30
生命周期总成本 （美分/公里）[b]	16	14	14	14
汽油价格（€/升）[c]	—	—	0.45	0.40

(a) 美国增加了～0.08€，不包括燃油税；对于电动汽车，夜间充电率低的假设。
(b) 等于初始成本，加上未来所有成本流的现值：保险、维护和修理、燃料、登记、停车、所有
　　通行费。
(c) 汽油价格，包括税收，其中每公里 BPEV 的总寿命成本等于每公里化石燃料 LLM 的总生命
　　周期成本。

　　表24.3给出了车辆的私人成本，在此基础上大致比较了化石能源燃料驱动的 LLM 车辆和电动 LLM 车辆。然而，如果在社会成本的基础上比较这些选项特征就更加有意思了，其中包括比较所谓的"外部成本"和私人成本。运用德鲁奇（2000b）提出的外部效应分析方法，德鲁奇和利普曼（2001）预估了与传统的化石燃料驱动的 FHV 车辆的比较，传统的电动 FHV 车辆在减少石油使用量、噪声、水污染、空气污染和气候变化等方面产生社会价值。他们发现电动 FHV 车辆带来的这些社会价值约等于0.002—0.016欧元/千米，最佳估计值为0.005欧元/千米。在把电动 LLM 车辆与化石燃料驱动的 LLM 车辆作对比时，会发现电动 LLM 车辆带来社会价值的最佳估计值略低，约为0.005欧元/千米，究其原因会发现，由于化石燃料驱动的 LLM 车辆具有相对较高的燃料经济效益，与化石燃料驱动的 FHV 车辆相比较，化石燃料驱动的 LLM 车辆所消耗的石油总量明显下降，造成气候变化的成本也就显著降低了（但空气污染成本可能并不降低）。因此与私人汽车生命周期成本相比较，电动 LLM 车辆会产生实际性的可定量化社会价值，但这种价值额度较少。尽管如此，在这种社会价值的基础上，人们建议 LLM 车辆应该满足零排放模式的要求。

457

对资源和可持续性的潜在影响

　　这种双重模式的城市交通运输系统与本章内容最密切的部分在于：这种交通设计方案会对城市资源和可持续性产生怎样的潜在影响。为了探寻

这些潜在的影响，想象一下这种交通设计方案需要一个面积约为33平方千米的城市，拥有的人口数量约为5万—10万。于是这个城市将会产生一个介于高密度城市（如香港和新加坡）和低密度城市（如墨尔本和洛杉矶人口密度较低的部分地区）之间的中等人口密度，预期的城市能源利用速率在某些程度上能够反映城市人口密度。

- 土地：城市双重交通运输模式设计的一个关键因素是城市人均土地利用面积，很显然，城市人均土地利用面积会显著低于郊区人均土地利用面积（如在墨尔本，城市人口密度为265/平方千米；澳大利亚统计局2005）。这种情况下，城市房屋用地总面积将会明显减少，因此要预留出更多的土地供选择使用。另外，由于邻近城市的土地往往具有较高的土壤肥力（如日本濑户，本章中有涉及）城市住宅区建设节约的土地将会被用于农业生产。
- 能源：表24.1说明，LLM车辆承载每名乘客运行每千米所节约的能源量可以比FHV车辆高出50%。
- 水体：如果用LLM车辆取代FHV车辆，润滑油和冷却剂泄漏到水体中的风险将会明显降低，这将会对水体质量产生有利影响。
- 非可再生资源：FHV车辆消耗原材料年生产总量的20%甚至更高的比例，如铁（Marcus and Kirsis 2003）和锌（Graedel et al. 2005）。LLM车辆很可能只需要消耗一半这个数量的原材料（见表24.2中的重量数值）。另外，如果采用双重交通运行模式的城市中人均住宅面积的平均值低于郊区，那么对多种建筑材料的需求量也将大大减少（如水泥、铜制品等）。

因此，尽管采用双重交通运输模式的城市所产生的最大能源收益很可能就是能源的节约利用，但如上文所述，这些城市也很有可能会对可持续发展社会的各个方面做出较大贡献。

结　论

大部分交通运输相关的问题究其根本可以归结为快速、重型机动车辆的高动能需求。我们所面临的挑战是：如何在不改变机动车使用和城郊生活给人们带来巨大便利的条件下，找到一种可以显著降低个人出行中车辆动能的方法。我相信，达到这个目标的唯一办法在于创造两条独立、四通八达的交通运输网络：一条服务于快速、重型车辆，另一条服务于低速、轻型交通工具。

本章中我们提出的城市设计方案和交通运输系统为人们提供了一种安全、便捷、清洁且舒适的环境。根本不需要经济或法规鼓励措施或禁令，这种城市交通运输系统也应该会得到住户的欢迎。现在我们已经有了一些必需的技术以及关于其对经济和社会影响的分析。

作为对城市规划者设计动机的一些补充：这种交通运输系统会对城市可持续发展产生积极的促进作用，这也算是一种额外的收益。双重交通运输模式将会兑现减少对某些非可再生能源的需求、减少交通运输中能源消耗以及改善交通运输过程对水质的影响等方面的承诺。因为可持续发展的行动归根结底是个人选择，这种双重交通运输系统在鼓励人们选择的同时，也提高了人们对生活质量和可持续性的感知度。因此，这种方法可以作为更具有普适性的总体规划的示例，最终可以增强社会与可持续发展之间的联系。

459

25 不同资源间联系的重要性

埃斯特尔·范德富特,托马斯·E.格拉德尔

摘 要

从满足人类生活需求、提高人类生活质量的角度对地球可持续性的关注,一般都停留在多种类型资源潜在的相互制约上。很显然,资源的制约性是客观存在的,并且在很多情况下,资源的这些制约性已经带来了一系列问题。但是,我们也应该考虑其他方面的制约性,尤其是那些包含各种资源之间联系的限制因素所引发的制约性。在这个总结性的章节中,我们将对这些限制因素进行讨论,并且把相关案例提上研究日程,从而加强我们对21世纪上半叶资源可持续性以及解决可持续性相关问题途径的理解。

导 论

本书中,我们已经探讨了未来人类获取重要资源所面临的挑战,这些资源包括:土地资源、水资源、能源资源和矿产资源。预计在未来数十年里,每种资源的获取都会面临不同程度(从适度到严重)的制约。因此,为了确保可持续发展,我们不能一直保持当前的趋势,而是需要根据世界人口数量和社会福祉不断增加的趋势,改变当前的发展方向。探寻可持续发展问题潜在的解决方案和发展方向是一项重要的研究:在可持续发展中,我们可以期待获得什么?我们如何满足未来的需求?还有,我们会遇到什么样的困难?对于每一种资源都有一个研究机构,这些研究机构通过编辑数据库,建立数学模型,并把这些模型应用于预测到的多种未来情景中,从而为以上问题的解答提供相关参考信息。

重要资源间的内在制约

关于未来数十年充足的资源供给可能受到制约的问题,本次论坛的四个工作组都给出了相应的结论。这些制约条件已经在第5、11、17和22章中进行了详细的介绍,下面做一下总结。

461

关于能源,最重要的问题是人们期待化石能源向可再生能源转变。从当前能源供应相关的问题来看,这种转变势在必行。然而,由于这种转变的变化幅度如此巨大,所以"改头换面式的"(或摧毁性的)改变途径可能会带来极大的风险,具体来说,洛舍尔等人(第22章)描述了如下一些制约性:

- 在不久的将来,没有一种可再生能源可以满足如此巨大的能源需求;
- 在人类预测的所有未来能源情景下,2050年以前化石能源依然是人类能源利用结构中的主要组成部分,因此可以预见人类常用的化石燃料(尤其是石油)很可能会匮乏;
- 因为在优质能源资源逐渐减少时人类需要开采质量次之的能源资源,所以能源开采产生的影响会明显上升,二氧化碳排放量也不可能显著降低;
- 即便我们假设可再生能源对能源供给总量会有一定贡献,但在社会和能源基础设施方面依然需要做出巨大的改变;顺利实现这些改变还有大量工作要做,甚至有时候会遇到一些棘手的问题且无法解决,大多情况下这些改变的实现会受到经济、政治、体制和行为因素的制约。

对于非化石燃料,非可再生资源(尤其是金属)的全球需求量正在快速增加,尤其在发展中国家情况更是如此。与此同时,对日益匮乏的矿石资源的使用也会成为未来的现实问题。对非可再生资源需求量的增加表明,在可预见的未来,资源回收不会提供重要的补充资源。麦克莱恩等人(第11章)所描述的具体制约性如下:

- 在可预见的未来,与新技术密切相关的稀有金属有可能会出现短缺的状况;
- 由于供需关系十分脆弱,矿产资源开采过程中的共生产品和副产品可能会引起较大幅度的价格波动,这将不利于再生资源产业的构建;
- 为了寻找新的可开采矿石资源,需要不断进行勘探,因此土地利用方面的制约可能会发展成一个主要的问题。

由于人口数量的增加和社会福祉的发展,耕地面临的压力不断上升。这种压力带来的第一个后果,就是导致重要生态系统及其有益功能面临严重威胁,存在丧失的风险。西顿等人(第5章)明确给出了相关的制约性,包括:

462

- 全球人类饮食结构中对于肉类食品的需求不断增加,加上已经出现的对食物需求的增加,将导致食物生产对土地的需求呈指数方式增长;
- 生物能源利用不断增加,对土地资源的需求可能更大;
- 持续不断的城市化会导致集约化土地利用模式出现;
- 因为土地过度利用、土地质量下降以及气候变化的影响,预计土地退化的情况会更严重。

预计全球水资源利用量会大幅增加。因此,水资源储量会减少,而且淡水资源的质量也会下降。林德纳等人(第17章)描述了以下几个方面具体的制约性:

- 气候变化可能会降低全球许多地方的淡水资源的可利用性;
- 全球水资源需求量可能会达到淡水资源供应量的上限,从而导致世界许多地方出现淡水资源短缺的问题;
- 对于淡水资源和沿海地区许多重要的渔场而言,水资源质量会成为一个严重的问题,这是快速发展的城市化和农业活动导致的结果。

多种资源间联系引起的制约性

本书的中心观点就是解释那些原本为满足未来资源需求而选择的做法为何会偏离原来的目标，演变成导致资源利用产生一系列后果的行为。这些资源间的"联系"会严重制约资源问题的潜在解决途径，因为在这种情况下，所有类型的资源都受到这种方式的制约，因此对于探索可持续发展之路而言，对资源间联系的定量认识十分重要。尽管在有些文献中已经提到，某种具体资源的可利用性可能会受到其支撑资源的制约，但目前关于这方面的研究还并不充足（e.g., Stokes and Horvath 2006；Feltrin and Freundlich 2008；Field et al. 2007；Sovacool and Sovacool 2009）。

第一类关于资源间"联系"的制约性的例子与正在发生的人口城市化有关。预计未来城市人口数量将会增加。从可持续发展的观点来看，这根本不是一件坏事：人口集中意味着可以提供更高效的服务。但是，城市人口密度上升意味着对基础设施的更多需求，如工业供水和污水处理设施，因为可利用水资源总量和水资源质量是城市地区的重大问题。然而，通常水利基础设施建设需要消耗很多能源，而且城市所需的基础设施建设也需要大量材料支撑。为了避免进一步的环境恶化，城市中的垃圾处理厂、废水处理厂、发电厂以及其他大型设备应该大力开发减排技术。如果要大规模地实施减排，就需要大量原材料投入。采用温室气体减排技术，比如二氧化碳捕获与地质封存（CCS），也许可以减少 CO_2 排放量，但同时也会大大降低能源的利用效率。

463

第二类问题关注的是：人类获取资源的途径越来越困难，与之相联系的是人类几乎对所有资源的需求量都在不断增加。正如上面提到的，矿石品级不断下降可能会对能源资源和水资源产生较严重的影响。为不断增长的人口提供生物质（食物和能源），可能会给土地资源和水资源带来沉重的压力，因为农业生产已经占用了全世界水资源利用总量的70%。为了弥补水资源供应不足的问题，我们应该在能源密集型产业上（比如，污水净化和海水脱盐处理）做出努力，以确保充足的水资源供应。

第三类问题涉及人类设想的能源过渡：新能源途径的可行性及提升。例如，为了向世界提供充足的生物能源，生物质生产应根据需要成倍地增加。因此，能源利用向生物质能源过渡，可能会对土地资源和水资源利用产生直接的影响，而且在这个过程中可能很快就会遇到一系列制约性的问题。相比较而言，向太阳能资源的过渡则可能提供一个更具可持续性的解决方案。然而，对于当前光电技术中必需的几种金属来说，其长期供应状况还具有不确定性。因此，大规模地向太阳能资源过渡可能存在稀有金属资源的制约。

第四类有关资源间"联系"的问题是：由于（其他）资源利用所导致的环境恶化问题可能会对一些资源的供应产生不利影响。例如，化石能源的持续使用可能会通过气候变化潜在地影响生物质能源的生产，尤其是通过改变降水规律，进而对生物质能源的生产产生影响。为确保生物质供应（增加），生物质生产过程中使用的农药可能会导致水资源质量恶化的问题更加严重。同样地，采矿需求的增加也会给水资源消耗和水资源质量退化带来一系列的后果，尤其是当矿山坐落于水资源贫瘠地区时，这种后果将会更加严重。

一旦我们明白了资源之间的联系会对可持续性产生制约，那么下一个问题便是：在定性和定量方面，我们对这些"联系"的探索程度如何呢？任何关于这个问题的评估都不可能是完美的，但这里我们审视了本书中所探讨的评估，由此，我们推断出，当前大部分研究或全部研究中，作者们得出比较一致的观点。

表25.1列出了本书中讨论到的资源间的联系，这里我们采用了巴奇尼和布伦纳（1991）最初提出的资源与其功能之间关系的论述。这些资源间的联系与第一章中提出的概念模型之间的关系达到什么样的程度，在表25.1中通过三个不同的分组进行了阐述。图25.1展示了得到定量化的这些"联系"：

1. 开采及加工金属矿石所必需的能源资源。这里采用的关系适用于澳洲矿山，这是唯一公开发表的可用数据。
2. 开采及加工金属矿石所必需的水资源。同样地，这里采用的关系也适用于澳洲矿山，这也是唯一公开发表的可用数据。
3. 海水脱盐或者水资源处理中需要的能源。预估覆盖的范围很广。
4. 能源生产所需要的水资源。
5. 农业生产所需要的水资源。
6. 太阳能和燃料电池所需要的特殊金属材料。

464

7. 生物能源作物生产所需要的土地资源。

表25.1 前人研究中比较认同的资源之间的联系。

功 能	资 源	支撑资源	来源（this volume）
食 物	水资源（饮用） 土地资源（生产食物） NRR（肥料）	能源资源 水资源 能源资源	Lindner et al., De Wever Ramankutty, Skole De Wever
人类居住	能源资源（供暖，电力） 土地资源（空间） 水资源（工厂加工） NRR（基础设施）	水资源，NRR 能源资源 能源资源，水资源	Löschel et al., De Wever Seto et al. Ibaraki Maclean et al., Norgate
交通运输	NRR（基础设施，交通工具） 能源资源（燃料）	能源资源，水资源 水资源，NRR，土地资源（生物能源）	Maclean et al.，Norgate Delucchi, Skole, Löschel et al.
清 洁	NRR（基础设施） 水资源 能源资源	能源资源，水资源 能源资源 水资源，NRR	De Wever De Wever Löschel et al.
生态系统服务	土地资源	水资源	Seto et al.，Lindner et al.

　　其中有两个例子值得我们关注,这两个例子强调了约束性的重要程度,而这些约束性也许正是资源间的联系产生的结果。麦克莱恩等人（第11章）计算了从品级逐渐下降的矿床中开采金属所需要的能源总量,结果表明:为满足今后几十年对金属的需求,需要消耗全球20%—40%的能源生产量。洛舍尔等人（第22章）从另一个角度分析了能源间的联系,指出如果利用金属铂作为催化剂的燃料电池来提供巨大的能量,就单作为催化剂这一项耗用就会超过原本预估的铂供应速率的50%。对于上述的每一种需求都存在无法满足的可能性,这也说明了资源之间的联系给可持续发展带来的重大挑战。我们预测,如果对其他资源间的联系进行定量化的研究,也会发现类似的问题。465

　　图25.1b展示了在本书中已经确定,但还未被量化的联系。我们推测,

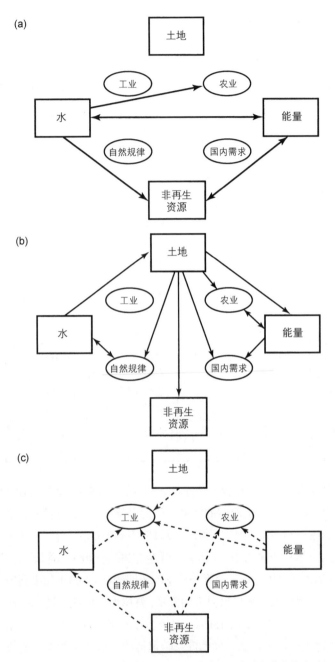

图25.1 （a）至少在某种程度上已量化的联系;(b) 在本卷中确定的联系,但没有量化;(c)已知存在的联系,但本书未涉及。箭头的方向表示资源从一个节点流向另一个节点。

通过一些努力,其中一部分联系是可以被量化的。但就我们所知,目前还没有人对此进行尝试。

图25.1c展示了已知的确实存在的联系,但在本书中没有涉及。在全球范围内,有些联系的确是微不足道的,但是也有一些联系具有潜在的强大制约性,比如磷资源及其对农业生产的重要性。不管我们现在是否可以认识到这些联系的重要性,所有的这些联系都值得去研究。

图25.2展示了一个特殊的例子——在生产生物能源时需要考虑到的联系——这是一个关于资源联系并得到较好研究的例子。很显然,生物能源的生产潜力取决于一系列资源同时发挥作用,而不仅仅限于土地资源,或者水资源,抑或是一些必要的不可再生资源。

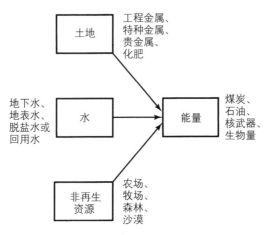

图25.2　生物燃料生产所涉及的联系图。

这些内容的编排证明,我们对资源与资源接受者之间定量化的联系知之甚少。如果如我们想象的一样,这些联系对于可持续发展真的具有重要的制约性,要理解这个问题并达到其所需的程度,则我们还有大量工作要做。

本书中的许多章节都强调了个体生态系统的动态性——随着时间的变化会有一些重要的变化,如能源需求量、水资源可利用性、土地资源使用权等等。另外,还有一个看似不明显,但至少同样重要的动态性,那就是这些联系本身的动态性。如果我们想增加生物能源的生产,在同样的时间尺度上我们有足够充足的土地资源可用吗？如果我们想通过海水淡化工程每年增加5%的脱盐水，我们有足够充足的能源资源可用吗？几乎可以确定的是，资源间的联系可能会产生一些目前尚未被某种资源评估方法所考虑的制约性。

467

因此，联系的动态性也会要求模型的不断完善，这些模型需要基于多种未来情景，考虑一些重要资源之间镶嵌式的可利用性。而且，这些模型的发展也需要各学科间的高度融合，同样，也需要包括强大的社会科学部分。以某种固定的形式提供能源，将土地用作特定用途，或者在偏远地区加强采矿活动，这些做法可能具备技术上的可行性，但是，社会和政治结构以及社会和政治形态也许不会赞同。

资源系统的研究议程

全面可持续发展，意味着对未来社会发展和开发道路的选择不可一叶障目，或者说不能具有阻碍性。社会必须承认关键资源之间存在的联系，并且要找到合适的方法来阐述这些联系。为了达到这个目标，就需要构筑各学科间真正融合的知识基础，以此来支持可持续发展。

在本次论坛中，我们对所讨论的内容进行了总结（第5、11、17和22章），其中资源研究团体明确了解决与土地资源、水资源、能源资源和不可再生资源相关问题的具体研究需要。在能源方面，洛舍尔等人（第22章）引入了未来能源情景作为一个重要的问题，特别是他认为不同的人有不同的处理方法和不同的价值观，从这样的观点出发来阐述"可持续发展"社会的构成。实施可持续发展的问题也被提上了议事日程：一旦定义了一个可持续的能源系统，我们应该如何实现它呢？存在哪些社会制约呢？对于材料资源，麦克莱恩等人（第11章）明确了需要一些更具实用性的研究：需要整合共生产品和副产品的动态模型，以便在材料系统中了解资源间的联系和循环反馈作用。对于土地资源，主要问题被称作"概念重构"，也就是说，我们需要从土地资源的多重功能属性方面描述土地资源和土地利用，同时还需要研发出一套全面的土地资源可持续性度量指标。西顿等（第5章）指出要特别关注为人类提供免费服务的自然系统功能：我们应该采取何种措施来偿还自然生态系统为人类提供的服务？这些措施是有效的吗？对于水资源，林德纳等人（第17章）已将自然水循环和社会水循环之间的联系或脱离提上了研究议程，就像水资源总量和水资源质量之间的相互关系一样。

以上这些方面构成了大相径庭的研究需求，但其中的每一种研究需求都很重要。然而，更具有挑战性的工作是开发出一个综合性的分析框架，从而能够从全面联系的视角，根据资源可利用性和资源供需关系的动态变化特征，来描述资源的特点。从本书中的相关文献可以很明显地看出，把"其他资源"作为外部因素处理的理由是不充分的。其实，某一种资源供需关系的动态变化必须与其他资源供需关系的动态变化一起进行评估。金属材料采矿需要大量能源供应，这个事实在某些情况下会通过能源约束性对采矿业重新产生影响。资源短缺会导致价格波动，反过来，价格波动也会对其他资源造成影响。因此需要开发出考虑某种资源和不同资源间关系的模型，并建立相关的数据库。

目前多种资源研究中尚未涉及的一个至关重要的研究领域，就是为了探索未来的资源利用方式，对不同资源利用情景的发展。本次论坛中不同研究领域之间存在的差异是显而易见的。能源情景已经发展得比较完善，对能源具体方面已经有十分细致的描述。在非可再生资源领域，资源供应而非需求是研究的出发点：如果我们以当前的速率开采铜矿，那么确切地说向全球供应铜还可以维持多少年呢？全球水资源的未来情景尚未得到较好的发展。事实上，未来水资源利用情景的发展在许多方面还处于萌芽阶段。对于土地资源，发展全球土地资源未来利用情景几乎算不上一项研究活动：土地资源的数量不会变化，但是把土地资源需求转化到地域上却并非易事。

我们可以想象，多种资源情景的瞻望协调发展，或者更好的是构建一种综合性的未来多种资源情景，可以带来实质性的利益。例如，我们首先可以对社会经济的发展提出类似的假设，并在此基础上预测未来的资源需求，或者从功能（需求）出发，而不是从资源（供应）出发来进行研究。人们需要资源的某些基本服务功能，而不是这些资源本身（如化石燃料、土地资源或者铜资源）。因此，资源替代物也是一个重要研究问题。比如，在对生态系统进行特征描述时，我们必须要考虑到生态系统的服务功能。如果生态系统的服务功能受损，就必须用人造系统来代替自然生态系统，通常这种做法非常昂贵，至少需要大量能源和原材料投入。

这些资源利用情景中，动态性之间的差异也十分重要。比如，随着人口和社会福祉的增长，能源需求量也会不断增加。与此相反，一些情况下对某些材料的人均需求量似乎已经达到了饱和点，这与发达社会具有充足的基础设施密切相关。这种情况意味着，在经济发展过程中，尽管有一大部分材料得到了回收利用，但资源回收利用不可能对非可再生资源供应做出巨大的贡献。随着时间的推移，资源的人均需求量越接近饱和点，回收的材料就显得越来越重要。因而，在未来的数十年里，原材料开采中所需的能源资源很可能会变得越来越重要，但是在更加遥远的未来，也许就不会那么重要了。

最终，人类对资源的利用并不取决于资源自身的特性，而是取决于资源利用可以提供的功能属性。其中，资源间的联系似乎会制约资源的功能属性，对资源间联系的了解可以促使我们在所拥有资源的基础上，去追求更适合的资源替代方法，从而为我们提供所期待的资源功能属性。在某种程度上，这种理解必须定量化。正如劳德·开尔文所说："你在可以度量你正在描述的东西，并可以用数字来解释它时，在某些方面可以说你已经真正地理解它了；但是如果你不能用数字来解释它，那么你的知识就比较贫乏且无法满足要求。"（Thomson 1883）尽管本书中对此有所阐述，但贫乏且无法满足要求的知识现状并不能够解决资源间联系所引起的问题，而且在很大程度上，这种知识现状正是我们当前认知水平的真实写照。资源间联系的例子及其蕴含的问题，证明创建一个联合型的科学团体的重要性。这种联合型的科学团体主要进行数据库构建，讨论、协调研究结果，发展联合性的方法论和分析与评估当前重大问题的方法，从而支持我们由当前社会向更加美好的可持续发展社会过渡。

在可持续发展道路上设法适应资源间的联系

威尔班克斯（this volume）说："可持续发展是一条道路，而非状态。"毫无疑问，这条道路不是一帆风顺的，而是包含了大量变化和出人意料的状况，其中一部分变化和出人意料的状况产生于资源间的联系，对此我们理解，而且这也是我们可以预测的；但还有一些则是我们无法预料的。人类的决策和人类自身的弱点是这些意外状况的始作俑者，同时也会引发资源相关的限制性问题或者资源转变问题。正如施米茨（this volume）在讨论自然和自然保护中所描述的那样,意外情况会迫使我们采取适应性的管理办法,这使我们在对自然系统还没有完全了解的情况下,还不知道做出的决策会带来什么样后果的条件下,必须做出决策。

尽管从本质上来看适应性管理是被动式的做法,但这类活动也需要利用尽可能完整、信息量丰富的资料。目前关于资源间联系的存在性,这些联系的强度以及可能引发的后果这三个问题的许多方面还存在模糊性,但它们制约或提高可持续性的潜力可能十分巨大,这些都是我们不可否认的事实。因此,本书提出的使命是显而易见的:我们必须拓宽视野,深入研究陌生的数据集,并培养与新伙伴的合作交流。通过这些做法,引导我们恰当地 470 理解可持续性中的重要联系。

附录1 金属初级生产中稀有金属的分配

为了说明在主要金属初级生产过程中稀有金属的分配状况,并指出稀有金属作为副产品,在生产过程中造成的稀有金属浪费,请参考以下几个例子。

在含铼(Re)的铜钼混合精矿煅烧过程中,金属铼可能会挥发掉(图A1.1)。其中,15%的铼存在于灰尘中,剩下的铼存在于尾气中,因此可见,为了回收铜钼混合精矿中剩余85%的铼,有必要进行废气净化,然后通过进一步的处理,回收金属铼。如果废气净化不能充分地回收铼,这部分原材料(铼投入量的85%)可能就会流失。

在利用拜耳法进行矾土精炼的过程中,从矾土中回收金属镓(Ga)更是一件不容易的事(图A1.2)。金属镓和铝(Al)以氢氧化物的形式从铝土中被淋溶出来。在结晶或分段沉淀的最后阶段,矾土中约有10%的金属镓得到了回收(Phipps et al. 2007)。

在原材料流中,稀有金属的分配也是十分典型的例子。在含硫锌精矿煅烧的过程中,锌精矿中的锗(Ge)会挥发掉,因此必须通过尾气收集处理进行含锗尾气的捕获,然后再进一步处理捕获的尾气,进行锗回收(图A1.3)。另外一部分锗仍然留存在煅烧后的锌精矿中,在锌过滤后的加工处理中,这部分锗留存于残渣中。如果残渣中的锗含量足够高,采用沥滤法或挥发法等技术(图A1.3),就可以对这部分锗进行回收。有报道称,从锌精矿过滤后的浸出渣中,可以回收60%的锗(Jorgenson and George 2005)。

铜(Cu)是许多稀有金属的金属载体,同时它还可以熔解部分稀有金属,尤其在用铜熔炼金、银、碲,以及铂类金属时,这些金属熔解在粗铜中,之后在电解冶炼过程中浓缩在阳极泥中（图A1.4）。为了回收贵重金属和一些特殊材料，有必要对阳极泥进行再处理。图A1.5—A1.7给出了常用阳极泥处理的不同处理流程。实际上，火法冶金过程和湿法冶金过程比图示中的步骤要复杂很多。在阳极泥处理过程中，还可以获得硒（Se）和碲（Te）。至于金属含量和回收量，阳极泥中硒的含量约为5%—25%（Butterman and Brown 2004），这部分硒占加工处理过程中硒总量的25%—70%，其余的硒留存于冶金厂的尾气中（Ullmann 2002）。USGS给出了一个假设，认为Cu在电解过程中，硒的回收率约为0.215千克/吨，加拿大的硒回收率约为0.64千克/吨。阳极泥淋洗过程中碲的回收率约为70%—90%（图A1.7）（Ullmann 2002）。

471

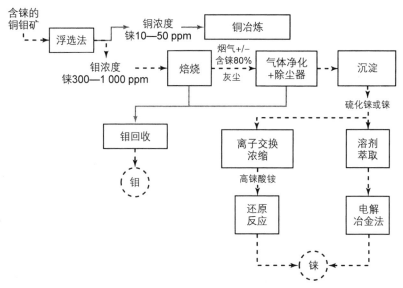

图A1.1 作为铜的副产品，铼和钼（Mo）的生产流程图。信息来自Ullmann（2002）。

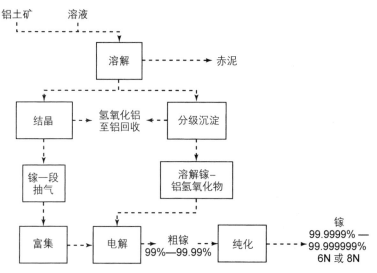

图 A1.2　作为铝/铝土矿的副产品，镓的生产流程图。信息来自 Ullmann（2002），Phipps et al.（2007）; Hoffmann（1991）。

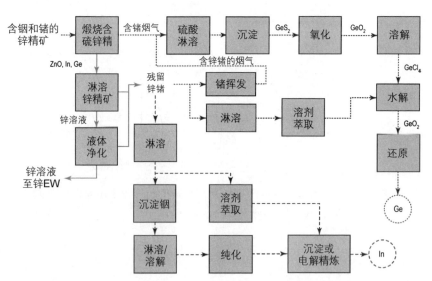

图 A1.3　作为锌生产的副产品，铟（In）和锗的生产流程图。信息来自 Jorgenson and George（2005）; Ullmann（2002）; Hoffmann（1991）。

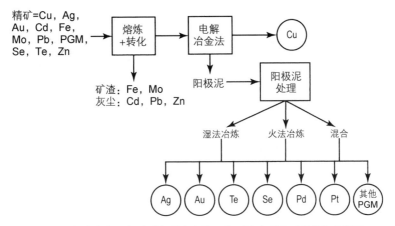

图A1.4　铜生产过程中，为进行稀有金属回收，对阳极泥处理的简化流程图。　473

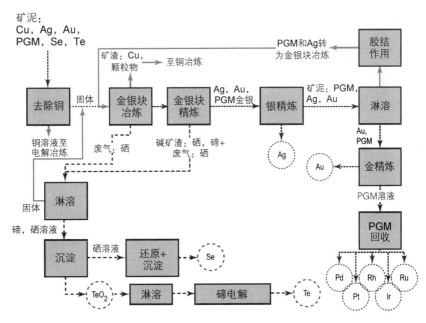

图A1.5　为进行稀有金属回收，采用火法冶金过程处理阳极泥的简化流程图。信息来自 Ullmann（2002）；Pesl（2002）；Hoffmann（1991）；Cooper（1990）；Gmelin（1980）。

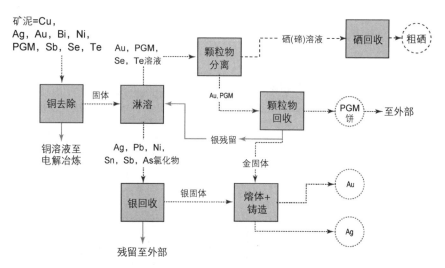

图A1.6　为进行稀有金属回收,采用湿法冶金过程处理阳极泥的简化流程图。信息来自
474 Ullmann(2002); Pesl(2002); Hoffmann(1991); Cooper(1990); Gmelin(1980)。

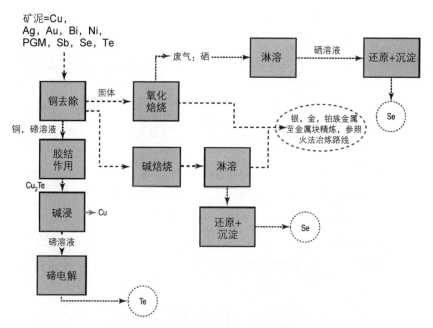

图A1.7　为进行稀有金属回收,联合火法冶金过程和湿法冶金过程处理阳极泥的简化
流程图。信息来自Ullmann(2002); Pesl(2002); Hoffmann(1991); Cooper(1990); Gmelin
475 (1980)。

附录2　地下水资源定量化的方法及其局限性

希克洛马诺夫（1997）利用各大洲面积乘以预期的地下水深度、水分损耗系数和有效孔隙度的方法，首次对全球各大洲地下水储量进行了估算。在世界三个重要的地下水存储区，地下水储存深度最深可以达到地下2 000米，这三个地下水存储区最大的区别在于具有不同的流体动力学特征。这三个地下水存储区被赋予了不同的有效孔隙度数值，数值范围在5%（最下层）—15%（最上层）之间。根据希克洛马诺夫和罗达（2003）的研究，地球表层大陆壳中水资源储量约为$3.6×10^6$立方千米，中间深度含水层中的水资源储量约为$6.2×10^6$立方千米，最深层含水层中的水资源储量约为$1.36×10^7$立方千米。希克洛马诺夫（1997）区分了地球上含盐水资源储量和淡水资源储量，并估算了地球上淡水资源储量约为$1.05×10^7$立方千米。

在我们可利用的文献中，另外一些全球水资源定量化研究方法可以分为：模型估算、遥感估算、地理信息系统技术、地球物理技术或地球化学技术（如同位素），以及地表水流量测定法（Zektser 2002）。其中，许多估算研究的前提都是假设气候参数是稳定不变的（如历史上观测到的气候特征在未来也会出现，而且不会有太大变化；Gleick 1993），但是这种假设与天然水循环的动力学过程和快速的气候变化状况并不总是相符。理想情况下，地下水评估应该基于可靠的、连续且充分的地理数据、水文数据和气象数据参数（Dragoni and Sukhija 2008；Shiklomanov and Rodda 2003）。另一方面，地下水资源总量一般是通过计算而得到的——地表面积乘以预估的地下水饱和地层的平均深度（Jacobson 2000；Shiklomanov and Rodda 2003）。这样的话，地下水资源储存的深度就是一个十分关键的变量，而地下水储存的深度取决于地质水文结构、水文补给状况、基岩类型以及地温梯度。例如，由于地表以下的地质结构在小规模内存在复杂性，所以孔隙度只能在大体上估算（Arnell 2002）。因此，任何对地下水储量的估算都存在高度不确定性。

大规模建模的一个突出的例子是全球水资源评价与预测模型（Döll et al. 2003），其目的旨在评估全球水资源的可利用性、水资源利用状况，以及长期尺度上全球变化对水资源的影响。这个模型还有两个子模型——全球水文模型和全球水资源利用模型，这两个子模型用于模拟研究全球陆地水资源的组成部分，分别估算家庭生活用水量、工业用水量和农业用水量。以上模拟计算均覆盖了地球上的大陆地区（南极洲除外），空间分辨率为0.5°×0.5°，时间分辨率为1天（Döll and Fiedler 2008；Fiedler et al. 2008）。

476　全球水资源评价与预测模型计算了陆地上和开放水体中每天"垂直方向上的"水分平衡。对于陆地地表水循环，根据土地覆被的功能、土壤含水状况、每月平均温度、太阳辐射和降水等参数，可以把陆地地表水循环细分为表层水循环和土壤水循环两部分。对于开放水体，"垂直方向上的水分平衡"是指降水量和蒸发量之差。某流域单元中产生的径流量与这个流域单元中的水流量之和，通过水资源储存空间进行输送，这些水资源储存空间包括地下水、湖泊、人工水库、湿地和河流（Döll et al. 2003）。最后，为了计算河流流量，流域单元中的水流总量，依照全球水流系统方向图被输送到下游流域单元（Döll and Lehner 2002）。模型利用全球724个流域和1 235个水文监测站的数据，对流域水流量进行了校准，这些数据覆盖了全球50%的陆地面积和70%的流域面积。结果显示，长期模拟的年平均流量与实测流量之间的差异在1%以内（Döll and Fiedler 2008）。理论上说，这一数量每年可从全球含水层中提取，而不会使其存在枯竭的威胁。为适应干旱半干旱地区水资源评估的需求，基于对地下水资源直接排放量的评估，Water GAP 的运算方法得到了改进。在1961—1990年这个校正区间内，模型估算出长期尺度上全球地下水资源补给量（可再生的地下水资源量）约为12 666立方千米/年。Water GAP 模型中对不同大陆地区可再生地下水资源总量的对比结果显示，南美洲可再生地下水资源储量处于世界首位。由于南美洲主要依赖地表水供给公共水资源需求，并伴有相关的环境卫生问题，因此，该地区在提供优质水方面存在着最大的潜力（Reboucas 1999）。

耶茨（1997）、克莱伯和范德瑞琪（1998）与阿内尔（1999）介绍了另外一些水文模型，这些模型主要关注大气水循环和陆地表层的水循环过程，极大地忽略了地下水循环过程。为了更好地定量化估算地球上能源和水资源的分布和流通量,并对不同的模型进行对比,1998年全球气候研究项目(Potter and Colman 2003)发起并运行了全球能源和水资源循环试验(GEWEX)。这个项目的目的是在遥感技术的辅助下,预测全球水文循环过程以及水资源和能源资源的流通量,重点关注的区域是陆地表层和海洋上层。另一方面,全球土壤湿度项目(GSWP)获得了与陆地水资源流量相关的水文信息和水文地质信息数据集(Oki and Kanae 2006)。同时,GSWP项目还检验并对比了其他23个模型给出的结果,这些模型关注的是陆地水资源流通量在全球的分布及其数量。

模型预测的功效取决于输入的参数和水文数据。参数和数据不足就会影响模型输出的结果。因为在大陆尺度上,一般很难获取与包含地下水资源的水体相关的空间和时间信息,所以模型中用到的许多参数都是从现有信息中衍生出来的。例如,Water GAP模型的数据基于全球流域信息(Döll and Fiedler 2008;Fiedler et al. 2008),但这些流域信息数据可能与流域边界并不匹配。另外,模型校准需要大量历史上的数据,然而由于监测时间较短、监测技术变化、覆盖的地理空间有限、人类活动产生的影响不断升高等因素的影响,这些历史数据可能并不可靠。例如,Water GAP采用的数据仅覆盖了全球一半的陆地表面,因此需要对未覆盖的区域进行过度的外推,这就会带来潜在的高估或低估问题。由于缺乏可靠的数据,模型也使用了土壤中垂直入渗的地下水数据,忽略了河流和湖泊对地下水补给的部分。但是,在干旱和半干旱地区,这些地表水资源会给予地下水资源极大的补给(Arnell 2002),因此,尤其对于干旱地区而言,由于极度缺乏与地下水动态变化相关的数据,所以如果忽略这部分机制,将会导致对可再生地下水资源总量的低估。

近期,遥感技术已经被运用于评估地球上水资源储存和流量的时间变化和空间变化。例如,在2002年地球重力场反演与气候试验(GRACE)中发起了卫星计划(Rodell and Famiglietti 2002),目的在于以月为周期连续观测含水层中水资源储量的变化(Güntner et al. 2007a, b)。为了优化观测结果,这个项目发射了两颗卫星来观测,这两颗卫星在海拔约为500千米的极地轨道上,相距约为220千米。它们不间断地记录重力变化的数据,并为同一地区提供不同季节内的多次测量数据,最终获得在200—300千米

477

的空间分辨率上产生1 cm高度变化的高分辨率数据（Dragoni and Sukhijia 2008；Swenson et al. 2003）。GRACE任务初期发表的文献中主要关注对地表水资源（Swenson et al. 2003；Syed et al. 2008）和地下水储量变化的观测，与Water GAP模型之间存在一定联系（Fiedler et al. 2008；Güntner et al. 2007b）。GRACE观测得到的数据可以用于计算地下水补给量和排放率，同时还可以用于评估地下水资源的空间分布状况。但是，这些观测十分昂贵，而且观测技术还有待进一步完善（Güntner et al. 2007a；Jacobson 2000）。例如，目前GRACE不能被用于估测短时期内水资源和能源资源储量和流量变化，而且由于受潮汐、波浪运动或土壤湿度波动的影响，GRACE的估测可能会引发系统误差。

许多关于GIS应用技术的研究基本上都关注区域尺度上地下水资源相关的问题（Chen et al. 2005；Johnson and Njuguna 2002；Kharad et al. 1999）。放眼全球，全球水文地质地图与评估项目（WHYMAP）和国际地下水评估中心（IGRAC）工程主要被用于更形象化地描述相关的问题，但这些项目缺乏对地下水资源的定量化估算或模拟（IGRAC 2008；Struckmeier and Richts 2006，2008）。基于GIS技术的水资源评估，取决于向地表水和地下含水层评估系统中高频率地输入可靠的数据，这种数据输入通常要求有效的数据478 挖掘技术和良好的编程技术。

地震波折射和反射技术可以应用于当前地下水资源最大储存深度的估测中。尽管地震波折射和反射技术的优势在于具备高度可靠性，可以快速实现，而且很容易解译，但当前观测井获取的数据需要大量校正，使得这项技术也存在许多弊端（Sorensen and Asten 2007）。事实证明，在计算地下水水位深度时，探地雷达（GPR）是一个十分实用的工具（Doolittle et al. 2006），但是有时候，探地雷达也会受含水层异质性以及与此相关的尺度升级问题的限制（Huggenberger and Aigner 1999）。关于地下水补给、地下水滞留时间、地下水与地表水间相互作用以及水体基本径流的估算可以采用同位素追踪法（Clark and Fritz 1997）。目前，同位素法主要被用于局部或区域尺度（Kendall and McDonell 2000）上，而全球降水同位素观测网对于地下水补给479 研究也十分有用。

附录3

表A3.1 理论上和技术上的资源可再生潜力。

2005		
	理论上的资源量（TWh/yr）	技术上的可再生资源（TWh/yr）
地热	$390\,000\,^{(a)}$—$1.7\times10^{8\,(b)}$	$139\,000$—$1.39\times10^{6\,(b)}$ 570—$1\,210\,^{(a)}$
水力发电	$15\,494\,^{(c)}$ $16\,500\,^{(a)}$ $41\,700\,^{(b)}$	$8\,062$—$13\,900\,^{(b)}$
风力	1.7×10^{6} $630\,000\,^{(a)}$	$69\,500$—$166\,800\,^{(b)}$ $190\,000\,^{(d)}$
太阳能	$170\ W/m^{2\,(c)}$ $1.1\times10^{9\,(b)}$	24.2×10^{6}—$26.7\times10^{6\,(a)}$ PV: $14.9\times10^{6\,(a)}$ CSP $1.2\times10^{6\,(a)}$ $417\,000$—$13.9\times10^{6\,(b)}$
商业用生物质能	$806\,200\,^{(b)}$	$27\,800$—$83\,400\,^{(b)}$
海洋能	总量: $40\,310\,^{(b)}$ 拦河坝: $300+\,^{(e)}$ 波浪: $23\,600\,^{(a)}$, $80\,000\,^{(e)}$ 潮汐（海洋）能: $7\,000\,^{(a)}$, $800+\,^{(e)}$ 热量梯度: $10\,000\,^{(e,\,f)}$—$88\,000\,^{(g)}$ 盐度梯度/渗透性梯度: $2\,000\,^{(e)}$	总量: $417\,^{(b)}$ 波浪: 140—$2\,000\,^{(c)}$, $4\,400\,^{(a)}$ 潮汐: $180\,^{(a)}$

(a) Jacobson (2008)。 (b) Jaccard (2005)。
(c) WEC (2007)。   (d) UNDP (2000)。
(e) IEA (2006a)。   (f) IEA (2008e)。
(g) http://www.nrel.gov/otec/

480

487

缩略表

AAPG	美国石油地质学家协会	CRA	查尔斯·里弗斯协会
ANAMMOX	厌氧氨氧化	CRT	阴极射线管
ARI	世界先进资源	CSIRO	联邦科学与工业研究组织
AST	活性污泥处理技术		（澳大利亚）
AVCEM	先进的车辆成本和能源使	CSP	集中太阳能
	用模型	CSR	企业社会责任
BAT	最佳可用技术	DfR	回收设计
BEAMR	生物电化学辅助微生物反	DMI	直接物料输入
	应器	EAWAG	联邦供水、废水处理和水
BGR	联邦地球科学与自然资源		保护研究所
	研究所	EC	欧盟委员会
BOD	生物需氧量	EEA	欧洲环境局
BP	英国石油公司	EEE	电气电子设备
BPEV	电动汽车	EIA	能源信息管理局
BREF	最有效的技术的参考文件	EIO	经济投入产出
CARRI	社区和区域防灾倡议	ELV	报废车辆
CAST	农业科学技术理事会	EMBRAPA	巴西农业部
CCS	二氧化碳捕获与封存	EOL	报废
CDM	清洁发展机制	EPA	环保局
CFC	氯氟碳	E-scrap	电子废料
CNG	压缩天然气	ETP	能源技术观点
COD	化学需氧量	EU	欧盟
ConAccount	区域与国家环境可持续物	EUR	欧元
	质流统计合作组织	EUROSTAT	欧盟委员会统计局
CORINE	欧盟委员会环境计划信息	FAO	粮食及农业组织
	协作组织	FCV	燃料电池车
CPCB	中央污染控制委员会	FHV	快速重型车辆

FRA	森林资源评估	ISIE	国际工业生态学会
FSC	森林管理委员会	ISO	国际标准化组织
GAC	颗粒活性炭	IT	信息技术
GAEZ	全球农业生态区	ITO	铟锡氧化物
GATT	关税与贸易总协定	IUCN	国际自然保护联盟
GDP	国内生产总值	IWMI	国际水管理研究所
GER	能源总需求	LCA	生命周期评估
GEWEX	全球能源与水循环实验	LCD	液晶显示器
GHG	温室气体排放	LDC	欠发达国家
GIS	地理信息系统	LEM	生命周期排放模型
GLUA	全球土地利用核算	LHV	低热值
GPR	探地雷达	LLM	低速轻量模式
GRACE	重力恢复与气候试验 (卫星)	MBR	膜生物反应器
GRDC	全球流量资料中心	MEA	千禧年生态系统评估
GSWB	全球土壤湿度计划	MELiSSA	微生态生命支持系统替代
GTL	天然气合成油		方案
GWEC	全球风能理事会	MFA	物质流分析方法
GWP	全球变暖潜能	MIT	麻省理工学院
HANPP	人类对净初级生产的占有	MLCC	多层陶瓷电容器
HDC	高度发达国家	MOSUS	重构欧洲可持续性的机会
HDI	人类发展指数		与限制建模
HHV	高发热值	NCHRP	国家公路合作研究计划
HPGR	高压辊磨机	NDVI	正常分化营养指数
IAEA	国际原子能机构	NETL	国家能源技术实验室
ICs	集成电路	NGO	非政府组织
ICSU	国际科学联盟理事会	NOCs	国家石油公司
IEA	国际能源署	NPC	国家石油委员会
IEA ETP	国际能源署能源技术观点	NPP	净初级生产
IEA OES	国际能源署海洋能源系统	NRC	国家研究委员会
IFPRI	国际粮食政策研究所	NREL	国家可再生能源实验室
IGBP	国际地圈—生物圈计划	NRR	不可再生资源
IGRAC	国际地下水资源评估中心	OECD	经济合作与发展组织
IIASA	国际应用系统分析研究所	OEM	原始设备制造商
IMPACT	国际农产品贸易政策分析	OLED	有机发光二极管
	模型	OPEC	石油输出国组织
IO	投入/产出	ORNL	橡树岭国家实验室
IOCs	国际石油公司	ORNL/RFF	橡树岭国家实验室和未来
IPCC	政府间气候变化专门委		资源研究所
	员会	OTEC	海洋热能转换

PCB	印刷电路板		发展部
PES	生态补偿	UNEP	联合国环境规划署
PGM	铂族金属	UNESCO	联合国教科文组织
Ppmv	百万分体积比	UNFAO	联合国粮食及农业组织
PPP	购买力平价	UNSD	联合国统计司
PRI	政策研究倡议（加拿大）	UNWWAP	联合国世界水资源评估
PRO	压力延迟渗透		计划
PV	光伏	USDA/ERS	美国农业部经济研究处
PVC	聚氯乙烯	USDOE	美国能源部
PWB	印刷线路板	USEPA	美国环境保护署
R&D	研究与开发	USGS	美国地质调查局
RED	反向电渗析	WBCSD	世界可持续发展工商理
REE	稀土元素		事会
RO	反渗透	WCED	世界环境与发展委员会
SCOPE	环境问题科学委员会	WEC	世界能源委员会
SEC	单位能耗	WEEE	电子废弃物
SEDAC	社会经济数据和应用中心	WETT	水能技术团队
SEEA	经济与环境综合核算系统	WHO	世界卫生组织
SGT	盐度梯度技术	WHYMAP	全球水文地质测绘和评估
SME	中小型企业		计划
SRES	排放情景特别报告	WMO	世界气象组织
TMR	物质需求总量	WPA	世界石油评估
UN	联合国	WRI	世界资源研究所
UNCED	联合国环境与发展大会	WTO	世贸组织
UNCF	联合国儿童基金会	WWF	世界野生动物基金
UNDP	联合国开发计划署	WWT	废水处理
UNDPCSD	联合国政策协调和可持续	WWTP	污水处理厂

参考文献

Ackers, L. 2005. Moving people and knowledge: Scientific mobility in the European Union. *Intl. Migration* **43(5)**:99–129.

Adriaanse, A., S. Bringezu, A. Hammond et al. 1997. Resource Flows: The Material Basis of Industrial Economies. Washington, D.C.: WRI.

Advanced Resources International. 2006. Undeveloped domestic oil resources: The foundation for increasing oil production and a viable domestic oil industry, U.S. Dept. of Energy. http://www.fossil.energy.gov/programs/oilgas/publications/eor_co2/ Undeveloped_Oil_Document.pdf (accessed 3 Sep 2009).

Ahlbrandt, T. S., R. R. Charpentier, T. R. Klett et al. 2005. Global Resource Estimates from Total Petroleum Systems, AAPG Memoir 86. Tulsa: AAPG.

Alcamo, J., P. Döll, T. Henrichs et al. 2003. Global estimates of water withdrawals and availability under current and future "business-as-usual" conditions. *Hydrol. Sci. J.* **48**:339–348.

Alcamo, J., M. Flörke, and M. Märker. 2007. Future long-term changes in global water resources driven by socio-economic and climatic changes. *Hydrol. Sci. J.* **52**:247–275.

Alcamo, J., and T. Henrichs. 2002. Critical regions: A model-based estimation of world water resources sensitive to global changes. *Aquat. Sci.* **64**:352–362.

Alexander, R. B., E. W. Boyer, R. A. Smith, G. E. Schwarz, and R. B. Moore. 2007. The role of headwater streams in downstream water quality. *JAWRA* **43(1)**:41–59.

Alfsen, K., and M. Greaker. 2007. From natural resources and environmental accounting to construction of indicators for sustainable development. *Ecol. Econ.* **61**:600–610.

Alhaji, A. F., and D. Huettner. 2000. OPEC and world oil markets from 1973–1994: Cartel, oligopoly, or competitive? *Energy* **21(3)**:31–60.

Al-hashimi, A. R. K., and A. H. Brownlow. 1970. Copper content of biotites from the boulder batholith, Montana. *Econ. Geol.* **65**:985–992.

Allan, J. A. 1998. Virtual water. In: Transformations of Middle Eastern Natural Environments, ed. J. Albert et al., pp. 141–149. Bulletin Series No. 103. New Haven: Yale School of Forestry and Environmental Studies.

Amacher, G., E. Koskela, and M. Ollikainen. 2004. Forest rotations and stand interdependency: Ownership structure and timing of decisions. *Nat. Resour. Modeling* **17(1)**:1–43.

Anderson, J. R. 1976. A land use and land cover classification system for use with remote sensor data. USGS Prof. Paper 964. Washington, D.C.: GPO.

Andersson, B. A. 2001. Material constraints on technology evolution: The case of scarce metals and emerging energy technologies. PhD diss., Chalmers Univ. of Technology.

Angelikas A. N., M. H. F. Marecos Do Monte, L. Bontoux, and T. Asano. 1999. The status of wastewater reuse practice in the Mediterranean basin: Need for guidelines. *Water Res.* **33**:2201–2217.

Angenent, L.T., K. Karim, M. H. Al-Dahhan, B. A. Wrenn, and R. Domiguez-Espinosa. 2004. Production of bioenergy and biochemicals from industrial and agricultural wastewater. *Trends Biotechnol.* **22(9)**:478–485.

Anonymous. 1998. Assessment of undiscovered deposits of gold, silver, copper, lead, and zinc in the United States. *USGS Circular* **1178**:21.

Arad, A., and A. Olshina. 1984. Brackish groundwater as an alternative source of cooling water for nuclear power plants in Israel. *Environ. Geol.* **6**:157–160.

Archer, C. L., and M. Z. Jacobson. 2005. Evaluation of Global Wind Power. Dept. of Civil and Environmental Engineering. Stanford, CA: Stanford Univ.

Armstead, H. C. H., and J. W. Tester. 1987. Heat Mining: A New Source of Energy. London: E. & F. N. Spon.

Arnell, N. W. 1999. A simple water balance model for the simulation of streamflow over a large geographic domain. *J. Hydrol.* **217**:314–335.

———. 2002. Hydrology and Global Environmental Change: Understanding Global Environmental Change. Harlow: Prentice Hall.

———. 2004. Climate change and global water resources: SRES emissions and socio-economic scenarios. *Global Env. Change* **14**:31–52.

Arnfield, A. J. 2003. Two decades of urban climate research: A review of turbulence, exchanges of energy and water, and the urban heat island. *Intl. J. Climatol.* **23**:1–26.

Arthur, J. D., J. B. Cowart, and A. A. Dabous. 2001. Florida aquifer storage and recovery geochemical study: Year three progress report. Florida Geological Survey Open File Report 83.

Asano, T., and J. A. Cotruvo. 2004. Groundwater recharge with reclaimed municipal wastewater: Health and regulatory considerations. *Water Res.* **38**:1941–1951.

Asante-Duah, D. K., F. F. Saccomanno, and J. H. Shortreed. 1992. The hazardous waste trade: Can it be controlled? *Environ. Sci. Technol.* **26(9)**:1684–1693.

Ashton, W. 2008. Understanding the organization of industrial ecosystems: A social network approach. *J. Indus. Ecol.* **12**:34–51.

Austin, L., R. Klimpel, and P. Luckie. 1984. Process Engineering of Size Reduction: Ball Milling. New York: Society of Mining Engineers.

Australian Bureau of Statistics. 2005. Regional Population Growth, Australia and New Zealand, 2003–2004, Canberra.

Ayres, R. M. 1996. Analysis of wastewater for use in agriculture: A laboratory manual of parasitological and bacteriological techniques, ed. R. M. Ayres and D. D. Mara. Geneva: WHO.

Ayres, R. U. 1989. Energy Inefficiency in the U.S. Economy: A New Case for Conservation. Pittsburgh: Carnegie Mellon Univ.

———. 1997. Metals recycling: Economic and environmental implications. *Res. Conserv. Recy.* **21**:145–173.

———. 1998. Eco-thermodynamics: Economics and the second law. *Ecol. Econ.* **26**:189–209.

———. 2001. Resources, scarcity, growth and the environment. http://ec.europa.eu/ environment/enveco/waste/pdf/ayres.pdf (accessed 3 Sep 2009).

———. 2007. On the practical limits to substitution. *Ecol. Econ.* **61**:115–128.

Ayres, R. U., and L. W. Ayres. 1998. Accounting for Resources 1. Cheltenham, UK: Edward Elgar.

———. 1999. Accounting for Resources 2. Cheltenham, UK: Edward Elgar.

Ayres R. U., L. W. Ayres, J. McCurley et al. 1985. A historical reconstruction of major pollutant levels in the Hudson Raritan Basin: 1880–1980. Pittsburgh: Variflex Corp.

Ayres, R. U., L. W. Ayres, and I. Rade. 2002. The life cycle of copper, its co-products and by-products. Mining, Minerals and Sustainable Development Project. World Business Council for Sustainable Development. http://www.iied.org/pubs/pdfs/ G00534.pdf (accessed 3 Sep 2009).

Baccini, P., and P. H. Brunner. 1991. Metabolism of the Anthroposphere. Berlin: Springer-Verlag.

Baker, A., and S. Zahniser. 2006. Ethanol reshapes the corn market. *Amber Waves* **4(2)**:30–35.

Balek, J. 1989. Groundwater Resources Assessment. Amsterdam: Elsevier.

Banks, N. G. 1982. Sulfur and copper in magma and rocks: Ray porphyry copper deposit, Pinal County, Arizona. In: Advances in Geology of Porphyry Copper Deposits, Southwestern North America, ed. S. R. Titley, pp. 227–257. Tucson: Univ. Arizona Press.

Barnaby, W. 2009. Do nations go to war over water? *Nature* **458**:282–283.

Barnett, T. P., J. C. Adam, and D. P. Lettenmaier. 2005. Potential impacts of a warming climate on water availability in snow-dominated regions. *Nature* **438**:303–309.

Barney, G. O., ed. 1980. The Global 2000 Report to the President of the United States. New York: Pergamon Press.

Barrett, C. B. 1996. Fairness, stewardship and sustainable development. *Ecol. Econ.* **19(1)**:11–17.

Barrett, C. B., and T. J. Lybert. 2000. Is bioprospecting a viable strategy for conserving tropical ecosystems? *Ecol. Econ.* **34(3)**:293–300.

Barry, F., H. Gorg, and E. Strobl. 2004. Multinationals and training: Some evidence from Irish manufacturing industries. *Scot. J. Polit. Econ.* **51(1)**:49–61.

Bartlett, A. A. 2000. An analysis of U.S. and world oil production patterns using Hubbert-style curves. *Math. Geol.* **32**:1–17.

Bartos, P. J. 2002. SX-EW copper and the technology cycle. *Res. Policy* **28**:85–94.

Bates, B. C., Z. W. Kundzewics, S. Wu, and J. P. Palutikof. 2008. Climate change and water. Technical Paper of the IPCC. Geneva: IPCC.

Baxter, T., J. Bebbington, and D. Cutteridge. 2004. Sustainability assessment model: Modelling economic, resource, environmental and social flows of a project. In: The Triple Bottom Line: Does it All Add Up?, ed. A. Henriques and J. Richardson, pp. 113–120. London: Earthscan.

Bayley, M., B. Curtis, K. Lupton, and C. Wright. 2004. Vehicle aesthetics and their impact on the pedestrian environment. *Transport Res. D* **9**:437–450.

Beaujon, O. 2002. Bikers' paradise: Houten. *Bike Europe* (June), pp. 10–11. http://home .planet.nl/~tieme143/houten/plaatjes/bikeparadise1.pdf (accessed 3 Sep 2009).

Becker, G. S. 1964. Human Capital. New York: Columbia Univ. Press.

Benedick, R. 1991. Ozone Diplomacy: New Directions in Safeguarding the Planet.

Cambridge, MA: Harvard Univ. Press.

Bennet, E. M., S. R. Carpenter, N. F. Caraco et al. 2001. Human impact on erodable phosphorus and eutrophication: A global perspective. *BioScience* **51**:227–234.

Bentley, H. W., F. M. Phillips, S. N. Davis et al. 1986. Chlorine 36 dating of very old ground-water. 1. The Great Artesian Basin, Australia. *Water Resour. Res.* **22**:1991–2001.

Bentley, R. W. 2002. Global oil and gas depletion: An overview. *Energy Policy* **30**:189–205.

Bergenstock, D. J., and J. S. Maskulka. 2001. The de Beers story: Are diamonds forever? *Bus. Horiz.* **44(3)**:37–44.

Bergsdal H., H. Brattebø, R. A. Bohne, and D. B. Müller. 2007. Dynamic material flow analysis for Norway's dwelling stock. *Build. Res. Inform.* **35(5)**:557–570.

Berndes, G. 2002. Bioenergy and water: The implications of large-scale bioenergy production for water use and supply. *Global Environ. Change* **12**:253–271.

Berner, E. K., and R. A. Berner. 1996. Global Environment: Water, Air, and Geochemical Cycles. Upper Saddle River: Prentice Hall.

Bertani, R. 2005. World geothermal generation 2001–2005: State of the art. In: Proc. World Geothermal Congress 2005, Antalya, Turkey, pp. 1–19.

Bertram, M., T. E. Graedel, H. Rechberger, and S. Spatari. 2002. The contemporary European copper cycle: Waste management subsystem. *Ecol. Econ.* **42**:43–57.

Beschta, R. L., and W. J. Ripple. 2006. River channel dynamics following extirpation of wolves from northwestern Yellowstone National Park, USA. *Earth Surface Processes and Landforms* **31**:1525–1539.

Blaug, M. 1976. The empirical status of human capital theory: A slightly jaundiced survey. *J. Econ. Lit.* **14**:882–855.

Bloom, D. E., D. Canning, and G. Fink. 2008. Urbanization and the wealth of nations. *Science* **319**:772–775.

Boin, U. M. J., and M. Bertram. 2005. Melting standardized aluminium scrap: A mass balance model for Europe. *J. Metalsals* **57**:26–33.

Borrok, D., S. E. Kesler, E. J. Essene et al. 1999. Sulfide minerals in intrusive and volcanic rocks of the Bingham–Park City Belt, Utah. *Econ. Geol.* **94**:1213–1230.

Bosselmann, P. C., D. Cullinane, W. L. Garrison, and C. M. Maxey. 1993. Small cars in neighborhoods. UCB-ITS-PRR-93-2, California PATH Program, Institute of Transportation Studies. Berkeley: Univ. of California.

Bounoua, L., R. Defries, G. J. Collatz, P. J. Sellers, and H. Khan. 2002. Effects of land cover conversion on surface climate. *Climate Change* **52**:29–64.

Bourdieu, P. 1986. The forms of capital. In: Handbook of Theory and Research in the Sociology of Education, ed. J. Richardson. Westport, CT: Greenwood Press.

Bourguignon, A., V. Malleret, and H. Norreklit. 2004. The American balanced scorecard versus the French tableau de bord: The ideological dimension. *Manag. Account Res.* **15**:107–134.

BP. 2008. Statistical review of world energy. http://www.bp.com/statisticalreview (accessed 3 Sep 2009).

Brack, D. 1996. International Trade and the Montreal Protocol. London: Royal Institute of Intl. Affairs.

Braham, J. 1993. Green also stands for caution. *Machine Design* **12**:55–60.

Brauns, E. 2008. Towards a worldwide sustainable and simultaneous large-scale production of renewable energy and potable water through salinity gradient power by combining reversed electrodialysis and solar power? *Desalination* **219**:312–323.

Bridgen, K., I. Labunska, D. Santillo, and P. Johnston. 2008. Chemical contamination at e-waste recycling and disposal sites in Accra and Korforidua, Ghana. Amsterdam: Greenpeace.

Bringezu, S., H. Schütz, K. Arnold et al. 2008. Nutzungskonkurrenzen bei Biomasse. Ein Studie des Wuppertal Instituts für Klima, Umwelt, Energie GmbH (WI) und des Rheinisch-Westfälischen Institut für Wirtschaftsforschung (RWI Essen).

Bringezu, S., H. Schütz, K. Arnold et al. 2009a. Global implications of biomass and biofuel use in Germany: Recent trends and future scenarios for domestic and foreign agricultural land use and resulting GHG emissions. Special Issue on Intl. Trade in Biofuels. *J. Cleaner Prod.*, in press.

Bringezu, S., H. Schütz, M. O'Brien et al. 2009b. Towards sustainable production and use of resources: Assessing biofuels. Report of the Intl. Panel for Sustainable Resource Management. Paris: UNEP-DTIE.

Bringezu, S., H. Schütz, S. Steger et al. 2004. International comparison of resource use and its relation to economic growth: The development of total material requirement, direct material inputs and hidden flows and the structure of TMR. *Ecol. Econ.* **51**:97–124.

Bringezu, S., I. van de Sand, H. Schütz, R. Bleischwitz, and S. Moll. 2009c. Analysing global resource use of national and regional economies across various levels. In: Sustainable Resource Management: Global Trends, Visions and Policies, ed. S. Bringezu and R. Bleischwitz. Sheffield: Greenleaf Publ.

Brobst, D. A., and W. P. Pratt, eds. 1973. United States mineral resources. USGS Prof. Paper 820.

Brooks, W. E. 2006. Silver. USGS Minerals Yearbook 2006. Washington, D.C.: GPO.

———. 2007. Arsenic. USGS Minerals Yearbook 2006. Washington, D.C.: GPO.

Brown, A. 1997. Facing the challenges of food scarcity: Can we raise grain yields fast enough? In: Plant Nutrition for Sustainable Food Production and Environment, ed. T. Ando, K. Fujita, T. Mae et al., pp. 15–24. Netherlands: Kluwer.

Brundtland Report. 1987. Our Common Future. Oxford, New York: Oxford Univ. Press.

Brunner, P. H., and H. Rechberger. 2004. Practical Handbook of Material Flow Analysis. Boca Raton: CRC Press.

Buchert, M. A., W. Hermann, H. Jenseit et al. 2007. Optimization of Precious Metals Recycling: Analysis of exports of used vehicles and electrical and electronic devices at Hamburg port. Dessau: Federal Environmental Agency of Germany.

Buchholz, M., ed. 2008. Overcoming drought: A scenario for the future development of the agricultural and water sector in arid and hyper arid areas, based on recent technologies and scientific results. The "Cycler Support" Project. http://www.a.tu-berlin.de/GtE/forschung/Cycler/Recent/ImplementationGuide.pdf (accessed 7 Sep 2009).

Buchholz, M., R. Buchholz, P. Jochum, G. Zaragoza, and J. Pérez-Parra. 2006. Temperature and Humidity Control in the Watergy Greenhouse. Proc. of the Intl. Symp. on Greenhouse Cooling. ISHS Acta Horticulturae 719.

Buchholz, M., and R. Choukr-Allah. 2007. Treatment and use of marginal quality water under protected cultivation. Opportunities and new challenges for arid and semi-arid regions. Séminaire Intl. de Exploitation des Ressources en Eau Pour une Agriculture Durable, 21–22 Novembre 2007 Hammamet, Tunesie. www.iresa.agrinet.tn/waterconference-tn (accessed 3 Sep 2009).

Bumb, B. L., and C. A. Baanante. 1996. Policies to promote environmentally sustainable fertilizer use and supply to 2020. 2020 Vision Brief 40. Washington, D.C.: IFPRI.

Burchell R. W., G. Lowenstein, W. R. Dolphin et al. 2002. Costs of sprawl–2000. TCRP Report 74, NRC. Washington, D.C.: NAP.

Burnham, A., M. Wang, and Y. Wu. 2006. Development and Applications of GREET 2.7, ANL/ESD/06-5. Argonne: Argonne Natl. Laboratory.

Butterman, W., and R. Brown. 2004. Mineral Commodity Profiles: Selenium. Reston: USGS.

Buttiglieri, G., and T. P. Knepper. 2008. Removal of emerging contaminants in wastewater treatment: Conventional activated sludge treatment. In: The Handbook of Environmental Chemistry, ed. D. Barcelo and M. Petrovic, pp. 1–36. Berlin: Springer.

Button, K. 1993. Transport, the Environment, and Economic Policy. Cheltenham, UK: Edward Elgar.

California Air Resources Board. 2009. Proposed regulation to implement the low carbon fuel standard, vol. 1. Staff Report: Initial Statement of Reasons. Stationary Source Division. Sacramento, California. www.arb.ca.gov/regact/2009/lcfs09/lcfs09.htm (accessed 3 Sep 2009).

Calthorpe, P. 2002. The urban network: A new framework for growth. Calthorpe Associates Principals. http://www.calthorpe.com/clippings/UrbanNet1216.pdf (accessed 3 Sep 2009).

Campbell, C. 2005. Association for the Study of Peak Oil: Newsletter No. 53.

Canadell, J. G., C. Le Quéré, M. R. Raupach et al. 2007. Contributions to accelerating atmospheric CO_2 growth from economic activity, carbon intensity and efficiency of natural sinks. *PNAS* **104(47)**:18,866–18,870.

Cantor, R. A., S. Henry, and S. Rayner. 1992. Making Markets: An Interdisciplinary Perspective on Economic Exchange. Westport, CT: Greenwood Press.

Capistrano, D., and T. J. Wilbanks. 2003. Dealing with Scale, Conceptual Framework, Millennium Ecosystem Assessment, pp. 107–126. Kuala Lumpur: Island Press.

Carbon Disclosure Project. 2007. Carbon disclosure project report 2007. Global FT500. http://www.cdproject.net/historic-reports.asp (accessed 3 Sep 2009).

Carlson, E. J., and J. H. J. Thijssen. 2002. Precious metal availability and cost analysis for PEMFC commercialization. Hydrogen, Fuel Cells, and Infrastructure Technologies FY 2003 Progress Report. http://www1.eere.energy.gov/hydrogenandfuelcells/pdfs/iva4_carlson.pdf (accessed 3 Sep 2009).

Carpenter, S. R., W. A. Brock, J. J. Cole et al. 2008. Leading indicators of trophic cascades. *Ecol. Lett.* **11**:128–138.

Cassman, K. G. 1999. Ecological intensification of cereal production systems: Yield potential, soil quality, and precision agriculture. *PNAS* **96**:5952–5959.

Chancerel, P., and S. Rotter. 2009. Recycling-oriented characterization of small waste electrical and electronic equipment. *Waste Manag.* **29**:2336–2352.

Chancerel, P., S. Rotter, C. E. M. Meskers, and C. Hagelüken. 2009. Assessment of precious metal flows during pre-processing of waste electrical and electronic equipment. *J. Indus. Ecol.* **13(5)**.

Chapagain, A. K., and A. Y. Hoekstra. 2003. The water needed to have the Dutch drink tea. Value of Water Research Report Series No. 15. Delft: UNESCO-IHE.

Chapagain, A. K., A. Y. Hoekstra, and H. H. G. Savenije. 2006. Water saving through international trade of agricultural products. *Hydrol. Earth Syst. Sci.* **10**:455–468.

Chapman, P. F. 1974. The energy costs of producing copper and aluminium from primary sources. *Metals and Materials* **8(2)**:107–111.

Chapman, P. F., and F. Roberts. 1983. Metal Resources and Energy. Kent: Butterworths.

Chen, C., A. Sawarieh, T. Kalbacher et al. 2005. A GIS based 3-D hydrosystem model of the Zarqa Ma'in-Jiza areas in central Jordan. *J. Environ. Hydrol.* **13**:1–13.

Clark, I. D., and P. Fritz. 1997. Environmental Isotopes in Hydrogeology. Boca Raton: CRC Press/Lewis Publ.

Clark, W. C., P. J. Crutzen, and H. J. Schnellnhuber. 2004. Science for global sustainability: Toward a new paradigm. In: Earth System Analysis for Sustainability, ed. H. J. Schnellnhuber et al., pp. 1–28, Cambridge, MA: MIT Press.

Clark, W. C., and N. M. Dickson. 2003. Sustainability science: The emerging research program. *PNAS* **100**:8059–8061.

Clarke, R. 1991. Water: The international crisis. London: Earthscan.

Cleveland, C. J., and M. Ruth. 1999. Indicators of dematerialization and intensity of materials use. *J. Indus. Ecol.* **2**:15–50.

Cline, W. R. 2007. Global Warming and Agriculture: Impact Estimates by Country. Washington, D.C: Peterson Institute.

Cobas, E., C. Hendrickson, L. Lave, and F. McMichael. 1995. Economic Input/Output Analysis to Aid Life Cycle Assessment of Electronics Products. IEEE Intl. Symp. on Electronics and the Environment, Orlando, FL.

Coleman, J. 1988. Social capital and the creation of human capital. *Am. J. Sociol.* **94**:S95–S120.

————. 1990. Foundations of Social Theory. Cambridge, MA: Harvard Univ. Press.

Cooper, W. C. 1990. The treatment of copper refinery anode slimes. *J. Metals* **42(8)**:45–49.

Core, D. P., S. E. Kesler, E. J. Essene et al. 2005. Copper and zinc in silicate and oxide minerals in igneous rocks from the Bingham–Park City Belt, Utah: Synchrotron X-ray fluorescence data. *Canadian Min.* **43(5)**:1781–1796.

Costanza, R., R. D'Arge, R. de Groot et al. 1997. The value of the world's ecosystem services and natural capital. *Nature* **387**:253–260.

Crook, J., R. S. Engelbrecht, M. M. Benjamin et al. 1998. Committee to evaluate the viability of augmenting potable water supplies with reclaiming water. In: Issues in Potable Reuse: The viability of augmenting drinking water supplies with reclaimed water, ed. D. A. Dobbs. Washington, D.C.: NAP.

Crutzen, P. J. 2004. New directions: The growing urban heat and pollution "island" effect: Impact on chemistry and climate. *Atmos. Environ.* **38(21)**:3539–3540.

CSIRO. 2009. Using microbes to improve oil recovery. http://www.csiro.au/science/MEOR.html (accessed 3 Sep 2009).

Cutter, S., L. Barnes, M. Berry et al. 2008. Community and Regional Resilience: Perspectives from Hazards, Disasters, and Emergency Management. Community and Regional Resilience Initiative (CARRI) Research Report 1.

Dabrowski, J. M., K. Murray, P. J. Ashton, and J. J. Leaner. 2009. Agricultural impacts on water quality and implications for virtual water trading decisions. *Ecol. Econ.* **68**:1074–1082.

Daily, G. C. 1997. Nature's Services: Societal dependence on natural ecosystems. Washington, D.C.: Island Press.

Dallimore, S. R., and T. S. Collett, eds. 2005. Scientific results from the Mallik 2002 gas hydrate production well program. *Geol. Soc. Canada Bull.* **585**.

Dasgupta, P., H. Hettige, and D. Wheeler. 2000. What improves environmental performance? Evidence from the Mexican industry. *J. Environ. Econ. Manag.* **39**:39–66.

Deacon, R. T. 1994. Deforestation and the rule of law in a cross section of countries. *Land Econ.* **70**:414–430.

DeAngelis, D. L., P. J. Mullholland, A. V. Palumbo et al. 1989. Nutrient dynamics and food web stability. *Ann. Rev. Ecol. Syst.* **20**:71–95.

Dearing, A. 2000. Technologies supportive of sustainable transportation. *Ann. Rev. Energy Environ.* **25**:89–113.

Deffeyes, K. S. 2005. Beyond Oil: The View from Hubbert's Peak. Princeton: Princeton Univ. Press.

De Fraiture, C., M. Giordano, and Y. Liao. 2008. Biofuels and implications for agricultural water use: Blue impacts of green energy. *Water Policy* **10(1)**:67–81.

DeFries, R. S., and F. Achard. 2002. New estimates of tropical deforestation and terrestrial carbon fluxes: Results of two complementary studies. *LUCC Newsletter* **8**:7–9.

DeFries, R. S., J. A. Foley, and G. P. Asner. 2004. Land-use choices: Balancing human needs and ecosystem function. *Front. Ecol. Environ.* **2(5)**:249–257.

de Groot, R. S., M. A. Wilson, and R. M. J. Boumans. 2002. A typology for the classification, description and valuation of ecosystem functions, goods and services. *Ecol. Econ.* **41(3)**:393–408.

De la Rue du Can, S., and L. Price. 2008. Sectoral trends in global energy use and greenhouse gas emissions. *Energy Policy* **36**:1386–1403.

Delgado, C., M. Rosegrant, H. Steinfeld, S. Ehui, and C. Courbois. 1999. Livestock to 2020: The next food revolution. 2020 Vision Discussion Paper No. 28. Washington, D.C.: IFPRI.

Delgado, C. L., N. Wada, M. W. Rosegrant, S. Meijer, and M. Ahmed. 2003. Fish to 2020: Supply and Demand in Changing Global Markets. Washington, D.C.: Intl. Food Policy Research Institute.

del Mar Lopez, T., T. M. Aide, and J. R. Thomlinson. 2001. Urban expansion and the loss of prime agricultural lands in Puerto Rico. *Ambio* **30(1)**:49–54.

Delucchi, M. A. 2000a. Electric and gasoline vehicle lifecycle cost and energy-use model. UCD-ITS-RR-99-5. Report to the California Air Resources Board. Davis: Univ. of California, Institute of Transportation Studies.

———. 2000b. Environmental externalities of motor-vehicle use in the U.S. *J. Transport Econ. Pol.* **34**:135–168.

———. 2003. A Lifecycle Emissions Model (LEM): Lifecycle Emissions from Transportation Fuels, Motor Vehicles, Transportation Modes, Electricity Use, Heating and Cooking Fuels, and Materials. UCD-ITS-RR-03-17. Davis: Univ. of California, Institute of Transportation Studies.

———. 2005. Motor-Vehicle Infrastructure and Services Provided by the Public Sector. UCD-ITS-RR-96-3(7) rev. 2. Davis: Univ. of California, Institute of Transportation Studies.

Delucchi, M. A., and T. E. Lipman. 2001. An Analysis of the Retail and Lifecycle Cost of Battery-Powered Electric Vehicles. *Transport. Res. D.* **6**:371–404.

Dennehy, K. F., D. W. Litke, and P. B. McMahon. 2002. The High Plains aquifer, USA: Groundwater development and sustainability. In: Sustainable Groundwater Development, ed. K. M. Hiscock, M. O. Rivett, and R. M. Davison, vol. 193, pp. 99–119. London: Geological Society Special Publ.

Deutsch, C. H. 1998. Second time around and around: Remanufacturing is gaining ground in corporate America. *The New York Times*.

De Vries, B. J. M., D. P. van Vuuren, and M. M. Hoogwijk. 2007. Renewable energy sources: Their global potential for the first half of the 21st century at a global level: An integrated approach. *Energy Policy* **35**:2590–2610.

De Wever, H., S. Weiss, T. Reemtsma et al. 2007. Comparison of sulfonated and other micropollutants removal in membrane bioreactor and conventional wastewater treatment. *Water Res.* **41(4)**:935–945.

de Wit, M. J. 2005. Valuing copper mined from ore deposits. *Ecol. Econ.* **55**:437–453.

DeYoung, J. 1981. The Lasky cumulative tonnage-grade relationships: A reexamination. *Econ. Geol.* **76**:1067–1080.

DHI. 2008. Linking water, energy and climate change: A proposed water and energy policy initiative for the UN Climate Change Conf. COP15. http://www.semide .net/media_server/files/Y/l/water-energy-climatechange_nexus.pdf (accessed 3 Sep 2009).

Diamond, J. M. 2005. Collapse: How Societies Choose to Fail or Succeed. New York: Penguin Press.

Dijkmans, R., and A. Jacobs. 2002. Best available techniques (BAT) for the reuse of waste oil. In: Water Recycling and Resource Recovery in Industry: Analysis, Technologies and Implementation, ed. P. Lens, L. Hulshoff Pol, P. Wilderer, and T. Asano, pp. 191–201. London: IWA Publ.

Djankov, S., and B. M. Hoekman. 2000. Foreign investment and productivity growth in Czech Enterprises. *World Bank Econ. Rev.* **14(1)**:49–64.

Dodds, W. K. 2008. Humanity's Footprint: Momentum, Impact, and Our Global Environment. New York: Columbia Univ. Press.

Döll, P., and K. Fiedler. 2008. Global-scale modeling of groundwater recharge. *Hydrol. Earth Syst. Sci.* **12**:863–885.

Döll, P., F. Kaspar, and B. Lehner. 2003. A global hydrological model for deriving water availability indicators: Model tuning and validation. *J. Hydrol.* **270**:105–134.

Döll, P., and B. Lehner. 2002. Validation of a new global 30-min drainage direction map. *J. Hydrol.* **258**:214–231.

Doolittle, J. A., B. Jenkinson, D. Hopkins, M. Ulmer, and W. Tuttle. 2006. Hydropedological investigations with ground-penetrating radar (GPR): Estimating water-table depths and local ground-water flow pattern in areas of coarse-textured soils. *Geoderma* **131**:317–329.

Döös, B. R. 2002. Population growth and loss of arable land. *Global Environ. Change* **12(4)**:303–311.

Douglas, M. 1970. Natural Symbols: Explorations in Cosmology. London: Barrie and Rockliff.

―――. 1978. Cultural Bias. London: Royal Anthropological Institute.

Dragoni, W., and B. S. Sukhija, eds. 2008. A short review. In: Climate Change and Groundwater, vol. 288, pp. 1–12. London: Geological Society Special Publ.

Dregne, H. E, ed. 1992. Degradation and restoration of arid lands. Intl. Center for Arid and Semi-arid Land Studies. Texas Technical Univ.: Lubbock.

Dubreuil, A., ed. 2005. Life Cycle Assessment of Metals: Issues and Research Directions. Pensacola: SETAC Press.

Earth Policy Institute. 2008 Update. http://www.earthpolicy.org/Updates/2008/ Update74_data.htm (accessed 3 Sep 2009).

Easterling, W. E., and M. Apps. 2005. Assessing the consequences of climate change on food and forest resources: A view from the IPCC. *Climatic Change* **70(1–2)**:165–189.

EC. 1995. Directorate-General XII, Externe: Externalities of Energy. Brussels: EUR 16520 EN.

Eckermann, E. 2001. World History of the Automobile. Warrendale, PA: Society of Automotive Engineers, Inc.

Ederer, P. 2006. Innovation at Work: The European Human Capital Index. Brussels: The Lisbon Council.

EEA. 1999. Groundwater quality and quantity in Europe: Environmental Assessment Report No. 3. Copenhagen: EEA.

Eggert, R. G. 2008. Trends in mineral economics: Editorial retrospective, 1989–2006. *Res. Policy* **33**:1–3.

EIA. 2003. The global liquefied natural gas market: Status and outlook. DOE/EIA Report 0637. http://www.eia.doe.gov/oiaf/analysispaper/global/pdf/eia_0637.pdf (accessed, Sept. 3, 2009).

———. 2007. International Energy Outlook 2007, DOE/EIA-0484(2007). Washington, D.C.: GPO.

———. 2009. Energy statistics. http://www.eia.doe.gov (accessed 8 Sep 2009).

Eickhout, B. 2008. Local and Global Consequences of the EU Renewable Directive for Biofuels: Testing the Sustainability Criteria. Amsterdam: Netherlands Environmental Assessment Agency.

Electric Power Research Institute. 2002. Water and sustainability, vol. 4. U.S. electricity consumption for water supply and treatment: The next half century. Technical Report 1006787.

Elkington, J. 1994. Towards the Sustainable Corporation: Win–Win–Win Business Strategies for Sustainable Development. Aldershot: Ashgate.

Elliott, R. N. 2005. Roadmap to energy in the water and wastewater industry. Report of the American council for an energy-efficient economy. IE054. Washington, D.C.: GPO.

Elshkaki, A. 2007. Systems analysis of stock buffering: Development of a dynamic substance flow-stock model for the identification and estimation of future resources, waste streams and emissions. PhD diss., Leiden University. http://hdl .handle.net/1887/12301 (accessed 3 Sep 2009).

Environment Canada. 2009. Withdrawal uses: Mining. http://www.ec.gc.ca/water/en/ manage/use/e_mining.htm (accessed 1 Sep 2009).

EPA. 2008a. Ensuring a sustainable future: An energy management guidebook for wastewater and water utilities. http://www.epa.gov/waterinfrastructure/pdfs/ guidebook_si_energymanagement.pdf (accessed 3 Sep 2009).

———. 2008b. Smart growth. http://www.epa.gov/smartgrowth/case.htm (accessed 3 Sep 2009).

EPA Queensland. 2005. Making sewage treatment plants energy self-sufficient. http:// www.epa.qld.gov.au/publications/p01616.html (accessed 3 Sep 2009).

EUROSTAT. 2001. Economy-wide material flow accounts and derived indicators: A methodological guide. Luxemburg: EUROSTAT.

Fairless, D. 2008. Water: Muddy waters. *Nature* **452**:278–281.

Falkenmark, M. 2007. Shift in thinking to address the 21st century hunger gap: Moving focus from blue to green water management. *Water Resour. Manag.* **21**:3–18.

Falkenmark, M., L. Andersson, R. Castensson, and K. Sundblad. 1999. Water, a reflection of land use. Stockholm: Swedish Natural Science Research Council.

FAO. 2002. World Agriculture. Towards 2015/2030. Summary Report. Rome: FAO United Nations. ftp://ftp.fao.org/docrep/fao/004/y3557e/y3557e.pdf (accessed 7 Sep 2009).

————. 2003. Review of water resources by country. Land and water development division. Rome: FAO United Nations. ftp://ftp.fao.org/agl/aglw/docs/wr23e.pdf (accessed 7 Sep 2009).

————. 2005. Global forest resources assessment 2005. 15 key findings. Rome: FAO United Nations. http://www.fao.org/forestry/foris/data/fra2005/kf/common/GlobalForestA4-ENsmall.pdf (accessed 7 Sep 2009).

————. 2006a. Global forest resources assessment 2005: Progress towards sustainable forest management. FAO Forestry Paper 147. Rome: FAO United Nations. http://www.fao.org/DOCREP/008/a0400e/a0400e00.htm (accessed 7 Sep 2009).

————. 2006b. The state of food insecurity in the world 2006: Eradicating world hunger: Taking stock ten years after the World Food Summit. Rome: FAO United Nations.

————. 2006c. World agriculture: towards 2030/2050. Interim report. Rome: FAO United Nations.

————. 2007. Livestock's long shadow: Environmental issues and options. Rome: FAO United Nations.

————. 2008. The state of food and agriculture 2008. Biofuels: Prospects, risks and opportunities. Rome: FAO United Nations.

————. 2009a. About FAO. http://www.fao.org/about/about-fao/en/ (accessed 7 Sep 2009).

————. 2009b. FAOSTAT. http://faostat.fao.org/ (accessed 7 Sep 2009).

————. 2009c. Metadata, concepts and definitions, glossary list. http://faostat.fao.org/site/379/DesktopDefault.aspx?PageID=379 (accessed 7 Sep 2009).

————. 2009d. Water at a glance. http://www.fao.org/nr/water/docs/waterataglance.pdf (accessed 1 Sep 2009).

FAOSTAT. 2008. http://faostat.fao.org/site/567/default.aspx#ancor

Fargione, J., J. Hill, D. Tilman, S. Polasky, and P. Hawthorne. 2008. Land clearing and the biofuel carbon debt. *Science* **319(5867)**:1235–1238.

Farla, J. C. M., and K. Blok. 2000. Energy efficiency and structural change in the Netherlands 1980–1995. *J. Indus. Ecol.* **4**:93–117.

Feeley, T. J., III, T. J. Skone, G. J. Stiegel, Jr., et al. 2008. Water: A critical resource in the thermoelectric power industry. *Energy* **33**:1–11.

Feltrin, A., and A. Freundlich. 2008. Material considerations for terawatt level deployment of photovoltaics. *Renew. Energy* **33**:180–185.

Fetter, C. W. 1988. Applied Hydrogeology, 2d ed., pp. 261–264. Columbus: Merrill Publ. Co.

Fetter, C. W. 1999. Contaminant Hydrogeology, 2d ed. Upper Saddle River, NJ: Prentice Hall.

Fiedler, K., P. Hunger, and P. Döll. 2008. Estimation of global terrestrial water storage change using the WaterGAP Global Hydrological Model. *Geophys. Res. Abstr.* **10**:EGU2008-A-09787.

Field, C. B., J. E. Campbell, and D. B. Lobell. 2007. Biomass energy: The scale of the potential resource. *Trends Ecol. Evol.* **23**:65–72.

Fischer, G., M. Shah, and H. v. Velthuizen. 2002. Climate change and agricultural vulnerability. Vienna: IIASA.

Fischer, G., H. v. Velthuizen, F. Nachtergaele, and S. Medow. 2000. Global agro-ecological zones. http://www.fao.org/ag/AGL/agll/gaez/index.htm (accessed 7 Sep 2009).

Flegal, K. M., M. D. Carroll, R. J. Kuczmarski, and C. L. Johnson. 1998. Overweight and obesity in the United States: Prevalence and trends 1960–1994. *Intl. J. Obes. Relat. Metab. Disord.* **22**:39–47.

Flynn, H., and T. Bradford. 2006. Polysilicon: Supply, Demand and Implications for the PV Industry. Cambridge, MA: Prometheus Institute for Sustainable Development.

Foley, J. A., R. DeFries, G. P. Asner et al. 2005. Global consequences of land use. *Science* **309**:570–574.

Foley, J. A., C. Monfreda, N. Ramankutty, and D. Zaks. 2007. Our share of the planetary pie. *PNAS* **104(31)**:12,585–12,586.

Folinsbee, R. E. 1977. World's view: From alpha to Zipf. *Geol. Soc. Am. Bull.* **88**:897–907.

Foreign Policy. 2008. The failed states index 2008. July/August issue. http://www .foreignpolicy.com/story/cms.php?story_id=4350&page=0 (accessed 7 Sep 2009).

Foster, S. S. D., and P. J. Chilton. 2003. Groundwater: The processes and global significance of aquifer degradation. *Phil. Trans. Roy. Soc.* B. **358**:1957–1972.

Foster, S. S. D., A. Lawrence, B. Morris, and B. World. 1998. Groundwater in urban development: Assessing management needs and formulating policy strategies. World Bank Technical Paper, no. 3900253-7494. Washington, D.C.: World Bank.

Foster, S. S. D., and D. P. Loucks. 2006. Non-renewable groundwater resources. A guidebook on socially-sustainable management for water-policy makers. IHP-VI, Groundwater Series, vol. 10. Delft: UNESCO-IHE. http://unesdoc.unesco.org/ images/0014/001469/146997E.pdf (accessed 7 Sep 2009).

Franke, S. 2005. Measurement of social capital. Reference document for public policy research, development and evaluation. Ottawa: Policy Research Initiative.

Freeman, A. 2000. Suburb on the green. *Preservation* **52(5)**:58–63.

Freeman, C., ed. 1996. Long Wave Theory. Cheltenham, UK: Edward Elgar.

Freeze, R. A., and J. A. Cherry. 1979. Groundwater. Englewood Cliffs, NJ: Prentice-Hall.

Frijns, J., M. Mulder, and J. Roorda. 2008. Op weg naar een klimaatneutrale waterketen. STOWA-Report 2008-17, Utrecht.

Fritzmann, C., J. Löwenberg, T. Wintgens, and T. Melin. 2007. State-of-the-art of reverse osmosis desalination. *Desalination* **216**:1–76.

Fund for Peace. 2005–2008. The Failed States Index 2008. Washington, D.C.: The Slate Group.

Future 500 Partners. Beyond petroleum: The bio-economy. http://www.future500.org/ seed/bio-economy/ (accessed 7 Sep 2009).

Gaffield, S. J., R. L. Goo, L. A. Richards, and R. J. Jackson. 2003. Public health effects of inadequately managed stormwater runoff. *Am. J. Publ. Health* **93**:1527–1533.

Gallagher, E. 2008. The Gallagher Review of the indirect effects of biofuels production. Renewable Fuels Agency.

Gallie, W. B. 1955. Essentially contested concepts. *Proc. Aristotelian Soc.* **56**:167–198.

Gardiner, R. 2002. Freshwater: A global crisis of water security and basic water provision. London: UNED Intl. Team.

Garrison W. L., and J. F. Clarke, Jr. 1977. Studies of the neighborhood car concept.

College of Engineering Report 78–4, Univ. California, Berkeley.

Gehrke, I., and P. Horvath. 2002. Implementation of performance measurement: A comparative study of French and German organizations. In: Performance Measurement and Management Control: A Compendium of Research. Studies in Financial Management Accounting, vol. 9, ed. M. J. Epstein and J. F. Manzoni. London: JAI Press.

Geller, A. L. 2003. Smart growth: A prescription for livable cities, *Am. J. Publ. Health* **93**:1410–1419.

George, M. 2006. Gold. USGS Minerals Yearbook 2006. Washington, D.C.: GPO.

Gerbens-Leenes, P. W., A. Y. Hoekstra, and Th. H. Van der Meer. 2008. Water footprint of bio-energy and other primary energy carriers. Value of Water Research Series No. 29. UNESCO-IHE.

———. 2009. The water footprint of energy from biomass: A quantitative assessment and consequences of an increasing share of bio-energy in energy supply. *Ecol. Econ.* **68**:1052–1060.

Gerst, M. D. 2008. Revisiting the cumulative grade-tonnage relationship for major copper ore types. *Econ. Geol.* **103**:615–628.

Gerst, M. D., and T. E. Graedel. 2008. In-use stocks of metals: Status and implications. *Environ. Sci. Technol.* **42(19)**:7038–7045.

Gever, J., R. Kaufmann, D. Skole, and C. Vorosmarty. 1986. Beyond Oil: The Threat to Food and Fuel in the Coming Decades. Cambridge, MA: Ballinger Press.

GFMS. Gold and silver survey. Periodic annual statistics. http://www.gfms.co.uk/ (accessed 8 Sep 2009).

Giljum, S., A. Behrens, F. Hinterberger, C. Lutz, and B. Meyer. 2008. Modelling scenarios towards a sustainable use of natural resources in Europe. *Environ. Sci. Policy* **11**:204–216.

Gipe, P. 1996. Community-owned wind development in Germany, Denmark, and the Netherlands. Wind-Works.org. http://www.wind-works.org/articles/Euro96TripReport.html (accessed 7 Sep 2009).

Gleick, P. H. 1993. Water in Crisis: A Guide to the World's Freshwater Resources. New York: Oxford Univ. Press.

———. 1996. Water resources. In: Encyclopedia of Climate and Weather, ed. S. H. Schneider, vol. 2, pp. 817–823. New York: Oxford Univ. Press.

———. 2003. Water use. *Ann. Rev. Environ. Resour.* **28**:275–314.

———. 2009. The World's Water 2008–2009. The Biennial Report on Freshwater Resources. Washington, D.C.: Island Press. www.worldwater.org/data.html (accessed 7 Sep 2009).

Gmelin. 1980. Handbook of Inorganic Chemistry: Complete Catalogue. Berlin: Springer.

Goldemberg, J., and T. B. Johansson. 2004. World Energy Assessment: Overview, 2004 Update. UN Dept. of Economic and Social Affairs, World Energy Council. New York: UNDP.

Goolsby, D. A., W. A. Battaglin, B. T. Aulenback, and R. P. Hooper. 2001. Nitrogen input to the Gulf of Mexico. *J. Environ. Qual.* **30**:329–336.

Goovaerts, P. 1997. Geostatistics for natural resources evaluation. Oxford: Oxford Univ. Press.

Gordon, R. B., M. Bertram, and T. E. Graedel. 2006. Metal stocks and sustainability. *PNAS* **103(5)**:1209–1214.

————. 2007. On the sustainability of metal supplies: A response to Tilton and Lagos. *Res. Policy* **32**:24–28.

Gordon, R. B., T. E. Graedel, M. Bertram et al. 2003. The characterization of technological zinc cycles. *Res. Conserv. Recy.* **39**:107–135.

Gould, S. J. 1991. Institution. In: Blackwell Encyclopedia of Political Science, ed. V. Bogdanor. Oxford: Blackwell.

Graedel, T. E. 2002. Material substitution: A resource supply perspective. *Res. Conserv. Recy.* **34**:107–115.

Graedel, T. E., and B. R. Allenby. 2003. Industrial Ecology, 2d ed. Upper Saddle River, NJ: Prentice Hall.

Graedel, T. E., M. Bertram, K. Fuse et al. 2002. The contemporary European copper cycle: The characterization of technological copper cycles. *Ecol. Econ.* **42**:9–26.

Graedel, T. E., D. van Beers, M. Bertram et al. 2004. Multilevel cycle of anthropogenic copper. *Environ. Sci. Technol.* **38**:1242–1252.

————. 2005. The multilevel cycle of anthropogenic zinc. *J. Ind. Ecol.* **9(3)**:67–90.

Grainger, A. 1996. An analysis of FAO's tropical forest resource assessment 1990. *Geogr. J.* **162**:73–79.

————. 2008. Difficulties in tracking the long-term global trend in tropical forest area. *PNAS* **105(2)**:818–823.

Granovetter, M. 1973. The strength of weak ties. *Am. J. Sociol.* **78**:1360–1380.

Gray, R., and J. Bebbington. 2000. Environmental accounting, managerialism and sustainability: Is the planet safe in the hands of business and accounting? In: Advances in Environmental Accounting and Management, vol. 1, ed. M. Freedman and B. Jaggi, pp. 1–44. Amsterdam: Elsevier.

GRDC. 2008. Bundesanstalt für Gewässerkunde. http://grdc.bafg.de/servlet/is/947/ (accessed 7 Sep 2009).

Green, R. E., S. J. Cornell, and J. D. Buchori. 2005. Farming and the fate of wild nature. *Science* **307**:550–555.

Greene, D. L. 2009. Measuring oil security: Can the U. S. achieve oil independence? *Energy Policy*, in press.

Greene, D. L., P. L. Leiby, and D. Bowman. 2007. Integrated Analysis of Market Transformation Scenarios with HyTrans. ORNL/TM-2007/094. Oak Ridge: ORNL.

Greenstone, W. D. 1981. The coffee cartel: Manipulation in the public interest. *J. Futures Markets* **1(1)**:3–16.

Gross, J. L., and S. Rayner. 1985. Measuring Culture: A Paradigm for the Analysis of Social Organization. New York: Columbia Univ. Press.

Grubb, M. J., and N. I. Meyer. 1993. Wind energy: Resources, systems and regional strategies. In: Renewable Energy: Sources for Fuels and Electricity, ed. T. B. Johansson, H. Kelly, A. K. N. Reddy, and R. H. Williams. Washington, D.C.: Island Press.

Grübler, A. 1990. The Rise and Fall of Infrastructures, Dynamics of Evolution and Technological Change in Transport. Heidelberg: Physica Verlag.

————. 1998. Technology and Global Change. Cambridge: Cambridge Univ. Press.

————. 2007. An historical perspective on greenhouse gas emissions. In: Modeling the Oil Transition, ed. D. L. Greene, pp. 53–60, ORNL/TM-2007-014. Oak Ridge: ORNL.

Gunderson, L. H. 2000. Ecological resilience: In theory and application. *Ann. Rev. Ecol. Syst.* **31**:425–439.

Güntner, A., R. Schmidt, and P. Döll. 2007a. Supporting large-scale hydrogeological monitoring and modeling by time-variable gravity data. *Hydrogeol. J.* **15**:167–170.

Güntner, A., J. Stuck, S. Werth et al. 2007b. A global analysis of temporal and spatial variations in continental water storage. *Water Resour. Res.* **43**:W05416.

Guzman, J. I., T. Nishiyamab, and J. E. Tilton. 2005. Trends in the intensity of copper use in Japan since 1960. *Res. Policy* **30**:21–27.

GWEC. 2006. Global Wind Energy Outlook 2006 Report, Brussels.

Haberl, H. 1997. Human appropriation of net primary production as an environmental indicator: Implications for sustainable development. *Ambio* **26(3)**:143–146.

Haberl, H., K. H. Erb, F. Krausmann et al. 2007. Quantifying and mapping the human appropriation of net primary production in earth's terrestrial ecosystems. *PNAS* **104(31)**:12,942–12,945.

Hagelüken, C. 2006a. Improving metal returns and eco-efficiency in electronic recycling: A holistic approach to interface optimization between pre-processing and integrated metal smelting and refining. In: Proc. 2006 IEEE Intl. Symp. on Electronics and the Environment, May 8–11, 2006, pp. 218–223. San Francisco, CA.

———. 2006b. Recycling of electronic scrap at Umicore's integrated metals smelter and refinery. *Erzmetall.* **59**:152–161.

———. 2007. The challenges of open cycles: Barriers to a closed loop economy. In: R'07 World Congress Proc., Davos, ed. L. Hilty, X. Edelmann, and A. Ruf. St. Gallen: EMPA. (CD-ROM).

Hagelüken, C., M. Buchert, and P. Ryan. 2005. Materials flow of platinum group metals. London: GFMS.

———. 2009. Materials flow of platinum group metals in Germany. *Int. J. Sustainable Manufacturing* **1(3)**:330–346.

Hagelüken, C., and C. E. M. Meskers. 2008. Mining our computers: Opportunities and challenges to recover scarce and valuable metals from end-of-life electronic devices. In: Proc. of Electronics Goes Green Conf. 2008, ed. H. Reichl, N. Nissen, J. Müller, and O. Deubzer, pp. 585–590. Stuttgart: Fraunhofer IRB.

Halada, K., M. Shimada, and K. Ijima. 2008. Forecasting of the Consumption of Metals up to 2050. *Materials Trans.* **49(3)**:402–410.

Halling-Sørensen, B., S. Nors Nielsen, P. F. Lanzky et al. 1998. Occurrence, fate and effects of pharmaceutical substances in the environment: A review. *Chemosphere* **36(2)**:357–393.

Hamilton, A. J., F. Stagnitti, X. Xoing et al. 2007. Wastewater irrigation: The state of play. *Vadose Zone J.* **6**:823–840.

Hamilton, K., and G. Ruta. 2006. Measuring Social Welfare and Sustainability. *Stat. J. UN Econ. Comm. Europe* **23(4)**:277–288.

Hanasaki, N., S. Kanae, and T. Oki. 2006. A reservoir operation scheme for global river routing models. *J. Hydrol.* **327**:22–41.

Hanasaki, N., S. Kanae, T. Oki et al. 2008a. An integrated model for the assessment of global water resources. Part 1: Model description and input meteorological forcing. *Hydrol. Earth Syst. Sci.* **12**:1007–1025.

———. 2008b. An integrated model for the assessment of global water resources. Part 2: Applications and assessments. *Hydrol. Earth Syst. Sci.* **12**:1027–1037.

Hand, L., and J. M. Shepherd. 2009. An investigation of warm season spatial rainfall variability in Oklahoma City: Possible linkages to urbanization and prevailing wind.

J. Appl. Meteor. Climatol. **48(2)**:251.

Harada, M., J. Nakanishi, E. Yasoda et al. 2001. Mercury pollution in the Tapajos River basin, Amazon: Mercury level of head hair and health effects. *Environ. Intl.* **27**:285–290.

Harper, E. M., M. Bertram, and T. E. Graedel. 2006. The contemporary Latin America and the Caribbean zinc cycle: One year stocks and flows. *Res. Conserv. Recy.* **47**:82–100.

Hart, C. E. 2006. Feeding the ethanol boom: Where will the corn come from? *Iowa Ag Review* **12(4)**:4–5.

Hart, S. L., and G. Ahua. 1996. Does it pay to be green? An empirical examination of the relationship between emission reduction and firm performance. *Business Strat. Environ.* **5**:30–37.

Hazell, P., and S. Wood. 2008. Drivers of change in global agriculture. *Phil. Trans. Roy. Soc. B.* **363(1491)**:495–515.

He, L., and F. Duchin. 2008. Regional development in China: Interregional transportation infrastructure and regional comparative advantage. *Econ. Syst. Res.* **21(1)**:1–19.

Heilig, G. K. 1999. ChinaFood. Can China feed itself? Laxenburg: IIASA.

Hendrickson, C. T., L. B. Lave, and H. S. Matthews. 2006. Environmental Life Cycle Assessment of Goods and Services: An Input-Output Approach. Washington, D. C.: RFF Press.

Hendrickx, L., H. De Wever, V. Hermans et al. 2006. Microbial ecology of the closed artificial ecosystem MELiSSA (Micro-Ecological Life Support System Alternative): Reinventing and compartmentalizing the Earth's food and oxygen regeneration system for long-haul space exploration missions. *Res. Microbiol.* **157**:77–86.

Hertwich, E., ed. 2005. Consumption and industrial ecology. *J. Indus. Ecol.* **9(1–2)**:1–298.

Hewett, D. F. 1929. Cycles in metal production. *Am. Inst. Mining Metall. Petrol. Eng. Tech. Publ.* **183**:65–93.

Hightower, M., and S. A. Pierce. 2008. The energy challenge. *Nature* **452**:285–286.

Hirabayashi, Y., and S. Kanae. 2009. First estimate of the future global population at risk of flooding. *Hydrol. Res. Lett.* **3**:6–9.

Hirabayashi, Y., S. Kanae, S. Emori, T. Oki, and M. Kimoto. 2008a. Global projections of changing risks of floods and droughts in a changing climate. *Hydrol. Sci. J.* **53**:754–772.

Hirabayashi, Y., S. Kanae, K. Motoya, K. Masuda, and P. Doll. 2008b. A 59-year (1948–2006) global near-surface meteorological data set for land surface models. Part I: Development of daily forcing and assessment of precipitation intensity. *Hydrol. Res. Lett.* **2**:36–40.

———. 2008c. A 59-year (1948–2006) global near-surface meteorological data set for land surface models. Part II: Global snowfall estimation. *Hydrol. Res. Lett.* **2**:65–69.

Hoekstra, A. Y., and A. K. Chapagain. 2007. Water footprints of nations: Water use by people as a function of their consumption pattern. *Water Resour. Manag.* **21**:35–48.

———. 2008. Globalization of Water: Sharing the Planet's Freshwater Resources. Oxford: Blackwell.

Hoekstra, A. Y., and P. Q. Hung. 2005. Globalisation of water resources: International virtual water flows in relation to crop trade. *Global Environ. Change* **15**:45–56.

Hoffmann, J. E. 1991. Advances in the extractive metallurgy of selected rare and precious metals. Review of extractive metallurgy. *J. Metals* **4**:18–23.

Holdren, J. 2000. Sustainability and the energy–environment–development challenge. In: Transition to Sustainability in the 21st Century. Inter-Academy Panel on Intl. Issues. Washington, D.C.: NAP.

Holling, C. S. 1973. Resilience and stability in ecological systems. *Ann. Rev. Ecol. Syst.* **4**:1–23.

———. 2001. Understanding the complexity of economic, ecological, and social systems. *Ecosystems* **4**:390–405.

Hongladarom, S. 2007. Information divide, information flow and global justice. *Intl. Rev. Inform. Ethics* **7**:77–81.

Hoogwijk, M., B. de Vries, and W. Turkenburg. 2004. Assessment of the global and regional geographical, technical and economic potential of onshore wind energy. *Energy Econ.* **26**:889–919.

Hoogwijk, M., A. Faaij, B. Eickhout, B. de Vries, and W. Turkenburg. 2005. Potential of biomass energy out to 2100 for four IPCC SRES land-use scenarios. *Biomass & Bioenergy* **29**:225–257.

Hooper, D. U., F. S. Chapin, J. J. Ewell et al. 2005. Effects of biodiversity on ecosystem functioning: A consensus of current knowledge. *Ecol. Monogr.* **75**:3–35.

Hooper, D. U., and P. Vitousek. 1998. Effects of plant composition and diversity on nutrient cycling. *Ecol. Monogr.* **68**:121–149.

Houghton, R. A. 1995. Land-use change and the carbon cycle. *Global Change Biol.* **1**:275–287.

———. 2007. Balancing the global carbon budget. *Ann. Rev. Earth Planet. Sci.* **35**:313–347.

Houghton, R. A., and J. L. Hackler. 1995. Continental scale estimates of the biotic carbon flux from land cover change: 1850 to 1980. ORNL/CDIAC-79, NDP-050. Oak Ridge: ORNL.

Howarth, R. J., C. M. White, and G. S. Koch. 1980. On Zipf's law applied to resource prediction. *Inst. Mining Metall. B* **89**:B182–B190.

Hubbert, M. K. 1962. Energy resources. A report to the committee on natural resources, pp. 201–231. Natl. Acad. Sci./Natl. Res. Council, Publication 1000-d.

Huddart, L. 1978. An Evaluation of the Visual Impact of Rural Roads and Traffic. Supplementary Report 355. Crowthorne, UK: Transport and Road Research Laboratory.

Huggenberger, P., and T. Aigner. 1999. Introduction to the special issue on aquifer-sedimentology: Problems, perspectives and modern approaches. *Sediment. Geol.* **129**:179–186.

Huijbregts, M. A. J., L. J. A. Rombouts, S. Hellweg et al. 2006. Is cumulative fossil fuel demand a useful indicator for the environmental performance of products? *Environ. Sci. Technol.* **40**:641–648.

Hulsmann, A., H. Larsen, and K. Hussey, K. 2008. Water-Energy-Climate: Regional Document. Brussels: European Water Partnership.

Hutson, S. S., N. L. Barber, J. F. Kenny et al. 2004. Estimated use of water in the United States in 2000. *USGS Circular* **1268**. http://water.usgs.gov/pubs/circ/2004/circ1268/ (accessed 7 Sep 2009).

Hydro. 2007. www.hydromagnesium.com (accessed 7 Sep 2009).

IAEA/WMO. 2008. Global network for isotopes in precipitation. The GNIP database. http://isohis.iaea.org (accessed 7 Sep 2009).

IEA. 2003. Energy to 2050: Scenarios for a Sustainable Future. Paris: OECD/IEA.

———. 2004. Oil Crises and Climate Challenges: 30 Years of Energy Use in IEA Countries. Paris: OECD/IEA.

———. 2006a. Ocean energy systems. http://www.iea-oceans.org/_fich/6/Poster _Ocean_Energy.pdf (accessed 3 Sep 2009).

———. 2006b. World Energy Outlook 2006. Paris: OECD/IEA.

———. 2007. World Energy Outlook 2007: China and India Insights. Paris: OECD/IEA.

———. 2008a. Energy Statistics of Non-OECD Countries 2008. Paris: OECD/IEA.

———. 2008b. Energy Statistics of OECD Countries 2008. Paris: OECD/IEA.

———. 2008c. Energy Technology Perspectives 2008 in support of the G8 Plan of Action: Scenarios and Strategies to 2050. Paris: OECD/IEA.

———. 2008d. ETSAP-MARKAL, Energy technology systems analysis program. Paris: OECD/IEA. http://www.etsap.org/markal/main.html (accessed 3 Sep 2009).

———. 2008e. Solar Heat Worldwide, ed. W. Weiss, I. Bergmann, and G. Faninger. IEA Solar Heating and Cooling Programme.

———. 2008f. Trends in Photovoltaic Applications: Survey Report of Selected IEA Countries between 1992 and 2007. Report IEA-PVPS T1-17.

———. 2008g. World Energy Outlook 2008. Paris: OECD/IEA.

Ignatenko, O., A. van Schaik, and M. A. Reuter. 2007. Exergy as a tool for evaluation of the resource efficiency of recycling systems. *Min. Eng.* **20**:862–874.

IGRAC. 2008. Global groundwater information system. http://www.igrac.nl/ (accessed 7 Sep 2009).

IHS Energy. 2007. International Petroleum Exploration and Production Database. Englewood, CO: IHS Inc.

Ilton, E. S., and D. R. Veblen. 1993. Origin and mode of copper enrichment in biotite from rocks associated with porphyry copper deposits: A transmission electron microscopy investigation. *Econ. Geol.* **88**:885–900.

Imhoff, M. L., L. Bounoua, T. Ricketts et al. 2004. Global patterns in human consumption of net primary production. *Nature* **429(6994)**:870–873.

Ingram, R. W., and K. B. Frazier. 1980. Environmental performance and corporate disclosure. *J. Acct. Res.* **18(2)**:614–622.

IPCC. 2001. Climate Change 2001: Impacts, adaptation and vulnerability. Contribution of Working Group II to the Third Assessment Report of the Intergovernmental Panel on Climate Change, ed. J. J. McCarthy et al. Cambridge: Cambridge Univ. Press.

———. 2006. Guidelines for National Greenhouse Gas Inventories. Hayama, Japan: Institute for Global Environmental Strategies.

———. 2007a. Climate Change 2007: The Physical Science Basis. Contribution of Working Group I to the Fourth Assessment Report of the Intergovernmental Panel on Climate Change, ed. S. Solomon et al. Cambridge: Cambridge Univ. Press.

———. 2007b. Climate Change 2007: Impacts, Adaptation, and Vulnerability. Contribution of Working Group II to the Third Assessment Report of the Intergovernmental Panel on Climate Change, ed. M. L. Parry et al. Cambridge: Cambridge Univ. Press.

———. 2007c. Climate Change 2007: Mitigation of Climate change. Contribution of Working Group III to the Fourth Assessment Report of the Intergovernmental Panel on Climate Change, ed. B. Metz et al. Cambridge: Cambridge Univ. Press.

———. 2007d. Climate Change 2007: Synthesis Report. Contribution of Working Groups I, II and III to the Fourth Assessment Report of the Intergovernmental Panel on Climate Change, ed. R. K. Pachauri, and A. Reisinger. Geneva: IPCC.

———. 2008a. Climate Change 2007: The Fourth Assessment Report. Cambridge: Cambridge Univ. Press.

———. 2008b. Proc. of Working Group III, ed. O. Hohmeyer and T. Tritten. In: Scoping Meeting on Renewable Energy Sources. http://www.ipcc.ch (accessed 7 Sep 2009).

Ishii, K. 2001. Modular design for recyclability: Implementation and knowledge dissemination. In: Information Systems and the Environment, ed. D. J. Richards, B. R. Allenby, and W. D. Compton, pp. 105–113. Washington, D.C.: NAP.

ISO. 2006. ISO 14040 Environmental Management. Life Cycle Assessment. Principles and Framework. Geneva: ISO.

Israel Ministry of Trade and Labor. 2007. The Intellectual Capital of the State of Israel. Jerusalem: Office of the Chief Scientist.

———. 2008. Communications in Israel. Jerusalem: Foreign Trade Administration.

Ives, A. R., and S. R. Carpenter. 2007. Stability and diversity of ecosystems. *Science* **317**:58–62.

Jaccard, M. 2005. Sustainable Fossil Fuels. Cambridge: Cambridge Univ. Press.

Jacobs, J. 1961. The Life and Death of Great American Cities. New York: Random House.

Jacobson, M. C. 2000. Earth System Science: From Biogeochemical Cycles to Global Change, vol. 72. London: Elsevier Academic.

Jacobson, M. Z. 2008. Review of solutions to global warming, air pollution, and energy security. *Energy Environ. Sci.* **2**:148–173.

James, K., S. L. Campbell, and C. E. Godlove. 2002. Watergy. Taking Advantage of Untapped Energy and Water Efficiency Opportunities in Municipal Water Systems. Washington, D.C.: Alliance to Save Energy.

Janischewski, J., M. Henzler, and W. Kahlenborn. 2003. The export of second-hand goods and the transfer of technology: A study commissioned by the German Council for Sustainable Development. Adelpi Research GmbH.

Johnson, J., E. M. Harper, R. Lifset, and T. E. Graedel. 2007. Dining at the Periodic Table: Metals Concentrations as They Relate to Recycling. *Environ. Sci. Technol.* **41(5)**:1759–1765.

Johnson, J., L. Schewel, and T. E. Graedel. 2006. The Contemporary Anthropogenic Chromium Cycle. *Environ. Sci. Technol.* **40(22)**:7060–7069.

Johnson, T. A., and W. M. Njuguna. 2002. Aquifer storage calculations using GIS and Modflow. ESRI User Conf. San Diego: ESRI.

Johnson Matthey. 2009. Platinum. London: Periodic annual statistics. www.platinum.matthey.com/publications/price_reports.html (accessed 7 Sep 2009).

Jones, J. A. A. 1997. Global Hydrology: Processes, Resources and Environmental Management. Harlow: Longman.

Jorgenson, J. D., and M. W. George. 2005. Mineral commodity profiles: Indium. http://pubs.usgs.gov/of/2004/1300/ (accessed 3 Sep 2009).

Juwarkar, A. A., K. L. Mehrotraa, and J. Nair et al. 2009. Carbon sequestration in reclaimed manganese mine land at Gumgaon, India. *Environ. Monit. Assess.*, in press.

Kantz, C. 2007. The power of socialization: Engaging the diamond industry in the Kimberley process. *Bus. Polit.* **9(3)**:1186.

509

Kaplan, R., and D. Norton. 2001. Transforming the balanced scorecard from performance measurement to strategic management. *Account. Horiz.* **15(1)**:87–104.

Kapur, A., G. Keoleian, A. Kendall et al. 2009. Dynamic modeling of in-use cement stocks in the United States. *J. Indus. Ecol.* **12**:539–556.

Kates, R. 2000. Population and consumption: What we know, what we need to know. *Environment* **42(3)**:10–19.

Kates, R., W. Clark, R. Corell et al. 2001. Sustainability science. *Science* **292**:641–642.

Kaufmann, R. K., K. C. Seto, A. Schneider et al. 2007. Climate response to rapid urban growth: Evidence of a human-induced precipitation deficit. *J. Clim.* **20(10)**:2299.

Kay, J. J. 2002. On complexity theory, exergy and industrial ecology: Some implications for construction ecology. In: Construction Ecology: Nature as a Basis for Green Buildings, ed. C. J. Kibert, J. Sendzimer, and G. B. Guy, pp. 72–107. Washington, D.C.: Spon Press.

Kaya, Y. 1990. Impact of Carbon Dioxide Emissions on GNP Growth: Interpretation of Proposed Scenarios. Geneva: IPCC.

Kellogg, H. H. 1974. Energy efficiency in the age of scarcity. *J. Metals* **26(6)**:25–29.

Kendall, C., and J. J. McDonnell. 2000. Isotope Traces in Catchment Hydrology. Amsterdam: Elsevier.

Kesler, S. E. 1994. Mineral resources, economics and the environment. New York: MacMillan.

———. 1997. Arc evolution and ore deposit models. *Ore Geol. Rev.* **12**:62–78.

Kesler S. E., and B. H. Wilkinson. 2008. Earth's copper resources estimated from tectonic diffusion of porphyry copper deposits. *Geology* **36**:255–258.

Kharad, S. M., K. S. Rao, and G. S. Rao. 1999. GIS-based groundwater assessment model. http://www.gisdevelopment.net/application/nrm/water/ground/watg0001.htm (accessed 7 Sep 2009).

Kiehl, J. T., and K. E. Trenberth. 1997. Earth's annual global mean energy budget. *Bull. Amer. Meteor. Soc.* **78**:197–208.

King, C. W., and M. E. Webber. 2008. Water intensity of transportation. *Environ. Sci. Technol.* **42**:7866–7872.

King, K. 2008. Oil field resource growth. Intl. Geological Congress, Oslo. http://www.cprm.gov.br/33IGC/1353087.html (accessed 7 Sep 2009).

Klepper, O., and G. van Drecht. 1998. WARibaS, water assessment on a river basin scale: A computer program for calculating water demand and satisfaction on a catchment basin level for global-scale analysis of water stress. Report 402001009. Bilthoven: RIVM.

Klett, T. R. 2005. United States Geological Survey's reserve-growth models and their implications. *Nat. Resour. Res.* **14(3)**:249–264.

Kneese, A. V., R. U. Ayres, and R. C. D'Arge. 1970. Economics and the Environment: A Material Balance Approach. Washington, D.C.: Resources for the Future.

Knepper T. P., F. Sacher, F. T. Lange et al. 1999. Detection of polar organic substances relevant for drinking water. *Waste Manag.* **19**:77–99.

Knowles, N., M. Dettinger, and D. Cayan. 2006. Trends in snowfall versus rainfall for the western United States: *J. Clim.* **19(18)**:4545–4559.

Kondo, Y., Y. Moriguchi, and H. Shimizu. 1996. Creating an inventory of carbon dioxide emissions in Japan: Comparison of two methods. *Ambio* **25**:304–308.

Krasner, S. D., ed. 1983. International Regimes. Ithaca: Cornell Univ. Press.

Kravčík, M., J. Pokorný, J. Kohutiar, M. Kováč, and E. Tóth. 2007. Water for the recovery of the climate: A new water paradigm. Žilina: Krupa Print. http://www .waterparadigm.org/ (accessed 7 Sep 2009).

Kremen, C., N. M. Williams, and R. W. Thorp. 2002. Crop pollination from native bees at risk from agricultural intensification. *PNAS* **99(26)**:16,812–16,816.

Kunstler, J. H. 1993. The Geography of Nowhere: The Rise and Decline of America's Man-Made Landscape. New York: Simon & Schuster.

Kuper, J., and M. Hojsik. 2008. Poisoning the poor: Electronic waste in Ghana. Amsterdam: Greenpeace.

Lanzano, T., M. Bertram, M. De Palo et al. 2006. The contemporary European silver cycle. *Res. Conserv. Recy.* **46**:27–43.

Lasky, S. G. 1950. How tonnage and grade relations help predict ore reserves. *Eng. Min. J.* **151**:81–85.

Lazarova, V., and A. Bahri, eds. 2004. Irrigation with Recycled Water: Agriculture, Turfgrass and Landscape. Boca Raton: CRC Press.

Leake, J. E. 2008. Biosphere carbon stock management: Addressing the threat of abrupt climate change in the next few decades. An editorial comment by Peter Read. *Climatic Change* **87**:329–334.

Lefèvre, M., E. Proietti, F. Jaouen, and J.-P. Dodelet. 2009. Iron-based catalysts with improved oxygen reduction activity in polymer electrolyte fuel cells. *Science* **324**:71–74.

Lehner, B., P. Döll, J. Alcamo, T. Henrichs, and F. Kaspar. 2006. Estimating the impact of global change on flood and drought risks in Europe: A continental, integrated analysis. *Climatic Change* **75**:273–299.

Lemieux, J. M., E. A. Sudicky, W. R. Peltier, and L. Tarasov. 2008. Dynamics of groundwater recharge and seepage over the Canadian landscape during the Wisconsinian glaciation. *J. Geophys. Res.* **113**:F04019.

Lemus, R., E. C. Brummer, K. J. Moore et al. 2002. Biomass yield and quality of 20 switchgrass populations in Southern Iowa, USA. *Biomass Bioenergy* **23**:433–442.

Lens, P. N. L., M. Vallero, G. Gonzalez-Gil, S. Rebac, and G. Lettinga. 2002. Environmental protection in industry for sustainable development. In: Water Recycling and Resource Recovery in Industry: Analysis, Technologies and Implementation, ed. P. Lens, L. Hulshoff Pol, P. Wilderer, and T. Asano, pp. 53–65. London: IWA Publ.

Leontief, W., J. Koo, S. Nasar, and I. Sohn. 1983. The Future of Non-fuel Minerals in the U.S. and World Economy. Lexington, MA: Lexington Books.

Leopold, A. 1953. Round River. Oxford: Oxford Univ. Press.

Lepers, E., E. F. Lambin, A. C. Janetos et al. 2005. A synthesis of information on rapid land-cover change for the period 1981–2000. *BioScience* **55(2)**:115–124.

Lerner, D. N., A. S. Issar, and I. Simmers. 1990. Groundwater recharge: A guide to understanding and estimating natural recharge. International Contributions to Hydrogeology, vol. 8, pp. 2936–3912. Hannover: Heise.

Levin, S. A. 1998. Ecosystems and the biosphere as complex adaptive systems. *Ecosystems* **1**:431–436.

———. 1999. Fragile Dominion: Complexity and the Commons. Cambridge, MA: Perseus Publ.

Levin, S. A., S. Barrett, S. Aniyar et al. 1998. Resilience in natural and socioeconomic systems. *Environ. Develop. Econ.* **3**:221–262.

Li, G., D. R. Peacor, and E. J.Essene. 1998. The formation of sulfides during alteration of biotite to chlorite-corrensite. *Clays & Clay Mins.* **46**:649–657.

Lin, N. 2001. Social Capital: A Theory of Social Structure and Action. Cambridge: Cambridge Univ. Press.

Lindsey, C. W. 1986. Transfer of technology to the ASEAN Region by transnational corporations. *ASEAN Econ. Bull.* **3**:225–247.

Lipson, M. 2006. The Wassenaar arrangement: Transparency and restraint through trans-governmental cooperation. In: Non-proliferation Export Controls: Origins, Challenges, and Proposals for Strengthening, ed. D. Joyner. Aldershot: Ashgate.

Liu, J., and H. H. G. Savenije. 2008. Food consumption patterns and their effect on water requirement in China. *Hydrol. Earth Syst. Sci.* **12**:887–898.

Lloyd, G. J., and H. Larsen. 2007. A water for energy crisis? Examining the role and limitations of water for producing electricity. Report for Vestas Wind Systems. Horsholm, Denmark: DHI.

Lobell, D. B., and G. P. Asner. 2003. Climate and management contributions to recent trends in U.S. agricultural yields. *Science* **299**:1,032.

Loreau, M. 1995. Consumers as maximizers of matter and energy flow in ecosystems. *Am. Nat.* **145**:22–42.

Lovley, D. R. 2006. Bug juice: Harvesting electricity with microorganisms. *Nature Rev. Microbiol.* **4**:497–509.

Lubchenco, J., A. M. Olson, L. B. Brubaker et al. 1991. The sustainable biosphere initiative: An ecological research agenda. *Ecology* **72**:371–412.

Lvovitch, M. I. 1970. World water balance: General report. *Intl. Assoc. Sci. Hydrol.* **2**:401–415.

Ma, L., and W.-X. Zhang. 2008. Enhanced biological treatment of industrial wastewater with bimetallic zero-valent iron. *Environ. Sci. Technol.* **42**:5,384–5,389.

MacArthur, R. H. 1955. Fluctuations of animal populations, and a measure of community stability. *Ecology* **36**:533–536.

Machado, G., R. Schaeffer, and E. Worrell. 2001. Energy and carbon embodied in the international trade of Brazil: An input-output approach. *Ecol. Econ.* **39**:409–424.

MacLean, H. L., and L. B. Lave. 2003. Evaluating automobile fuel/propulsion technologies. *Progr. Energy Combust. Sci.* **29**:1–69.

Malcolm, S., and M. Aillery. 2009. Growing crops for biofuels has spillover effects. *Amber Waves* **7(1)**:10–15.

Manwell, B. R., and M. C. Ryan. 2006. Chloride as an indicator of non-point source contaminant migration in a shallow alluvial aquifer. *Water Qual. Res. J. Can.* **41(4)**:383–397.

Mao, J. S., J. Dong, and T. E. Graedel. 2008. The multilevel cycle of anthropogenic lead. II: Results and discussion. *Res. Conserv. Recy.* **52**:1,050–1,057.

Marchetti, C. 1980. Society as a learning system: Discovery, invention, and innovation cycles revisited. *Technol. Forecast. Soc.* **18**:267.

Marchetti, C., and N. Nakićenović. 1979. The Dynamics of Energy Systems and the Logistic Substitution Model: Administrative Report RR 79-13. Laxenburg, Austria: IIASA.

Marcinek, J., E. Rosenkranz, and J. Saratka. 1996. Das Wasser der Erde. Eine geographische Meeres- und Gewässerkunde. Gotha: Perthes.

Marcus, P. F., and K. M. Kirsis. 2003. Global Steel Mill Product Matrix 1989 to 2001, 2010 Forecast. World Steel Dynamics, Englewood Cliffs, NJ.

Marland, G., and M. Obersteiner. 2008. Large-scale biomass for energy, with considerations and cautions: An editorial comment. *Climatic Change* **87**:335–342.

Marshall, A. 2000. How Cities Work: Suburbs, Sprawl, and the Roads Not Taken. Austin, TX: Univ. of Texas Press.

Matsuno, Y., I. Daigo, and Y. Adachi. 2007. Application of Markov chain model to calculate the average number of times of use of a material in society. *Intl. J. Life Cycle Assess.* **12(1)**:34–39.

Matthews, E. 2001. Understanding FRA 2000. World Resources Institute Forest Briefing No. 1. Washington, D.C.: WRI.

Maurer, D. K., and D. L. Berger. 2006. Water budgets and potential effects of land- and water-use changes for Carson Valley, Douglas County, Nevada, and Alpine County, California. USGS SIR 2006-5305. http://pubs.usgs.gov/sir/2006/5305/section12.html (accessed 7 Sep 2009).

Mazari-Hiriart, M., Y. López-Vidal, and G. Castillo. 2001. *Helicobacter pylori* and other enteric bacteria in freshwater environments in Mexico City. *Arch. Med. Res.* **32**:458–467.

McCabe, P. 2007. Global oil resources. In: Modeling the Oil Transition: A Summary of the Proc. of the DOE/EPA Workshop on the Economic and Environmental Implications of Global Energy Transitions, ed. D. L. Greene, ORNL/TM-2007/014. Oak Ridge: ORNL.

McCann, K. S. 2000. The diversity–stability debate. *Nature* **405**:228–233.

McKelvey, V. E. 1960. Relation of reserves of the elements to their crustal abundance. *Am. J. Sci.* **258**:234–241.

McLaren, D. J., and B. J. Skinner, eds. 1987. Resources and World Development. New York: Wiley.

McWilliams, A., and D. Siegel. 2000. Corporate responsibility and financial performance: Correlation or misspecification? *Strat. Manag. J.* **21**:603–609.

MEA. 2005a. Ecosystems and Human Well-being. Current State and Trends: Findings of the Condition and Trends Working Group. Washington, D.C.: Island Press.

———. 2005b. Ecosystems and Human Well-being. Policy responses: Findings of the Responses Working Group. Washington, D.C.: Island Press.

———. 2005c. Ecosystems and Human Well-being. Synthesis. Washington, D.C.: Island Press.

Meadows, D. H., D. L. Meadows, J. Randers, and W. W. Behrens, III. 1972. Limits to Growth. New York: Universe Books.

Melillo, J. M., C. B. Field, and B. Moldan. 2003. Interactions of the Major Biogeochemical Cycles: Global changes and human impacts. Washington, D.C.: Island Press.

Meskers, C. E. M., M. A. Reuter, U. Boin, and A. Kvithyld. 2008. A fundamental metric for metal recycling applied to coated magnesium. *Metall. Mat. Trans. B* **39(3)**:500–517.

Milly, P. C. D., K. A. Dunne, and A. V. Vecchia. 2005. Global pattern of trends in streamflow and water availability in a changing climate. *Nature* **438**:347–350.

Milly, P. C. D., R. T. Wetherald, K. A. Dunne, and T. L. Delworth. 2002. Increasing risk of great floods in a changing climate. *Nature* **415**:514–517.

Mincer, J. 1958. Investment in human capital and personal income distribution. *J. Polit. Econ.* **66**:281–302.

MinorMetals. 2007. www.minormetals.com (accessed 7 Sep 2009).

MIT and CRA. 2001. Mobility 2001: World Mobility at the End of the Twentieth Century and Its Sustainability. World Business Council for Sustainable Development,

Geneva. www.wbcsdmobility.org (accessed 7 Sep 2009).

Mitsch, W. J. and J .W. Day Jr. 2006. Restoration of wetlands in the Mississippi-Ohio-Missouri (MOM) River Basin: Experience and needed research. *Ecol. Engin.* **26**:55–69.

Moiseenko, T. I., and L. P. Kudryavtseva. 2001. Trace metal accumulation and fish pathologies in areas affected by mining and metallurgical enterprises in the Kola Region, Russia. *Environ. Pollut.* **114**:285–297.

Moldan, B., S. Billharz, and R. Matravers, eds. 1997. Sustainability Indicators: A Project Report on the Indicators of Sustainable Development. SCOPE Report no. 58. Chichester: Wiley.

Möller, A., and S. Schaltegger. 2005. The sustainability balanced scorecard as a framework for eco-efficiency analysis. *J. Indust. Ecol.* **9**:73.

Mondal, S., and S. R. Wickramasinghe. 2008. Produced water treatment by nanofiltration and reverse osmosis membranes. *J. Membr. Sci.* **322**:162–170.

Montgomery, M. A. 1995. Reassessing the waste trade crisis: What do we really know? *J. Environ. Develop.* **4**:1–28.

Mook, W. G., and J. J. de Vries. 2000. Introduction: Theory, methods, review. In: Environmental Isotopes in the Hydrological cycle: Principles and Applications, vol. 1. UNESCO/IAEA: Vienna, Paris.

Moore, W. S., J. L. Sarmiento, and R. M. Key. 2008. Submarine groundwater discharge revealed by ^{228}Ra distribution in the upper Atlantic Ocean. *Nature Geosci.* **1**:309–311.

Moriguchi, Y. 2007. Material flow indicators to measure progress toward a sound material-cycle society. *J. Mater. Cycles Waste Manag.* **9**:112–120.

Morley, N., and D. Eatherley. 2008. Material security: Ensuring resource availability for the UK economy. Chester: C-Tech Innovation Ltd.

Moser, S. 2008. Resilience in the Face of Global Environmental Change. CARRI Research Report 2. Oak Ridge: National Security Directorate.

Mote, P. W., A. F. Hamlet, M. P. Clark, and D. P. Lettenmaier. 2005. Declining mountain snowpack in western North America: *Bull. Amer. Meteor. Soc.* **86(1)**:39–49.

Mudd, G. M. 2007a. An analysis of historic production trends in Australian base metal mining. *Ore Geol. Rev.* **32**:227–261.

———. 2007b. Gold mining in Australia: Linking historical trends and environmental and resource sustainability. *Environ. Sci. Pol.* **10**:629–644.

Müller, D. B. 2006. Stock dynamics for forecasting material flows: Case study for housing in The Netherlands. *Ecol. Econ.* **59(1)**:142–156.

Müller, D. B., T. Wang, B. Duval, and T. E. Graedel. 2006. Exploring the engine of the anthropogenic iron cycle. *PNAS* **103(44)**:16,111–16,116.

Mungall, J. E., and A. J. Naldrett. 2008. Ore deposits of the platinum-group elements. *Elements* **4**:253–258.

Murphy, S. 2009. Small but mighty. E&P 2009 R&D Report. Houston: Hart Energy Publ. http://www.beg.utexas.edu/aec/pdf/Small%20But%20Mighty.pdf (accessed 7 Sep 2009).

Myers, N. 1996. Environmental services of biodiversity. *PNAS* **93**:2,764–2,769.

Myers, N., R. A. Mittermeier, C. G. Mittermeier, G. A. B. da Fonseca, and J. Kent. 2000. Biodiversity hotspots for conservation priorities. *Nature* **403(6772)**:853–858.

Myerson, L. A., J. Baron, J. M. Melillo et al. 2005. Aggregate measures of ecosystem services: Can we take the pulse of nature? *Front. Ecol. Environ.* **3**:56–59.

Nace, R. L. 1971. Scientific framework of world water balance. Hydrology Technical Papers No. 7. Paris: UNESCO.

Naeem, S. 1998. Species redundancy and ecosystem reliability. *Cons. Biol.* **12**:39–45.

Naeem, S., and S. Li. 1997. Biodiversity and ecosystem reliability. *Nature* **390**:507–509.

Nahapiet, J. 2008. The role of social capital in inter-organizational relationships. In: The Oxford Handbook of Inter-Organizational Relations, ed. S. Cropper, M. Ebers, C. Huxham, and P. S. Ring. Oxford: Oxford Univ. Press.

Nahapiet, J., and S. Ghoshal. 1998. Social capital, intellectual capital and the organizational advantage. *Acad. Manag. Rev.* **23(2)**:242–266.

Nakamura, S., and K. Nakajima. 2005. Waste input-output material flow analysis of metals in the Japanese economy. *Materials Trans.* **46(12)**:2,550–2,553.

Nakićenović, N., J. Alcamo, G. Davis et al. 2000. Special Report on Emissions Scenarios: A special report of Working Group III of the IPCC. New York: Cambridge Univ. Press.

Nakićenović, N., A. Grübler, and A. McDonald, eds. 1998. Global Energy Perspectives. Cambridge: Cambridge Univ. Press.

Nature. 2008. A fresh approach to water. *Nature* **452**:253.

NCHRP. 2007. Roundabouts in the United States. NCHRP Report 572. Transportation Research Board. Washington, D. C.: Natl. Academy of Sciences. www.trb.org/news/blurb_detail.asp?id=7086 (accessed 7 Sep 2009).

NETL. 2006. Report to Congress on the interdependency of energy and water. http://www.netl.doe.gov/technologies/coalpower/ewr/pubs/DOE%20energy-water%20nexus%20Report%20to%20Congress%201206.pdf (accessed 7 Sep 2009).

———. 2009. Power plant water management. http://www.netl.doe.gov/technologies/coalpower/ewr/water/power-gen.html (accessed 7 Sep 2009).

New, S. 2004. The ethical supply chain. In: Understanding Supply Chains, ed. S. New and R. Westbrook. Oxford: Oxford Univ. Press.

New York Times. 2009. Georgia: Judge rules against Atlanta in water dispute, p. 12, July 18.

Nilsson, C., C. A. Reidy, M. Dynesius, and C. Revenga. 2005. Fragmentation and flow regulation of the world's large river systems. *Science* **308**:305–308.

Noble, D. 2002. Modeling the heart: From genes to cells to the whole organ. *Science* **295**:1,678–1,682.

Nokia. 2008. Global consumer survey reveals that majority of old mobile phones are lying in drawers at home and not being recycled (press release July 8). Helsinki: Nokia Corporation.

Norgate, T., and S. Jahanshahi. 2006. Energy and greenhouse gas implications of deteriorating quality ore reserves. In: 5th Australian Conf. on Life Cycle Assessment. Achieving Business Benefits from Managing Life Cycle Impact. Melbourne: Australian Life Cycle Assessment Society.

Norgate, T., S. Jahanshahi, and W. J. Rankin. 2007. Assessing the environmental impact of metal production processes. *J. Cleaner Prod.* **15**:838–848.

Norgate, T., and R. R. Lovel. 2006. Sustainable water use in minerals and metal production. *Water in Mining* **27(3)**:331–339.

Norgate, T., and W. J. Rankin. 2000. Life cycle assessment of copper and nickel production. In: Proc. of Minprex 2000, pp. 133–138. Melbourne: Australian Institute of Mining and Metallurgy.

———. 2001. Greenhouse gas emissions from aluminum production: A life cycle approach. In: Proc. of Symp. on Greenhouse Gas Emissions in the Metallurgical Industries: Policies, Abatement and Treatment, COM2001, pp. 275–290. Toronto: MetSoc. of CIM.

NPC. 2007. Hard truths: Facing the hard truths about energy. Report to the U.S. Secretary of Energy. Washington, D.C.: GPO.

NRC. 1984. Energy Use: The Human Dimension. Washington, D.C.: NAP.

———. 1992. Global Environmental Change: Understanding the Human Dimensions. Washington, D.C.: NAP.

———. 1996. Understanding Risk: Informing Decisions in a Democratic Society. Washington, D.C.: NAP.

———. 1997a. Environmentally Significant Consumption: Research Directions. Washington, D.C.: NAP.

———. 1997b. Mineral Resources and Sustainability: Challenges for Earth Scientists. Washington, D.C.: NAP.

———. 1999a. Human Dimensions of Global Environmental Change: Research Pathways for the Next Decade. Washington, D.C.: NAP.

———. 1999b. Our Common Journey: A Transition toward Sustainability. Washington, D.C.: NAP.

———. 2001. Grand Challenges in Environmental Sciences. Washington, D.C.: NAP.

———. 2004. Materials Count: The Case for Material Flows Analysis. Washington, D.C.: NAP.

———. 2005a. Decision Making for the Environment: Social and Behavioral Science Research Priorities. Washington, D.C.: NAP.

———. 2005b. Thinking Strategically: The Appropriate Use of Metrics for the Climate Change Science Program Washington, D.C.: NAP.

———. 2006. Facing Hazards and Disasters: Understanding Human Dimensions. Washington, D.C.: NAP.

———. 2007. Evaluating Progress of the U.S. Climate Change Science Program: Methods and Preliminary Results. Washington, D.C.: NAP.

———. 2008. Managing Materials for a Twenty-first Century Military. Committee on Assessing the Need for a Defense Stockpile. Washington, D.C.: NAP.

NREL. http://www.nrel.gov/otec/what.html (accessed 7 Sep 2009).

Odum, E. P. 1997. Ecology: A Bridge between Science and Society. Sunderland, MA: Sinauer Associates.

OECD. 2004. Measuring Sustainable Development: Integrated Economic, Environmental, and Social Frameworks. Paris: OECD.

———. 2008a. Measuring Material Flows and Resource Productivity, vol. 1. The OECD Guide. Paris: OECD.

———. 2008b. Measuring Material Flows and Resource Productivity, vol. 2. The Accounting Framework. Paris: OECD.

———. 2008c. Measuring Material Flows and Resource Productivity, vol. 3. Inventory of Country Activities. Paris: OECD.

Oikonomou, V., M. Patel, and E.Worrell. 2006. Climate policy: Bucket or drainer? *Energy Policy* **34**:3,656–3,668.

Oke, T. R. 1976. The distinction between canopy and boundary-layer heat islands. *Atmosphere* **14**:268–277.

Oki, T., and S. Kanae. 2004. Virtual water trade and world water resources. *Water Sci. Technol.* **49**:203–209.

———. 2006. Global hydrological cycles and world water resources. *Science* **313**:1068–1072.

Oldemann, L. R. 1998. Soil degradation: A threat to food security? Report 98/01. Wageningen: Intl. Soil Reference and Information Centre.

ORNL/RFF. 1992–1998. Estimating Externalities of Fuel Cycles (8 vols.). Washington, D.C.: McGraw-Hill/Utility Data Institute.

Ostrom, E., J. Burger, C. Field, R. B. Norgaard, and D. Polcansky. 1999. Revisiting the commons: Local lessons, global challenges. *Science* **284**:278–282.

Ostrom, E., M. A. Janssen, and J. M. Anderies, eds. 2007. Going beyond panaceas. *PNAS* **104**:15,176–15,223.

Otterpohl, R., U. Braun, and M. Oldenburg. 2003. Innovative technologies for decentralized water, wastewater and biowaste management in urban and peri-urban areas. *Water Sci. Technol.* **48(11–12)**:23–32.

Palmer, M. A., E. S. Bernhardt, E. A. Chornesky et al. 2005. Ecological science and sustainability for the 21st century. *Front. Ecol. Environ.* **3**:4–11.

Paques. 2007. Anammox. Cost-effective and sustainable nitrogen removal. http://www.paques.nl/documents/brochures/annamox%20eng%20nov%202006.pdf (accessed 7 Sep 2009).

Parson, E. A. 2003. Protecting the Ozone Layer: Science and Strategy. New York: Oxford Univ. Press.

Pataki, D. E., D. S. Ellsworth, R. D. Evans et al. 2003. Tracing changes in ecosystem function under elevated carbon dioxide conditions. *BioScience* **53(9)**:805–818.

Peachtree City, Georgia. www.peachtree-city.org (accessed 7 Sep 2009).

Pearce, F. 2006. When the Rivers Run Dry. Boston MA: Beacon Press.

Pearce, F., and P. Aldhous. 2007. Biofuels may not be answer to climate change. *New Scientist* **2634**:6–7.

Peng, S., J. Huang, J. E. Sheehy et al. 2004. Rice yields decline with higher night temperature from global warming. *PNAS* **101(27)**:9971–9975.

Pesl, J. 2002. Treatment of anode slimes. *Erzmetall.* **55(5–6)**:305–316.

Petersen, U., and R. S. Maxwell. 1979. Historical mineral production and price trends. *Min. Eng.* **31**:25–34.

Phipps, G., C. Mikolajczak, and T. Guckes. 2007. Indium and gallium supply sustainability. In: Proc. of the 22nd EU PV Solar Conf., pp. 2389–2392. 3BV.5.20

Pickard, W. F. 2008. Geochemical constraints on sustainable development: Can an advanced global economy achieve long-term stability? *Global Plan Change* **61**:285–299.

Pindyck, R. S. 1977. Cartel Pricing and the Structure of the World Bauxite Market. Working Paper MIT-EL 77-005WP. Cambridge, MA: MIT.

Pitstick, M. E., and W. L. Garrison. 1991. Restructuring the Automobile/highway system for lean vehicles: The Scaled Precedence Activity Network (SPAN) approach. UCB-ITS-PRR-91-7, California PATH Program, Institute of Transportation Studies. Berkeley: Univ. of California.

Pollack, H. N., S. J. Hurter, and J. R. Johnson. 1993. Heat flow from the earth's interior: Analysis of the global data set. *Rev. Geophys.* **31(3)**:267–280.

Post, J. W., J. Veerman, H. V. M. Hamelers et al. 2007. Salinity-gradient power: Evaluation of pressure-retarded osmosis and reverse electrodialysis. *J. Membr. Sci.*

288:218–230.

Postel, S. L. 1998. Water for food production: Will there be enough in 2025? *BioScience* **48**:629–637.

———. 2000. Entering an era of water scarcity: The challenges ahead. *Ecol. Appl.* **10**:941–948.

Postel, S. L., G. C. Daily, and P. R. Ehrlich. 1996. Human appropriation of renewable fresh water. *Science* **271**:785–788.

Potere, D., and A. Schneider. 2007. A critical look at representations of urban areas in global maps. *GeoJournal* **69(1–2)**:55–80.

Potter, T. D., and B. R. Colman, eds. 2003. Handbook of Weather, Climate, and Water: Atmospheric Chemistry, Hydrology, and Societal Impacts. Hoboken, NJ: Wiley-Interscience.

Powell, J., A. Craighill, J. Parfitt, and K. Turner. 1996. A life cycle assessment and economic evaluation of recycling. *J. Environ. Plann. Manag.* **39(1)**:97–112.

Pretty, J., and H. Ward. 2001. Social capital and the environment. *World Develop.* **29(2)**:209–227.

Prince, S. D. 2002. Spatial and temporal scales for detection of desertification. In: Global Desertification: Do Humans Cause Deserts?, ed. J. F. Reynolds and M. Stafford Smith, pp. 23–40. Berlin: Dahlem Univ. Press.

Prins, G., and S. Rayner. 2007. The wrong trousers: Radically rethinking climate policy. Joint Working Paper: The James Martin Institute for Science and Civilization and the Mackinder Centre for the Study of Long-Wave Events. Oxford: James Martin Institute.

Progress. 2000. Surface Transportation Policy Project, vol. 10(4). Washington, D.C. http://www.transact.org/progress/pdfs/nov00.pdf (accessed 7 Sep 2009).

Pruess, K., and M. Azaroual. 2006. On the feasibility of using supercritical CO_2 as heat transmission fluid in an engineered hot dry rock geothermal system. Thirty-First Workshop on Geothermal Reservoir Engineering, Stanford Univ.

Puckett, J., L. Byster, S. Westervelt et al. 2002. Exporting harm: The high-tech trashing of Asia. Seattle: Basel Action Network.

Puckett, J., S. Westervelt, R. Gutierrez, and Y. Takayima. 2005. The digital dump: Exporting re-use and abuse to Africa. Seattle: Basel Action Network.

Putnam, R. 1993. Making Democracy Work: Civic Traditions in Modern Italy. Princeton: Princeton Univ. Press.

———. 1995. Bowling alone: America's declining social capital. *J. Democracy* **6(1)**:65–78.

Quinn, J. B. 1992. Intelligent Enterprise. New York: Free Press.

Ramankutty, N., A. Evan, C. Monfreda, and J. A. Foley. 2008. Farming the planet. Part 1: The geographic distribution of global agricultural lands in the year 2000. *Global Biogeochem. Cycles* **22**:1003.

Ramankutty, N., and J. A. Foley. 1999. Estimating historical changes in global land cover: Croplands from 1700 to 1992. *Global Biogeochem. Cycles* **13**:997–1027.

Ramankutty, N., J. A. Foley, J. Norman, and K. McSweeney. 2002. The global distribution of cultivable lands: Current patterns and sensitivity to possible climate change. *Global Ecol. Biogeogr.* **11(5)**:377–392.

Rametsteiner, E., and M. Simula. 2003. Forest certification: An instrument to promote sustainable forest management? *J. Environ. Manag.* **67(1)**:87–98.

Raymond, P. A., and J. J. Cole. 2003. Increase in the export of alkalinity from North America's largest river. *Science* **301(5629)**:88–91.

Rayner, S., and E. L. Malone. 2000. Security, governance, and environment. In: Environment and Security: Discourses and Practices, ed. M. Lowi and B. R. Shaw. New York: Macmillan.

Rayner, S., and K. Richards. 1994. I think that I shall never see...a lovely forestry policy: Land use programs for conservation of forests. In: Climate Change: Policy Instruments and their Implications. Proc. Tsukuba Workshop, IPCC Working Group III, ed. A. Amano et al. Tsukuba: Center for Global Environmental Research.

Reboucas, A. D. 1999. Groundwater resources in South America. *Episodes* **22**:232–237.

Recalde, K., J. Wang, and T. E. Graedel. 2008. Aluminium in-use stocks in the state of Connecticut. *Res. Conserv. Recy.* **52(11)**:1271–1282.

Reck, B., D. B. Müller, K. Rostkowski, and T. E. Graedel. 2008. Anthropogenic nickel cycle: Insights into use, trade, and recycling. *Environ. Sci. Technol.* **42(9)**:3394–3400.

Reemtsma, T., S. Weiss, J. Mueller et al. 2006. Polar pollutants entry into the water cycle by municipal wastewater: A European perspective. *Environ. Sci. Technol.* **40(17)**:5451–5458.

Reid, W., F. Berkes, T. Wilbanks, and D. Capistrano, eds. 2006. Bridging Scales and Knowledge Systems: Linking Global Science and Local Knowledge in Assessment. Washington, D.C: Island Press.

Reuter, M. A., U. M. J. Boin, A. van Schaik et al. 2005. The Metrics of Material and Metal Ecology: Harmonizing the Resource, Technology and Environmental Cycles. Amsterdam: Elsevier.

Reuter, M. A., and A. van Schaik. 2008a. Material and metal ecology. In: Encyclopaedia of Ecology, ed. S. E. Jorgensen and B. D. Fath, pp. 2247–2260. Oxford: Elsevier.

———. 2008b Thermodynamic metrics for measuring the "sustainability" of design for recycling. *J. Metals* **60**:39–46.

Richardson, J., and A. G. Jordan. 1979. Governing Under Pressure. Oxford: Martin Robertson.

Righelato, R., and D. V. Spracklen. 2007. Carbon mitigation by biofuels or by saving and restoring forests? *Science* **317**:902.

Rochat, D., C. Hagelüken, M. Keller, and R. Widmer. 2007. Optimal recycling for printed wiring boards in India. In: R'07, World Congress, Davos, ed. L. Hilty, X. Edelmann, and A. Ruf. St. Gallen: EMPA Materials Science & Technology.

Rock, M. T. 2000. The dewatering of economic growth. *J. Indus. Ecol.* **4(1)**:57–73.

Rockström, J., M. Lannerstad, and M. Falkenmark. 2007. Assessing the water challenge of a new green revolution in developing countries. *PNAS* **104(15)**:6253–6260.

Rodell, M., and J. S. Famiglietti. 2002. The potential for satellite-based monitoring of groundwater storage changes using GRACE: The High Plains aquifer, central U.S. *J. Hydrol.* **263**:245–256.

Rogner, H. H. 1997. An assessment of world hydrocarbon resources. *Ann. Rev. Energy Environ.* **22**:217–262.

Rojstaczer, S., S. M. Sterling, and N. J. Moore. 2001. Human appropriation of photosynthesis products. *Science* **294(5551)**:2549–2552.

Roper, L. D. 1978. Depletion categories for United States metals. *Materials & Soc.* **2**:217–231.

Rose, C. M. 2000. Design for environment: A method for formulating product end-of-life strategies. PhD diss., Stanford Univ.

Rosegrant, M. W., X. Cai, and S. A. Cline. 2002. World Water and Food to 2025: Dealing with Scarcity. Washington, D.C.: IFPRI and IWMI.

Rosegrant, M. W., and S. A. Cline. 2003. Global food security: Challenges and policies. *Science* **302**:1917–1919.

Rost, S., D. Gerten, A. Bondeau et al. 2008. Agricultural green and blue water consumption and its influence on the global water system. *Water Resour. Res.* **44**:W09405.

Rostkowski, K., J. Rauch, K. Drakonakis et al. 2006. Bottom-up study of in-use nickel stocks in New Haven, CT. *Res. Conserv. Recy.* **50**:58–70.

Royal Society of Chemistry. 2007. Sustainable water: Chemical science priorities. Summary report. www.rsc.org/water (accessed 7 Sep 2009).

Rozendal, R. A., H. V. M. Hamelers, K. Rabaey, J. Keller, and C. J. N. Buisman. 2008. Towards practical implementation of bioelectrochemical wastewater treatment. *Trends Biotechnol.* **26(8)**:450–459.

Rybach, L., T. Megel, and W. J. Eugster. 2000. At what time scale are geothermal resources renewable? In: Proc. of the World Geothermal Congress, pp. 867–872. Kyushu-Tohoku, Japan.

Rydh, C., and M. Karlstrom. 2002. Life cycle inventory of recycling portable nickel-cadmium batteries. *Res. Conserv. Recy.* **34**:289–309.

Sainsbury, D. 2007. The Race to the Top: A Review of Government's Science and Innovation Policies. London: The Stationery Office.

Sass, J. S., and A. H. Lachenbruch. 1979. Heat flow and conduction-dominated thermal regimes. In: Assessment of Geothermal Resources of the United States, ed. L. J. P. Muffler, pp. 8–11. *USGS Circular* **790**.

Scheffer, M., S. H. Hosper, M. L. Meijer, B. Moss, and E. Jeppesen. 1993. Alternative equilibria in shallow lakes. *Trends Ecol. Evol.* **8**:275–279.

Schiermeier, Q. 2008. Purification with a pinch of salt. *Nature* **452**:260–261.

Schleisner, L. 2000. Life cycle assessment of a wind farm and related externalities. *Renew. Energy* **20**:279–288.

Schmitz, O. J. 2007. Ecology and Ecosystem Conservation. Washington, D.C.: Island Press.

———. 2008. Effects of predator hunting mode on grassland ecosystem function. *Science* **319**:952–954.

Schellnhuber, H. J., P. J. Crutzen, W. C. Clark, M. Claussen, and H. Held, eds. 2004. Earth System Analysis for Sustainability. Cambridge, MA: MIT Press.

Schultz, T. W. 1961. Investment in human capital. *Am. Econ. Rev.* **51(1)**:1–17.

———. 1962. Investment in human beings. *J. Political Econ.* **70**:51.

Schwartz, F. W., and H. Zhang, eds. 2003. Fundamentals of Ground Water. New York, Chichester: Wiley.

Schwarzenbach, R. P., B. I. Escher, K. Fenner et al. 2006. The challenge of micropollutants in aquatic systems. *Science* **313**:1072–1077.

Schwarz-Schampera, U., and P. M. Herzig. 2002. Indium: Geology, Mineralogy and Economics. Berlin: Springer.

Scott, C. A., R. G. Varady, A. Browning-Aiken, and T. W. Sprouse. 2007. Linking water and energy along the Arizona/Sonora border. *Southwest Hydrol.* **6(5)**:26–31.

Searchinger, T., R. Heimlich, R. A. Houghton et al. 2008. Use of U.S. croplands for biofuels increases greenhouse gases through emissions from land use change. *Science* **319**:1238–1240.

Seckler, D., R. Barker, and U. Amarasinghe. 1999. Water scarcity in the twenty-first century. *Water Resour. Develop.* **15**:29–42.

SEDAC. 2002. A Guide to Land-Use and Land-Cover Change. http://sedac.ciesin.columbia.edu/tg/guide_frame.jsp?rd=LU&ds=1 (accessed 7 Sep 2009),

Seiler, K.-P., and J. R. Gat. 2007. Groundwater recharge from run-off, infiltration and percolation. Water Science and Technology Library, vol. 55. Dordrecht: Springer.

Sekutowski, J. C. 1994. Greening the telephone: A case study. In: The Greening of Industrial Ecosystems, ed. B. R. Allenby and D. J. Richards, pp. 171–177. Washington, D.C.: NAP.

Semiat, R. 2008. Energy issues in desalination processes. *Environ. Sci. Technol.* **42(22)**:8193–8201.

Sen, A. 2000. The end and means of sustainability. In: Transition to Sustainability in the 21st Century. Washington, D.C.: NAP.

Serageldin, I. 1995. Water resources management: A new policy for a sustainable future. *Water Resour. Develop.* **11**:221–232.

Seto, K. C., R. K. Kaufmann, and C. E. Woodcock. 2000. Landsat reveals China's farmland reserves, but they're vanishing fast. *Nature* **40**:121.

Shah, T., D. Molden, R. Sakthivadivel, and D. Seckler. 2000. The global ground-water situation: overview of opportunities and challenges. Colombo: Intl. Water Management Institute. http://www.lk.iwmi.org/pubs/WWVisn/GrWater.pdf (accessed 7 Sep 2009).

Shannon, M. A., P. W. Bohn, M. Elimelech et al. 2008. Science and technology for water purification in the coming decades. *Nature* **452**:301–310.

Sheller M., and J. Urry. 2000. The city and the car. *Intl. J. Urban Reg. Res.* **4(24)**:737–757.

Shen, Y., T. Oki, N. Utsumi, S. Kanae, and N. Hanasaki. 2008. Projection of future world water resources under SRES scenarios: Water withdrawal. *Hydrol. Sci. J.* **53**:11–33.

Shepherd, J. M. 2006. Evidence of urban-induced precipitation variability in arid climate regimes. *J. Arid Environ.* **67(4)**:607–628.

Shepherd, J. M., W. M. Carter, M. Manyin, D. Messen, and S. Burian. 2009. The impact of urbanization on current and future coastal convection: A case study for Houston. *Environ. Plan. B,* in press.

Shiklomanov, I. A. 1996. Assessment of water resources and water availability in the world. Scientific and Technical Report. St. Petersburg: State Hydrological Institute.

———. 1997. Comprehensive Assessment of the Freshwater Resources of the World. Geneva: WMO.

———. 1998. A new appraisal and assessment for the 21st century. http://unesdoc.unesco.org/images/0011/001126/112671eo.pdf (accessed 7 Sep 2009).

———. 2000. Appraisal and assessment of world water resources. *Water Intl.* **25**:11–32.

Shiklomanov, I. A., and J. C. Rodda, eds. 2003. World Water Resources at the Beginning of the 21st Century. Intl. Hydrology Series, UNESCO. Cambridge: Cambridge Univ. Press.

Sibley, S. 2004. Flow studies for recycling metal commodities in the United States. Reston: USGS.

Siebert, S., P. Döll, J. Hoogeveen et al. 2005. Development and validation of the global map of irrigation areas. *Hydrol. Earth Syst. Sci.* **9**:535–547.

Sigma Xi and UN Foundation. 2007. Confronting climate change: Avoiding the unmanageable and managing the unavoidable. Scientific Expert Group on Climate Change, ed. R. M. Bierbaum, J. P. Holdren et al. Washington, D.C.: UN Foundation.

Simmons, M. 2005. Twilight in the Desert: The Coming Saudi Oil Shock and the World Economy. New York: Wiley.

Simon, J. L., G. Weinrauch, and S. Moore. 1994. The reserves of extracted resources: Historical data. *Nonrenew. Resour.* **3**:325–340.

Simpson T. W., L. A. Martinelli, A. N. Sharpley, and R. W. Howarth. 2009. Impact of ethanol production on nutrient cycles and water quality: The United States and Brazil as case studies. In: Biofuels: Environmental Consequences and Interactions with Changing Land Use, ed. R. W. Howarth, and S. Bringezu, pp. 153–167. http://cip.cornell.edu/biofuels/ (accessed 7 Sep 2009).

Singer, D. A. 1977. Long-term adequacy of metal resources. *Res. Policy* **3**:127–133.

———. 2008. Mineral deposit densities for estimating mineral resources. *Math. Geosci.* **40**:33–46.

Singer, D. A., V. I. Berger, W. D. Menzie et al. 2005a. Porphyry copper deposit density. *Econ. Geol.* **100**:491–514.

Singer, D. A., V. I. Berger, and B. C. Moring. 2005b. Porphyry copper deposits of the world: Database, maps, and preliminary analysis. USGS Open-File Report 02-268, 9.

Singer, D. A., and D. L. Mosier. 1981. A review of regional mineral resource assessment methods. *Econ. Geol.* **76**:1006–1015.

Singh, R. 2008. Sustainable fuel cell integrated membrane desalination systems. *Desalination* **227**:14–33.

SIWI. 2005. Let it reign: The new water paradigm for global food security. Final Report to CSD-13. http://www.siwi.org/documents/Resources/Policy_Briefs/CSD_Let_it_Reign_2005.pdf (accessed 1 Sep 2009).

Skinner, B. J. 1976. A second iron age ahead? *Am. Sci.* **64**:158–169.

Skole, D., and C. Tucker. 1993. Tropical deforestation and habitat fragmentation in the Amazon: Satellite data from 1978 to 1988. *Science* **260**:1905–1910.

Smakhtin, V., C. Revenga, and P. Doll. 2004. A pilot global assessment of environmental water requirements and scarcity. *Water Intl.* **29**:307–317.

Smil, V. 1994. Energy in World History. Boulder, CO: Westview Press.

———. 1998. Energies: An Illustrated Guide to the Biosphere and Civilization. Cambridge, MA: MIT Press.

———. 2003. Energy at the Crossroads: Global Perspectives and Uncertainties. Cambridge, MA: MIT Press.

Smith, A. 1776/1922. An Inquiry into the Nature and Causes of the Wealth of Nations. London: Methuen.

Sneath, D. 1998. State policy and pasture degradation in inner Asia. *Science* **281(5380)**:1147–1148.

Solís,C., J. Sandoval, H. Pérez-Vega, and M. Mazari-Hiriart. 2006. Irrigation water quality in southern Mexico City based on bacterial and heavy metal analyses. *Nucl. Instrum. Meth. Phys. Res.* **249(1–2)**:592–595.

Solow, R. 1992. An Almost Practical Step toward Sustainability. Washington, D.C.:

Resources for the Future.

Sorensen, C., and M. Asten. 2007. Microtremor methods applied to groundwater studies. *Explor. Geophys.* **38**:125–131.

Sorensen, A. A., R. P. Greene, and K. Russ. 1997. Farming on the Edge. Washington, D.C.: American Farmland Trust.

Southgate, D., R. Sierra, and L. Brown 1991. The causes of tropical deforestation in Ecuador: A statistical analysis. *World Develop.* **19**:1145–1151.

Southworth, M., and E. Ben-Joseph. 2004a. Reconsidering the cul-de-sac. *Access* **24**:28–33.

———. 2004b. Streets for people too. *Architecture Week* **192**:B1.

Sovacool, B. K., and K. E. Sovacool. 2009. Identifying future electricity-water tradeoffs in the U.S. *Energy Policy*, doi:10.1016/j.enpol.2009.03.012.

Spatari, S., M. Bertram, K. Fuse et al. 2003. The contemporary European zinc cycle: 1-year stocks and flows. *Res. Conserv. Recy.* **39**:137–160.

Spatari, S., M. Bertram, R. B. Gordon, K. Henderson, and T. E. Graedel. 2005. Twentieth century copper flows in North America: A dynamic analysis. *Ecol. Econ.* **54**:37–51.

Speth, J. G. 2008. The Bridge at the Edge of the World: Capitalism, the Environment and Crossing from Crisis to Sustainability. New Haven: Yale Univ. Press.

Spiegel, R. J. 2004. Platinum and fuel cells. *Transp. Res.* **D9**:357–371.

Srikanth, R., K. S. Viswanatham, F. Kahsai, A. Fisahatsion, and M. Asmellash. 2002. Fluoride in groundwater in selected villages in Eritrea (North East Africa). *Environ. Monit. Assess.* **75(2)**:169–177.

Steen, B., and G. Borg. 2002. An estimation of the cost of sustainable production of metal concentrates from the earth's crust. *Ecol. Econ.* **42**:401–413.

Steg, L., and R. Gifford. 2005. Sustainable transportation and quality of life. *J. Transport Geogr.* **13**:59–69.

Stein, A., K. Kurani, and D. Sperling. 1994. Roadway infrastructure for low speed, mini-vehicles: Processes and design concepts. *Transport. Res. Rec.* **1444**:23–27.

Stern, P., and T. Wilbanks. 2009. Fundamental research priorities to improve the understanding of human dimensions of climate change. Appendix D. In: Restructuring Federal Climate Research to Meet the Challenges of Climate Change. Washington, D.C.: GPO-NRC.

Stern, P., T. Wilbanks, S. Cozzens, and E. Rosa. 2009. Generic lessons learned about societal responses to emerging technologies perceived as involving risks. Report prepared for the Office of Science, U.S. DOE Program on Ethical, Legal, and Societal Implications of Research on Alternative Bioenergy Technologies, Synthetic Genomics, or Nanotechnologies. Oak Ridge: ORNL.

Stokes, J., and A. Horvath. 2006. Life cycle energy assessment of alternative water supply systems. *Intl. J. Life Cycle Assess.* **11**:335–343.

Strømman, A., E. Hertwich, and F. Duchin. 2009. Shifting trade patterns as a means to reduce global CO_2 emissions: A multi-objective analysis. *J. Indus. Ecol.* **12(6)**.

Struckmeier, W. 2008. Groundwater. http://www.bgr.bund.de/nn_335074/EN/Themen/Wasser/wasser_node_en.html?_nnn=true (accessed 7 Sep 2009).

Struckmeier, W., and A. Richts. 2006. WHYMAP and the world map of transboundary aquifer systems at the scale of 1:50,000,000. *Episodes* **29**:274–278.

———. 2008. Groundwater Resources of the World. Paris: UNESCO.

Struckmeier, W., Y. Rubin, and J. A. A. Jones. 2005. Groundwater: Reservoir for a thirsty planet? In: The Year of Planet Earth Project. Leiden, NL: Earth Sciences for

Society Foundation.

Suh, S., ed. 2009. Handbook of input-output economics in industrial ecology. In: Eco-Efficiency in Industry and Science, vol. 23. Berlin: Springer.

Swenson, S., J. Wahr, and P. C. D. Milly. 2003. Estimated accuracies of regional water storage variations inferred from the gravity recovery and climate experiment (GRACE). *Water Resour. Res.* **39(8)**:1223.

Syed, T. H., J. S. Famiglietti, M. Rodell, J. Chen, and C. R. Wilson. 2008. Analysis of terrestrial water storage changes from GRACE and GLDAS. *Water Resour. Res.* **44**:W02433.

Szargut, J. 2005. Exergy Method. Technical and Ecological Applications. Boston: WitPress.

Szreter, S., and M. Woolcock. 2004. Health by association? Social capital, social theory and the political economy of public health. *Intl. J. Epidemiology* **33**:650–667.

Tang, Q., T. Oki, S. Kanae, and H. Hu. 2008. Hydrological cycles change in the Yellow River basing during the last half of the 20th century. *J. Climate* **21**:1790–1806.

Ternes, T. A., and A. Joss, eds. 2006. Human Pharmaceuticals, Hormones and Fragrances: The Challenge of Micropollutants in Urban Water Management. London: IWA Publ.

Ternes, T. A., N. Kreuzinger, and V. Lazarova. 2006. Removal of PPCP during drinking water treatment. In: Human Pharmaceuticals, Hormones and Fragrances: The Challenge of Micropollutants in Urban Water Management, ed. T. A. Ternes and A. Joss. London: IWA Publ.

Terzic, S., I. Senta, M. Ahel et al. 2008. Occurrence and fate of emerging wastewater contaminants in western Balkan region. *Sci. Total. Environ.* **399**:66–77.

Thompson, M. 1987. Welche Gesellschaftklassen sind potent genug, anderen ihre Zukunft aufzuoktroyieren? In: Design Zukunft, ed. L. Burhhardt. Cologne: Dumont.

Thompson, M., R. Ellis, and A. Wildavsky. 1990. Cultural Theory. Boulder: Westbrook Press.

Thompson, M., and S. Rayner. 1998. Cultural discourses. In: Human Choice and Climate Change: An International Assessment, vol. 1, Societal Framework, ed. S. Rayner and E. L. Malone. Columbus: Battelle Press.

Thomson, W. 1883. Lecture to the Institution of Civil Engineers, London, May 3, 1883.

Tiemens. 2009. http://home.planet.nl/~tieme143/houten/engels/home-en.html (accessed 7 Sep 2009).

Tilman, D., K. G. Cassman, P. A. Matson, R. Naylor, and S. Polasky. 2002. Agricultural sustainability and intensive production practices. *Nature* **418**:671–677.

Tilman, D., J. Fargione, C. D'Antonio et al. 2001. Forecasting agriculturally-driven global environmental change. *Science* **292**:281–284.

Tilton, J. E. 1996. Exhaustible resources and sustainable development. *Res. Policy* **22**:91–97.

———. 2003. On Borrowed Time? Assessing the Threat of Mineral Depletion. Washington, D.C.: Resources for the Future.

Tilton, J. E., and G. Lagos. 2007. Assessing the long-run availability of copper. *Res. Policy* **32**:19–23.

Timoney, K. P. 2009. Three centuries of change in the Peace-Athabasca Delta, Canada. *Climatic Change* **93**:485–515.

Tippee, B. 2009. Nanotechnology seen boosting recovery factors. *Oil Gas J.* April 13, pp. 30.

Todd, D. K. 1959. Annotated bibliography on artificial recharge of ground water through 1954. USGS Water-Supply Paper 1477.

Tolcin, A. C. 2006. Indium 2006. USGS Mineral Yearbook, Washington, D.C.: GPO.

Trémolières, M., U. Roeck, J. P. Klein, and R. Carbiener. 1994. The exchange process between river and groundwater on the central Alsace floodplain (eastern France): II. The case of a river with functional floodplain. *Hydrobiologia* **273**:133–148.

Trenberth, K. E., L. Smith, T. Qian, A. Dai, and J. Fasullo. 2007. Estimates of the global water budget and its annual cycle using observational and model data. *J. Hydrometeor.* **8**:758–769.

Trusilova, K., M. Jung, G. Churkina et al. 2008. Urbanization impacts on the climate in Europe: Numerical experiments by the PSU–NCAR mesoscale model (MM5). *J. Appl. Meteor. Climatol.* **47**:1442–1455.

Tukker, A., E. Poliakov, R. Heijungs et al. 2009. Towards a global multi-regional environmentally extended input-output database. *Ecol Econ.* **68(7)**:1928–1937.

Tullo, A. H. 2000. DuPont, Evergreen to recycle carpet forever. *Chem. Eng. News* **78(4)**:23–24.

Turner, B. L. II, W. C. Clark, R. W. Kates et al., eds. 1990. The Earth as Transformed by Human Action. New York: Cambridge Univ. Press.

Turner, B. L. II., P. A.Matson, and J. J. McCarthy. 2003. Illustrating the coupled human–environment system for vulnerability analysis: Three case studies. *PNAS* **100(14)**:8080–8085.

Turton, H. 2006. Sustainable global automobile transport in the 21st century: An integrated scenario analysis. *Technol. Forecast. Soc. Change* **73**:607–629.

Ullmann. 2002. Encyclopedia of Industrial Chemistry. Chapters: Ta and Ta compounds, Co and Co compounds, Te and Te compounds, Se and Se compounds, Re and Re compounds, Li and Li- compounds. Weinheim: Wiley-VHC Verlag.

Umweltbundesamt. 2008. Altfahrzeugaufkommen und -verwertung (18.12.2008). www .env-it.de/umweltdaten/public/theme.do?nodeIdent=2304 (accessed 7 Sep 2009).

UN. 2007a. World Population Prospects: The 2006 Revision. New York: UN.

———. 2007b. World Urbanization Prospects: The 2007 Revision Population Database. http://esa.un.org/unup/ (accessed 7 Sep 2009).

———. 2008. Energy Statistics Yearbook 2005. New York: UN Statistics Division.

UNDP. 1990. Human Development Report 1990. New York: United UNDP.

———. 2000. World Energy Assessment: Energy and the Challenge of Sustainability, ed. J. Goldemberg. UNDP/UN-DESA/World Energy Council.

———. 2004. World Energy Assessment 2004 Update, ed. J. Goldemberg and T. Johansson. UNDP/UN-DESA/World Energy Council.

UNDPCSD. 1996. Indicators of Sustainable Development: Framework and Methodologies. New York: UNDP.

UN-Energy. 2007. Sustainable bioenergy: A framework for decision makers. http:// esa.un.org/un-energy/pdf/susdev.Biofuels.FAO.pdf (accessed 2 Sep 2009).

UNEP. 1996. Groundwater: A threatened resource. GEMS/Water Programme, UNEP Environment Library. Nairobi: UNEP.

———. 2002a. Vital water graphics. An overview of the state of the world's fresh and marine waters. http://www.unep.org/dewa/assessments/ecosystems/water/ vitalwater/ (accessed 2 Sep 2009).

———. 2002b. World's water cycle: Schematic and residence time. http://maps.grida .no/go/graphic/world_s_water_cycle_schematic_and_residence_time (accessed 2

Sep 2009).

———. 2007. Global environment outlook: The 4th global environment outlook: Environment for development (GEO-4). http://www.unep.org/geo/geo4/media/ (accessed 2 Sep 2009).

———. 2008. UNEP. http://www.unep.org/ (accessed 7 Sep 2009).

UNEP/GRID-Arendal. 2008. Projected agriculture in 2080 due to climate change. UNEP/GRID-Arendal Maps and Graphics Library. http://maps.grida.no/go/graphic/ projected-agriculture-in-2080-due-to-climate-change (accessed 7 Sep 2009).

UNESCO. 2003. UN/WWAP. 1st UN World Water Development Report: Water for People, Water for Life. Oxford. UNESCO: Berghahn Books.

UN Population Division. 2009. United Nations Population Information Network, New York. www.un.org/popin (accessed 7 Sep 2009).

UNSD. 1993. Integrated Environmental and Economic Accounting: Interim version. Handbook of Natl. Accounting. Series F, no. 61. New York: UN Publ.

USDA/ERS. 2009a. Crops database. U.S. Dept. of Agriculture Economic Research Service. http://www.ers.usda.gov/Browse/view.aspx?subject= CropsCornFeedGrains (accessed 7 Sep 2009).

———. 2009b. Feed grains database. U.S. Dept. of Agriculture Economic Research Service. http://www.ers.usda.gov/data/feedgrains/ (accessed 7 Sep 2009).

USDOE. 2007. Industrial Technologies Program. Mining Industry Energy Bandwidth Study. Washington, D.C.: GPO.

US/EPA. 2000. Abandoned mine site characterization and cleanup handbook, EPA 910-B-00-001.

———. 2006a. Climate leaders. http://www.epa.gov/climateleaders/partners/index .html (accessed 7 Sep 2009).

———. 2006b. Global anthropogenic non-CO_2 greenhouse gas emissions: 1990–2020. Office of Atmospheric Programs, Climate Change Division. EPA 430-R-06-005. Washington, D.C.: GPO.

USGS. 1999. Recycling: Metals (section 62 of the USGS Minerals Yearbook). Washington, D.C.: GPO.

———. 2000. World petroleum assessment 2000: Description and results. USGS DDS-60. Denver: USGS Information Services. http://pubs.usgs.gov/dds/dds-060/ (accessed 7 Sep 2009).

———. 2004. Estimated use of water in the United States in 2000. *USGS Circular* **1268**.

———. 2007. Mineral Commodity Summaries 2006. Washington, D.C.: GPO.

———. 2008a. Mineral Commodity Summaries 2008. Washington, D.C.: GPO.

———. 2008b. The U.S. Domestic Energy Resource Base: An overview. A presentation given at the July 16, 2008 USEA Energy Supply Forum.

———. 2009. Minerals Yearbook 2006. Metals and Minerals, vol. 1. Washington, D.C.: GPO.

Utsumi, N., S. Kanae, H. Kim et al. 2008. Importance of wind-induced undercatch adjustment in a gauge-based analysis of daily precipitation over Japan. *Hydrol. Res. Lett.* **2**:45–49.

van Beers, D., and T. E. Graedel. 2007. Spatial characterisation of multi-level in-use copper and zinc stocks in Australia. *J. Cleaner Prod.* **15**:849–861.

van den Ende, K., and F. Groeman. 2007. Blue energy. Kema Consulting. http://www .leonardo-energy.org/drupal/files/2007/Briefing%20Paper%20-%20Blue %20Energy_lo_res.pdf?download (accessed 7 Sep 2009).

van der Leeden, F. 1975. Water Resources of the World: Selected Statistics. Port Washington, NY: Water Information Center Inc.

van der Voet, E. 1996. Substances from cradle to grave: Development of a methodology for the analysis of substance flows through the economy and the environment of a region. PhD diss., Leiden University. http://www.yale.edu/jie/thesis/vandervoet.htm (accessed 7 Sep 2009).

van der Voet, E., J. B. Guinée, and H. A. Udo de Haes, eds. 2000. Heavy metals, a problem solved? Dordrecht: Kluwer.

Van Lier, J. B. 2008. High-rate anaerobic wastewater treatment: Diversifying from end-of-pipe treatment to resource-oriented conversion techniques. *Water Sci. Technol.* **57(8)**:1137–1148.

Van Nes, N., and J. M. Cramer. 2006. Product lifetime optimization: A challenging strategy towards more sustainable consumption patterns. *J. Cleaner Prod.* **14(15–16)**:1307–1318.

Van Nes, E. H., W. J. Rip, and M. Scheffer. 2007. A theory for cyclic shifts between alternative states in shallow lakes. *Ecosystems* **10**:17–27.

van Schaik, A., and M. A. Reuter. 2004a. Optimisation of the end-of-life vehicles in the European Union. *J. Metals* **56(8)**:39–43.

———. 2004b. The time-varying factors influencing the recycling rate of products. *Res. Conserv. Recy.* **40(4)**:301–328.

———. 2007. The use of fuzzy rule models to link automotive design to recycling rate calculation. *Min. Eng.* **20**:875–890.

Varis, O., and L. Somlyody. 1997. Global urbanization and urban water: Can sustainability be afforded? *Water Sci. Technol.* **35**:21–32.

Vassolo, S., and P. Doll. 2005. Global-scale gridded estimates of thermoelectric power and manufacturing water use. *Water Resour. Res.* **41**.

Veil, J. A., M. G. Puder, D. Elcock, and R. J. Redweik, Jr. 2004. A white paper describing produced water from production of crude oil, natural gas, and coal bed methane. Argonne Natl. Laboratory.

Velthuijsen, J. W., and E. Worrell. 1999. The economics of energy. In: Handbook of Environmental and Resource Economics, ed. J. C. J. M. van den Bergh. Cheltenham, U.K.: Edward Elgar.

Vexler, D., M. Bertram, A. Kapur et al. 2004. The contemporary Latin American and Caribbean copper cycle: 1 year stocks and flows. *Res. Conserv. Recy.* **41**:23–46.

Village Homes. Davis, California. www.villagehomesdavis.org (accessed 7 Sep 2009).

Vince, F., E. Aoustin, P. Bréant, and F. Marechal. 2008. LCA tool for the environmental evaluation of potable water production. *Desalination* **220**:37–56.

Vitousek, P. M., J. D. Aber, R. W. Howarth et al. 1997a. Human alteration of the global nitrogen cycle: Sources and consequences. *Ecol. Appl.* **7**:737–750.

Vitousek, P. M., P. R. Ehrlich, A. H. Ehrlich, and P. A. Matson. 1986. Human appropriation of the products of photosynthesis. *BioScience* **36(6)**:368–373.

Vitousek, P. M., H. A. Mooney, J. Lubchenco, and J. M. Melillo. 1997b. Human domination of Earth's ecosystems. *Science* **277(5325)**:494–499.

Vörösmarty, C. J., P. Green, J. Salisbury, and R. B. Lammers. 2000. Global water resources: Vulnerability from climate change and population growth. *Science* **289**:284–288.

Wackernagel, M., and W. Rees. 1996. Ecological Footprint: Reducing Human Impact on the Earth. Gabriola Island, BC: New Society Publ.

Waggoner, P. E. 1994. How much land can ten billion people spare for Nature? Task

Force Report 121. Ames, Iowa: CAST.

Waliser, D., K. W. Seo, S. Schubert, and E. Njoku. 2007. Global water cycle agreement in the climate models assessed in the IPCC AR4. *Geophys. Res. Lett.* **34**:L16705.

Walker, S. 2006. Sustainable by Design: Explorations in Theory and Practice. London: Earthscan.

Wallace, A. R., S. Ludington, M. J. Mihalasky et al. 2004. Assessment of metallic mineral resources in the Humboldt River Basin, northern Nevada, with a section on platinum-group-element (PGE) potential of the Humboldt mafic complex, ed. M. L. Zientek, G. B. Sidder, and R. A. Zierenberg. *USGS Bull.* **2218**:1. http.//pubs.usgs. gov/bul/b2218/ (accessed 7 Sep 2009).

Walsh, M. E., D. G. de la Torre Ugarte, H. Shapouri, and S. P. Slinsky. 2003. Bioenergy crop production in the United States: Potential quantities, land-use changes, and economic impacts on the agricultural sector. *Environ. Res. Econ.* **24**:313–333.

Wang, T., D. B. Müller, and T. E. Graedel. 2007. Forging the anthropogenic iron cycle. *Environ. Sci. Technol.* **41(14)**:5120–5129.

WCED. 1987. Our Common Future. Oxford: Oxford Univ. Press.

WEC. 2007a. Survey of Energy Resources: London: World Energy Council.

———. 2007b. World Energy Assessment 2007: Survey of Energy Resources, London: World Energy Council.

Weijma, J., C. F. M. Copini, C. J. N. Buisman, and C. E. Schultz. 2002. Biological recovery of metals, sulfur and water in the mining and metallurgical industry. In: Water Recycling and Resource Recovery in Industry: Analysis, Technologies and Implementation, ed. P. Lens, L. Hulshoff Pol, P. Wilderer, and T. Asano, pp. 605–623. London: IWA Publ.

Wellmer, F.-W. 2008. Reserves and resources of the geosphere, terms so often misunderstood. Is the life index of reserves of natural resources a guide to the future? *Z. dt. Ges. Geowiss.* **159(4)**:575–590.

Wellmer, F.-W., and J. D. Becker-Platen. 2007. Global nonfuel mineral resources and sustainability. In: Proc. of a Workshop on Deposit Modeling, Mineral Resource Assessment, and Their Role in Sustainable Development, ed. J. A. Briskey and K. J. Schulz. *USGS Circular* **1294**:1–16.

WETT. 2009. Wastewater treatment and water reclamation. http://water-energy.lbl.gov/ node/16 (accessed 1 Sep 2009).

WHO. 1993. The control of schistosomiasis. In: Second Report of the WHO Expert Committee Technical Report Series 830. *Tech. Report Series* **830(1–7)**:1–86.

Wikipedia. 2009. http://en.wikipedia.org/w/index.php?title=Radburn,_New_Jersey& oldid=284090889 (accessed 7 Sep 2009).

Wilbanks, T. J. 1983. Geography and our energy heritage. (In special issue on energy in American history.) *Materials Soc.* **VII**:437–52.

———. 1992. Energy policy responses to concerns about global climate change. In: Global Climate Change: Implications, Challenges and Mitigation Measures, ed. S. Majumdar et al., pp. 452–470. Easton, PA: Pennsylvania Academy of Sciences.

———. 1994. Sustainable development in geographic context. *Ann. Assoc. Am. Geogr.* **84**:541–57.

———. 2003a. Geographic scaling issues in integrated assessments of climate change. In: Scaling Issues in Integrated Assessment, ed. J. Rotmans and D. Rothman, pp. 5–34. Lisse: Swets and Zeitlinger.

———. 2003b. Integrating climate change and sustainable development in a place-based context. *Climate Policy* **3(S1)**:147–154.

———. 2007a. Energy myth thirteen: Developing countries are not doing their part in responding to concerns about climate change. In: Energy and American Society: Thirteen Myths, ed. B. K. Sovacool and M. Brown, pp. 341–350. Heidelberg: Springer.

———. 2007b. Scale and sustainability. *Climate Policy* **7(4)**:278–287.

———. 2008a. Managing Science and Technology for Sustainable Development through Multiscale Collaboration. Sackler Colloquium on Linking Knowledge with Action for Sustainable Development. Natl. Academies of Science. http://www .nasonline.org/site/PageNavigator/SACKLER_sustainable_development (accessed 13 Sep 2009).

———. 2008b. The clean energy dilemma in Asia: Is there a way out? *Eurasian Geogr. Econ.* **49(1)**:379–391.

Wilbanks, T. J., M. Brown, and G. Samuels. 1986. Issues in transferring U.S. energy technologies to developing nations. Technical Report CONF-861211-15.

Wilbanks, T. J., and R. Kates. 1999. Global change in local places. *Climatic Change* **43(3)**:601–628.

Wilbanks, T. J., P. Romero Lankao, and M. Bao. 2007. Industry, settlement, and society. In: Climate Change 2007: Impacts, Adaptation and Vulnerability. Contribution of Working Group II to the Fourth Assessment Report of the IPCC, ed. M. Parry et al., pp. 357–390. Cambridge: Cambridge Univ. Press.

Wilkinson, B. H., and S. E. Kesler. 2007. Tectonism and exhumation in convergent margin orogens: Insights from ore deposits. *J. Geology* **115**: 611–627.

Wills, B. A. 2006. Wills' Mineral Processing Technology: An Introduction to the Practical Aspects of Ore Treatment and Mineral Recovery, ed. T. N. Brown. Oxford: Butterworth-Heinemann.

Wittmer, D., T. Lichtensteiger, and P. Baccini. 2003. Copper exploration for urban mining. Proc. of Cobre 2003, vol. 2, pp. 85–101. Montreal, CA: Institute of Mining, Metallurgy, and Petroleum.

Wolfensberger, M., D. Lang, and R. Scholz. 2008. (Re-)structuring the field of non-energy mineral resource scarcity. ETH working paper 43. ETH Zürich: NSSI.

Wolman, A. 1965. The metabolism of cities. *Sci. Am.* **213**:179–190.

Wood, S., S. Ehui, J. Alder et al. 2005. Food. In: Ecosystems and Human Well-being: Current State and Trends, vol. 8, pp. 209–241. Washington, D.C.: Island Press.

Wood, S., K. Sebastian, and S. J. Scherr. 2000. Pilot Analysis of global ecosystems: Agroecosystems. Washington, D.C.: Intl. Food Policy Research Institute and WRI.

World Bank. 2008. World Development Report 2008: Agriculture for Development. Washington, D.C.: The World Bank.

World Resources Institute. 2001. Earth Trends: The Environmental Information Portal. Water Resources and Freshwater Ecosystems 1999–2000. Washington, D.C.: WRI.

———. 2002. World Resources 2000–2001: People and Ecosystems: The Fraying Web of Life. Washington, D.C.: WRI. http://www.wri.org/publication/world-resources -2000-2001-people-and-ecosystems-fraying-web-life (accessed 7 Sep 2009).

———. 2007. Earth Trends: The Environmental Information Portal. Washington, D.C.: WRI.

Worrell, E., and G. Biermans. 2005. Move over! Stock turnover, retrofit and industrial energy efficiency. *Energy Policy* **33**:949–962.

Worrell, E., R. J. J. van Heijningen, J. F. M. de Castro et al. 1994. New gross energy-requirement figures for materials production. *Energy* **19(6)**:627–640.

Woynillowicz, D. 2007. The harm the tar sands will do. *The Tyee*. http://thetyee.ca/Views/2007/09/20/TarSands/ (accessed 7 Sep 2009).

Wright, C., and B. Curtis. 2005. Reshaping the motor car. *Transport Pol.* **12**:11–22.

Wright, D. H. 1990. Human impacts on energy-flow through natural ecosystems, and implications for species endangerment. *Ambio* **19(4)**:189–194.

Xu, M., and T. Zhang. 2007. Material flow and economic growth in developing China. *J. Indus. Ecol.* **11**:121–140.

Yamada, H., I. Daigo, Y. Matsuno, Y. Adachi, and Y. Kondo. 2006. Application of Markov chain model to calculate the average number of times of use of a material in society (Part 1: Methodology development). *Intl. J. Life Cycle Assess.* **11(5)**:354–360.

Yang, C-J. 2009. An impending platinum crisis and its implications for the future of the automobile. *Energy Policy* **37**:1805–1808.

Yates, D. N. 1997. Approaches to continental scale runoff for integrated assessment models. *J. Hydrol.* **201**:289–310.

Yergin, D. 1991. The Prize: The Epic Quest for Oil, Money, and Power: New York: Simon & Schuster.

Yerramilli, C., and J. A. Sekhar. 2006. A common pattern in long-term minerals production. *Res. Policy* **31**:27–36.

Yohe, G., and R. Tol. 2002. Indicators for social and economic coping capacity: Moving toward a working definition of adaptive capacity. *Global Environ. Change* **12**:25–40.

Yukon Zinc. 2005. Selenium Market Overview. www.yukonzinc.com (accessed 7 Sep 2009).

Zeeman, G., K. Kujawa, T. de Mes et al. 2008. Anaerobic treatment as a core technology for energy, nutrients and water recovery from source-separated domestic waste (water). *Water Sci. Technol.* **57(8)**:1207–1212.

Zehnder, A. J. B., R. Schertenleib, and C. C. Jaeger. 1997. Herausforderung Wasser (Leitartikel). EAWAG Jahresbericht.

Zektser, I. S. 2002. Principles of regional assessment and mapping of natural groundwater resources. *Environ. Geol.* **42**:270–274.

Zektser, I. S., and L. G. Everett. 2004. Groundwater Resources of the World and their Use. UNESCO Series on Groundwater 6. Paris: UNESCO.

Zeltner, C., H.-P. Bader, R. Scheidegger, and P. Baccini. 1999. Sustainable metal management exemplified by copper in the USA. *Reg. Environ. Change* **1**:31–46.

Zhang, J. Y., W. J. Dong, L. Y. Wu et al. 2005. Impact of land use changes on surface warming in China. *Adv. Atmos. Sci.* **22(3)**:343–348.

Zhou, L. M., R. E. Dickinson, Y. H. Tian et al. 2004. Evidence for a significant urbanization effect on climate in China. *PNAS* **101(26)**:9540–9544.

主题索引

（条目后的页码为原书页码，见本书边码）

城市与生态文明丛书